"十二五"普通高等教育本科国家级规划教材
国家级精品课程、精品资源共享课、精品视频公开课主讲教材

信息系统与安全对抗理论（第2版）

王 越 罗森林 著

THEORY OF INFORMATION SYSTEM AND SECURITY COUNTERMEASURES (2ND EDITION)

北京理工大学出版社
BEIJING INSTITUTE OF TECHNOLOGY PRESS

内 容 简 介

本书全面研究和论述了信息系统安全对抗的相关理论，主要内容包括：现代系统理论的知识基础、信息及信息系统核心内容、信息安全与对抗基础概述、信息安全与对抗基本原理、信息安全与对抗系统方法、信息安全与对抗应用举例、量子信息学及其应用技术等。本书可供从事信息安全、信息对抗技术、通信与信息系统及相关方面教学、科研、应用的人员阅读和使用，对从事信息安全相关研究的人员也具有重要的实用和参考价值。此外，本书对于其他非专业及相关研究人员，也具有重要的指导意义。

图书在版编目（CIP）数据

信息系统与安全对抗理论／王越，罗森林著．—2版．—北京：北京理工大学出版社，2015.9

“十二五”普通高等教育本科国家级规划教材

ISBN 978-7-5640-9899-5

Ⅰ．①信…　Ⅱ．①王…　②罗…　Ⅲ．①信息系统-安全技术-高等学校-教材　Ⅳ．①TP309

中国版本图书馆CIP数据核字（2015）第190381号

出版发行／北京理工大学出版社有限责任公司
社　　址／北京市海淀区中关村南大街5号
邮　　编／100081
电　　话／（010）68914775（总编室）
（010）82562903（教材售后服务热线）
（010）68948351（其他图书服务热线）
网　　址／http：//www.bitpress.com.cn
经　　销／全国各地新华书店
印　　刷／保定市中画美凯印刷有限公司
开　　本／787毫米×1092毫米　1/16
印　　张／20
字　　数／468千字
版　　次／2015年9月第2版　2015年9月第1次印刷
定　　价／68.00元

责任编辑／王玲玲
尹　晅
文案编辑／王玲玲
责任校对／周瑞红
责任印制／王美丽

图书出现印装质量问题，请拨打售后服务热线，本社负责调换

前言（第2版）PREFACE (Second Edition)

本书第一版出版至今已9年有余，随着社会、信息科技和高等教育的发展，对定位于大学生、研究生信息安全专业基础，着重于学生掌握运行基本知识和培养系统思维解决实际问题的本书，有再版需求，故作者努力命笔从命！

本书的第二版将努力回应以下三个方面的社会发展对本书再版的驱动，请广大读者批评指正。

我国社会发展的总体模式将转变为“创新驱动”，由此更需要大批杰出的、创新能力强的领导和骨干人才，延伸到高等教育的重要举措之一是加强基础和专业基础层次教育教学，而对专业基础课程内容而言，应努力加强领域系统概念和内容，并应致力于上不封顶的因材施教（对优秀学生留有足够的思维学习空间，大多学生着实受益）。随着信息化社会发展，内部矛盾之一的信息安全问题已上升到不容忽视的高度，需在发展中不断努力解决。对于涉及国家社会安全的重大问题，它的内容具有复杂系统性、人的智慧和科技前沿主导性。因此，国家、全社会（含军民融合）努力发展应对是上策。

以下简要说明本书的一些修改内容（在总体定位和结构框架不变的前提下）：

第1章系统与系统理论部分，强化了矛盾对立统一律的辩证实质的诠释及与耗散自组织系统理论的紧密关联性，指出了系统中多层次自组织机能的系统集成性质，介绍了钱学森先生开放复杂巨系统及解决复杂问题的人主导的由定性到定量综合集成方法论，调整和增加了实例。

第2章信息与信息系统部分，在介绍信息各分功能组成中，用集合、运算、映射等数学概念和方法，普适地从顶层系统介绍各功能，并由此嵌入人主导这一实际存在的核心因素，调整了信息系统各分功能内容（重前沿发展），尤其是信息处理及管控功能，以“信息科技力挺社会信息化发展”替换“几种典型信息系统举例及其要点说明”部分。

第3章信息安全与对抗基础概述部分，进一步梳理和明确了一些基本概念，强化了信息犯罪取证及电子证据的论述，新增了信息安全对抗标准与组织管理内容。

第4章从耗散自组织理论延伸形成信息安全对抗原理系统中，加强发挥对立统一律实质核心机理作用的诠释，在信息安全对抗博弈模型中增加了人主导作用的总体模型，并依此介绍了信息安全正反面发展趋势及其核心机理，供实际应用参考。

第5章、第6章进一步梳理和明确了一些概念和知识，增加了知识基础部分，而前四章内容从基础层次支持了第5章、第6章内容。

第7章量子信息学基础及其应用技术部分为新增内容，扼要地介绍了量子信息学基础（量子力学为主）及量子信息的发展前沿（实际应用为主）。

学无止境，望广大读者不吝指正！

王　越

2015年2月

前言（第1版）
PREFACE (First Edition)

本书作为主要重点大学和重点学科本科生、研究生使用教材，有三个基本问题应作为“前提”和基础加以优先考虑。

第一个问题，即本教材的定位问题，相对于学生是“培养类”还是“训练类”。培养类教材应具有与国际上大学相当的核心课内容。科学技术领域的核心课，主要是培养学生的科学思维，树立运动发展观，获得掌握知识及解决问题的能力；训练类课程则是传授具体的知识，为学生求职做准备，这类课讲究实用，以信息领域计算机应用技术课最为典型。作为重点学校的电子工程系信息安全与对抗专业方向的基础性核心课，课程的类别应该定位在“培养类”上，同时兼顾学生适应广泛信息领域工作时所需的基本概念和基本规律方面的内容。

第二个问题，课程内涵如何确定？在如此广泛的信息安全领域如何培养学生？若按惯例，即由各种现有技术方法入手，分门别类地分析具体技术原理、性能和优缺点等，由此引导学生悟出深层次的“道”以达到培养能力和掌握基本概念、规律，从而提高解决问题的能力的目的，这种做法一方面会使得课程内容繁杂，不易理出脉络；另一方面也容易产生“只见树木不见森林”的现象，以致疏漏了重要的系统概念和规律。信息安全和对抗实质上是系统性问题，遵守“全量大于诸分量之和”定理，而分别研究分项技术，然后简单求和，并不能代表整体，也很难“整合”成整体。因此，本书的组成首先确立内容安排的思路及内容的框架，这样就解决了本书的第二个重要问题。经过较细致的研究，作为信息领域理工科学生的信息安全与对抗专业基础课教材，本书形成三点主要思想：① 概念和原理采用“由顶层至下层”的方式展开，然后通过例子进行反馈；② 内容由“普适”开始逐渐往“专门”展开，以做到“普适”与“专门”相结合；③ 突出安全与对抗领域的基本概念、基本原理及基本方法，鼓励学生深入思考，灵活应用。

本书的主要内容及其组织顺序如下：

1. 介绍、讨论“系统”的概念及系统理论的要点；

2. 介绍、讨论“信息”、“信息系统”及其发展要点的相关概念；

3. 信息安全基本概念、“问题”的动态发展概论、安全对抗过程的要点及加强支持信息安全对抗发展的要点；

4. 信息安全领域的主要原理；

5. 强化信息安全发展的基本科技方法；

6. 信息安全与对抗的综合举例。

在第二个问题的基础上产生了第三个问题，即第二个问题中的一些思路、框架如何具体化，这也是特点的形成问题。

本书将系统理论的基本观点和原理融入内容中，用以分析研究问题。信息安全和对抗问题实质上是复杂的系统问题。各种信息系统又包括子系统，系统又融入更大的系统作为子系统（如移动通信系统是通信系统的子系统，而个人手机是移动通信系统的子系统等）。如果不以系统的功能、结构和环境间多层次、多剖面复杂动态的相互关系为基本概念来研究和分析信息安全和对抗问题，则无法贯彻上述思想。在学科方面，除自然科学外，本书还涉及人文和社会科学的交叉和融合，但作为理工科学生的专业基础课教材，本书这方面内容只能"点到为止"。此外，从法治观点看，现代社会的各种活动都应纳入法律框架中，因此，本教材中有一节专门叙述信息安全与对抗的法律问题，以形成较完整的概念。

本书贯彻矛盾对立、统一的运动发展演化的原理，并将其融入其中进行分析、综合，从而引导出建立信息安全和对抗领域普遍性的原理和方法。本书内容上着重强调系统功能、结构和环境间多层次、多剖面的关系所蕴涵的本质矛盾，以及其在现实条件约束下形成对立统一动态演化的"正"、"反"问题。研究"正"、"反"问题，是本书重要内容之一，安全与攻击的对抗问题就是一类正反斗争。矛盾是永远存在的，并且是在一定现实条件约束下，以对立面不断转化主要位置的演化过程而"存在"的，在此基础上研究"正"、"反"问题的结果都是动态相对的，也包括了一切技术和理论的新突破所带来的优势。由于在发展进程中是有时间性及相对性的，因此不断发展才是硬道理。

本书列举了信息安全和对抗领域里一些典型信息系统攻击与反攻击的对抗案例，以加深读者对基本原理和方法的理解，起到"举一反三"的作用，并为信息系统安全与对抗技术等其他课程提供基础。本课程设置的信息系统安全与对抗技术基础实验课，给学生提供了一个具有一定伸缩性的基础实验平台，从而互相支持，提高学习效果。

本书的编写思路和内容框架虽已明确，但全书涉及内容非常广泛，学科间相互交叉、融合的关系复杂，此外，本书改变了教科书的惯常思路，因此书中定还存在不足之处，在努力尝试之际，望各位专家多多指教，广大读者多提宝贵意见！

王　越

2003年2月

目 录

CONTENTS

第1章
现代系统理论的知识基础

1.1 通向系统的浅显引导

1.1.1 由存在说到运动

“运动”在这里不是指体育领域的运动，即不是指人们所进行的体力、体能测试和训练，而是指广泛意义上物质（也是一切事物）存在的运动。人们不能追问运动为什么产生、运动产生的终极原因是什么，它是一种客观存在，如同物质的客观存在一样。人们只能在承认运动客观存在的前提下去认识运动，即不断深入了解运动的各种表现形式、各种运动规律以及它们之间的转化规律等。承认物质的客观存在就应承认运动的客观存在。另外，运动也可理解为事物间普遍存在的相互作用、相互影响的过程和作用，以及结果的再变化。现代科技发展的前沿科学，很大部分是关于运动的更深入、更广泛的探索研究，而探索的重点在于复杂的运动。

人们已经按运动的本质特征分门别类地建立了有关运动的学科，即分门别类地研究重要的相互关系。例如，物理运动对应于物理学，就是通过物理量、物理参数和物理基本规律来研究物理运动（如力、动量、热参数、能量等，物理运动包括宇观、宏观、介观、微观等多种尺度运动）。化学运动主要是研究分子、原子以及原子间的运动，它必然又关联到电子、原子核间结构布局的相互影响，因此又与物理形成了交叉。实际上，人们在分门别类地研究各种运动时，逐渐体会到了种种运动间存在着互相交叉融合的现象，上述物理和化学在量子学领域的运动就是一种交叉。研究交叉作用需要综合考虑，也表明人们关注的焦点正逐渐转向综合思维。

中国文化的思维特点也是重视综合思维，这是传统性的优点，各种复杂运动是人类科学探索研究的永恒主题。复杂运动需要在分析的基础上综合研究，例如生命运动是多种复杂运动，它是综合性的；生物化学是生物规律在化学领域中的反映；细胞的生长发育，生命的生长发育、生存等需要生物科学结合物理领域的研究，如“哥伦比亚号”航天飞机上中国中学生设计的命题，即在太空微重力环境下生物生存的综合问题。人的生命运动可被认为是宇宙间最复杂的运动，人的身体组织及器官互相配合以支持生命的延续，也支持其自身的生存，人全身数万亿个细胞的新陈代谢都与血液和体液系统相联系，进一步联系到人的思维及相关运动，则更是精细、复杂甚至神奇的。人的思维运动是极复杂的运动，它与其他重要功能相互融合、相互支持，如语言功能就是一种与思维功能密切相关的复杂功能。每一个词的发声，由意识的产生到动作的完成，都是一个非常复杂的过程；语言与思维密切关联，但发声过程并不由思维意识完全控制，它是一种复杂运动。

总之，人是由非常多的运动有机组成的，维持生命的各种运动一旦停止，生命就会终结。一种重要运动停止，也会牵连整体生命或者致残，如心脏停止，则导致生理死亡，脑运动停止，则导致脑死亡，一旦生命运动停止，人就不存在了。生命终结后的运动是分解，即将复杂的人体最后分解成简单元素。由上述例子可以体会到：世界上除了运动之外，没有别的什么东西，这种哲理具有普遍性和深刻性；运动即物质，它是客观存在的。

1.1.2 由运动说到系统

上面谈到的各种复杂运动，是在人类认识能力不断发展的过程中必然要研究的对象，解开复杂运动之谜是认识发展中的重要目标。在漫长的认识发展过程中，直至 20 世纪中叶以后，人类才领悟到复杂的运动之间有些共同的规律，它们均是由多种联系相互作用、相互影响而形成的有机的、有特点的统一运动，这种运动体称为系统。形成这个概念是一个重要的突破，因为它不同于西方惯常的分析思维，即还原论的思维，而是承认综合的重要性。对复杂运动的认识要掌握其综合性，要在分析的基础上进行综合，认识其整体运动规律。所以，系统是在研究复杂运动的过程中形成的概念，是客观存在于人脑中的一种反映，它是真实的，而不是凭空臆造的。

系统的概念一经提出，便引起了很多科学家及技术专家的浓厚兴趣，他们纷纷响应并从各方面进行了研究。这种研究在 20 世纪 40—60 年代形成了高潮，并在系统的普遍运动规律领域形成了系统理论，在实际应用领域形成了系统工程学科。系统工程包括了运筹学等学科分支，在很多领域，特别是大型复杂工程项目组织管理中的应用都取得了可喜的成功。例如，第二次世界大战中，盟国运输船队采取有效的保护措施来减少损失，以完成重要的运输任务；美国宇航局出色地完成了复杂的"阿波罗"登月计划等。在我国，战国时代的田忌赛马策略（孙膑之计）就是早期运筹学思想的出色应用，钱学森先生的从定性到定量综合集成研讨厅方法则是现代的杰出范例。在系统理论方面，普里高津教授的耗散自组织理论是一个重要突破，具有战略作用和里程碑意义。

系统科学与技术密切关联到人类对复杂事物的综合认识，并取决于人类所掌握的科学技术全领域的水平。应该看到，系统理论及其应用的发展尚处在初期阶段，其学科体系结构远未达到完备的程度，对其基本规律的认识也还很不充分，例如，人类对复杂非线性科学、生命科学、思维和认知科学等领域的研究都处于初期阶段。研究的高潮过后，必然会因为碰到种种严重困难而跌入低潮，但处于低潮状态并不是消亡，而是处在理性思考和潜心研究阶段，是进一步发展的前期。

系统科学是人类进化发展中必须要解决的问题，是一种客观要求。本书仅简单讨论系统科学中的部分问题，以便为自顶向下研究信息安全对抗问题提供知识基础。

1.2 系统定义及要点解释

现在学术界、科技界对系统的定义有几十种，并没有统一的认识，本书给出一种定义。

1.2.1　系统定义及要点

具有对外部功能、自组织机能、开放耗散结构，并由多元素组成的多层次、多剖面的复杂动态综合整体称为系统。

定义中的要点说明如下：

● 开放耗散结构：结构与外部不断地进行物质、能量和信息交换，且有耗散。因为不可逆运动过程产生的熵而保持有序运动的非隔绝保守结构称为开放耗散结构。

● 信息：事物运动状态的表征与描述。

● 自组织机能：由内部结构间的相互作用关系，以及内部结构与外部环境的相互作用关系而形成的一组重要的关系组成，具有使系统由无组织的混乱状态向有序状态演变及保持事物有序运动的能力；是系统（复杂系统是由多层次分系统集成）运动生存的重要机理，复杂系统顶层的自组织机能是由分系统自组织机能有机集成。

● 序：系统总体层次上存在的主要运动规律。

系统的简明含义，是指具有系统特征的运动着的事物，是一种客观存在的事物。当支撑系统运动的关系消亡时，其运动也就停止，系统也随之消亡。

综上所述，系统是一类客观存在的事物，其因结构特征而形成了复杂的多层次和很大数量的相互交织关系（既有与外部的关系，也有内部结构间的关系），正是由这些交织的关系形成了总体运动规律。随着事物的运动，这些规律也在不断变化。需要强调的是，自组织机能并不是只有生命体才具有，非生命体系统也有自组织特性，它虽不如生命体那样神秘，但也很复杂。

以下章节中对系统运动规律的讨论，并不专门针对生命体复杂运动规律，而是针对普适的基础性自组织机能。

1.2.2　关系的基本概念

前面提到的关系是一个重要的概念，它反映了事物间的普遍联系、相互作用和相互影响，是运动（一种运动对应一组特殊关系表征）、运动状态、运动结果的具体表征。关系间的相互作用还可能形成复合关系，如亲戚的亲戚关系、朋友的朋友关系、合并关系、传递关系等。有的复合关系前后次序不可变化，例如舅父的儿子为表兄弟，儿子的舅父是舅兄弟而不是表兄弟等。

关系分为很多种类，如物理关系、化学关系、数学关系、人际社会关系（如朋友关系、婚姻关系、血缘关系、法律关系等），不同类别的关系具有不同的特性。

1.2.2.1　数学意义定义的一些重要关系

设 A 为集合，D 为二元集合［对，错］，定义 $A \times A$ 表示集合中两个元素按某规则 R 形成的组合，并考察它们到 D 的映射。如果 a，$b \in A$，$aRb \to$对，则称 R 为 A 的元素间的一个关系，也称 a，b 之间符合关系 R（aRb）；$aRb \to$错，则称 a，b 之间不符合关系 R。以上是由映射概念定义的关系。数学中已有非常多的关系，并还在不断寻求新的关系，数学定理就可看作是一种约束条件下的关系，现举几个例子说明。

数学中的等价关系是一个重要的基础性关系，用$\backsim$表示，等价关系的性质有三条，即

① $a \backsim a$，自反性；

② $a \backsim b$，则 $b \backsim a$，对称性；

③ $a \backsim b$，$b \backsim c$，则 $a \backsim c$，传递性。

注意：c 为 Γa、Γb（Γa 表示非 a），否则将使 $a \backsim a$ 失去独立性。

等价关系是划分集合的准则，有以下定理：集合 A 中子集的划分必有一等价关系与之对应，这是用自然语言表示的数学定理。证明这条数学定理要用数学方法，首先要转到数学的语言及数学证明的逻辑构架，再用已有的数学知识（定理等）进行证明。

定理：一个集合中，子集合的划分对应一等价关系。

设划分集合依照一个准则，符合准则者进入子集合，设准则为$\backsim$，子集合中元素有 a、b、c 等，则有 $a \backsim a$，$b \backsim b$，$c \backsim c$（因为 a、b、c 已进入子集合，故符合准则），其中 a、b、c 都符合$\backsim$，所以 $a \backsim b$，$b \backsim c$，$a \backsim c$，$b \backsim a$，$c \backsim b$，$c \backsim a$。其中$\backsim$具有对称性、传递性、自反性，故$\backsim$为一等价关系。

定理：一等价关系可划分一子集合。

步骤1：设集合为 A，等价关系为$\backsim$，根据自反性，可从 A 中任意挑出满足 $a \backsim a$ 的 a，再由 a 按 $a \backsim b$，…挑出 b，c，…即可构成子集。

步骤2：由于 $a \backsim b$，$b \backsim a$，先挑出 a 或先挑出 b 并无区别，推广至任意挑选无区别。

步骤3：由于 $a \backsim b$，$b \backsim c$，则 $a \backsim c$，说明使用$\backsim$挑选元素无其他限制（如 $a \backsim b$，$b \backsim c$，$c \backsim d$，…串行链）。

由步骤2及3证明了定理的完备性，即划分子集合用等价关系即可完成，不需要其他条件。

以上两定理的证明没有用其他数学定理加以支持，这种证明是最简单的，它表明了集合与等价关系间的关系，也说明存在等价关系的事物，从等价关系角度观察是等同的。例如，集合中的元素，从集合属性的角度分析相同的，是不可区分的。

数学中的相似关系：在等价关系中去除传递性，即去除一种约束，便形成了弱于等价关系的相似关系。相似一般不存在传递性。例如，儿子像父亲，儿子像母亲，但父母不一定相像。数学中的运算可看作关系，也可认为是一种映射，故映射也可看作关系（数学中关系的定义由映射开始，其原因就在于此）。集合可看作是关系的集合，同构类关系是一种复合关系（集合映射和运算的结合）。

设 a、b、c 和 a'、b'、c'分别为两个集合 A 及 A'中的元素，$\bigcirc$ 和 $\bar{\bigcirc}$ 分别为两个集合中各自定义的一种运算，$\varPhi$ 为自集合 A 至集合 A'的映射，即 $a \xrightarrow{\varPhi} a', b \xrightarrow{\varPhi} b'$（$\varPhi$ 为一一映射）。如果 $\boldsymbol{\varPhi}(a \bigcirc b) = \boldsymbol{\varPhi}(a) \bar{\bigcirc} \boldsymbol{\varPhi}(b)$，则称 A 集合与 A'集合在映射 $\varPhi$ 及运算 $\bigcirc$ 和 $\bar{\bigcirc}$ 下构成同构关系。同构关系是一种重要关系，在科学技术领域应用广泛，它是相等关系的推广，即广义的相等关系（在运算 $\bigcirc$ 及 $\bar{\bigcirc}$ 及映射 $\varPhi$ 的意义上），也是一种条件严格的关系。

1.2.2.2 系统理论中的关系定义及表征

系统理论中定义的关系含义比较广泛，主要体现事物间广泛而复杂的联系。系统的复杂性主要体现在关系的复杂性上，如多层次、多剖面的动态纠缠的非线性复杂关系。关系的表征包括：

- 事物间各种相互作用称为存在某种关系。
- 事物间各种相互作用的结果以状态表示（也称存在某种状态关系）。

- 事物间的时空比较状态。
- 事物在一些作用的激发下由某种存在状态转向其他状态形成的状态转移。
- 事物对某事物存在的约束关系等。

1.2.2.3　系统理论涉及的几类重要关系

● 功能关系：专指系统与环境间发生的主要相互作用。它使系统得以生存。实际上，功能关系是系统多种交织关系同外部环境间的相互作用（如提供应用或服务），其核心内涵是提供功能。

● 结构关系：系统内部各部分之间的相互作用。其中的主要内容构成结构。结构层次可划分为分系统结构、子系统结构、子子系统结构，上一层次的结构关系在下一层次可能成为跨两个子系统之间的功能关系。功能和结构的划分要依据观察基点而定，这些相互间的关系形成了系统结构的动态存在，同时也形成了系统层次的功能。可以认为系统的"结构"与"功能"，即哲学上所称事物的内因，它的核心实质是动态的相互作用及其动态关系表征的系统生存。

● 约束关系：实现功能、结构的前提条件、限制条件，以及所需的支持条件。约束关系是关系的一种，是事物互相作用中对某种作用起约束作用的关系。约束关系的根源在于人理、物理、事理、生理对事物的约束，最严格和不容逾越的是法律体系所规定的约束。深层次的约束关系是客观规律，也可以是技术水平的限制。约束作用的表现形式多种多样，可以是时间维上的连续作用，也可以是不连续的阶段性作用。约束关系具有体系特征，不同层次、不同剖面、不同时间有不同的约束条件，它们的集成构成了约束体系。

1.2.2.4　关系概念形成及关系间的关系

关系的深化及概念的形成：概念是人对事物深入认识后所形成的本质概括，人们往往利用概念和形成概念的思维模式进行新的认识；深入认识各种关系同样可以得到概念（称为关系概念）。关系的概念有利于研究复杂关系集群的组成以及关系间的关系。下面利用概念的内涵与外延研究"关系"间的关系。

● 种属关系：一个关系的外延被另一个关系的外延全部包括，并成为其中一部分，则外延大者称为种关系，小者称为属关系。

● 并列关系：在一个种关系下，平行的两个或多个属关系，其外延互相排斥（不能兼者）的关系。例如，大学形成的系统与小学形成的系统，是学校下的并列关系。

● 交叉关系：关系的内涵与外延部分不同者。例如，中国科学院的各研究所与中国科学院研究生培养单位为交叉关系。

● 同一关系：两个关系外延完全相同，但内涵不同或不完全相同者（体现事物多剖面的特性）。例如，中国科学院某研究所与中国科学院直属某研究所为同一关系。

● 对立关系：一种特殊形式，即并列关系中其外延相互对立，处在两端位置的属概念。例如，军事演习中部队的对抗功能为对立关系。

● 矛盾关系：一种特殊的并列关系及对立关系，两个属关系外延的和等于种关系的外延。例如，军事演习中红军、蓝军为演习部队体系下的矛盾关系。

由系统的功能关系、结构关系及约束关系分析可得，系统可同时具有以上各种关系。

1.2.2.5 关系的维系间对象的关系

设对象为 X、Y、Z，则产生如下维系关系：

- 相似关系：X 与 Y 相似。
- 时空比较关系：X 比 Y 大，X 比 Y 前，X 比 Y 后，X 比 Y 早，X 比 Y 晚等，以及时空关系组合。
- 占有关系：X 中有 Y，X 控制 Y。
- “是”关系：X 是 Y。
- 继承关系：X 某属性遗传给 Y，Y 继承 X 的某属性。
- 因果关系：X 是因，Y 是果，由 X 产生 Y。
- 矛盾关系：X 与 Y 为矛盾关系。

此外，还有成员关系、部分关系、组成关系、类关系等。

1.2.2.6 关系的时空展开及变换

时间、空间是物质存在的基本形式，事物的存在必然在时间、空间域展开；由于事物的运动可用一系列关系表示，因此，关系必定在时空域展开。关系的时空域展开有多种样式，可单独考虑在时域或空域的展开，若想全面表示事物运动，则应在时空域联合展开。在连续状态下表征运动，常以 $\frac{\partial}{\partial t},\frac{\partial^2}{\partial t^2},\frac{\partial}{\partial x},\frac{\partial^2}{\partial t^2},\nabla,\nabla^2$ 等表示；在离散状态下，则对应以差分方程和离散序列表示。

在众多关系中，变换关系是一种重要关系，它将事物性质变换至另外剖面进行表征。如将“性质”看作一种“关系”（即以关系表征性质），则变换关系也是“关系”变换，如傅里叶变换是将信号在时间域的关系转换至频率域的关系。变换关系的内容也可以是关系集合（不仅是单一关系间变换）间的变换，如针对系统的不同设计方案，是保持系统功能不变的条件下各种约束关系变换的结果，也因此常说设计的实质是利用变换关系形成变换结果。

“关系”是一个重要而灵活的概念，利用各种“关系”研究事物运动、研究系统非常重要。

1.3 系统理论体系的初论

1.3.1 唯物辩证基础层次理论及不同思维模式

哲学诞生时，其原意为爱智慧（追求智慧），追求探索“什么是事物存在”这一最基本普适的规律，包括人类的生存规律、最基础的本原性等。人的智慧是认知万物生存的最高能力，人要不断深入认识其生存规律的各类、各层次、各剖面的规律，才能使人类自己更自由、更自在地发展。因此，从最基础普适的角度认识事物存在脱离不了哲学，而“生存”本身就是运动。

唯物辩证哲学是最基础和普遍的研究事物运动的学问，尤其是矛盾对立统一律、量变质变和否定之否定，被认为是唯物辩证哲学的核心理论。矛盾对立统一律可看作是辩证哲学公理，它支持了唯物哲学的发展（在发展具体内容时，往往与相关领域的专门学问相结合，同时体现了辩证哲学的普遍性）。以下两个例子说明了唯物辩证哲学的科学性和发展性。

经典的唯物辩证理论在论及时间和空间概念时，指出它们是物质存在的基本形式，这是最基本的和普适性的论述，但并没说明时间和空间之间的关系，在牛顿力学体系中也没有论及；发展到狭义相对论时，才在惯性系中科学并美妙地用数学表达了空间和时间的相关性，这是对经典的唯物辩证理论中时间、空间概念的重要发展和补充。

如图 1.1（a）所示，常用思维模式认为是 *A* 不是 *B*，是 *B* 不是 *A*（形式逻辑模式）。但辩证思维则认为在一定条件下 *A*、*B* 可以互相转化，如图 1.1（b）所示，*A* 不是 *B*，但 *A* 又是 *B*，辩证思维模式是可普遍应用的。因事物是复杂多层次的，又是动态发展的辩证过程，如 *A* 代表“对手”，*B* 代表“朋友”的场合，按绝对化的思维模式，则有是 *A* 不是 *B* 和是 *B* 不是 *A*，是一种绝对“划分”，即不是“朋友”就是“对手”，不是“对手”就是“朋友”。实际上，这种概念常常是行不通的，因为朋友间也有矛盾，对手间也往往有共同点，即如图 1.1（b）所示。

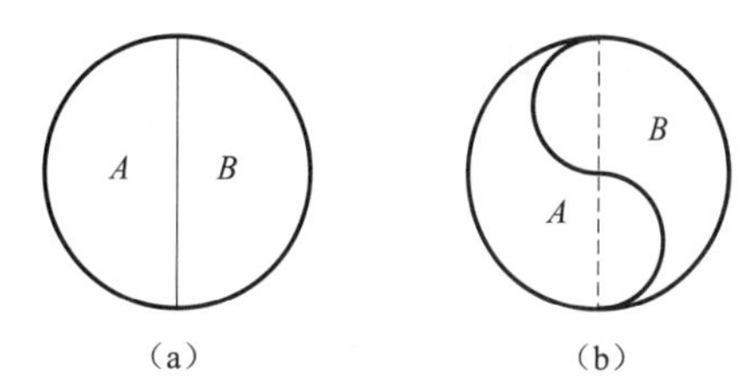

图 1.1　两种不同的思维模式示意图

（美国哲学家巴姆提出）

另一个重要的例子，是中国和美国之间的关系，既达不到盟友关系，也不是全面的对手（敌人）关系，有的问题矛盾严重，但也有很多友好合作。全世界都关注中美两国关系，中美两国利益都需要发展这种非敌非友、有合作也有斗争的不断发展的关系。如果采用绝对化思维，就会错误地决定中美关系发展的方针。

系统理论最基本的特点是研究系统的动态运动，其矛盾地演化，孕育系统的发育、成长、消亡和新生，所有这一切都可看作是以矛盾运动为根源的运动过程。同时，因为系统理论研究的对象是“系统”，具有非常广泛的内涵和非常多的运动类型，所以，需要以唯物辩证哲学作为其研究的基础理论。

1.3.2　耗散自组织理论体系及开放复杂巨系统

耗散自组织理论是正在发展的一个学科群。普里高津教授所提出的耗散结构理论作为耗散自组织系统理论的奠基性理论，有着第一原理的意义。耗散结构是构造系统自组织特征的基础条件（必要条件），自组织特征是事物作为一个活的系统的最基本特征，也就是自组织机理形成事物生存（运动）的运行秩序（规律）。只有在发现了系统这两个重要基本特征后，才有可能较科学地研究系统演化问题（演化核心机理是新“序”产生及演化过程），然后由演化和与“环境”相互关联作用进一步将耗散自组织原理延伸至复杂事物相互关联作用的体系研究中。耗散自组织理论是现代系统理论发展的重要基础之一。它是系统理论的本体核心，同时，作为一个理论体系，也在研究发展之中。这个理论体系的实质用普里高津教授的话来表述，就是研究演化着的世界，即一个进化着的系统。

1.3.2.1　普里高津提出的耗散理论及其要点

1. 保守系统与开放系统

系统按其与“环境”的关系，在理论上可划分为与环境不发生关系（即与“环境”没有物质、能量、信息交换和交流）的保守系统与开放系统两类。保守系统在经历了时间流逝后，所处状态必定是平衡态，物理热力学第二定律指出，此时保守系统的熵达到最大值（而无熵流产生），同时，保守系统的状态函数在空间是均匀的，在时间上是不变化的，即时空稳定不变。普里高津指出保守系统的宏观序为零，即宏观无序，这种保守系统在研究系统演化中是无意义的，不必多加研究。

这里提到的“熵”这个词语，它在自然科学中具有重要的基础性意义，且在发展中有多种内涵，在此简单展开叙述：熵的概念最早在热力学第二定律研究中提出，表达为Q（热量）/T（温度），是表征讨论对象的一个热力学特征态函数，它表示对象中不可利用热能增加，则熵增加，也就是由做功角度表示对象特性的态函数。后来物理学家波兹曼在统计物理中提出了重要的熵公式：S（熵）= k（波兹曼常数）• ln W。在这个著名公式中，W为热力学概率（>1），意为事物某宏观状态下可含微观状态数（微观状态有自己的运动特征），微观状态越多，则宏观运行规律越少。例如，一个国家内有很多部落各行其是，则整个国家必然缺少秩序。因此，熵表达了无序运动的程度，波兹曼熵公式具有重要基础意义。

20世纪中叶，仙农教授将熵的概念扩充至信息领域，提出信息熵（仙农熵）。将信息定量表达为与不确定量的消除成比例，发生事件可能性越小，表示不确定性消除越多，因此获得信息量越大。普里高津教授创立了在开放环境下不断排出“熵”（不能利用的废物）的概念和著名的$\Delta S_T = \Delta S_i + \Delta S_o$表达式，利用它使$\Delta S_o$向外排放。该公式指出：在封闭系统内，不可逆运动过程必不断产生熵，熵不断积累达到最大值，破坏系统有序运行，因而外排熵，即耗散熵是自组织有序运动的基础。现在熵的概念还进一步扩充为：对物质系统中某特定状态可能出现的程度的描述（一般反比于正面自组织机理实现可能性，用于表示反常情况）。以下结合开放系统展开进一步讨论。

开放系统与环境有物质、能量、信息的交流，因为有“交流”，必有“流”（广义的流，而不一定是某种液体流）。交流的“流”中还包括自组织机理形成系统有序运行的“功能流”，它是由内部各部分相交作用、相互影响的关键机理产生的。有“流”必有形成流的广义推动力，简称“力”（广义），它实际上是某相关物理量（状态函数）在空间分布的梯度$\dfrac{\partial T}{\partial r_1}$，其中$T$为某状态函数，$r_1$为空间坐标分量。根据“流”与“力”之间的关系，可有线性关系，即$J_k = \sum_{i=1}^{n} a_{ki} x_i$，其中$J_k$为第$k$种流，$x_i$为$J_k$中的第$i$种推动“力”，这种情况多在系统状态距离平衡态不太“远”时发生，即x_i数值并不太大（平衡态下，J，x都为零）。虽然“流”与“力”之间的关系很复杂，但在参考点（现参考值为零）附近用级数展开并取一阶线性近似是可以的。这种状态平时称为非平衡线性状态，物理学家昂色格发现了一个在非平衡线性区的对易定理，即$a_{ki} = a_{ik}$，即i种“力”产生k种“流”的效果等同于k种“力”产生i种“流”的效果。在非平衡态线性区可能出现这种情况，即系统状态函数的空间分布有差异，但不随时间而变化，这种状态称为非平衡定态。例如一个金属杆一端与沸水接触，一端与流动冷水接触，当时间足够长时，杆子上各点温度不相同（但不随时间而变化），按普里高津教授所提出的$\Delta S = \Delta S_i + \Delta S_e$公式分析熵的变化率，则$\Delta S = 0$。这时各点的温度都不变化，温度梯度也不随时间变化，即$\dfrac{\mathrm{d}\dfrac{\partial T}{\partial r}}{\mathrm{d}t} = 0$，但$\dfrac{\partial T}{\partial r} \neq 0$，杆子由沸水中稳定吸热而向冷水中散热，有熵的流动，$x_i J_i \neq 0$，但不随时间变化，此时便会存在 $x_iJ_i=e$（熵产生的时空密度）。事实上，当存在有不可逆的热力学现象时，就必然会有内部熵增加，即 $\Delta S_i>0$，但由于与外界有能量流进、流出，ΔS_e 是负的，但熵增加率为零，即熵值不变化。这也验证了普里高津教授所提出的著名的近平衡态，熵的产生率最小定理。

2. 最小熵产生原理

非平衡非线性状态时，“力”与“流”间呈复杂的非线性关系，也称远离平衡态。普里高津教授认为，只有在远离平衡态的开放系统才可能使系统产生新的序，在非平衡线性态，熵是不变化的，熵的产生率最小，此状态是无法产生新序的。这可以从两个方面来理解：一方面，一个新序要经过混乱无序斗争才可达到有序，无序斗争体现在熵的度量上，先是熵的大量增加，然后是大量减少，形成新的序。在非平衡线性状态，熵增加率最小，很难“破”，不“破”就很难“立”，故不可能产生新的序。另一方面，在非平衡线性状态，因为线性特性只可能有量的变化，而不可能有质的变化，故不会有序产生。普里高津教授认为，只有当系统在开放状态，同时外界驱动能力使系统远离平衡态并达到相关突变的阈值以上，使系统总熵值变化最终小于零（而不是零）时，才会产生新的序。这种远离平衡态可产生新序的结构，被普里高津称为耗散结构（耗散熵之意）。远离平衡态的外界“推动力”只不过是产生新序的条件，新序的实际产生还要依靠系统结构本身，从这个意义上，讲新序的产生是依靠系统的自组织行为，而耗散状态只是最基本的必要条件。

附带指出，对于“耗散结构”的含义，也有学者不仅用在了远离平衡态情况，而且扩大到了非平衡线性态中的有序情况。因为“耗散”是指耗散了熵的增加趋势，故称为耗散结构。

3. 两种物理及物理学与进化论的统一

普里高津教授认为，物理学可按其基本定理对时间对称与否的性质，分为“存在”领域与“演化”领域物理两大类。牛顿力学、相对论、电磁理论、量子理论，如在它们的表达式中将 t 换为 $-t$，则结果不变。时间对称，只能表达存在着的状态，不能表达进化着的事物。进化着的物体，要呈现出“时间对称破缺”，即如果将 t 换为 $-t$，结果绝对不会一样，这是最基本的特征。有生命的物体有成长、成熟、衰老、死亡的过程，“时间对称破缺”是其基本特征，这一类演化领域物理则以热力学为代表（“演化”，不等于“进化”）。达尔文的“进化论”是说明和解释地球生物圈生存进化现象最基本的规律，但与热力学第二定律阐述的“熵不断增加”有矛盾——“熵”不断增加，生命就很难维持，更谈不上进化。

普里高津教授提出了“耗散结构”概念，即这种结构不是封闭的保守结构，而是“开放”结构，与外界（即外系统）有物质、能量及信息的不断交换，并有一种机制能够不断耗散，内部由于不可逆过程必定产生熵，使结构内部总的熵不会增加（有时反而会减少）。这种重要的机制称为“耗散”功能，它的重要性在于：它消除了原来物理热力学与进化论间的矛盾，发现了物理学新领域，发展了物理学熵的含义及作用，奠定了从“存在”到“演化”的基础（桥梁），也丰富和发展了唯物辩证法（可结合下一小节理解）。

1.3.2.2　耗散自组织是系统的核心基础理论

耗散自组织理论是一个体系，现仍在发展中，各研究分支所取得的成果不断充实发展了这一体系的内容，其核心概念是：运动生存着的物体必定要“开放”，与外界有物质、能量及信息的交换，在此前提下，由物体内部结构与外部组成复杂的非线性作用关系，形成物体自身的整体运动规律（宏观秩序），称为自组织行为。再讨论事物另一重要态参数熵，其对应事物的自组织有序运动，熵不能不断增加，以免破坏有序。结合著名公式$\Delta S = \Delta S_1 + \Delta S_0$，其中$\Delta S$为体系总熵增加值；$\Delta S_0$为由内部结构与外部环境相互作用（物质和能量的流入流出）所形成的熵流，它为负值，抵消由内部不可逆过程所产生熵的不断增加值ΔS_1，使得总熵不增加甚至减少，这种机制称为耗散机制，由普里高津教授发现并提出。耗散机制区别于热力学第二定律的封闭系统熵增加至最大值。具体自组织机制是复杂的，并能互相组合形成事物的各种复杂运动。从“变化”角度看，它有既“量变”，也有“质变”；从动力学角度看，它处于远离平衡状态，但只有具有非线性的性质才能有产生新序的可能（体现在整体运动规律及控制参数作用上），产生新序后的系统演变成相对稳定的体系结构，与后续量变过程衔接就蕴涵了系统发生“演化”、“进化”的进程。在一定条件下再形成由量变到质变，继续第二轮变化并将延续不断地循环。

“系统”是事物运动普遍存在的一种复杂形式，对其研究的系统理论必然涉及“存在”、“演化”问题，即系统的产生、发展、存在以及衰退、消亡等问题，其中主要内容是将系统看成一个整体，并结合与其他系统间相互作用的关系进行研究。当人们对千百万种令人眼花缭乱的系统及其复杂运动进行研究，并提炼最普适本质的动力学规律时，发现耗散自组织性质是一切运动系统共有的基本规律，因此，它被认为是系统核心基础理论。另外，从讨论“演化”的核心机制而言，耗散自组织理论还支持自然辩证法对立统一规律中“事物发展是内因与外因的结合，内因为主”的著名论点。自组织机理及机能的表达及应用举例将结合协同学进行叙述。

1.3.2.3 耗散自组织理论体系重要分支理论

自普里高津教授提出耗散自组织基本概念及论证其普遍存在的基础性和重要性以来，很多对复杂性问题及系统演化问题的研究，直接或间接地发展、补充了以耗散自组织概念为基础的各相关剖面的内容，并形成了一个发展中的科学体系。以下章节还将重点介绍其中的一些内容。首先介绍自组织动力学，这是因为耗散理论建立之后，紧接着便自然而然地需要研究系统在具体环境中如何通过自组织功能形成具体序的机理问题，即动力学问题。这方面有较多的研究文章和专著，现着重介绍其中几个重要分支。

1. 布鲁塞尔器

普里高津教授在提出耗散理论的同时，也提出了一个三分子反应模型，即布鲁塞尔器（Blusseletor），它由下列四个动态关系组成：

（1）$A \xrightarrow{K_1} X$；

（2）$B + X \xrightarrow{K_2} Y + D$；

（3）$2X + Y \xrightarrow{K_3} 3X$；

（4）$X \xrightarrow{K_4} E$。

其中A、B在反应中不断消耗且不断得到外界补充；D、E为结果，一旦形成，则立刻被取走；X、Y为状态变量，是不断变化的。这个模型用途很广，它表征了自组织特性，其中，式（3）是一个非线性的自催化环节，表示X被催化跃升，在模型中起重要作用（其中Y起支持催化作用）；箭头“→”有多种含义，如形成、演化、产生等；符号“+”表示广义的“加”，如支持、加入起反应、补充作用等，例如模型可表示基础知识A演化成理论X，理论X在B

支持、补充下，演化成理论 Y 及结论 D（D 可看作成果），将 X 扩充并结合 Y 形成了更广泛、完备且内容更丰富的 X 理论体系，X 理论体系可发挥作用得出成果 E。

2. 协同学

下面介绍耗散自组织理论动力学部分的另一重要分支——协同学。

协同学由德国学者哈肯教授所创立，它研究事物由无序变为自组织性有序的规律。哈肯教授发现不同种类事物的变化往往有相似的现象和规律，他进一步研究这些共同规律，形成了较有普遍意义的系统性方法，并较深入地说明了自组织机理。对协同学的研究证明自组织存在的范围很广，除了无生命的系统外，还包括有生命系统，如生态系统（生物系统扩大形成的生存循环系统）、社会系统等。

对于复杂系统，其多层次分系统各自的自组织机能再集成而形成系统的自组织机能。系统共性和自组织性是在一定宏观（整体）层次出现的，越靠近微观层次，其差异性越大，这体现在个体生存都是以各自的特殊性表征的。此外，在有序情况下，系统还存在着很多方面的无序，系统的多层次、多剖面特性是复杂性客观存在在此处的体现。对此，协同学认为仅限用熵的概念去描述系统是不够详细的，因而进一步利用序参量结合运动状态相互关系进行偏重宏观层次的定量描述，并在一定范围内将宏观和微观结合来研究系统运动（含相变）。

通过运动模式及少数序参量来表征运动是一种很好的方法，如对于一个弦的振动，只需用其振动幅度与频率便能很好地概括与表征；但是对于一个人的脑思维，决不能用电化学的方法以每个脑神经细胞的活动来表示，而应该用思维以及思维模式特点来表征（脑神经细胞的活动作为基础要研究，但不能用于表征一个人的脑思维特性，它距离脑的思维整体层次太“远”了）。因此，可认为协同学基础理论是原有科学方法的提升和集成。

协同学研究运动模式及序参量问题。结合客观存在的随机起伏运动以及系统复杂的多体情况，分层次、分剖面地利用统计数学及分析数学进行宏观层次的扼要（模型化）的定量分析（没有利用模糊数学），在定量分析中发现各类系统性事物运动都具有自组织特性；对系统的运动可分别就变量间关系建立等同于独立变量数的微分方程组，并利用变量作用的衰变常数间相对大小（弛豫时间长短）化简系统分析的复杂性，即作用动作快的变量近似看作无滞后地紧跟缓慢变化的变量而形成“近似绝热过程”概念。在绝热近似的简化基础上能简捷地找出支配变量（对应小阻尼），它支配（役使）大阻尼、短寿命的跟随变量，从而形成“役使性”的自组动力学原理。协同学用动力学微分方程式的定态解表征含时解的稳定结果，由于“解”的状态还表征了系统稳定性问题，由此进一步与研究稳定性理论分支发生联系。一定条件下形成的非稳定性突变被看作系统质变，质变往往会使系统产生新的“序”而进入一个新阶段，然后又转成量变新过程。哈肯教授详细分析了激光形成过程，证明无生命系统在一定条件下完全可以具有自组织功能，从而使系统产生“序”，同时也进行自组织的有序运动。作者在此补充指出，就本身而言，无生命的人工系统具有自组织机能，但深层次而言，这种自组织机能是由设计制造者主层植入形成的。协同学还研究系统在随机环境中的分析方法，包括自组织动力学内容等，在此不做详细介绍，有兴趣的读者可参阅哈肯教授的协同学专著。下面简单分析绝热役使原理，以说明自组织功能的发生往往蕴含于简单系统中，以便加深对自组织功能以及可普遍适用的概念的理解。

由朗之万方程谈起，该方程为：$\dot{q}=-\gamma q+F(t)$，$\gamma>0$，$F(t)$ 为外力。

设 $F(t)=a\mathrm{e}^{-\delta t},\delta>0$，如不考虑系统过程，可得：

$$q(t)=\frac{a}{\gamma-\delta}(\mathrm{e}^{-\delta t}-\mathrm{e}^{-\gamma t})$$

如$\gamma \gg \delta$，则

$$q\,(t)=\frac{a}{\gamma}\mathrm{e}^{-\delta t}\equiv\frac{F(t)}{\gamma}$$

它表示当系统固有时间常数远小于外力（也可理解为输入的命令）的时间常数，即$\tau_1=\frac{1}{\gamma}\ll\frac{1}{\delta}=\tau_2$时，等价于上面微分方程中的$\dot{q}=0$，从而得到$q(t)=\frac{F(t)}{\gamma}$，其意义即系统立即响应“命令”。

哈肯教授称这种处理方法为“绝热近似”，它在简化复杂问题时扮演重要角色，如把“命令”对应“热能”，则意味着“热能”不失散，全部发挥作用，即“命令”不走样地被执行。再进一步，“命令”可演化为自组织。

1982年英阿马岛海战中，英国舰队中有一艘重要保障船只，是征用民船临时在由英本土驶向马岛战区途中改装而成的。由于英国民转军的适应能力强，该民船改装及执行任务的调整适应时间常数$\frac{1}{r}\ll\frac{1}{\delta}$（作战任务持续时间常数），因此成功完成任务，即该船改装形成自组织机能$q\,(t)$，能很好地执行新作战任务$F\,(t)$，$q(t)=\frac{F(t)}{\gamma}$。此例曾作为海军平战结合的范例来获取经验，也说明了人主导形成系统动态自组织机能的实现。其他非线性较复杂自组织机理的表达和参数选择可结合下列的动力学表达式进行。

设系统方程为：

$\dot{q}_1=-kq_1-aq_1q_2$，$\dot{q}_2=-\lambda_2 q_2-bq_1^2$（$q_1$，$q_2$是状态变量，$k$，$\lambda_2$，$a$，$b$是常数）

当$\lambda_2\gg k(\lambda_2>0)$时，对应于系统的时间常数为$\tau_2=\frac{1}{\lambda_2}\ll\tau_1=\frac{1}{k}$，因此可利用“绝热近似”。

令$\dot{q}_2=0$，则$q_2\doteq\lambda_2^{-1}bq_1^2$，从而$\dot{q}_1=-kq_1-k_1q_1^3$，$k_1=\frac{ab}{\lambda_2}$。这称为Pitch-fork分岔方程。由它可解出$q_1$，然后可得到$q_2$，$q_1$可看作支配变量或序参量，$q_2$称为跟随变量。$q_2$对应短寿命系统，长寿命系统支配短寿命系统，短寿命系统又反作用于q_1形成了相互作用。系统参数给定后，当参数变化时，q_1、q_2形成一定的运动规律（包括分岔体现老结构让位新结构、新的序，通过涨落达到新的有序，是自组织进化范式理论中的一条定理）。

对于一般情况而言，系统方程可表达为：

$$\begin{aligned}\dot{q}_1&=-\gamma_1 q_1+g_1(q_1,\cdots,q_n)\\ \dot{q}_2&=-\gamma_2 q_2+g_2(q_1,\cdots,q_n)\\ &\cdots\\ \dot{q}_n&=-\gamma_n q_n+g_n(q_1,\cdots,q_n)\end{aligned}$$

一般而言，方程组中方程可代表分项自组织关系，整个方程组表征系统自组织机能。对于γ数值大的微分方程，则可用消去法化微分方程为代数方程，在进行过程中，还可将上式近似线性化以求解。在此不详细论证可线性化的条件，如$g_1\cdots g_n$不能线性化，则目前没有很

好的解决方法。线性化会带来分析的不准确性，但可以给定性提示方向，找出少数低阻尼、慢变化的参量，它起役使作用，其他参量起跟随作用。跟随参量也可反作用于役使参量，这形成子系统间相互关系的自组织功能。少数役使参量称为序参量，这类方程组在实际系统分析中会经常碰到。以上数学表达式简要地说明了“自组织”机理的普遍存在性。

作者指导博士论文中定量分析研究问题时，动力学方程由 8 个非线性微分方程表达，数学上解析解无法求出，而数值解由于多个参数交织，无法分析出有效结果；采用哈肯教授化简方法，将其压缩为 4 个微分方程组，进行线性化近似加以数值解，得到了清晰的解决问题的框架，在此基础上进行局部调整，良好地解决了研究问题。

下面再举一例来说明较复杂系统某一项自组织机能是由多项分自组织机能按规定秩序综合集成的。在移动通信网中，移动用户 A 在移动中与移动中的用户 B 通信（A 主叫，B 应答，A 方动态分自组织机能用 a_1，a_2，…表示，B 方用 b_1，b_2，…表示），见表 1.1。以下讨论信号路径形成。

表 1.1　移动通信系统 *A*、*B* 通信的路径

a_1：A 在待机状态中移动，但 A 不间断与不同地点基地站保持联系，基地站将自己号及 A 手机号经光纤通信网络传至移动网管理分系统的注册登记中心登记	b_1：同 a_1，但不同基地站号依 B 移动地点而定
a_2：A 欲与 B 通信，开机并输入 B 手机号，此号码信号经 a_1 相同路径查找 B 连接基地站地址	b_2：同 b_1
a_3：查得 B 动态连接基地站号及地址后，继续经光纤电信网向 B 现时连接基地站发送 A 手机号及欲通信 B 手机号，基地站经无线信道向 B 发送上述信号	b_3：B 手机接收信号并显示 A 手机号及振铃
a_4：如 B 接听，A 基地站也建立 A 基地站到 A 手机通信的无线多址接入信道，则可开始通信	b_4：B 决定是否接听，如接听，则按接听按键，此时 B 基地站建立与 B 手机的无线信道，并延伸至光纤电信网至 A 基地站的路由式信道，待 A 基地站建立到 A 手机的无线多址信道后，便可开始通信
a_5：当一方中断通信后，则拆除临时建立的通信信道，但保持手机与基地站的联络控制信道 注：每项工作还包括更细的自组织机能驱动工作	b_5：同 a_5

结合实例延伸并进一步说明分项自组织机理有机集成中，每个自组织机能都有实现的充要条件链（充要条件的充要条件依次构成的链），如果链的串行环节多，并且各链的充要条件对立不相容，就会给系统自组织机能的集成造成很大负担和困难，这取决于设计者的智慧和科技发展的水平，是一个永远进步、发展的运动。

3. 其他工作

在《自组织的宇宙》（美 Jantsch 著）一书中，作者开头便引用了庄子的《秋水篇》：“故曰，盖师是而无非，师治而不乱乎？是未明天地之理、万物之情者也。”将其作为对立统一辩证思想的范例，并依其中基础思维提出了自组织范式，以阐明包罗万象的进化现象。这些进行现象包括：宏观有序、耗散结构、自组织、通过涨落达到有序（系统进化），大小宇宙的共同进化（实在的对称破缺史），自我超越，走向进化的系统论，进化过程之进化等新理论。在

《自组织的自然观》（曾国屏著）中，作者着重论述自组织演化论，在发展范畴内讨论各剖面的核心因素，同时，将其与辩证法相联系，且由更大世界范围的论证研究了自组织理论的深层次作用和意义。

此外，还有一些间接的相关工作，如《正反馈》（郑维敏著）中提出的反馈理论。反馈是事物演化的重要模式，在进化过程中，适者生存要靠反馈来实现。人类区别于动物，很大程度上在于有意识的反馈，也就是更聪明、效率更高的反馈，而高效率的反馈必须建立在深刻理解规律和原因的基础上。耗散自组织理论的具体应用，是反馈过程中最基础和最重要的工作。一般情况下，负反馈多用于稳定发展进化的量变阶段，人们已熟悉并用得较多；在质变过程中，旧序的破坏、新序的建立，往往离不开正反馈，因此，正确理解和利用正反馈是一种进步，深入研究正反馈也是一项很重要的工作。

突变理论和分岔理论，是研究某些非线性特性的。在一定条件的激励下，质变产生，这实际上是一种常见的自然现象，也是物质进化过程必不可少的模式。此外，还有混沌、分形的研究，它是针对自组织中偶然与必然的结合与互相转换，这种结合与转换是一种深层次的客观存在。对耗散自组织理论所形成的科学体系的广泛内容而言，还有很多重要工作，在此不一一罗列。

1.3.2.4 耗散自组织理论体系融合发展总结

自组织动力学研究系统演化的动态过程。除上述内容外，对于过去较少研究的质变阶段，现在也有很多学者从事相关研究并取得了一些成果，如正反馈理论、突变与分岔理论等。研究突变现象与研究系统稳定性问题有密切联系（理论上、概念上一脉相承），这方面的研究也补充和支持稳定性问题的研究和发展，但仍有很长的路要走，仍有待根本性的突破。对于“突变”的研究，可能会形成一个称为突变理论的专门分支理论。

自组织动力学领域是一个尚不完备的开放式动态学科发展体系，它不可避免地涉及复杂非线性科学，与很多前沿科学分支都有较密切关联，如混沌理论、分形理论、神经网络理论部分，也有学者将其归入自组织动力学领域中。各学科分支相互交织关联是事物广泛交织关联的客观反映，一成不变的固定的学科“划分”不科学，也不可能满足人类认识不断发展的需要，而以“自组织”作为基本概念与其他学科进行融合发展，能丰富我们对事物动态发展的认识能力。

1.3.2.5 钱学森提出的开放复杂巨系统理论

1. 概述“特征”

开放复杂巨系统是由钱学森教授首先提出的，它实际上是对现在越来越多的一大类极端复杂系统的定义（以下简称为“巨系统”）。其主要特征如下：

① 巨系统存在于时空域中，具有多层次、多尺度、非常复杂的动态关联关系，包括多个分系统、子系统之间多层次交织的动态关系，其中有些关系是“关系”的关系。巨系统是客观存在的，但其规律“隐藏”很深而难于察觉，认识上也往往难于表述。例如，人的生命关系、思维关系、思维与感情关系、感情与行动关系等。

② 巨系统的运行多关联到生命的生存、发展，也关联包括人类生存发展中的一些很重要问题。很多巨系统的运行，关联着人类社会进化发展的重要方面。

③ 在巨系统发展中，多关联到人，并且人要起主导作用，但人现时掌握的科学规律、技术、方法手段远达不到对巨系统实施主动导引的认识和实践作用，尤其是基于分解分析的思维方法和获得的知识，其“还原论”的烙印较深。系统理论发展的历史还较短，在深层上受还原论影响，因而尚不能很好地解决巨系统问题。巨系统中所蕴含的主要分系统、子系统多，也可能为复杂的巨系统。

④ 就巨系统特征和运行机理而言，越细致、严格且时空关联范围越大，类同体越少，甚至是前无后绝的“孤岛”。因此，利用统计规律对复杂和规律的事物进行掌控的方法也难以起到重大效果（类比的方法可起部分参考作用）！对巨系统复杂艰难的认识及对其关联的实践，体现了人类文化进化的深刻含义！

综合上述巨系统的特征，不难得出如下结论：

① 开放复杂巨系统，对于人类来讲是客观存在的一类极为重要的系统，钱学森教授认识到它的本质重要性，并进行了命名，倡导重视并加以研究。

② “巨系统”的研究是人类的一种严峻挑战和重要发展的方向，它的挑战性在于人类远还达不到掌握巨系统的本质规律，但又不可避免地要发展它，解决其中难题，这是一种深层次对立矛盾的挑战。

③ 结合挑战和重要发展方向，人们必须努力、现实地结合实际，探索有效思维方式和方法，这就关联到钱学森教授提出的定性和定量综合集成的方法论、定性和定量综合集成讨论厅体系，它们是目前科技水平下处理巨系统发展的一种新方法和新机制（人机结合地发挥人的智慧，人的智慧多为“自在”但不“自明”）。这是人直接介入复杂问题解决过程，而不是单依靠努力找寻解决复杂问题理论的技术和方法，再去解决复杂巨系统问题（人是间接介入复杂问题）。

2. 从定性到定量的综合集成方法（以下简称“方法”）

（1）组成“方法”的工作方法要素

从思维的细致和概略全局角度讨论“方法”，共有三种工作方法：定性方法、定量方法、综合集成方法。

① 定性方法：针对问题，思考、认识其整体性质、特征和解决该问题的方法。应用定性方法时，可用形象思维，也可用逻辑思维，在一些场合也可用直觉思维。

② 定量方法：针对问题，测定、确定其各组成部分的数量的方法。

③ 综合集成方法：以前就有综合方法，它指把分析过的对象的各个部分、各个属性联合成一个统一的整体（跟“分析”相对），而已有的“集成”一词用来指将同类作品汇集在一起。现在的综合集成方法是指由定性方法到定量方法集成，一起形成对复杂系统统一的整体，它强调发挥人积极主动的思维，并多次努力直到掌握要点。它包括境空间（问题、子问题剖面）域，同时，它轮换、交织使用定性、定量方法以达到互补提升的效果。

需指出的是，以上三种工作方法的分类是为了更好地发挥人在方法运用中的作用！

（2）“方法”应用的主要运行元素（简称“元”）

这些元素相互作用，形成对问题较深刻的认识，在此基础上得到的处理方法作为后续决策的基础。

① 参加人简称“人元”，是参加研究、解决巨系统问题的各类专家成员，是主导“方法”运行的主要负责人。

② 信息元：进行研究讨论所需的各类、各种信息（靠人主导选择）。

③ 知识元：进行研究、解决问题时所需的各类、各种知识（包括原理、技术、方法、工具等，靠人选择）。

④ 工具平台元：在此并不只是传统概念上较简单的工具，而重点是指那些广义的复杂工具系统，它用于人元为主导的研究，讨论复杂系统问题，如计算机、各种数据库等，是最现代化的一类“工具”，是计算科学支持的建模仿真模拟平台（还包括某些专业领域应用大型计算机的人才队伍）。

（3）应用“方法”的基础模型（简称“模型”）

由于具有基础性和元素性，模型常被用在用时空域嵌入方法对复杂系统的分析处理中。模型直接由人元、平台元、信息元、知识元相互关联组成，如图1.2所示。

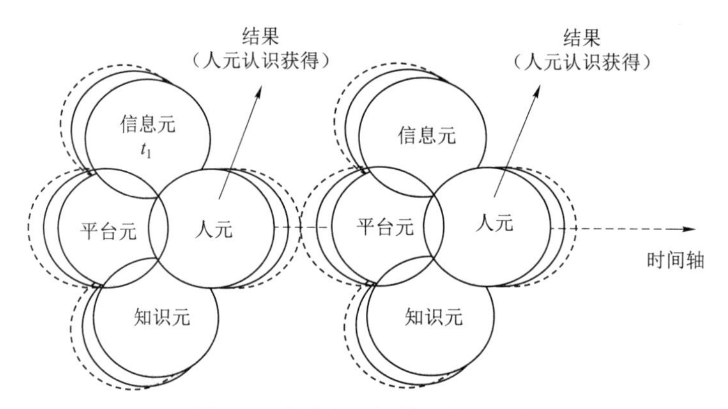

图 1.2　应用方法的基础模型组成

在“方法”应用中，模型在时空域的组成结构并不固定，而是根据不同场合、不同阶段、不同方法、不同应用目的，用多个元重叠表示，主要由应用者确定（或称选择组成）。

（4）模型结合“方法”应用的要点说明

多层次、多剖面、多时期、多时段的“从定性到定量综合集成方法”交叉嵌入应用模型的说明：

① 以专家个体为工作模式的模型和工作方法的应用（不同类型专家通用）如图1.3所示。

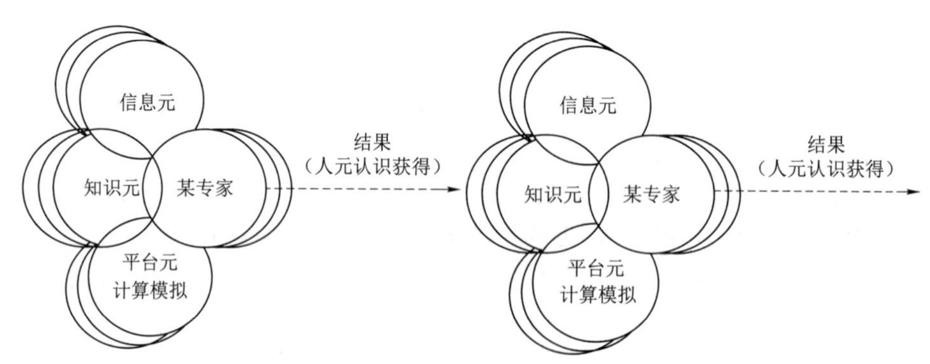

图 1.3　以专家为工作模式的模型

② 专家群体（同领域、异领域专家群体）讨论模式下模型和工作方法的应用如图1.4所示。

③ 方法应用重要点重述。

本小节着重讨论以专家为主体运用“从定性到定量综合集成方法”，体现了“以人为主”

的原则。从学科或方法论角度分析，将专家作为“方法”的组成元素，意味着钱学森教授倡导的将人直接纳入系统理论应用研究并发挥主导作用思想的实现，这是对以往人与学科分离的突破。以往的科学研究并不深入地融入人主动利用从定性到定量的综合集成方法，现在以人为主的深入融入系统研究过程虽是初步，但体现了一个难题由此开始的突破。

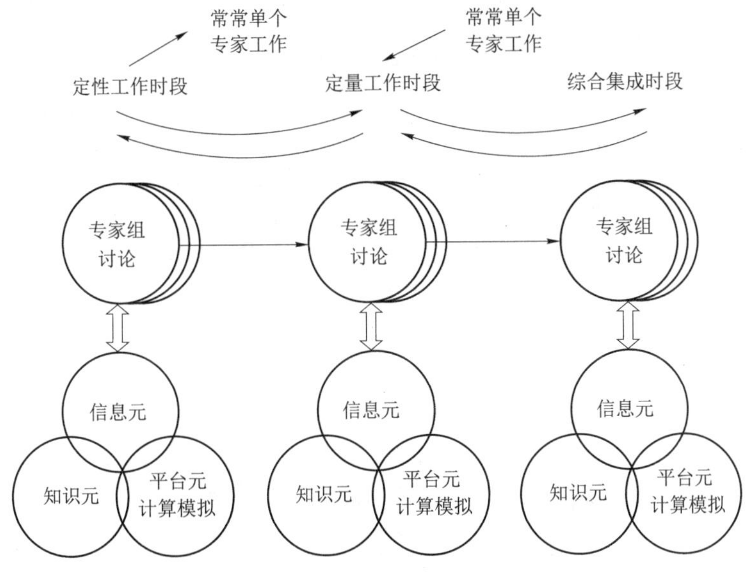

图 1.4　专家群体讨论模式

信息元及知识元也有定性属性和定量属性，也是从定量到定性综合集成被（人）应用。就“元”而言，需体现从定性到定量综合集成运行；就计算模拟仿真平台运用而言，主要做定量分析，然后做出定性结论。

3. 从定性到定量综合集成讨论厅体系（简称“讨论厅体系”）

这是继提出从定性到定量综合集成方法后，进而针对解决巨系统发展问题的决策过程框架。决策的严格意义是选择决定，它分步融入巨系统研发全过程，从科技人员认识任务特征、重要性、难点到确定系统总体方案，以及确定关键点部位、关键技术的过程，都涉及决策，而重大复杂系统的研制立项、执行，以及后续的服务应用，对一个项目及任务管理而言，应由相关领导履行批准的决策责任。以下就上述两种决策给出框图，重要的是，在决策过程中都在不同层次努力贯彻从定性到定量综合集成的方法形成，集思广益完成负责任的决策，故称讨论厅决策，又因决策过程复杂、种类多，表述不能详尽，建议结合后续实例研讨。

（1）认识项目本质特征和设计决策过程

前提条件：已选定首席专家、分领域责任专家，基本选定分领域骨干专家。决策过程如图 1.5 所示。

（2）项目决策环节（后接项目建设环节）

前提条件：已确定决策责任人及决策层人员组成。环节如图 1.6 所示。

讨论厅体系是在“方法”基础上，延伸到含人决策环节的处理非常复杂系统发展全过程的机理框架，突出了“以人为主”利用机器优势的重要理念，为今后综合性学科和极端复杂重大工作发展打下了基础。

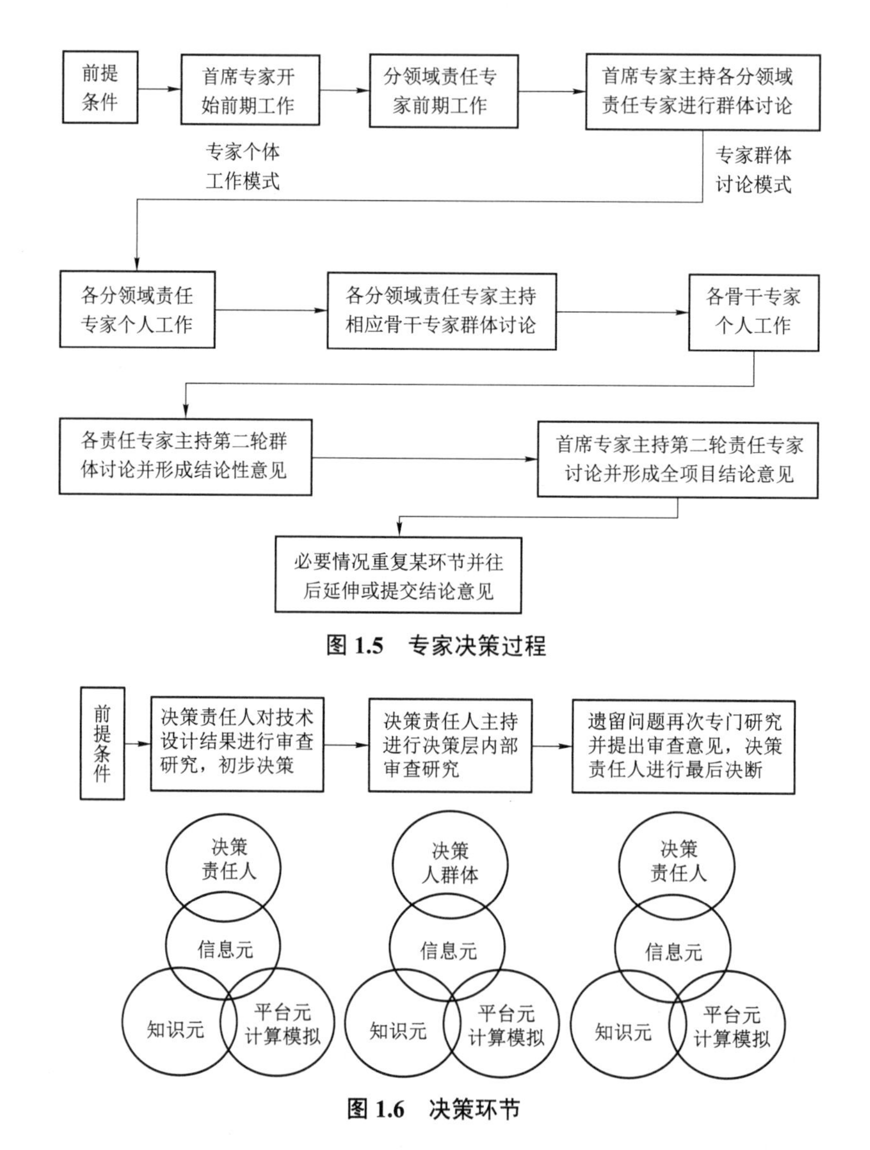

图 1.5　专家决策过程

图 1.6　决策环节

4. 综合举例——“921”载人航天工程

20 世纪后期，人类开始进入空间，各国对此都不甘落后，苏联首先建立了有人空间站，美国研制成功了航天飞机，其他各国相应跟进纷纷研制航天飞机。载人航天工程是一个科学前沿与高技术相结合的复杂系统，关联人类（直接关联到航天员的生命）未来发展，但现在只能算作准“巨系统”，将来空间系统成为人类社会不可分离的一部分时，它将成为“巨系统”中的一个子巨系统。

我国的载人航天工程（“921”工程），是在国际对航天科技严格保密情况下的自力更生、独立发展（唯一路径），是在发射大型卫星能力的基础上，先突破载人航天器，再研制载人空间站。这是一条正确、科学的路径，问题集中在研究发展哪种载人航天运载器，是航天飞机还是一次性载人飞船。

研制航天运载器（载人航天器中的一种）是关系着我国航天领域发展的重大事件，因此，它在原理上应利用钱学森教授所倡导的“从定性到定量综合集成讨论厅”方法。首先，它应解决载人航天运载器发展的正确决策问题，事实上也是如此。“921”工程采用神舟飞船计划（而否定航天飞机发展），已顺利发展至神舟系列（顺利实现无人与空间站“天宫”对接，“神舟九号”、“神舟十号”飞船运载航天员往返“天宫”空间站），且花费低、可靠性高、任务完成率很高。

下面用“方法”和“体系”进行应用分析：决策核心问题是航天飞机、航天飞船的二选一问题，同时还有其总体方案的确定。

（1）方案研讨及方案确定决策

方案研讨及方案确定决策的过程如图 1.7 和图 1.8 所示。

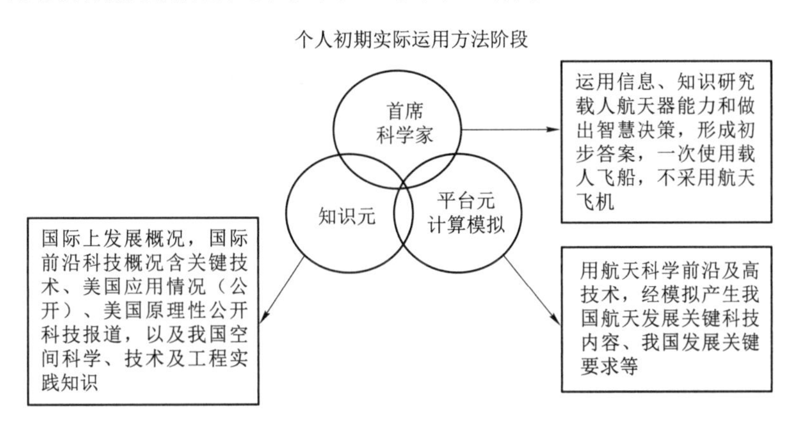

图 1.7　方案研讨过程

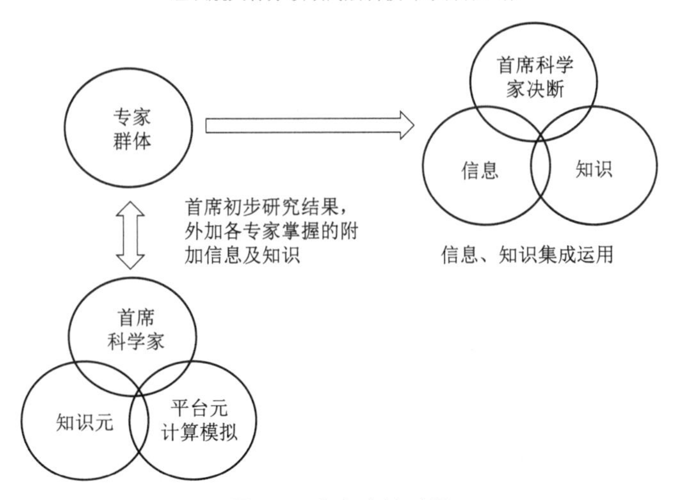

图 1.8　方案决策过程

（2）决策过程

决策过程由底层往高层直到最高层领导批准，如图 1.9 所示。

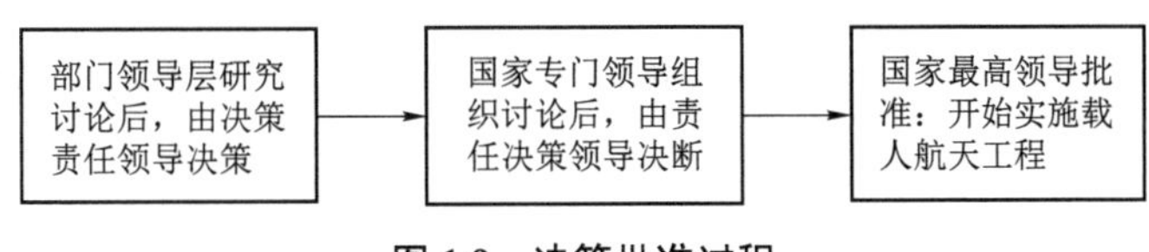

图 1.9　决策批准过程

5. 延伸讨论

钱学森理论的重要贡献在于将万物之灵——人类的思维与科学技术环境的条件约束和支持综合在一起，主导从定性到定量综合集成方法去解决复杂巨系统问题，这属于解决个案问题。如果扩充这一理论，结合系统公理体系，将其当作社会（看作系统）进化机理进化一种人主导发挥作用的新进化模式，则将引出大批有意义的新课题和研发一批与人紧密结合而发挥更大功能的新型系统，如各种赛博空间系统、赛博空间信息安全系统等。

1.3.3 耗散自组织理论概念及原理的延伸讨论

复杂系统的演化问题是人类多年孜孜探求的问题之一，单纯依靠分析思维、还原论方法肯定无法较彻底、科学地认识复杂问题。人类自觉和不自觉地在寻求系统性地认识复杂动态演化问题的理论和方法，耗散自组织理论便是这样一种方法。它具有概括性和普适性，其生命力很强，但尚不完备，需要不断检验和补充完善。耗散自组织理论的普适性和基础性，在其发展中必定要结合哲学基本理念共同研究，下面即按此思路对耗散自组织理论内容中的概念和原理进行延伸讨论。

1.3.3.1 相对与绝对问题讨论

耗散自组织理论体系蕴涵相对性和绝对性问题，是辩证法最重要、普遍、基础的范畴，并有广泛应用。因此，应该对对立统一范畴在耗散自组织理论中有具体的理解。

在此，“绝对性”应理解为生存（运动）系统都遵守耗散自组织规律，规律的基础性、普适性是绝对性的体现。更重要的是，其相对性主要体现在两点：第一，耗散自组织理论仍在发展完备中；第二，理论体现在各类具体系统，都有具体的多层次先决条件，这些条件是复杂的，也是变化的，并涉及各类科学较具体的规律。自组织耗散理论虽是普适的、重要的，但绝对代替不了各专门领域的规律和知识，只有与之相互结合，才能科学地发挥作用。

1.3.3.2 时空对称破缺的讨论

“对称破缺”是一个复杂的多层次、多类型、值得不断深入研究的问题集合，进化系统的“时间对称破缺”（复杂的对称破缺）以时间剖面的“不可逆”体现了重要、普适的系统运动本质特征。进一步研究各种事物时间与空间的各种结合的对称性关系，是一个复杂问题，如摩擦力（运动物体与其接触物之间的作用）必定与运动方向相反，地心吸引力永远指向地心，热流由高温向低温流动才能做功，这些都体现了空间的不对称性。有很多事物在时间上也表现为不对称，对有生命的运动，强调其在时间过程中具有不可逆转的不对称性很有必要，如细胞的衰老、生命的终结等。总之，时空不对称是物体演化的基本特征，值得结合各种系统的演化加以研究。

1.3.3.3 宏观有序定律的讨论

该定律说明系统整体层次运动是有规律的，总体层次中对系统功能和性质起主要作用的规律，称为“宏观序”。宏观有序并不意味着只有“宏观序”，系统序是系统诸矛盾运动的结果，事物运动必在时空中形成一个序的体系，并具有相对性。下面进行扼要阐述：矛盾的主要方面体现主要的序，被统治的矛盾的次要方面表现为逆向序。每个社会需要正常秩序，如在我国人人尽力劳动，按劳动价值分配。但总有少数人逆而行之，形成形形色色的犯罪：制造假货、制毒贩毒、贪污受贿、盗窃抢劫……各种存在的逆行，虽不是主流，但有其规律特点，这就是逆向序。进一步细看“运动”内部，也存在“序”的变化差异。例如，前 20 年生产电脑的利润很高，现在只能说是微利；工作能力和水平很接近的从事科技的人员，其专业不同，在不同单位收入差距很大，这属于按劳付酬的大体系内存在的不同规则。还有一部分是按“中性规律”生存，如有人不做坏事、不犯法，但不工作劳动，而靠父母遗产、兄弟姐妹支援，对社会进步丝毫不起促进作用，但他们合法地生存着。再看不属于社会生产力领域的家庭主妇集群，她们生存阶层之序是管理社会细胞——家庭、照顾和教育未成年孩子。有的家庭主妇文化素养很高、能力很强，将家庭管理得井然有序，对小孩的教育也做得很得体，就社会整体来说，她们是不可缺少的重要的组成部分，但她们的活动并不算经济领域“序”的组成。这些都表明“系统宏观有序”，对应具体事物的应用则具有复杂性。下面将进一步解释：以上谈论的系统运动中，并不单有主要序（序内再包含矛盾主要方面及其对立面），还存在非主要序，这是从主次剖面（角度）来讨论的。现在还要讨论主要序的内部组成，它往往是多层次有机整合，换言之，宏观序不是单个序的独立“全程贯彻”，是多个分序有机整合而成，整合模式往往也是分层次的分布式的模式。下面以人的口语为例说明。

口语是人表达思想、感情和目的的一种交流表达方式，组成一段口语是一个非常复杂的问题，详细机理与过程控制还远远没有弄清楚。一个词或词组的形成就是一个“序”整合，发音说话是人类最复杂的神经控制肌肉运动之一，它包括了面部、喉、胸腔、腹腔一百余块肌肉的协调运动，那些运动都要以非常快的速度完成，以匹配说话速度，这么多的控制，绝不是都由人脑意识层次（最高层次）毫无遗漏地控制完成的，如英语 dilapidated 有 5 个音节、11 个不同发音，还加入重音控制，每个音都对应很多肌肉动作，若都由大脑意识直接调度控制然后组合，那么人说话太累了。实际上，每个细微的具体动作绝不是由大脑意识层一一控制的，而是由众多的内部模式（预先编制好的存储在脑中的一套动作指令，相当于在计算机程序中调用子程序）来完成的，否则是达不到人现在的说话速度的。专家认为那些口吃者的问题就在于不依靠内部模式，而是下意识地实时倾听自己的发音，进行直接控制，由于大脑反应速度跟不上，使他陷入反馈控制不正常的复杂循环中，从而造成发音不连续，多次中断而重复一个字音。调用内部模式是非常复杂的过程，细节问题也是一种自组织模式，还远远没有搞清楚。由此我们应理解，自组织宏观有序是一个科学框架性概念（也是一种学说），包括各种极端复杂机理和内容，深入的研究刚刚起步，需要更长、更艰难的认识发展过程。对比哲学领域，唯物辩证理论现在虽然建立了科学框架，但仍未被普遍承认。随着人类社会发展、对自然科学规律的不断发现及深入认识，作为科学哲学体系，唯物辩证理论会在发展中被普遍承认。再看自然科学领域激光器的例子，激光束由多个同频、同相的受激粒子同时辐射所致，但细看也不绝对同时、同频、同相，说明产生激光的序并不“绝对”。由此推论，根据实际需要，在合适的时间、空间尺度来分析研究“序”的内涵很重要。

1.3.3.4　矛盾运动规律的讨论

“矛盾”是一个重要概念，各种具体矛盾客观存在于人类社会、自然界及人类与自然界相融合的运动中。在矛盾概念基础上发现的有关矛盾运动规律理论，即唯物辩证理论，这一发现可认为是哲学领域的一场革命。它以矛盾的对立统一规律为核心，在社会科学、自然科学最基础问题的研究中都显示了强大的生命力，像任何“发现”、“革新”一样，被普遍承认都有漫长过程，哲学内容涉及非常广泛的领域，更需要广泛地验证。

“矛盾”是用文字表示的概念，与语义学必然有关联。按语义学，矛盾与任何义位一样，是相关语言场中的一员。语义场、义位的内涵与外延同时具有确定性、不确定性和笼统性（并随人类进化而动态变化）。矛盾作为含义非常概括的义位，其相关语义场非常复杂，这是一个哲学有关分支与语义学的交叉问题，在此不多做研究。在进行系统理论领域的研究工作时，脱离不了矛盾，应着重对系统运动的现实矛盾（由现实为背景抽象出的矛盾）进行研究，同时避开单由文字语言而脱离实际的讨论。例如，张飞和秦琼都是历史人物，如提出“张飞”与“秦琼”间有什么矛盾，这就是一个偏题，因为两者间很少存在重要的相互关系，也没什么意义，如硬要回答，也只能说两人皆是武将，性格有差异、生存时代不同、环境不同而已。又如，星期一、星期二之间矛盾内容是什么？这个问题比上个问题稍有些意义，但意义也不大。因这两者仅仅是普通名词，只是“星期”这个义位最小语义场中的两个成员，在同一星期中，星期一排在星期二之前；如隔一个星期而言，星期二又在下星期一之前；在固定休息星期六、日的单位，一般来说，星期一工作可能更忙些，仅此而已。但如果问，现在中国的信息企业能够成功开发第四代移动通信产品及其服务业务的矛盾主要有哪些？此时所提“矛盾”的意义显著高于前两者，是值得超前分析清楚的重要矛盾，也是复杂矛盾。举这些例子是着重说明：分析矛盾时对立双方往往是不可分离的，一旦强行移去一方，矛盾也就不存在了，这说明矛盾的统一性对研究分析现实矛盾具有重要意义。

1.4 系统的对立统一范畴

系统理论主要研究系统中多子系统、多层次、多剖面、多过程、多阶段所形成的多交织关系的复杂运动，需要广泛利用对立统一律进行分析、认识、掌握及有效导引，此时，需要运用抽象的方法描述运动基本特征诸多对立统一范畴，对系统状态进行基础性分析。因此，首先简要说明对立统一的内涵。

对立统一，即对立地统一。

对立：指互相排斥，互相否定，互相反对等；

统一：互相依存不可缺，向对立面转换地存在。

对立统一运动阶段的结果可进一步表达为：

经过对立过程，也是斗争过程，向对立面转换形成新统一；

对立面同时消亡，本事物形成消亡统一（更大时空域中质变产生新事物）；

对立面斗争形成共存个有新内容的平衡统一；

对立面斗争形成某方面占主流的统一存在。

1.4.1 表征事物存在总体条件的对偶范畴

表征事物存在（运动）总体条件的对偶范畴，只提出绝对与相对，因为它最基础普遍涉及一切事物运动生存。

1. 各自独立的内涵

“绝对”表征无前提条件、不变化、不受影响等，因此，物质用“绝对”表征其整体存在则是无条件、不变化、永恒的存在，但从运动状态而言，却不可能是绝对的状态；相对与绝对意义正相反，它强调一切都不固定、不确定、有条件存在等。

2. 对立统一对偶的主要内涵

此对偶在概念的思维认识应用中起整体作用，意味着：绝对和相对在一定条件下同时存在；相对中的绝对和绝对中的相对。绝对表征规律性，相对表征条件约束。强调相对特征时不遗漏绝对特征，强调绝对特征时不遗漏相对特征。例如，算术 1+1=2 是抽象在绝对意义上的表达，实际应用中它必带有相对性，是一种近似表达（近似条件），因为如鸡蛋 A+鸡蛋 B≠2 个 A 蛋或 B 蛋，因 A 蛋不绝对等于 B 蛋（世界上绝对相等的事物是没有的！），所以是近似条件成立，用 1+1=2 表示。又如，“矛盾对立统一律是真理”，表示它的绝对性一面，同时，当用它认识具体事物时，又必须结合具体规律、具体条件，因此它又是相对的。“光阴似箭，人生如梦”表达了人生短暂，这是绝对表征相对。事实上，没有平凡（或不足个个提起的众生），哪有社会的发展进步！又如，一个人身体状态的“相对性”是指在未来时空域，他身体状态总体上是不确定的，但其内部基因是确定的！

1.4.2　表征事物存在动态变化的对偶范畴

1.4.2.1　量变与质变

1. 各自独立的内涵

量变表示事物特征的数量变化（包括表示程度变化），而质变表示事物特性的性质变化、本质性变化。

2. 对立统一对偶的主要内涵

此对偶表达了在某种意义下同时存在的对立存在、关联存在（没有孤立质变、量变和互相转化）。例如，波音 737-300 型飞机发展至 737-700 型飞机，是复杂事物多层次、多剖面的不同量变和质变，总体上表达了量变和质量的同时存在，表达了量变与质变相互转化，某某在某时暂时以一种为主。例如，我国经济体制从计划经济转向市场体制是质变，开始则是以原料加工和接受外包加工为主的大力发展期，这是市场机制下的量变；现在进行从企业级向自主品牌、高端产品制造迈进，是市场体制下制造领域的一次质变。

1.4.2.2　连续与间断

1. 各自独立的内涵

连续表示某事物特征在一定时间、空间尺度上接连发生，严格用数学函数表征，即用世界通用的 ε–δ 语言表征（高数教科书通用）。实际应用中可在一定的时间、空间尺度上讨论，而不一定局限在微观时态域讨论，如一定区域内自变量 x 在任何一点的 δ 邻域内的函数都连续，又如生命存在是其新陈代谢过程的连续发生！间断是绝对不连续，意为丝毫没有连续现象，这意味着事物没有相关联持续性。如果这样，事物就不可能存在了！相反，事物生存也不可只有“连续”，没有间断形成质变。

2. 对立统一对偶的重要内涵

该对偶表明其相互对立依存，无连续即无所谓间断存在，反之亦然。该对偶表明，在事物存在期内连续与间断共存，连续性质不断转为间断性质，反之亦然。对某具体事物而言，死亡意味着其存在绝对地间断，但对更大范围而言，意味着产生新事物是事物存在的连续（联系“生存”与“死亡”）。对复杂事物而言，不同层次、不同剖面可能连续与间断同时共存。

1.4.2.3 生存与死亡

1. 各自独立的内涵

生存意味着事物存在的充要条件完全成立，如果开放耗散自组织机能的完全系统存在，生命体的新陈代谢就会存在、持续。死亡，意味着事物存在的必要条件至少有一个不存在，死亡对具体个体生存而言具有绝对否定意义。

2. 对立统一对偶的主要内涵（应辩证理解）

生存与死亡在对立意义上同时存在，无生存就无死亡，反之亦然。没有绝对的生存，也没有绝对的死亡。事物由物质和物质运动的形式和相互关系组成，物质是不灭的，但运动形式和事物间的关联关系却在不断变化。

生存与死亡总是向对立方转换，生命体由诞生时就趋向死亡，这个过程可能漫长且有意义的，但必然要死亡。死亡对某个个体而言是绝对的，但对进化发展和运动而言是新的生存的开始，所以也不是绝对的。对复杂的事物而言，可能有并存的情况，即局部与整体各处不同，如死亡与生存的情况（有这样的发现，死者的头发会吸收剩余营养而继续生长）。

1.4.3 表征事物存在状态特征的对偶范畴

1.4.3.1 质与量

1. 各自独立的内涵

质在此指事物的本质，是决定事物性质、面貌和发展的根本属性，一般是隐藏的、需要认真认识的；而量在此指事物发展程度、水平、数量的表征。

2. 对立统一对偶的主要内涵

质与量对立存在，没有质的量无实际存在意义，没有量的质不可能实际存在，质与量和谐共存。虽然事物健壮生存，但其表征和谐的具体内容（包括质可用数量表达的程度，组成质的种类数以及组成量的种类数、各种量的具体数量等）却随时空环境的变化而变化。事物的生存过程中，质和量的重要性常常变化，常交换位置，此时常关联到量变和质变。

1.4.3.2 共性（普遍性）与个性（特殊性）

1. 各自独立的内涵

共性指不同事物所共同具有的普遍性质（很广泛的性质），而个性（特殊性）指单独具有的特殊性质。

2. 对立统一对偶的主要内涵

共性与个性对立存在，无共性即无个性，反之亦然。共性表示群体的整体存在，个性代表个体的具体存在。共性的特殊性变化形成新的“特殊性”，而特殊性的存在丰富了共性。

1.4.3.3　整体与局部

1. 各自独立的内涵

整体指整个集体或整个事物的全体，而局部是全体的某部分，两者内涵决然相反。

2. 对立统一对偶主要内涵

整体与局部对立存在，无局部就无整体，反之亦然。事物是普遍多层次关联的，本层次的整体相对于更广泛、更高的层次，其原属整体就变成了局部，而其局部（起局部性质的事物）相对更局部事物很可能成为整体（对偶同时双重性）。

在事物变化（发展、衰退）中，局部也可带动全局的整体作用（如我国改革由安徽少数农民的联产承包制开始，同时有整体的变化）。在事物的进化中，原整体可变化为更复杂、更先进事物的局部，也有变化中局部转变为整体的情况发生（事物的细化或分解）。

1.4.3.4　相同与相异

1. 各自独立的内涵

相同表示彼此一样没有区别，而相异是其严格反义，是指截然不同的内涵。

2. 对立统一对偶的主要内涵

没有绝对的相同，也没有绝对的相异，只有既相同也相异。人自己在时空中也不会绝对相同，同一数字在应用中可能代表不同类的个体，代表同类的同一数字也不表示绝对相同，只表示近似相同。事物也不会绝对相异，因事物普遍关联。因此，X 与 Y 相关联，这就对应 X 与 Y 有共同关联点，在关联点上，X 与 Y 相同，这就意味着也有相同成分，如存亡相异的战争对立方，可用“战争方”一词代表相同。这表达了相异与相同同时存在、相同与相异对立存在，没有相同，也就没有相异。

在事物进化过程中，总不断发生群体中个别先进特征（相异于大多数特征）带动整体特征的发展，对此可描述为相异转化为相同，而其开始（萌发新特征）则可认为相同转化为相异，产生了相异意味着破坏了相同状态，上述过程表征了相同、相异间对立转换。

1.4.4　人与外部各种关联表征的对偶范畴

1.4.4.1　主观与客观

1. 各自独立的内涵

主观指自我意识方面的事物，而客观指意识之外不随主观的意识而存在的事物（对于存在而言，人工系统并不是绝对的客观存在）。

2. 对立统一对偶主要内涵

对人类社会而言，主观与客观必然对立存在，没有人的意识和客观同时存在，也就没有社会。

主观与客观的多层次融合转换形成了人类社会的进化，人主观意识的进步转化为人类文化（文明）中的精神财富，并与客观融合，从而促进特质财富的发展，两者共同发展并作为社会发展的核心因素发挥作用，同时，物质财富发展也会促进人类思想发展（主观内涵的发展），这体现了主观、客观融合的共同发展。在社会发展的不同阶段，可能会发生人类思想、意识的大发展（如中国春秋战国时期、欧洲文艺复兴时期），这会带动客观世界发展；同样，客观存在会带动人类思想、意识的发展，这样就出现了历史中某阶段主观或客观起主导作用并交替引领社会发展的现象。

1.4.4.2 目的性与自然决定性

1. 各自独立的内涵

目的性代表人类意图完成的事物的性质，而自然决定性代表当时客观世界的某些性质，这两者实际上是主观与客观内涵的子集（部分内容）。例如，目的性表征了自我意识领域中由意识决定要做的事，而自然决定性表征了客观环境对目的的强关联部分。

2. 对偶对立的主要内涵

如前所述，主观与客观的内涵同目的性与自然决定性的内涵有共性，在此只论述特殊部分。人类生存发展需要不断产生目的和更重要的实现目的，对成功实现目的而言，必须与自然决定性形成对立统一，即满足客观环境的约束和得到支持（包括对先进科技发展水平的利用）。

1.4.4.3 复杂与简单

1. 各自独立的内涵

复杂是指事物特征多而杂，难于处理；而简单指事物结构单纯且特征少，易于处理。

2. 对立统一对偶的主要内涵

在此只讨论关联人类发展的内涵，对人而言，复杂与简单对立存在，没有复杂（性质），就无所谓简单，反之也成立。

对人而言，如果掌握复杂的事物的规律，对其认识和处理就较简单。人类努力掌握规律、积累经验的过程可认为是将复杂转化为简单的过程。同样，因事物本身在不断变化，外加环境条件也在变化，按已知规律、已知办法处理事物而导致的失效，可看作简单性质向复杂性质的转换。

人类社会的进化总体上是由低级向高级、由简单向复杂，但其中某些部分会被淘汰，这也说明复杂与简单并存。

1.4.4.4 偶然与必然

偶然与必然对偶，同样侧重在人认识处理事物过程中与偶然、必然的关联。

1. 各自独立的内涵

必然是指事理上确定不移，在哲学上指不以人的意志为转移的客观规律；偶然是指事理上不一定要发生，而发生的也指超出一般规律发生的情况。

2. 对立统一对偶的主要内涵

事物生存发展过程中，人对其认识处理常是必然与偶然现象并存，尤其在对待复杂事物的场合（因为规律本身具有相对性，而人掌握规律也具有相对性），人认识处理事物的过程常常是由偶然向必然的转化过程（但又不是绝对必然和绝对偶然）。

注：偶然性与不确定性内涵中均有差异、不确定性，包括了不确定性规律起作用的结果。例如，量子领域不确定性规律所起作用就是如此。

1.4.5　讨论与总结

本节以矛盾对立统一律为基础，介绍了四类表征事物存在特征的对立统一对偶范畴，虽然并不完全，但努力通过这些对立统一内涵说明矛盾的对立统一规律。在认识事物存在运动的基本作用和人类的应用的过程中，该规律有利于思维的对立统一，这是更深层次和更重要的作用。

1.5　暂立的系统公理体系

以耗散自组织理论为核心的系统理论在近期发展历程中，体现出强大的生命力，但同时也表明这样一个现实：用它较完备地认识具体复杂系统的详细运动演化规律还有很长的“征程”。在其发展历程中也可以参照发展其他学科的常用方法，即针对问题进行反复思索后建立一些基本概念和原理，在此基础上进一步深化及普适化，并努力找出基本方程的公理体系，然后在基本方程或公理体系基础上进一步延拓、验证，从而建立该领域的完备理论体系，为人类的认识实践服务。在这里要强调的是：所建立的公理体系是无法由理论上推演的，只能不断地检验其正确性。检验公理体系的准则有三条：

① 无矛盾性，即公理体系中依不同条公理（或公理的联合）不能推论出不同内容，但具有矛盾性质定理。

② 公理体系具有独立意义最小数量，即组成公理体系的公理数目在互相独立条件下为最小，公理间不能互相推导出。

③ 公理体系具有完备性，即本学科领域所有定理都可以依据公理体系推导得出，一个较大学科领域的公理体系虽不要求推导得出，但要经得起长期检验。

形成一个科学公理体系是很艰巨的任务，系统理论有比一门“普通”学科更广的适用范围和更复杂的内容。因此，完备建立科学公理体系的艰巨性绝不一般，但为了推进系统理论的发展，总要有一个“开始”作为开始。由这个意义思考，在本章中特别重要的限定词是“暂立的”，它可能是真正绝对的暂立，即使这样，它也能起到“引玉”作用。在结束本段之前，需要再说明一下的是，各学科公理间的无矛盾相容要求往往促使“公理”在已有的基础上发展。

牛顿三定律是力学、运动学的公理体系，它适用于惯性系统，是绝对时空概念，并包含了相对速度概念。而麦克斯韦方程组（可认为是电磁场领域的公理体系）虽然也涉及光的传播，但得出了先有与参考坐标系运动速度无关的运动速度的结论，这样便与牛顿力学相矛盾。经科学家努力，爱因斯坦教授的狭义相对论补充了牛顿定律，也解决了二者之间的矛盾，这有力地说明真理的相对性和“真理”在交叉学科领域的交融、验证和发展。

1.5.1　系统理论体系的顶层公理及内涵

唯物辩证哲学是一门研究事物领域最广泛存在的学问（用英文概括地表示为 what is being），人的意识也是一种“存在”（最高级的存在），逻辑上应该包括在哲学研究问题之内，进而必然会发生意识的存在与其他“存在”之间关系这样一个重要哲学命题，这个命题等价于人如何认识客观存在的问题，这是哲学最核心的内涵。经过人类几千年的研究，诞生了发展中的唯物辩证哲学，它的科学性集中体现在：量变质变律、否定之否定律、矛盾对立统一律。其中，矛盾对立统一律最为基础和核心，它揭示了事物发展的根源和动力，其实质性内容有三部分：

第一，揭示矛盾内部客观存在的同一（统一）和斗争（对立）性。其中，统一性表示矛盾对立面相互依赖、相互依存、相互贯通（在共同的基础和因素前提下互相包含），直接地说，是你中有我、我中有你，对立面间存在内部联系而形成互相转换的趋势；而对立性可理解为互相否定、相互反对、相互限制等。矛盾的对立性有着非常多的表现形式，在不同事物中有不同的对立斗争形式，而且随着事物运动，对立的形式也发生变化（时空变化性）。最后，关于矛盾对立性和统一性之间的关系，也是“对立统一”的，即这两者属性是对立相反的又不可分离的，一方不存在另一方也必不能存在，“统一”是以差别和对立为前提的。同样，两个对立面间如无联系，无法相互否定排斥，也就无法相互对立。因此，“统一”是对立中的统一，“对立”是统一中的对立。

第二，矛盾的统一性和对立性是事物变化发展的动力和根源。统一性使矛盾双方互联为统一体而生存着，它是变化发展的前提。发展是以存在为基础而发生的，因为没有某种存在的运动就谈不上这种运动的发展。事物不可能不变化地发展，没有运动便没有事物存在，事物不可能不变化地永存。除上述前提条件外，对于统一性作为变化发展的根源和动力，可从以下三个方面来理解：第一方面，统一又对立的双方都在互相吸取对自己有利的因素，在互相利用、相互促进中发展（包括存在根本利益冲突的对立双方）。例如，战争双方都是利用对方的失误以谋求自己的胜利。第二方面，双方的变化发展都是朝对立面方向转变，而不是其他什么方向，以上可认为是双方变化的“根源”。第三方面，对立双方都参考利用对方某方面的发展以促进自己的发展（一种脱离不开的“激励”），这是“统一”带给对立双方发展的动力。例如，压迫和反抗是矛盾对立的双方，压迫越重，反抗越激烈，反抗越激烈，则压迫越重，这足以说明以上论点。

在事物量变和质变过程中，矛盾的对立性都是事物变化的根本和直接作用。在量变阶段，矛盾的对立斗争使矛盾双方力量彼此消长，由对立面的互相排斥、互相否定产生彼长此消的变化过程；在质变阶段，对立双方通过对立斗争向各自对立转换，借此解决矛盾并达到新状态，它在对立斗争中起直接和根本作用。

第三，“矛盾对立统一”的普遍性和特殊性。矛盾普遍存在于客观世界中，并且自始至终存在于事物运动过程中，矛盾的对立统一运动主宰事物运动（即在时间、空间中无处不在以及时刻起作用），称为矛盾的普遍性。同样，作为矛盾运动所遵守的规律，它伴随着矛盾的存在和运动也必具有普遍性。矛盾又具有特殊性，即在客观世界中有数不清的事物在运动着，具体事物的运动对应于不同的矛盾运动，同时，多种矛盾还常常交织在一起，在时空域中形成体系性的复杂矛盾运动，这些矛盾运动无论是矛盾组成还是运动方式，都不相同，由此联系到对应的矛盾“统一性”及“对立性”，也必具有各自不同的特殊性。将以上内容归纳起来就形成了矛盾对立统一，同时具有普遍性及特殊性的概念。

以上所论述的矛盾对立统一律所蕴涵的内容，已充分展示了矛盾对立统一律在唯物辩证哲学中的核心及基础地位，以下将讨论其与量变质变律之间的关系。根据运动变化性质和变化形式，可将其划分为“量变”和“质变”两种。量变质变律明确了这种划分，并指明在量变阶段中主要矛盾的主次要矛盾方面并不发生变化，而只有矛盾发展程度的变化，因此，矛盾性质没有变化，事物性质也不发生根本变化；在质变阶段，情况则完全不同，主要矛盾的主次要矛盾方面发生交叉换位，矛盾性质和事物性质也都要发生变化而产生不同性质的“新”事物。量变质变律还指出，“量变”、“质变”互相依存，相互向对方转变，从而形成显变到质变，再到量变，并以此往复循环。同时，“量变”、“质变”在变化过程中有所交融（量变过程内包含了一些质变，质变过程中包含了量变以完成质变等内容）。量变质变律是描述事物运动性质和方式的重要科学规律。换个角度观察，如将矛盾运动性质和方式作为一个事物，则此事物的运动必遵从矛盾对立统一律，进而由对立统一律的内涵在量变质变间关系进行演绎，不难看出，量变质变律所述内容可以在矛盾对立统一律的较深层向对立面转换演绎的过程中得出。

现在讨论否定之否定律与矛盾对立统一律之间的关系。否定之否定律是阐述否定行为影响运动的科学规律，它富有重要辩证意义——“否定”行为对事物矛盾运动起重要促进作用，讨论否定之否定律与对立统一律之间关系，应先由矛盾运动基本概念开始。事物的运动由其内部矛盾所引起并推动，因此事物的运动可由其矛盾运动表征。“否定”是对某种矛盾状态进行反对、排斥、削弱甚至消亡的行动、行为，也可以表示“否定”行为的行动过程。如将肯定和否定看作事物，则它们必将遵从矛盾对立统一律，并按照事物矛盾运动性质起重要表征和导引作用，如可推演出否定之否定律，所以应该否定。进一步讲“否定”，一定是否定一些具体的“什么”，那么也就肯定不是哪种具体的“什么”，这是特殊的“你中有我”、互相依赖的表现。“否定”是一种“取消”的消极行为，但又是一种重要的“肯定”行为，因为不否定“什么”，那么“你”永远是“你”，不发生变化，也永无发展。实际上，生存发展的“否定”与“肯定”对立统一，形成否定——肯定——否定无尽头的循环，从而推动事物的发展。如果进一步研究对立统一的过程，则会发现“否定之否定律”的重要性：其中，如将第一个“否定”当作开始否定行为，它不能达到完成“否定过程”的肯定，即否定完成“过程”还应继续否定，这是第一个否定的含义。如果将第一个“否定”认作否定过程（质变过程），则应该完成质变过程转入量变的过程（是对质变过程的否定），所以第二个“否定”是否定质变进入量变之义，但应注意的是，此时恢复到“量变”似若回到“原始”，实际上是新过程的“起点”（并非原来的起点）。例如，20世纪初叶商船或军舰所用的通信与20世纪90年代GSM移动通信系统都是移动通信，但不同于前者，后者是大有发展的移动通信，这就是辩证哲学上所说的“螺旋式上升”。以上论证所得到的结论完全是由矛盾对立统一律蕴涵的内容，如对立面的互相贯通、互相转换又互相对立斗争，对立斗争是事物发展的动力和根源，以及“对立统一”具有最大普遍性又处处体现“特殊性”等演绎而得出，这些结论又正是“否定之否定”律的重要内容。按照“公理”和“定理”的概念，将矛盾对立统一作为公理，“量变质变律”及“否定之否定律”作为由公理推理而得出的定理，是完全合理的。

中国古代以老子、庄子为代表的一些思想家（中国古代没有“哲学”一词，但同样研究事物最普遍存在的哲学问题），其思想体系是朴素唯物辩证的，但是提出了重视对立统一的超越现实、转化发展规律而形成了重要思想和理论特色。老子：道生一，一生二，二生三，三生万物；道无为而无不为，万物皆生于有，而有生于无（无为：无形的作用；无：除否定之意外，还具有无形存在之意；有：有形的存在）；反者道之动等论点体现了上述思想，中国思想家重视超越现实、转化发展规律的发展和应用，这对系统理论研究复杂系统和重要前沿事物转化发展具有重要意义。深入一步说明重要意义要从时空（广义）域先进科学规律、理论、技术方法等“无形存在”对发展起重要意义的方面进行认识研究。例如，人的素质和能力是高层次的非常重要的“无”，利用其创造性地完成工作便是从无形到有形正面转化的一例。中华哲学超越思维，体现了中华民族的智慧，当然超越性思维还提醒人们注意防止潜在危险的发生（防微杜渐）。

系统理论主要研究“系统”诞生、生长、发展以及消亡等科学问题。在一般情况下，上述问题都具有非常复杂的特性。如果“系统”涉及人的介入，则被称为开放的复杂巨系统。除了复杂性以外，系统理论所涉及的具体系统门类非常广泛，在研究问题时，系统理论必须结合众多学科的内容协同工作，在整合不同特点的内容时，非常需要一种普适性很强的基础学科的哲学支持，尤其是唯物辩证哲学，很自然地被认为是系统理论的基础，而矛盾对立统一律作为第一公理是恰当的。

1.5.2 系统理论体系暂立的二层次公理

1.5.2.1 暂立的公理体系

公理1：任何系统必蕴涵于更大的系统中，并作为其子系统。系统本身包含若干子系统（其间可相互交织），因而系统的组成为多层次交织的结构体系（此处更大系统并不限于几何空间的大，而是广义的，功能结构更复杂、影响关系更普遍等运动、发展进化意义上的更大）。

公理2：生存着的系统都为非保守的耗散自组织系统（具有时间对称破缺特性），系统与外界环境有物质、能量及信息的交换。

公理3：系统生存的根本原因是系统的“功能”、“结构”、“环境”及其他系统间众多相互关系的对立统一。

公理4：生存着的系统（即系统层次）必定动态宏观有序，并主要由系统层的序参数（组）所决定，是“功能”与“结构”中的“关系”相互作用，也是动态自组织的结果，且在运动过程中不断量变、质变，并通过涨落达到新的有序。

公理5：系统与环境共同进化，而且进化过程和进化机理也由低级、较简单，往高级、复杂不断进化，它是时间、空间非均匀、非线性复杂运动过程，遵守适者生存规律。

公理6：系统的运动（主要体现在功能和结构）是一种物质运动，是有条件的、受约束的，是物理、事理、人理及生理为产生“约束”的规律领域，有“得（获得）”必有“付出（代价）”。

1.5.2.2 公理体系的几点简要说明

公理1涉及系统是否无限可分的问题，这是一个物理问题，也是一个哲学问题，现在仍有争论。有的物理学家认为无限可分，有的学者（如夸克）认为封闭划分有极限。在此只认为系统在功能结构组成方面是由多个子系统及其元素交织有机整合而成，而不是像物理学上物质分子、原子、原子核那样。

系统作为一个事物，其存在、发展的“内因”的具体化理解在哲学中很少详细分析说明，只在系统理论的公理体系中被提到，它是指内部结构和内部与外部的关系体系中的有关重要部分。

公理体系强调，“系统”是运动着的事物，是动态变化的事物，而且具有动态的运动规律（序）。它是由有关的“关系”相互作用而产生，相互作用着的“关系”在不断运动变化。“变化”在一定条件下会引起系统的序的变化，这就是质变。质变是当“条件”具备时，由随机扰动引起的。

过去认为事物的进化符合适者生存的"选择进化论"，事物被动地被环境选择，抑或淘汰，抑或生存进化。现在认为系统与环境在互相作用中共同进化，进化的模式和过程也是发展进化的，称为进化过程的进化。过程得以进化在于进化机理的进化，而机理的进化取决于社会文明发展和人的努力。

"系统"的生存演变是一种复杂的物质运动，需要开放环境支持。人类按照自己的目的，依靠规律来影响系统的运动（如改变运动状态，额外地保持运动状态等），以获得相关"内容"，从而达到既定目的，这统称为有所"获得"。"获得"是需付出代价的（简称"付出"），代价有各种形式，例如一种"获得"包含了两种对立统一的"特征"（或效果），得到所需"特征"，必然同时承受另一对立"特征"的影响；又如，为了获得某"内容"，必定要创造获得条件，而这些条件的产生可概括为行动者在时空中生存活动和拥有范围的变化，如以"自由"为代价，"付出"就是以生存和活动范围限制来表征，"获得"和"付出"是一对对立统一的范畴。

在实际场合，尤其是在复杂运动情况下，"收获"与"付出"往往具有复杂的对立统一辩证关系。如某个事物的某个剖面是以"获得"特征满足目的，但其另外一个剖面会呈现"付出"代价特征，这种现象即"获得"、"付出"的相对性；又如，在某时刻某事物呈现"获得"特征，过一段时间后该事物变为"付出"特征了，这是一种动态相对性。有的事物在某层次上是以"付出"特征出现的，但这个"付出"是为了高层次"收获"创造条件的，也就是以较小"付出"换得较大"收获"的一种变换。以上所述"获得"与"付出"的相对性关系，不是为了"获得"而创造一定条件来保证实现"获得"的直接形式的"获得"与"付出"的关系，而是较复杂的辩证的"获得"与"付出"的关系。

在实际应用中，系统"获得"与"付出"公理具有非常重要的现实意义。这是因为人们做一些重要的事（包括设计实现某新系统）时，总体上总是要权衡达到"目的"的"获得"与为此"付出"代价之间的得失关系。权衡有多种方式，有直接层次的权衡，这是每个人在实现"目的"过程中都会做的；在时间广义空间域做深层次得失权衡，这种得失并不限于物质有形的因素，还要包括以"关系"形式出现的约束条件；利用各种类型的可能性（概率可能性是其中之一）等无形因素，对未来和深入隐藏的重大得失问题进行权衡，也是系统理论在应用中所起的一种重要作用。应该着重指出，上述深层次"获得"与"付出"间权衡问题绝不是系统理论单独就能完成的，而需要根据被权衡问题所属领域，利用系统理论并结合该领域专门原理（"理"体系内有关专门规律）来进行的。总体而言，在物理、事物、人理、生理的"四理"约束下，系统有获得有付出公理在应用中不能代替各种具体的"理"，它是一条总体性方法，是一种重要的思维方式。

1.6　系统发展的综合举例

下面以 GSM 第二代移动通信系统及其"老年期"的服务发展为例，对系统发展进行说明。

- "系统"的诞生、成长、发展及与环境的共同进化，老年期依靠"服务"发展；
- "系统"多层次交织的开放动态结构组成；
- "系统"功能及序的多层次组成；
- 老年期通过软件及协议沟通为主，集成构造移动互联网及手机银行等扩大服务进行发展。

1.6.1 GSM 系统的发展与下一代移动通信系统

GSM 是继第一代模拟移动通信系统后的第二代数字式移动通信系统，GSM 系统是一个成功的系统，它将移动通信业务大大地推进发展，从而使整个通信业务得以显著发展。从系统理论角度观察，其生存发展的成功是有科学性的，如功能定位准确、系统生存的“序”科学合理等。因此，GSM 系统虽然复杂，但在短短数年间完全取代了第一代模拟式移动通信系统，使用范围覆盖欧亚两大洲。GSM 系统虽然发展得很成功，但其生存周期已处在壮年期向老年期过渡阶段，新一代移动通信系统正在迅速成长，它逐步代替 GSM 系统的总趋势不可逆转。GSM 系统并不会马上退出社会，它通过以软件发展、协议沟通为主，集成构造 GSM 移动互联网及手机银行等扩大服务进行发展，就营运而言，还会存在相当长时间，并将与新一代系统交融工作，局部还会有所发展（如所用手机不断改型，业务类型增加，基地站系统、管理软件改进等），但是新一代移动通信系统诞生和发展的历史趋势不会改变，GSM 的生长演化过程为验证系统理论提供了一个很好的范例，值得分析研究。

1.6.2 GSM 系统的组成结构及其外部拓展连接

图 1.10 为 GSM 系统组成示意图，众多的系统、分系统、子系统分层次……组成全球系统，GSM 全球系统由欧洲、中国等 GSM 系统组成。

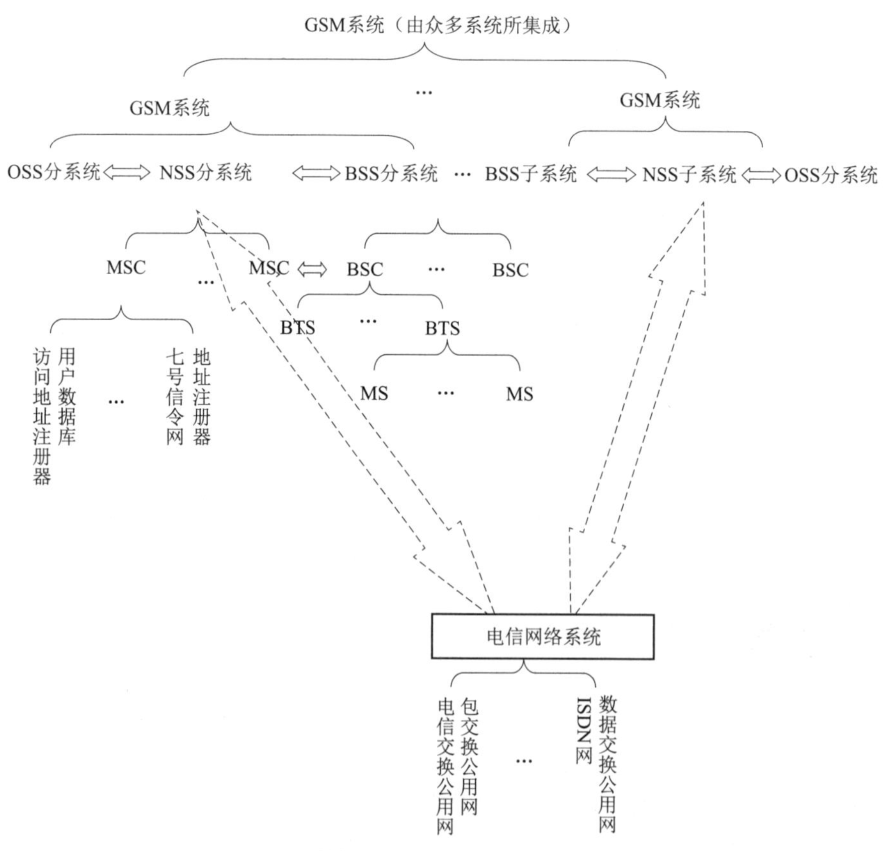

图 1.10　GSM 结构体系及与其他信息网络的连接展开图

其中，双虚线连接为工作连接示意（非常具体层次的工作连接未在此表示）；单线连接为结构体系组成示意。OSS 为操控子系统，NSS 为网络交换子系统，BSS 为基地子系统。基地子系统中，BTS 为基地收发站（子子系统），BSC 为基地收发控制站（子子系统），MS 为手机（它也是一个子子系统，实际上可按工作控制隶属关系将子子系统再细分层次）。图 1.11 是 GSM 分系统结构概略图。

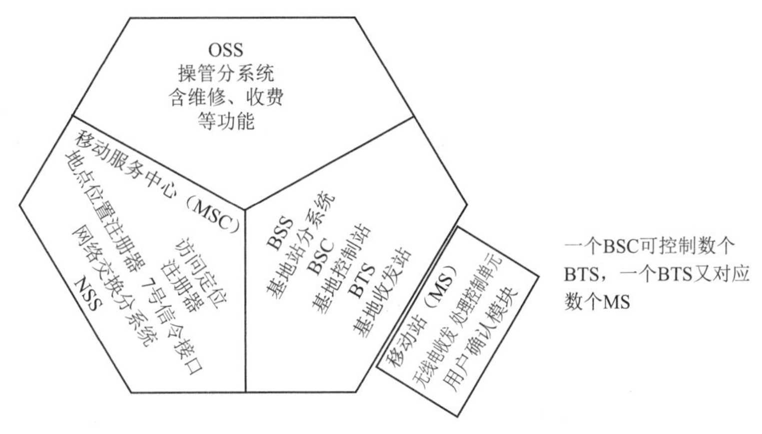

图 1.11　GSM 多层次结构概略图

1.6.3　GSM 系统的主要功能及成功的基本要素

GSM 系统发展的核心目的是以可携带无线电收发终端（手机）及分布式无线电网络推进 4A 绝对目标（不可能达到）的实际应用，4A 目标是：任何人（anyone）在任何时间、任何地点、任何情况下都能轻易得到可利用的信息。

全球移动通信系统（GSM）的主要功能（序组成）由以下三个层次组成。

- 第一层：面对用户的通信功能（移动状态）。它包括语音通信服务：GSM 用户间（含漫游状态）、GSM 与固定用户（含长途通信）；数据服务：与 ISDN 用户连接、与 GSM 用户连接、与分组交换用户连接等；短信息服务：点对点短信息服务、信息广播服务。
- 第二层：保障通信服务的内部系统功能。它包括临时无线电信道的建立和拆除（含利用光纤电信网络实现等待时间短、可靠接入）、用户定位管理（含用户确认）、用户交接、通信安全性保障、收费管理（用户也需优良合理的收费管理）等。
- 第三层：保障上两层功能的系统运行、故障检测功能。GSM 序体系由系统分系统、子系统、子系统各自的多层次动态组成，在此只介绍总体层次的序。在总体层次序为：以时分多址为主，辅以频分支持。蜂窝结构小区：小区交换链接构成移动状态通信；长距通信（尤其是长途漫游）利用电信网以节省资源；开放式体系组成以标准和协议作为组成框架。

现在的 GSM 系统基础利用软件升级，扩充协议沟通功能，通过互联网大力提升新增的服务功能，如移动互联网服务、手机银行、手机购物，延长了 GSM 系统作为第二代移动通信系统的运行服务期。

GSM 系统成功的最基本要素为：

- 利用地图四色原理加上高于 UHF 频段避免电离层反射的无线电信号形成隔数个蜂窝小区的跨区干扰，保证顺利实现隔小区重复利用频率资源的广大地区的移动通信网络。

● 除同蜂窝小区及紧连小区外，由基地站分系统利用 NSS（网络交换分系统）尽早接入固定骨干通信网络链接通信对象（如通信对象为移动用户，则骨干网连接到移动用户所在小区的基地站，最末端再用无线信号），以大力减轻基站无线资源及接力站的花销，为大量推广应用创新提供条件。

● 采用统一标准和协议，但免收专利费的开放原则，激励广大设备制造商和运行商参与 GSM 系统的服务应用，缩短形成全球化的时间。

1.6.4 GSM 系统的移动互联网服务及手机银行

手机银行工作中，手机客户经基站、骨干通信网，以及必要有效认证连接银行网络客户服务网进行服务。如客户服务网需要与核心网交联工作，则再经严格检验认定。对进入核心网人员的核查，一般加入生理特征个案检查。

由于手机用户客户端情况复杂（如多种操作系统，多种漏洞肯定会影响安全），故手机银行交易额和种类都有安全限制，如图 1.12 所示。

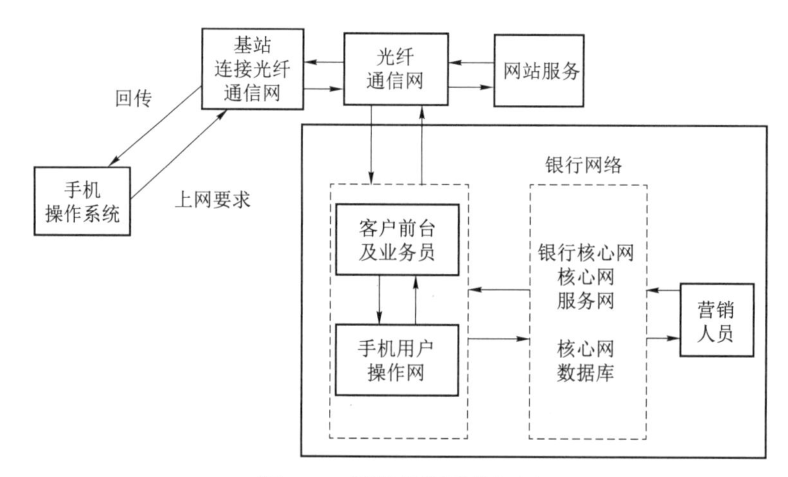

图 1.12 手机银行系统框架

1.7 本章小结

本章主要论述了现代系统理论的基本内容，包括运动的概念、系统的定义及解释、系统理论体系、系统理论常涉及的对立统一范畴、系统暂立的一些公理体系，并以 GSM 第二代移动通信为例说明了系统理论与实践的结合要点。

习 题

1. 什么是哲学？现代系统理论与哲学的关系如何？
2. 运动的基本概念是什么？
3. 如何定义系统？其内涵是什么？
4. 现代系统理论中“序”的内涵是什么？请举例说明。

5. 现代系统理论的体系如何？
6. 什么是自组织？什么是耗散结构？什么是自组织耗散结构？什么是突变论？
7. 现代系统理论体系常涉及的对立统一范畴主要有哪些？其内涵如何？
8. 结合实例分别论述针对现代系统理论体系的对立统一范畴。
9. 现代系统理论体系的顶层公理是什么？有哪些暂立的公理体系？
10. 简述系统与环境共同进化的理论内容，并举例说明。
11. 简述有“得（获得）”必有“付出（代价）”理论内容，并举例说明。
12. 试用现代系统理论体系暂立的公理体系分析某信息科技的发展情况。

第 2 章
信息及信息系统核心内容

2.1 引言

本章主要论述信息、信息系统及信息科技相关理论与技术上的问题。

2.2 信息内涵及其利用的发展历程

“信息”一词在社会上广为流传，尤其是 20 世纪 80 年代以来，人们讨论的话题，大都离不开信息。但“信息”究竟是什么？却有点只可“意会”不可“言传”的特点。早在唐朝，有一位名叫李中的诗人写了一首七言绝句诗，诗云“梦断美人沉信息，目穿长路倚楼台”，经考证，这是世界上第一例涉及“信息”、出现“信息”一词的历史记载。诗是高度“意境”和多层次想象的“浓缩”，重在“领会”不重“言传”，故诗中对“信息”没有解释说明。遗憾的是，世界上历史和文献也没有有关“信息”定义解释的详细记载，直到 1948 年，美国 Shannon（仙农）教授参考了热力学熵的含义才给出了“信息”的定义和定量描述。

2.2.1 信息的基本定义及内涵

仙农教授针对通信领域通过信号传输进而获得信息的过程，基于概率不确性提出“信息”是不确定性的消除，借助于物理学“熵”概念定量地表示信息量 $I=-\sum_{i=1}^{n}p_i\lg p_i$，$\sum_{i=1}^{n}p_i=1$。这是信息科技领域发展的一个里程碑。随着社会的进步，人类与信息领域的关联日益密切，信息的范围不断扩大，已不限于通信领域。“信息”是人类最常用词之一，但人类对它的定义却极不统一。定量、广义、全面地描述“信息”是非常难的，也是不太可能的，对“信息”本质的深入理解和科学定量描述有待长期研究，在此暂时给出一个定性的概括性定义：“信息是客观事物运动状态的表征和描述。”其中“表征”是客观存在的表征，而“描述”是人为的。“信息”的重要意义在于它可表征一种“客观存在”，并与人的认识实践结合，进而与人类生存发展相结合，信息领域科技的发展是客观与人类主观相结合的一个重要体现。此外，“信息”作为客观存在事物的运动状态，还会根据客观规律直接表征由事物间相互关联作用形成的运动结果（一种关系）。这类信息对人类往往很重要，有的甚至导引人类探索新的运动规律和类型，从而促使人类发展进步。例如根据量子效应，利用信息帮助人类研究微观世界的物理学规律，形成量子物理信息学科。

对人而言，获得“信息”最基本的机理是映射（借助数学语言），即客观存在的事物运动状态，经身体的感知功能及人脑的认识功能概括抽象形成“认识”，这就是获得“信息”、加工“信息”的过程，是一个由“客观存在”到人类主观认识的“映射”。

由于客观事物的运动是非常复杂的广义空间（不限于三维）和时间维的动态展开，因此，它的“表征”也必定是非常复杂的，体现在广义空间维的复杂的多层次、多剖面的相互“关系”，以及在多阶段、多时段的时间维的交织动态展开。由此，“信息”必定是由反映各层次、各剖面、不同时段、动态特征的信息片段组成的，这是“信息”内部结构最基本的内涵。

2.2.2　信息的表征及特征概述

2.2.2.1　信息的表征简述

“信息”的客观表征源于各种各样运动状态的特征，信息的表征就是各种各样的“特殊性的表现”，也可认为“特征的表现”。

人可以利用感觉器官和脑功能感知有关自然界的各种信息（通过多种信息荷载的媒体），此外，人还会融合、利用人类自己创立的“符号”来进一步认识、描述、记录、传递、交流、研究和利用“信息”。以上叙述可进一步认识人脑主宰的二重“映像”过程，即通过第一次映射实现“信息”感觉及初步认识，然后进一步利用“符号”二次深化映射形成思维结果，需要时可以进行长期记忆等。所述二次映射实际上是一个通过变换形成“符号”的映射。“符号”是一个内涵非常广泛的概念，它是特定的“关系”。

由于所能直接感知的信息种类和范围有限，因此，人类不断努力，以扩大发现感知信息种类和范围的新原理和新方法，并将新获得的信息转换为人类所能感知的信息，但其基本原理仍是映射和符号转换映射。

“符号”是一个内涵非常广泛的名词，“符号”及其应用已形成专门的学科——“符号学”，在此简单举例说明：语言、文字、图形、图像中的符号，还有音乐、物理、化学、数学等各门学科中建立的专门符号，如微分、积分符号发展为算子、极限、范数、内积符号等，量子物理就有独特符号如波矢（态矢）函数等。推而广之，各种定理可以被认为是符号的有序集合，是广义的符号，也是客观规律的“符号”。此外，通常人类的表情、动作（如摇头、摆手、皱眉等）也可认为是一种符号。

2.2.2.2　信息的特征简述

1.“信息”的存在形式特征（直接层次）

① 不守恒性：“信息”不是物质，也不是能量，而是与能量和物质密切相关的运动状态的表征和描述。由于物质运动不停，变化不断，故“信息”不守恒。

② 复制性：在非量子态作用机理情况下，且在环境可区分条件下，“信息”具有可复制性（在量子态工作环境，一定条件下是不可精确“克隆”的）。

③ 复用性：在非量子态作用机理情况下，且在环境可区分条件下，“信息”具有多次复用性。

④ 共享性：在信息载体具有运行能量，且运行能量远大于维持信息存在所需低限阈值时，此“信息”可多次共享，如说话声可以被几个人同时听到，多个接收站可以同时接收卫星转播信号获得信息等。

⑤ 时间维有限尺度特征：具体事物的运动总是在时间、空间维有限度尺度内进行的，因而“信息”必定具有时间维的特征，如发生在何时、持续多长、间隔时间多长、对时间变化率值的大小、相互时序关系等，这些都是“信息存在形式”内时间维的重要特征，对信息的利用有重要意义。

需要着重说明的是，若信息系统的运行处在量子状态，复制性、复用性和共享性这三种特征的情况就完全不同了。事物运行在量子状态的能量水平非常微弱，能量可用 $\varepsilon=h\nu\cdot n$ （ε 为能量，h 为普朗克常数，$h=6.625\,6\times10^{-34}$ J/s，ν 为频率，n 为能级数）表示，可以这样理解：当 $n=1$ 时，求出的 ε 值是事物量子化运行存在的最低值，如果低于此值，事物运动状态就无法保持（也可认为是一个低限阈值）。信息系统运行中的能量水平都远远高于此值，例如在微波波段 $\nu=10^{10}\,\mathrm{s}^{-1}$，阈值 $\varepsilon=6.626\times10^{-24}$ J；光波波段 $\nu=10^{14}\sim10^{15}\,\mathrm{s}^{-1}$，阈值 $\varepsilon=6.626\times10^{-19}$ J。现在这两个波段信息系统服务运行低功率门限为 $10^{-3}\sim10^{-4}$，即 10 个光子能量的信号检测能力阀值，比 ε 值高得多，而信息系统正常工作状态的能量或功率水平更多（如高灵敏信号接收检测设备的正常运行能量水平）。还有些“信息”运行形式是靠外界能量照射形成反射，由反射情况来表示“信息”，这些表征信息的反射能量也远大于 ε 值（如反射光）。这些系统只有处在远离量子态的“宏观态”中，才具备上述“信息”特征；如果利用量子态荷载“信息”，即信息系统运行在量子态，那么它的状态就会“弱不禁风”，碰一下就变，“信息”的上述特征就不再存在，这对“信息安全”领域的信息保密有利，但也给系统实际运行带来了巨大困难。

2. 人所关注的“信息”利用层次上的特征

“信息”最基本、最重要的功能是“为人所用”，即以人为主体的利用。从利用层次上讲，信息具有如下特征：

① 真实性。“信息”的不真实反应对应事物运动状态的两种意识源，分别为“有意”与“无意”两种。“无意”为人或信息系统的“过失”造成的“信息”失真，而“有意”则为人有目的地制造失实信息或更改信息内容以达到某种目的。

② 多层次、多剖面区分特性。“信息”所属的层次和剖面也是其重要属性。对于复杂运动的多种信息，知其层次和剖面属性对综合、全面掌握运动性质是很重要的。

③ 信息的选择性。“信息”是事物运动状态的表征，“运动”充满了各种复杂的相互关系，同时也呈现对象性质，即在具体场合信息内容的“关联”性质对不同主体有不同的关联程度，关联程度不高的“信息”对主体就不具有重要意义，这种特性称为信息的空间选择性。此外，有些“信息”对于应用主体还有时间选择性，即在某时间节点或时间区域节点，对应用主体有重要性，如地震前预报信息。

④ 信息的附加义特征。由于“信息”是事物运动状态的表征，虽然可能只是某剖面信息，但也必然蕴涵“运动”中相互关联的复杂关系。通过“信息”获得其所蕴涵的非直接表达的内容（“附加义”的获得）有重要的应用意义。人获得“附加义”的方式，可分为“联想”方式和逻辑推理方式，“联想”是人的一种思维功能（“由此及彼”的机制甚为复杂），它比逻辑推理的作用领域更广泛。根据研究课题性质联想到企业将推出的新商品，是逻辑推理获得信

息附加义的实例，它是根据企业所研究课题蕴涵指称对象的多种信息，利用逻辑推理和相关科学技术确定指称对象将投入市场具有强竞争力的新产品。

3. 由获得的一些（剖面）信息认识事物的运动过程

事物的运动是“客观存在”的，并具有数不尽的复杂多样性。“信息”的深层次重要性在于通过其所表征的状态去认识事物运动过程，人们关联“信息”的“过程”的特性主要有两方面，即，“信息”不遗漏表征运动过程的核心状态，以及“信息”能蕴涵由“状态”到运动“过程”的要素。由个别状态（信息）认识运动“过程”是由局部推测全局的过程（由未知至有所“知”的过程），但无法要求在“未知”中又事前“确知”（明显的悖理），因此，我们关注的是由每条“信息”中所蕴涵的表征运动全局的因素进行“挖掘”以认识全运动过程，由此提出挖掘“信息”内涵的四元关系组形成的原理框架，即

信息=> [信息直接关联特征域关系，信息存在广义空间域关系，信息存在时间域关系，信息变化率域关系] =>一定条件下指称对象的运动过程（片段）

由于运动的复杂多样性，因此上述各域还需要再划分成子域进行研究。

信息的直接关联特征域关系涉及下列子域：关联对象子域，如事、物、人及联合子域，如人与事、事与物、人与物等；关联行为子域，如动作、意愿、评价、评判等；动状态性质子域，如确定性、非确定性（概率性与非概率性不确定性）、确定性与非确定结合性等。

信息存在广义空间域关系，包括三维距离空间子域、“物理”空间子域、“事理”空间子域、“人理”空间子域、“生理”空间子域。各子域仍可再进行多层次子域划分及特征分析，如“物理”（广义的事物存在的理）空间子域中包括数学空间、物理空间、化学空间等各子子域等。

信息存在时间域关系常需分成多种尺度的时间子域。

信息变化率域关系，可进一步划分为几个子域，即广义空间多层变化率子域：$\frac{\partial}{\partial x},\frac{\partial}{\partial y},\cdots,\frac{\partial}{\partial \theta},\frac{\partial}{\partial r},\cdots,\frac{\partial^2}{\partial x^2},\frac{\partial^2}{\partial y^2},\frac{\partial^3}{\partial x^3},\cdots$；时间域多层变化率子域：$\frac{\partial}{\partial t},\frac{\partial^2}{\partial t^2},\frac{\partial^3}{\partial t^3},\cdots$；时空多层变化子域：$\frac{\partial^2}{\partial x\partial t},\frac{\partial^2}{\partial t\partial x},\cdots$

利用上述四元关系组框架对“信息”（含对信息组合）进行分析，并通过类比和联想可以得到“信息”所代表运动过程的一些“预测”。例如，运动过程是否在质变阶段或量变过程，是否会有重大新生事物产生，运动过程是否复杂等。

4.“信息”组成的信息集群（信息作品）

一种状态的表征往往需要用多条“信息”来表示，其包括信息量（未考虑其真伪性、重要性、时间特性等）可用仙农教授定义的波特、比特等表示，但这些还只是表征相对简单状态的信息片段，可称为“信息单元”。客观世界中还存在着由信息单元有机组成的信息集群，它表征更复杂的运动状态和过程，是“信息单元”的自然延伸，但它们还没有专门名称，在此暂用类似于汉语语义学中“言语作品”的“信息作品”来表述，它还需结合思维推理、逻辑推理进行判断、理解和认识。这对人类社会发展是有意义的。尤其当信息作品是在人有目的策划组织形成的情况下，对“信息作品”深层次反映“目的”的认识是非常难的工作，信息作品的表现形式有多种，如文字、图像、多媒体音像等。如果信息作品表征较长的过程，其内含的信息单元数量会非常巨大。

2.2.3 可以感知的信息及媒体

人是通过感知器官，如眼、耳、鼻、舌、手指等感知信息后，再将其传入人脑及中枢神经而进行认知的。人总共可以感知七类信息，传递这七类信息的中介体称为媒体（是一类并不是一种），因其种类多样，故简称为“多媒体”。表 2.1 简明扼要地叙述了人感知信息的种类及媒体，以上是对人而言的。在客观世界中，传递信息的媒体还有很多种，有的超出了人的感知范围，要经过“变换”才能被人感知，如电磁波（除可见光段）、超声波等。

表 2.1 人感知信息种类及媒体

视觉信息	占全部信息的70%～75%	主要媒体为文字、图形、图像（可见光反射）
听觉信息	占全部信息的10%～15%	主要媒体为 20 Hz～15 kHz 的声波（视觉、听觉信息占人感知信息的大部分至绝大部分）
触觉信息 味觉信息 嗅觉信息	占全部信息的20%左右	主要依靠手及皮肤感知物理状态，所代表的信息，如软硬、冷热、温度等。 主要依靠人的舌头及味觉神经系统。 主要依靠鼻及嗅觉神经
综合动态信息（现多媒体信息服务可认为是初步应用实例）	尚无详细统计结果，但应认识到其重要性	以上各类信息的有机动态组合，人对分类信息动态感知后，经人脑有机综合形成各分项的所不具有的附加含义，着重于整合性深层次信息，这对人类认识复杂事物和利用信息服务很重要，但实施有难度
交互式综合信息（尤指针对讨论命题的高水平人员间的交互综合影响）	尚无详细统计结果，但应认识到其重要性	在人与人的交互活动中，在综合动态信息基础上获得的更深层次信息，例如在学术会议上的讨论中萌发很多新感知，在研究性讲课中师生都会获得这种信息。在一些重要问题的研究解决中，正确交互综合信息会起决定性作用，例如，在 DNA 双螺旋结构发现过程中，一位课题组的女教授在讨论中指出研究主持人对 DNA 结构的错误认识，为正确认识 DNA 结构并获诺贝尔奖起到了决定性作用

人在获得信息后，可再经组织转发、传递信息（绝大部分仍为视觉、听觉信息，也有综合动态信息及其他信息），在这过程中往往增加了人的主观“描述”，描述者应力争如实、客观地进行描述，接受者应分析后提炼真实有用信息，尽力消除附加的不真实部分的影响。

2.2.4 传递和利用信息的历程

人类自进化成原始人类开始，即具有原始的社会性，表现在组成原始人类社会，为集体狩猎而生存。形成社会的基础因素之一是人类互相传递“信息”、协同动作、交流“认识”和“思想”。由动作、表情结合表达意识和意图的声音开始，经过许多万年的人类进化，才发展到了语言（由规律固定化的语音序列，然后又经漫长过程形成文字（由结绳记事、画图记事开始）），传递交流范围也由近至远、由小到大，如图 2.1 所示。

图 2.1 所表示的过程是进步进化的过程，虽总体如此，但内含正负向的斗争，前进一小步就会有矛盾和负面作用，必然需要不断克服矛盾才能生存前进，因此这个过程充满斗争、前进和灭亡。同时，信息利用的时空域精度要求也在不断提高，如能抓住地震波破坏性更大

的横波时延短时间隙，其利用意义重大。

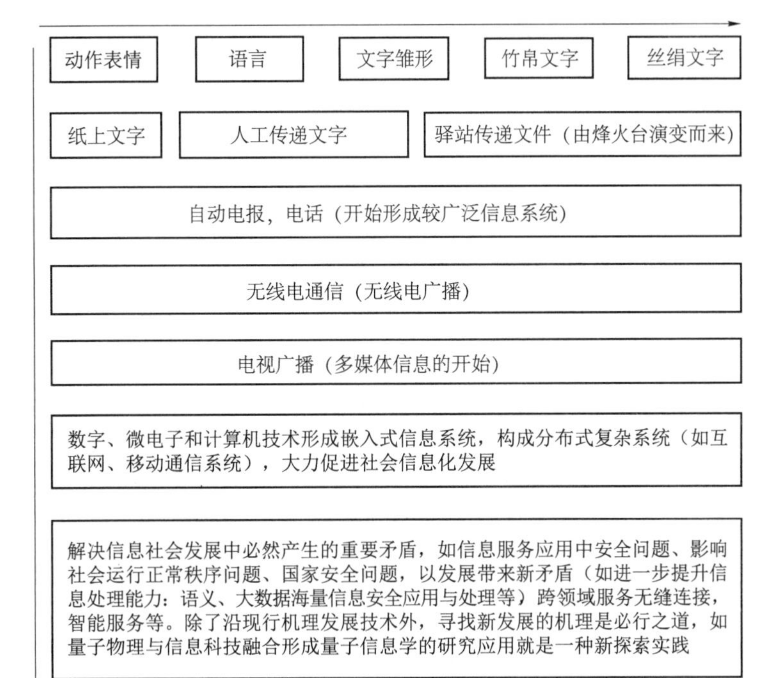

图 2.1　人类进化结合信息利用进程图

对图 2.1 应着重说明三点：第一，人类进化过程中，直至“现阶段”利用信息的变化过程是先慢后快，而且速度越来越快。人类由原始状态到形成语言文字，是以万年计的时段；由文字到电报（19 世纪）是 4 000～5 000 年时段，即缩短到“千年”量级；由电报开始到形成使用计算机嵌入的大型信息系统，全过程不过 200 年左右，而最近 40 年左右发展特别快，现仍在快速发展中，但不会永远高速，总会起伏，深入解决重大矛盾时便会缓慢前进。第二，传递和利用信息，由利用简单媒体工具开始，到利用现代化科学技术进行“信息”变换处理后再进行管理应用，逐步形成了供人利用的“信息系统”。它是一种高级人工工具，而不是简单工具，这是人类进化的一个重要标志。结合各种系统性复杂工具的发明和利用也只是近百年才比较明显，尤其是最近的四五十年。第三，21 世纪、新千年信息科技和信息系统的发展特征，是信息系统的发展，将结合人类正面临的几个根本性问题的较彻底理解和破谜而发展，它们是由复杂非线性问题的理解和求解、“生命发生的本质”（由非生命至生命的质变）及生命延续进化的关键细节、人脑认知科学等极具挑战性问题所组成，以上这些问题的“突破”需要一个历史时期，至少不是 20 年的事。对于图 2.1 中最后的那个方框，包括信息系统帮助人解决“挑战性难题”。人类在信息科技领域的发展将进入一个新历史时期的前期（至少不能认为是中后期）。叙述至此，我们已经介入了“信息系统”发展的命题，下面进行信息系统的扼要讨论。

2.3 信息系统及其发展的极限目标

2.3.1 信息系统基本定义

帮助人们获得信息、存储信息、传输信息、交换信息、处理信息、利用信息和管理信息的系统称为信息系统，它是以“信息”为媒介而不断以先进信息科技支持和服务于人的一大类工具。“服务”一词有着越来越广泛和不断扩大的含义，有广义帮助别人、为别人做事的服务，也包括服务类的工作。现在的服务业中又发展出服务业分支，信息科技和系统在其中起非常重要作用。总之，信息系统是有着各种以“信息”为媒介、不同功能和特征并且服务人类的系统的总称。

2.3.2 信息系统理论特征

现代信息系统内往往叠套多个交织作用的子系统，由系统理论自组织机理解读和分析，由各分系统的自组织机能有机集成为系统层自组织机能而代表系统存在，是系统理论所描述的典型系统。如现代通信系统包括卫星通信系统、公共骨干通信网、移动通信网等，卫星通信系统又包括卫星（包括转发器、卫星姿态控制、太阳能电池系统等）、地面中心站系统（包括地面控制分系统、上行信道收发系统等）、小型用户地面站（再分子系统等）。移动通信网系统、公共骨干通信网系统都是由多层子系统组成的。而上述各类通信系统组成均概括为“通信系统”，它正以“通信”功能为基础而融入具有更广泛的服务功能的网络系统，从而服务社会及人类发展。

每一种信息系统，当其研发完成后仍会不断进行局部改进（量变阶段），在改进已不能适应的情况下，则要发展一种新类型（一种质变）。如此循环一定程度后，会发生更大的结构性质变（系统体制变化），如通信系统中交换机变为程控式，为体制变化，现在又往“路由式”变化，也是体制变化。这种变化发展“永不停止”，符合系统理论中通过涨落达到新的有序原理。

信息系统作为人类社会的系统和为人服务的系统，伴随社会进化而发展，并有明显共同进化作用，且越发展越复杂、高级。其发展的核心因素是深层次隐藏规律：进化机理进化即对应发展规律不断发展，可引发信息系统发展机理发展变化，促进系统根本性发展。

每一种信息系统的存在和发展都有一定的约束，新发展又会产生新约束，也会产生新矛盾，如性能提高是一种“获得”，得到它必然付出一定的“代价”。这里所说的“获得”和“代价”都是指时空域广义的“获得”和“代价”，如“自由度”、“可能性”、“约束条件”的增减（当然，功能、范围、质量的增加包括在内）。

2.3.3 信息系统功能组成

任何信息系统都是由下列部分交织或有选择交织而组成的：

① 信息的获取部分（如各种传感器等）。任何一种信息系统，其内部都要利用一种或多种媒体荷载信息进行运行，以发挥系统作为工具的功能。首先，通过某种媒体，它能敏感获取“信息”，并根据需要将其记录下来，这是信息系统重要的基本功能部分。应该注意到的是，人类不断地依靠科学和技术改进信息获取部分性能和创造新类型的信息获取器件，信息获取部分科学技术的重要突破会对人类社会的发展带来重大影响。

② 信息的存储部分（如半导体存储器、光盘等）。“信息”往往存在于有限时间间隔内，为了事后多次利用“信息”，需要以多种形式存储“信息”，同时要求以快速、方便、无失真、大容量、多次复用性为主要性能指标。

③ 信息的传输部分（无线信道、声信道、光缆信道及其变换器，如天线、接发设备等）。这部分是以大容量、少损耗、少干扰、稳定性、低价格等为科学研究、技术进步的持续目标。

④ 信息的交换部分（如各种交换机、路由器、服务器）。这部分以时延小、易控制、安全性好、容量大、多种信号形式和多种服务模式相兼容为目标。

与信息获取部分一样，这几个部分现在也在不断发展，其中重大的发展对人类的进步影响明显。

⑤ 信息的变换处理部分（如各种“复接”、信号编解码、调制解调、信号压缩解压、信号检测、特征提取与识别等，统称为信号处理领域）。近 20 年，信号处理有很多发展，但对复杂信号环境仍有待发展。信息处理是通过荷载信息的信号提取信息表征的运动特征，甚至推演运动过程，总之，逆向运算难度很大，所以这部分可被认为是信息科技发展的“瓶颈”，近年来，虽有很大进步，但尚不具备发展所需要的类似人的信息处理能力，尚不能实现人与机器更为紧密的结合。实现这种结合的科学技术有漫长艰难的发展征程，它是人类努力追求的目标之一。

⑥ 信息的管理控制部分（如监控、计价、故障检测、故障情况下应急措施、多种信息业务管理等）。这部分功能的完成，除了随信息系统的复杂化而急剧增加，变得更加复杂和困难外（如信息系统复杂的拓扑结构分析是管理监控领域的数学难题），随着信息系统及信息科技进一步融入社会，它还诞生出多种对其他领域和行业进行信息管理的管理系统，如现代服务业的管控系统，同时，其管理控制的学科基础也由于社会科学的进入而综合化。其管理控制功能还涉及社科、人文等方面的复杂内容，造成“需要”与“实际水平”之间的差距，矛盾更加明显。例如，电子商务系统的管理控制涉及法律，多媒体文艺系统管理涉及伦理道德、法律等领域。总之，信息的管理控制部分的发展涉及众多学科，具有重要性、挑战性及紧迫性。

信息应用领域日益广泛，要求服务功能越来越高级、复杂。在很多场合下，由信息系统控制管理部分兼含与应用服务关联功能的工作模式已不能满足应用需要，因此产生了专门对应用进行支持的专门部分，即应用支持部分（它与管理控制部分有密切联系）。

各部分都有以下特征：软硬件相结合、离散数字型与连续模拟型相结合、各种功能部分交织、融合、支持，以形成主功能部分，如存储部分内含处理部分，管理控制部分内含存储、处理部分等。以上各部分发展都密切关联科学领域的新发现、技术领域的创新，促进了信息科技与信息系统及社会的互相发展，发展中充满了挑战和机遇。

下面将扼要介绍各部分功能内涵、发展近况及核心内容，同时也可作为以相关功能为主的信息系统的现有例子。

首先扼要介绍功能组成的通用机理的数学表达方式，如图 2.2 所示。

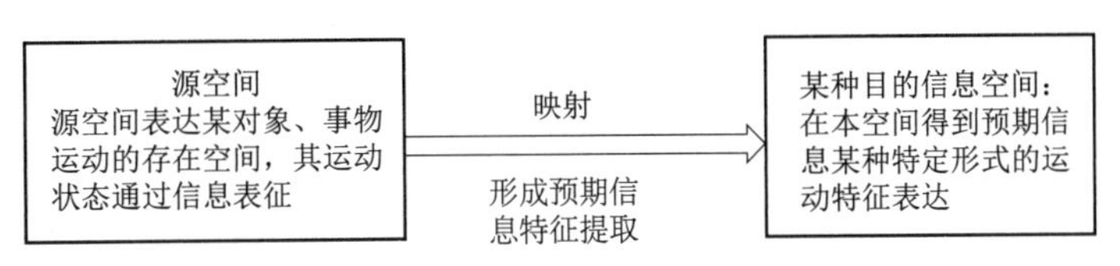

图 2.2　通用机理的数学表达方式

最理想的情况是达到同构映射，它确保了准确无误地完成映射，但实现同构映射很难，在实际应用情况下，不得已时可求其次，如同态映射，甚至映射外加一些附加判断信息完成映射。

为了进一步说明图 2.2 完成映射内涵，用图 2.3 展开说明。

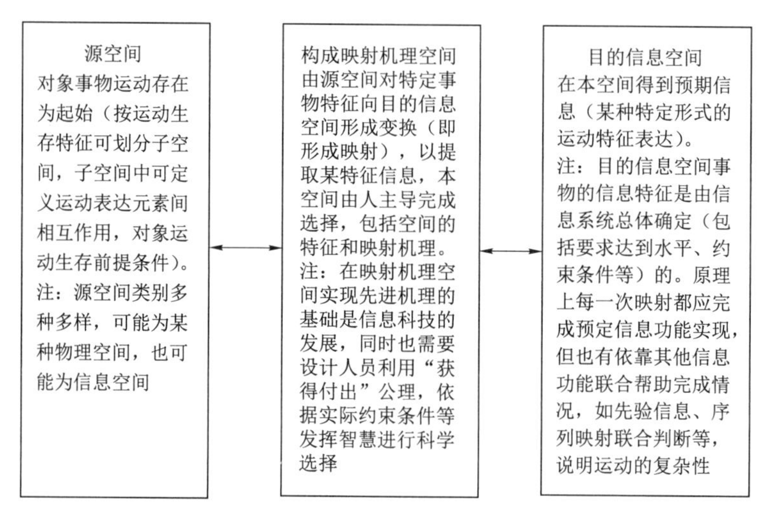

图 2.3　映射内涵机理展开说明

上述完成某信息功能的过程是表征完成某功能的全时空过程，其中由人主导选择很重要。在实际工作中，人应在充分考虑实际环境的多种约束条件下完成选择，以体现人的智慧。

接下来将分别介绍各分功能的基本要求和原理。

2.3.3.1　信息获取部分

从功能角度而言，信息获取部分是信息系统的基础，如果信息系统缺少了“信息”的获取，就不是一个完备的系统。信息系统主要功能是利用“信息”，如果系统无“信息”进入，就很难运行。同样，对那些主要功能是传输信息的信息系统，如通信系统，也少不了“信息”的输入部分，它可以认为是通信系统的信息获取部分。总之，信息获取部分之所以重要，是因为所有信息系统都是以“信息”为人类服务为目的的，获得“信息”是其基本条件。人本身就有很好的信息获取能力，但仍嫌不够，故千方百计利用信息系统扩大获得信息的范围，从而产生对信息系统获取和利用信息能力不断提高的需求。

1.“信息获取”基本概念

“信息获取”发展的核心是不断延伸获取信息的时空范围（广义空间），从而扩大信息系统功能或形成新功能，现在人类所能获得的信息仅是物体运动中很少部分的表征，因此发展任务繁重且艰巨。

在信息获取方法的发展进程中，竭力减轻“信息获取”的约束力度是重要的研究课题之一，即争取由多种“约束”并存、苛刻的条件要求等，向少数“约束”项目、减轻条件苛刻程度等方向转化。发现一些新的信息获取方法固然重要，但一种新的信息获取方法得以实用，最终取决于在复杂环境下，这种新方法被采用后获得“收益”与付出“代价”间的综合运筹，苛刻的约束条件会使广泛的应用受到很多限制。

“信息获取”最基本原理是“映射”，即借助物质间相互作用关系，将欲知晓的运动状态（信息）映射到另一种人类可认识的物质状态上（包括经过多次转换的间接含义），对应信息领域语言即是通过对荷载“信息”媒体的分析认识，以获得“信息”。形成一种新的信息获取方法，即是寻找一种新的物质间作用关系和可以被人认识的映射关系（并希望它是同构关系，后续说明），其中也包括了寻找新的荷载信息的媒介和通过对媒介的分析认识以获得“信息”。一种新的获取信息方法的出现，其基础在于科学技术的发展。

除了上述基本的信息获取方式以外，还存在一种由所获得“信息”扩充推理而形成附加“信息”的方式（即由对已获得“信息”进行联想、类比以及演绎推理以获得新“信息”）。这种获得信息的方式现在主要依靠人根据物理、事理、人理、生理进行思维来完成。人工信息系统这方面的能力还非常弱，无法与人相比。人类不断追求新的信息获取方法来源于社会的进化发展不断需要新的信息系统作为人类的工具。

“信息”获取的简要工作框图如图 2.4 所示。

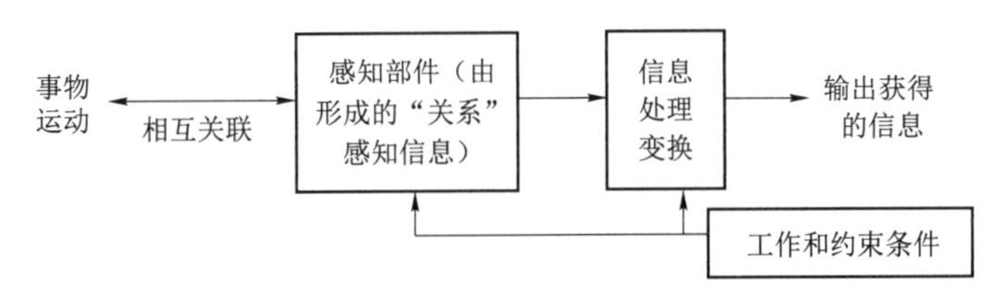

图 2.4　“信息”获取的工作框图

信息处理变换环节包括广泛的内容，如弱信号放大、预处理，也包括其他变换和人的类比、联想思维等高级信息处理内容。

“信息获取”概念不限于被动式，即对已存在运动状态的感知，还包括依照物理、事理、人理、生理、人工产生各种与欲获得“信息”的荷载体（运动状态）发生关联的“环境”，由环境状态映射获得“信息”。如人工辐射“波”即是人工制造“环境”的一种。在本小节最后，利用图 2.5 进行信息获取的同构映射说明。

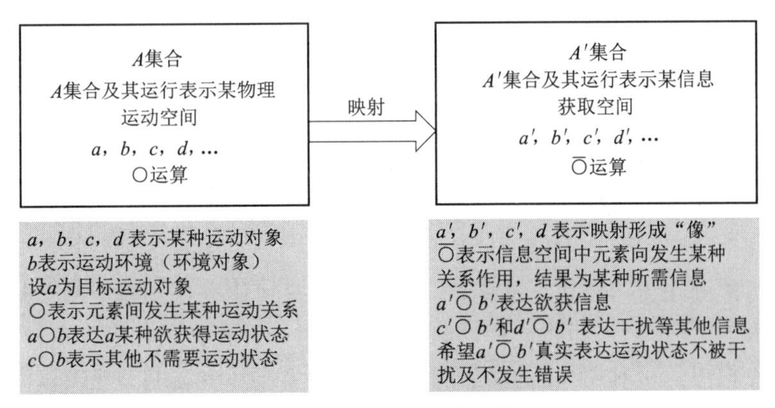

图 2.5　信息获取的同构映射说明

ϕ 为同构映射，情况如下：

$(a\bigcirc b)$ 映射至 A' 集合得：

$$\phi(a\bigcirc b)=\phi(a)\overline{\bigcirc}\,\phi(b)=a'\overline{\bigcirc}\,b'$$

又因ϕ为一一映射，c'绝不会等于a'，因此$a' \bar{\bigcirc} b'$可区别于$c' \bar{\bigcirc} d'$，经信息处理后，可准确无误地获得信息。

上述同构映射重要性具有普适性，同样，在系统各分功能部分都在努力实现。

2.“信息获取”应用剖面基本要求（时空域）

“信息获取”应用剖面要求由整个信息系统功能总体要求分解得到，在此只给出“获取”的框架，没有涉及定量描述，进一步选择确定条目细致组成及定量结果，还需结合前小节所述三个子空间机理选定及应用实际进行反复协调。

①“信息获取”的起始阈值尽量低，即敏感信息的起始量值尽量低（灵敏度高）。

②“信息获取”输出、输入转换比高（输入、输出可能为不同量，恰当选定计量单位，输入、输出量间比值尽量高）。

③ 输入量敏感分辨能力足够高（包括对输入量敏感及对类似输入量的干扰量的高区别能力）。

④ 转换比保持固定线性且误差值小，动态范围足够大或具有对强“输入”自动过载保护，以避免损坏高性能信息获取部件。

⑤ 尽可能地争取工作时只需宽松条件的特性，以避免要求苛刻的工作条件限制了重要场合的信息获取工作。宽松工作条件内涵往往还有延伸，即延伸至对抗“工作”及“生存”环境中的干扰。环境中不可避免地存在对信息获取部分的破坏“力”，抗损伤能力是指对这种破坏“力”应具有一定程度的耐力。

⑥“信息获取”部件响应时间足够“短暂”（例如，安全保障系统的信息敏感部件响应时间要求可达微秒甚至纳秒级），另外，往往要求在长时间工作中误差尽量小，如核潜艇的惯性器件。

⑦ 要求工作可靠、长时间工作及存储寿命长。

⑧ 不同“要求”尽量具有性能的独立性，性能指标间往往存在逆向关联性，即调整提高某单项指标要求时，关联到某项指标的负向变动，这样会使应用中选择受多种条件约束的“信息获取”部件变得复杂和困难。

综上所述，可以明显地得到以下结论：对“信息获取”部分的全面要求，构成了一个事物间相互关联的理想关系框架，其内部充满了对立统一的矛盾，永远不可能完全满足，只有动态发展，并在具体实践中加以辩证选择和动态地“变换”应用各种“信息获取”的方法和方式。

3. 对约束条件的基本认识和对待原则

对上述“信息获取”部分“要求”的限制和极限都可以被认为是“约束”，不断发展就是对“约束”的减弱（形成质变的减弱往往称为“突破”）。总体而言，“约束”是永远存在的，任何事物都不可能处在无“约束”的完全自由状态，只可能处在不断地减少某方面“约束”或进行“约束”的“变换”（即将一种“约束”变为另一种允许条件更为宽松的“约束”）状态。如耗能条件许可，可利用人工降温或升温以换取工作环境温度的变换以满足实施“信息获取”的工作温度限制。进而应认识到采取各种措施降低约束条件的实施过程也是一种“变换”——施加在“运动”上的一种变换（“运动”只有变换，而不可能“产生”和消灭，因为运动即是物质）。

4.“信息获取”的重要应用

“信息获取”的应用，经过多年发展历程，已嵌入到社会中非常广泛的领域，可以说“无处不在”，凡是有信息系统应用的场合，很大部分都会有“信息获取”部分的介入。如科学研究、社会发展、经济发展、国家安全、国际文化交流、国家行政管理等各大领域的信息系统都需要不同形式的“信息获取”部分，现就几个社会普遍关注的前沿领域说明“信息获取”重要应用。

（1）防灾减灾领域

灾害形成前期的“信息获取”，是防止灾害造成巨大损失的关键因素，一些重大灾害的前期“信息获取”存在巨大困难，主要体现在收集不到准确“信息”与不认识灾害形成一一对应信息（不知其映射关系）。例如，大地震前有众多“信息”，但不知哪些“信息”是临震信息；又如，有些重大传染疾病发生前的“信息”尚未被掌握，如禽流感、SARS 流行前夕等，要有多个病人传染后才能得知“疾病”可能开始流行；气象灾害，如飓风，近年来通过气象卫星观察才有事前预报；一些个人重大疾病前期病因信息也是人类渴望掌握的，如一些癌症病因信息便属于渴望掌握但尚未掌握之列。（当然，这些不单是“信息获取”问题，还涉及总体认识问题。）

（2）航空航天领域

航行控制方面，如航行姿态、加速度、速度传感器（陀螺仪表、光纤陀螺、静电陀螺）、仰角传感器、压力传感器、流速和流量传感器等，都是“信息获取”部件或分系统。飞行员、航天员生命保障系统，如压力传感器、温度传感器、有害射线传感检测器、氧气系统传感器、加速度传感器及反制加速度过大系统，都是以特殊“信息获取”为核心的分系统。

发射返回及起飞降落控制系统是载人飞船中以“信息获取”功能开始结合控制功能形成的重要分系统。

（3）医学领域及生物领域（传感器）

绝大部分医疗设备是通过获取人体信息进行诊断的，按其特征，有以图像信息方式诊断的，如“核磁”、“CT”、“彩超”、“正电子”成像等；另一类则是获得人体生命表征（物理、化学及生物三个方面参数的信息系统），如心音、血压等。从有机体到细胞，生命过程中都离不开有关离子，电化学可以测量这些离子状态以表征人体生理状态，从而形成电化学机理的医学信息诊断设备。利用某些生物活性测定人体内某种生物物质的变化，也可做出一类医疗信息诊断设备，例如酶传感器（测量人体血液、尿液某些诊断的成分）。所有医用传感器都面临如下难点，即信杂比值不高；不同个体的数值“离散性”大，即使同一个体，也会因心理状态而使测得的值离散，而使“判断”困难；另外，用于接触人体的测量受保证不伤害健康的强约束。这些医用信息设备的进步发展需要先进信息科技支持。

其他在多个领域，如环境保护，机器人研究、设计及制造，家用消费，汽车及交通，现代制造业等都需要“信息获取”与传感器，畜牧、农业、渔业、园艺、食品等领域也离不开“信息获取”或传感器的应用。社会越发达，利用“信息获取”为人类谋福利的场合就越普遍，需求越旺盛。

5. 现在常用的“信息”特征

① 表征事物存在时间、空间域关系的信息。最普通的空间位置关系信息是其中一种，事物特征（广义空间特征）的差别信息也是一种，尤其是微弱差别的信息很重要又很难得到。时间域信息也非常重要，瞬态和微小时间间隔信息在前沿科学技术领域尤其重要。

② 表征事物具体运动状态的信息，常用运动方向、速度、角速度、（角）加速度、振动

（其中含加速度）、流量等。

③ 表征某事物存在状态的信息，如形状（常用圆度、直角度、平滑度）、应变状态、颜色及色谱、光谱、温度、硬度等众多信息类别。

④ 通过接收他方信息转为本系统所需的转换信息（间接获得信息，与信息传输交换有所交融）。

⑤ 按信息获取基础学科领域划分，以物理学原理获取的信息，即利用物理原理和方法获得事物运动状态在物理领域的表征，如各种利用波的特征、热力学特征、机械运动、分子运动等方面特征等。物理信息可以是宏观层次的，也可以是微观层次的信息。

⑥ 由化学原理获取的信息，即利用化学原理和方法获得事物运动状态在化学领域的表征。化学学科特征偏重事物分子、原子、离子间相互作用的研究，化学信息多数具有微观性质。

⑦ 由生物学原理获取的信息，即生物信息。生物学是个庞大学科领域，其中还可再分为众多学科，并且学科间不断交叉融合，如分子生物、生物化学、生物信息、生理学等。各学科都有一个共同规律，即都需获得研究对象、各种生物运动规律的“信息”，进而形成本学科研究发展任务。信息科学技术正和生物学科领域进行交叉融合，形成新的学科内容，这个趋势还将继续下去。现代生物学领域提取的很大部分“信息”是生物化学微观信息，对生物生命活动总体和微观层紧密结合的关键生命信息体系的研究、建立、形成学科尚有待时日。

基础学科和专门学科正在交叉融合，形成一个独立生物信息学科领域。由于该领域研究对象范围十分广泛，内容十分复杂，很多种生物运动规律的认识程度还很初步，使得生物“信息获取”发展的基础性较薄弱，有待相关生物基础学科交叉融合、互动来形成进一步发展。

6.“信息获取”简要小结

人类对争取得到“信息获取”新进展从未停止过，现已在许多领域掌握了多种先进的信息获取手段和方法，但仍嫌不够，在事物按人理、事理、物理、生理支配的广大运动领域内，现在人类能获得的“信息”只占全部信息的极少部分，尤其是直接依靠人理、事理提取的信息更是稀少，不满足发展需要，还应不断探索和建立新的后继方法和手段。

现在，一种新的“信息获取”方法和手段的发现和建立，其基础往往需要对多学科交融、前沿科学问题的深刻理解和对先进技术科学、巧妙的运用。一种新“信息获取”的诞生由共用基础延伸到新获取理论的建立、新技术方法的确定、实践中的验证和改进，是一个艰难的过程，尤其是在一些“极端”条件下的“信息获取”（如非常微弱或非常强的瞬态“信息获取”），其科学技术内涵已绝对不限于传统概念下直接获取的内容，而是包括了信息系统其他功能，如存储、变换、传输、信息处理等的融入、支持。例如，医学和生物领域的“信息获取”过程中，由于杂波干扰非常严重，必须有先进的信号处理措施加以支持。正在不断发展中的“信息获取”科学技术领域带有明显的系统特征，对于获得信息具有重要意义的场合，往往以“信息获取”作为主要功能来形成复杂信息系统，如天文望远镜、声呐、雷达、遥感等大型设备都是因此目的而诞生的。

2.3.3.2 信息存储部分

“信息存储”是信息系统继“信息获取”之后，在信息利用过程中不可缺少的重要组成部分，“信息存储”功能相当于人认识过程中的“记忆”功能，人脑如无记忆功能，则无法形成“神奇”思维功能，甚至连正常人的最简单功能也不具备。例如，不认识自己的亲人，自己刚说过了话却不知自己说了些什么，与别人交流也是同样情况。总之，在人“思维”的基础上，由“信息存储”逐渐形成人类知识的存储和交流利用，进而形成知识积累和传承。如今，信息系统仍处在为人类进步、生活质量不断提高的服务进程中，“信息存储”有不可取代的地位。人类不断寻求新的存储方法和方式，同时，信息系统与存储部分存在一种日益互动的发展关系。它是一种对立统一的关系（此处所提“信息系统”可以是系统整体，也可以是“系统”的某部分，如新信息获取方式就需要新存储方法和方式）。

1.“信息存储”的基本概念

①“信息存储”的实质内涵是在多维空间与时间中，保存事物运动状态，这种“保存”就是保存荷载、表征运动“信息”的媒体状态，这样就将保存“信息”转变为“媒体”状态与存储物状态的接触、交流、转移与保存。“信息存储”可进一步抽象为首先产生将荷载媒体表征“信息”的物质状态与存储媒体的存储状态发生关系，然后将荷载信息的状态映射至对应存储体的某种确定状态（原荷载信息媒体的状态可以“保存”，也可以不保存），这也是物质间运动的一种交互关系。从信息存储体角度而言，“存储”过程首先是信息获得，然后是信息保存。

②“存储”的完成既然是一种物质运动状态的转移和保存，那么新的“存储”出现，其基础必然在于研究物质运动的科学原理和研究实现该原理的技术方法，因而新存储方式出现的根源是科学发现和技术创新。

③“存储”的基本单元功能是保存信息单元（状态），并不能达到保存“过程”的程度。对信息应用而言，仅存储“状态”是远远不够的，更重要的是存储“过程”。“过程”是由数量巨大的“状态”组成的，需要大大地扩充存储容量，这是海量存储出现的原因之一。

④“过程”是快慢参差的连续过程，而“状态”是过程中的“片段”，也是将过程进行“切片”采样得到“状态”。反过来，由“片段”组成“过程”，相当于用不连续量形成连续量（过程），这就存在“形成”的完备性问题。保证完备性的科学依据是卡捷尼科夫（或奈奎斯特）采样定理，对快速运动过程需要高频率采样，从而需要更多的“状态”表征过程的本质。计算机中采用二进制数字表征数量，实际上是以更多的“位”数可靠、容易地表征数量的大小，这一切都提高了对存储的要求和难度。

⑤ 事物的运动不断地进行量变和质变的转化发展，在客观上，“信息”也不断产生和变化，伴随着人类的发展，对“信息”的需求也与时俱进。存储信息是满足人类对“信息”需求的重要内容之一，因而会不断地要求扩展存储信息类型、提高存储质量、快速方便使用存储信息。在上述要求驱动下，“信息存储”的发展会持续不断地进行。

⑥ 随着科技发展、信息系统及社会发展，“信息存储”在学科上已发展成庞大信息学科领域中一个重要分学科领域，它包括了很多交叉分学科，涵盖了广泛的学科范围和众多的学科前沿内容，例如数据库理论与技术、光存储理论与技术、半导体存储理论与技术、材料记忆理论与技术（尤其是功能材料）等。同时，多种多样“信息存储”的实现形式，尤其是大型先进的信息存储设施，大多具有完备、复杂的系统特征，它们绝对不是只有单一信息存储功能的简单部件，而是具有多种应用功能，存储有大量各种“信息”（包括各种精细信息）甚至可提供由“信息”组成的运动过程，正在形成以“存储”为核心并集成为以“知识”服务人类的信息系统。它需要不断完备系统的自组织机理，软、硬件结合的构成。系统内部包含有信息处理、交换、传输、管理与控制等诸多功能，来保证这类系统在以“存储”为核心机

理的基础上不断完善高级“知识”服务意义上的多种功能。例如，公共开放性大型数据库便是不断发展中的知识服务信息系统，它的结构和服务管理都具有复杂的系统特性。

⑦ 除了上述以“存储”为核心机理所形成的信息系统外，“信息存储”作为信息系统的基本功能，也大量且不可或缺地嵌入各种类型的信息系统中，以支持它们完成高水平功能。

⑧ 信息存储的基本概念可概括为时空域中某信息域至信息存储域之间的一一映射，针对更复杂的存储功能需求，则要争取实现同构映射的存储，如图2.6所示。

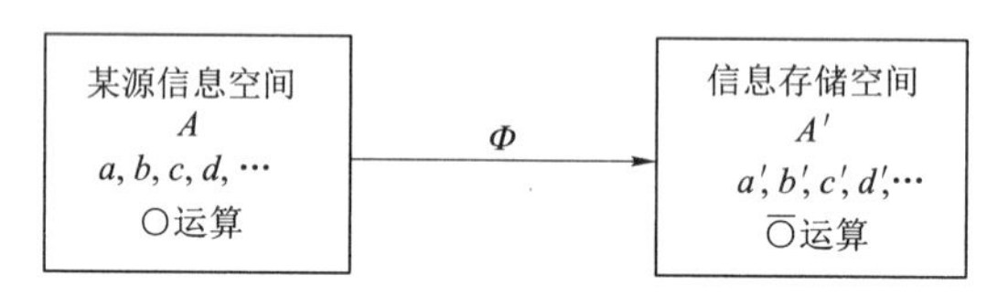

图2.6　信息存储机理表达

如仅需将 a,b,c 等自身存在的信息映射至存储空间，则 $\boldsymbol{\Phi}$ 为一一映射；如需将 $a \bigcirc b$ 表达的更多相互影响作用的信息进行存储，则 $\boldsymbol{\Phi}$ 完成的映射应为同构映射。在海量信息环境下，映射完成应具有快速特征，而储存空间面临容量日益增加的要求。

2. 存储部分主要要求

① 存储信息本质特征，是保证可存储信息的真实性和具有在使用过程中的真实性，包括动态及时更新、分布式存储系统存储信息动态一致性、多媒体信息中各组成分量在时空域匹配特性无附加变化等（虽然其匹配机理人类尚欠缺掌握）。

② 在“信息存储”进行过程中，对信息存储体而言，“信息”的转移和接收等价于“信息获取”，根据实际情况都有可能需要对“信息获取”的要求，在此不重复列出，可参考前面所列。

③ 以“信息存储”为核心机理所形成的开放式信息服务系统，在系统服务方面有着很多、很高的要求，例如，提供信息的真实性、数据的可靠性、服务使用的方便性和及时性等方面已发展形成了一个随着服务功能的增加而不断增加服务要求的高性能动态指标体系，指标体系内各项要求之间也存有复杂的对立统一矛盾关系，这些进一步形成了“发展”和“需要”间对立统一的矛盾，也促使体系不断发展。

④ 系统服务功能不断发展的要求也转化到存储信息系统管理控制功能的不断提高（包括系统的安全使用性能），再进一步落实到系统的体系结构组成上，由此更进一步扩散到相关科学技术的发展以进行支持的基础层次上。

3.“信息存储”分类举例

“信息存储”的方法和方式有着数不清的种类，它是一种物质运动相互作用产生的结果，例如河流是水流长时间流动的表征，也是“水流”信息的记忆。下面就主要与信息系统有关的人工制造的几种信息存储类型加以讨论介绍。

① 文字是记载人类活动的主要方式之一，它产生的目的就是“存储”、传播与“继承”信息和知识。以前，荷载文字信息的媒体是皮、丝帛、纸等，现在是磁、电、光效应与文字的结合，将文学所荷载的信息转移到对磁、电、光效应有所响应的媒体中加以存储，而用纸存储文字或图形信息的场合正在减少。

② 信息系统中常用存储部分的机理和“结构”发生了很大发展、变化，这种发展趋势仍

将持续。过去计算机的存储部件由磁芯组成，配合使用的“外存”多为磁带与磁带机，而现在已发展为半导体存储器。原来庞大的外置磁带机被内置硬磁盘代替。硬盘容量大大提高，响应速度也有所提高，可携带存储软盘被小型 U 盘取代；大容量易刻录光盘被普遍作为固定式和携带式的存储媒介；以微观量子效应为基础的各种存储数字化信息存储的机理和方法正在大力研究。

③ 在各种小型信息装备中，用数字化半导体存储器取代大量原磁带、消费类摄像机存储部件，对其性能提升起到了重要作用，其他如手机、数字摄像机、Pad 等也离不开半导体存储器。

④ 研究发展更高密度光存储科学技术以支持更高密度、超高容量（如单盘达 10 GB，系统达 20 TB 容量）存储部件和系统的发展和应用，如光致变色存储、多波长多阶存储、高密度磁光存储等。同时，在高密度光盘系统集成中，还综合地需要很多其他信息科技的发展支持。例如，数据可靠性分析、容错编码技术、高速数据传输等问题都需要配套研究和发展。

4.“信息存储”功能为主组成信息系统及其发展

① 以信息存储机能为基础，结合信息系统其他“功能”将信息存储延伸到过程存储、知识存储和利用，从而形成了一大类为人类各种需要服务的存储式信息系统，如各种数据库、信息库、国家信息基础设施等。数字图书馆也可视为一种由信息存储为基础的图书存储和传播服务的信息系统。以下将以数据库为例说明，从系统发展角度观察，“信息存储”（含其应用）尚有众多科技问题未能发展和解决。数据库是从计算机科学与技术领域中的计算机文件系统发展起来的，从第一代树状、层次型数据库发展到第二代关系数据库，再到第三代面向对象数据库（关系数据库还在应用中），数据库技术与众多学科如网络技术、通信技术、多媒体技术、并行计算技术等交融发展，在此仅就数据库存储“信息”所关联的时空域特征进行简要讨论，以揭示“信息”存储内含的复杂本质。

② 数据库“时态”性质：“信息”尤其是信息流，本身必然包括了时态信息（Temporal Information），它包括了时刻信息（Instant Information）、时间区间信息（Interval Information）和时间相互关系信息（Time Relation Information），表示“信息”在时间上的前后、重叠等关系。可以认为传统关系数据库主要关心空间关系,而很少关注“信息”表征中内含的时间关系，时间关系是揭示事物发展运动本质规律的一个重要剖面，不可以不重视。如时刻信息表征发生时刻，时间区间信息可表征“信息”存在的时间间隔长短。同样，数据管理应用方面也非常需要时态信息，现在已建了多种各有特色的数学模型，用来表征信息的时态特征，但很多实际技术问题仍有待进一步解决，困难主要表现在数据量大。随着时间的流逝，新的数据源不断进入数据库，当前数据又逐渐变为历史数据。为了保证时态数据库在大数据量下的时空应用效率，必须有高效的主数据存储组织和时态索引结构。在实际应用的时态查询中，“选”—“投影”—“连”操作占用了主要资源，即对时态选择、时态投影、时态连接予以优化，成了时态数据库查询优化中特殊的技术焦点和难点。时态数据库的索引中，传统的 Hash 和 B 树、B+树需要扩展时态语义才能适应。

③ 数据库实时性质：数据库实时性主要表现在关注数据（信息）的实时特征，以及应用过程和管理实时性。实时性包括事物在时间坐标上的一致性，以及保持正确的相互关系（包括了数据库内部事物与相关的外部事物）。这是因为客观事物都是在时空中运动，有些过程对时间的流逝非常敏感，需要的是某个时刻或某个时段的信息，时间轴上很小的差错都是不允许的，例如航天计划中某些过程的控制，以及对高速飞行体的探测、导航等。随着科技发展

和社会进步，这种场合越来越多，越来越重要。这在实时数据库构成和管理方面比普通数据库要复杂和困难得多，尤其是数据“一致性”内容增加了时域实时性方面的要求。总体而言，实时数据库处于正在发展阶段中。

主动数据库：现在使用着的数据库虽然在各种实际应用中起了很大作用，但它是以被动方式进行服务的，只能根据用户的命令被动地提供服务，即用户给什么命令就提供按命令规定的服务，丝毫没有根据内部或外部环境状态提供灵活服务的能力。在实际情况下，无论在应用中或对库的管理中，都需要增加一些“主动性能”。例如，入库数据太多或库存太少、主动切换检索方法、主动实现状态修改等，都需要加入主动服务功能，这些“主动”功能往往与实时性能有较密切关系。联系到软件方面，必须有一种程序设计语言以独立进程方式单独编写一个程序来实现这种功能（在一些语言中也有一些初步功能体现，如 Ada 语言中的异常处理即体现一点主动功能，但很不够）。在体现“主动性”中，数据库机能的大部分可用事件激发概念来体现（即数据激发的进一步发展，但比数据激发复杂得多），其含义为主动适应功能的发生，是根据某个事件的发生而进行调整和调度。规定“事件”是重要的，尤其是“复杂事件”中相关联事件的“嵌入”和“调度”造成的事件激发具有很大的复杂性，显然有很多问题和困难。数据库具有主动性是其一个重要发展方向。

移动数据库：信息系统越来越多地服务在“移动”状态，如移动通信、移动办公、移动计算等，移动状态数据库也因此而产生和发展。不同于分布式数据库的固定分布式拓扑结构，移动数据库虽然也具有分布性质，但其拓扑结构是变化着的，这就带来众多复杂性，如移动用户应用中的沟通联系、调用数据、要求更改数据、输入数据都很有特殊性和复杂性。再深入一步至移动数据库的运动机制和“动态结构”，如保持数据“一致性”和正确性。“复制”机能要求动态布局，“缓存”（Cache）机能也需要如此。如果移动状态再要求“时态”、“实时”和“主动”功能，则更加复杂，现在还远远达不到。移动状态下的服务机制是数据库的一个重要的研究发展方向。

数据库的模糊性质服务不能回避，这是因为客观世界中事物之间的关系绝不都是确定的，相当大的部分是不确定的，其中包括概率、模糊以及混沌不确定性等。研究建立模糊数据库的目的是依此帮助人们处理一些客观存在的模糊性质问题。模糊性是事物间一种较深层次的性质，很大一部分模糊信息是隐性的，要由直接获得的“信息”提炼和转化才能得到，然后进入模糊数据库。模糊数据库的建立必须完成以下几种工作：

① 建立模糊数据（模糊数、模糊字符串、模糊布尔量、模糊结构量和组元）。

② 建立模糊数据间的模糊联系关系（分为不同层次，每个层次都有模糊性；其数据有模糊性、静态模糊性、互相作用的动态模糊性、模糊函数关系）。

③ 建立约束条件的模糊性（模糊完整性、一致性、其他约束性等）。

④ 建立模糊性操作，模糊性查询语言。

⑤ 建立模糊数据模型、模糊关系模型、面向对象的模糊模型、模糊层次模型、模糊逻辑数据模型等。

⑥ 建立模糊数据语言是由模型往应用层次延伸的重要环节，如语言的模糊模型为模糊程序设计语言、面向对象的模糊数据库语言、模糊关系数据库语言等。

⑦ 建立模糊数据库管理系统（包括系统接口、模糊操作系统、模糊数据库等）。

以上数据库的发展展现了以“信息存储”为基本功能，将存储功能进行扩展形成一类以存储机理为核心配以其他功能的重要信息系统，并服务于人类。这体现了存储信息乃至存储知识作为一类信息系统的主要功能，在信息科技领域内由“过去”到“现在”及“未来”持续传承发展的本征重要性。

2.3.3.3　信息传输部分

“信息传输”也是信息系统的一个基本功能。除人类直接获取的信息外，很多“信息”是靠“传输”和“交换”获得进而被利用的；同时，为了更好地传输，“信息”的形式往往需要经过“变换”，在“其他交换”信息系统中的其他部分也需要“变换”，它起一种很普遍的作用。

1. 基本概念

“信息”总是被某种媒介所荷载（如“信息”对电磁波某种状态参数进行调制，电磁波就是荷载信息的媒介），而多数情况下需要将荷载信息媒介的状态（有时也包括媒介体本身）加以传输以达到传输信息的目的。信息传输的通道称为信道，“信道”可由某种物质组成，也可由多种物质集成。

“信息传输”可以是传输信息系统中为用户服务的“信息”，也可以是传输信息系统运行服务时管理、控制所需的信息。

信息传输部分是信息系统内部不可缺少的重要功能之一，所有信息系统内部结构、功能都是为信息系统的功能服务的，故应以局部服从系统总体为原则，使信息系统在满足使用条件的约束下充分发挥服务功能(有很多使用条件的约束增加了发挥服务功能的难度)。一方面，信息系统内各分系统都要为此努力“贡献”，并不能由局部出发过分计较付出代价；另一方面，信息系统对自己的各分系统也应努力支持，体现在内部结构布局所形成的内部功能的互相支持。例如，移动通信系统的移动使用条件使得移动通信系统必须采用无线通信，在城市的移动通信传输中，必然碰到动态变化的多路径效应，移动通信的传输信息部分“承认”和“容忍”多路径效应带来的各种负面效应并努力减弱负面效应，同时，在系统总体结构方面也体现出适应多路径效应下工作的布局，在信号处理部分也采用多种先进原理和处理方法来减轻多路径效应的危害。又如，水下通信必须要忍耐利用超长波的困难，尽力采取各种措施来保障通信。

传输分系统为了完成所承担的任务，往往需要采用各种方法（包括与其他分系统实行功能合作和取得支持）和增加一些支持性软硬件实体部分，构成一个具有复杂系统性质的广义信息传输分系统来达到目的。例如卫星通信系统的卫星转发器应该包括在信息传输分系统中。就信息传输分系统的传输方案而言，存在着由系统功能决定唯一方案的情况，也有随着科技进步多种传输方案并存的情况。

通过交换各种信息的方式进行服务的信息系统统称为通信系统，它们的核心功能是“信息传输”。因此，此类信息系统的结构是以信息传输为核心理念，配之以其他功能，从而完成信息传输任务的。随着信息化社会发展，信息系统的服务功能迅速系统化、多样化、快速化，过去传统语音通话和邮局通信系统正在变异，朝着以传输、交换功能为基础，实现系统化、多样化、迅速化的综合服务系统发展。从传输交换功能而言，它们是随着信息系统发展同时存在发展的。

现代信息系统主要是以不断扩展的频谱，包括电磁频谱和其他类频谱如声波、机械运动频谱等为传输信息的媒介。因此，信息传输分系统中不断对电磁波和声波等的传输特性和传输方法进行研究，现在在主要方向上已取得很大进展，但仍有大量问题需要研究。在传输过程中，为了某些原因（功能需要和约束条件原因等），往往需要对信息媒介的某些特征（在不影响“信息本质”的前提下或可以接受的影响程度下）进行“变换”，各种新的变换形式和方法也是重要的发展内容之一。“变换”不单用于“传输”领域，在信息系统内部各结构功能的实现中也同样需要。“变换”可以是事物运动某特征在不同剖面“表征”的变换过程、结果和方法，它同时蕴涵了事物间相互作用关系和规律，在信息系统的传输分系统中也具有重要意义。

信息传输和变换的发展对信息系统的发展有着重要促进作用，其发展基础涉及相当广泛的科学和技术学科领域，并与相关基础和应用基础的科学研究水平有密切联系。因此，在不断发展信息传输分系统的同时，必须注意相关基础和应用基础研究水平以成套地持续发展。

在通信系统中，“信息传输”与“信息交换”具有各自的功能，在信息系统结构组成中往往关联非常紧密并互相嵌入，在工作运行时互相匹配。信道的非理想状态所造成的影响往往体现在整个信息系统功能和结构上，从而产生本质性影响。如水声信道所带来的背景干扰、移动通信中的多径干扰等对系统发展影响深远。以光纤作为介质构成的传输信道，具有高传输速率、多波长、大容量、低损耗、极低误码率、低传输成本等众多优点，对信息系统的传输功能发展起到重要作用，同时也促进“交换”功能的发展变化。

2. 信息传输基本要求

信息传输与变换中，“信息”透明度需符合要求。

“透明”是指传输和变换过程对“信息”特征无影响的理想状态。实际中不可能完全透明，如信号传输损耗、传输色散都不可能等于零，只能控制在允许的范围内。

信息传输过程中，应采取相应有效方法以补偿传输过程中对“信息”的影响，如及时放大信号以补偿衰减，利用反色散特性补偿“色散”等。

传输信道的状态应根据实际需要加以检测，以保证信息系统的服务质量和安全。

“传输”和“变换”的时间延时应控制在允许范围内，目前信息传输速度的极限在真空中是光速，在实际应用场合中往往比光速低得多。在地球上及低层空间范围内信息传输的延时尚不至普遍发生重要问题，随着人类“进入”深空，信息传输延时问题将日益严重。

信息传输过程中，信息安全问题随着安全环境变化应控制在合理的安全程度上。

信息传输范围很大时，实施信息传输所付出的代价应综合考虑，如光纤是一种高性能有效传输，现实情况下，“到楼”比“到户”更现实有效，这就是综合考虑的结果。

3. 信息传输分系统实例

如下为移动通信系统分布嵌入式传输系统的示例。

（1）手机与固定电话通话（图 2.7）

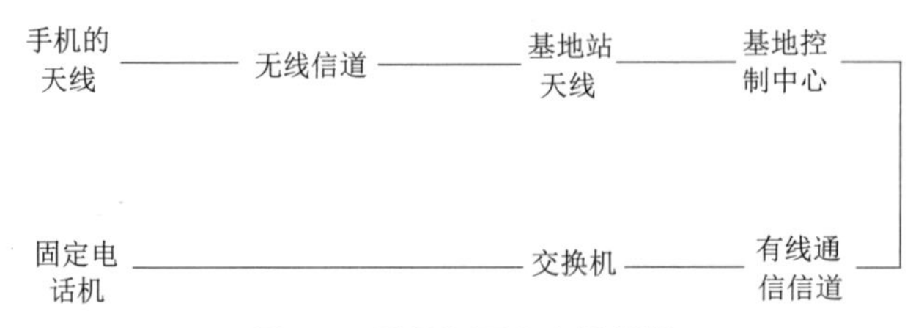

图 2.7　手机与固定电话通话

（2）手机与手机在漫游状态通话（图 2.8）

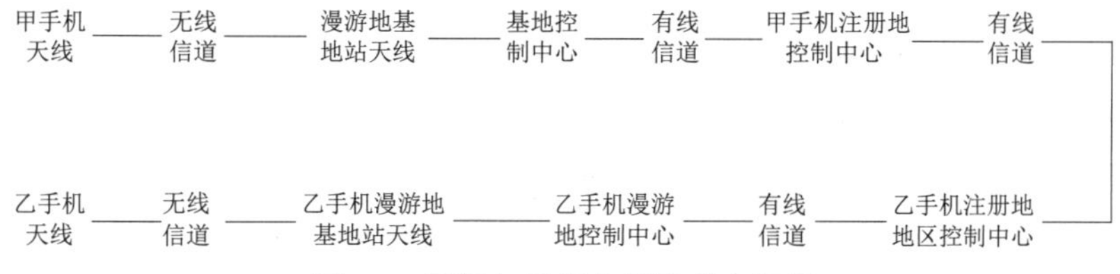

图 2.8　手机与手机在漫游状态通话

（3）电信网长途电话信息传输分系统示意图（图 2.9）

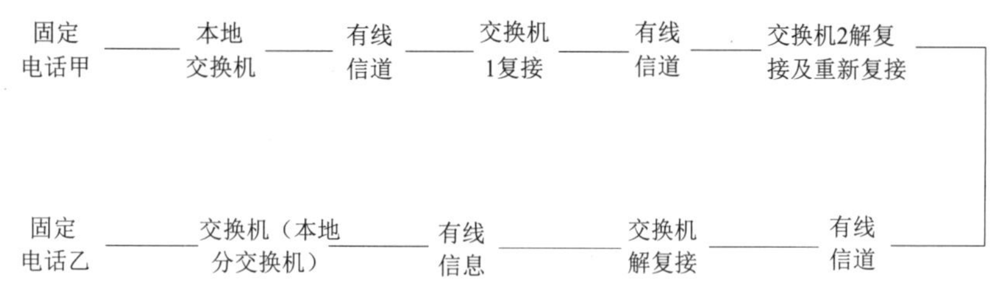

图 2.9　电信网长途电话信息传输分系统

现在长途交换机一般还要进行复接以编成复接信号，包括变换信号，形成如变换域 DWDN 光通信信号，也涉及传输信号的媒介变化。如果对应光信号的传输为光纤线路，在本地交换机间传输信号的传媒多为电话线路，而交换体制是面对连接的，则在一般情况下，不会因信息传输延时不等造成恢复语言信号的严重失真。但在 IP 电话通信中，信息包（IP）传输中各包的延迟不同，破坏了 IP 对应的原来语言信号间的秩序而导致通话质量下降。以上说明“传输”部分与其他部分的相互渗透和制约对完成系统层功能起着相当重要作用。因此，完成一个信息系统的既定功能，需综合运筹决定各部分特性和结构。

2.3.3.4　信息交换部分

1. 基本概念

①“信息交换”也是信息系统应具备的基本功能，它支持信息系统为人类提供传递和交换“信息”的服务。在古代，人类也有信息交换和传递，但是是以个别专门的形式进行的，如派人专送“信息”、烽火台广播发布信息等。随着社会发展，人际交往在时间和空间域中都有很大拓展，如距离增远、交往次数增多、节奏加快等。相应地，信息交换要求在多个用户、分布很广及远距离情况下进行，同时也要求传递和交换更多的信息，由此产生了邮局、电报、电话、电视广播、互联网交换等多种信息交换方式。现在“多媒体”信息的个人间交换是正在发展中的一种信息传输交换发展模式。

②“信息交换”中，交换单元数（n）是一个重要参数，而 n 增加，所形成的交换组成数也快速增加。例如，几个交换单元数（用户数）互交互换，考虑主动方（交换发起方）与被动方动作有差异，交换组成数按 n 取 2，计算 A_n^2 排列，即等于 $n\times(n-1)$ 个，当 n 数很大时，交换组成数近似为 n^2。如果中国 1 亿人参加交换，则应具备 10^{16} 种交换组合，这是信息交换要解决的最基本的问题。

③ 信息交换分系统解决快速交换问题的基本思路是尽可能地利用具有最快传递及交换速率的荷载信息的媒介体，目前是尽量利用电磁波。关于电磁波的科学技术问题已进行了大

量研究，但仍很不够，还需进一步深入研究。

④“信息交换”分系统在整个信息系统内最主要的功能（称为结构功能）是支持和保证信息系统整体功能的实现和完成（局部服从整体原则）。随着信息系统功能的增加，服务质量的提高，交换分系统逐渐发展成本身具有复杂系统特性的系统（如电信网中程控交换机，卫星通信系统中星座间星际交换系统等）。对于它的发展，应注意用系统科学的思维方式和方法加以支持。

⑤ 大型网络型信息系统的交换分系统，经常需要面对各种异构信息系统和不同服务类型。它需要有不同特征、格式的“信息”，以及在不同协议下进行信息交换。这是一个复杂的开放性问题，需不断进行研究，争取以较小代价解决这个问题。

⑥“信息交换”和其他部分一样，需要众多学科发展所形成的科学和技术来支持。科学技术发展水平决定“信息交换”水平，例如，一旦量子信息进入实际应用水平，信息系统的工作原理和条件将有根本性的变化。交换系统也不例外，量子态的不可触及性及非局域性等将给信息传输和交换带来一系列新应用前景和挑战。

2. 基本要求

信息交换分系统的基本要求很大部分类似于信息传输分系统的基本要求，应补充和强调以下几点：

多用户情况下可靠交换问题值得不断研究和发展。交换分系统在一定情况下更是信息系统安全问题的策源地，对此，应引起足够注意（尤其应注意到通过“传输”和“交换”可以较有效地扩大对信息系统的各种攻击效果）。

交换分系统结合信息传输作为通信系统的核心融入通信系统中并构成通信系统的框架，类似人体骨架及神经结点两者相结合的地位，因此，更应注意此类信息系统中“交换”及“传输”部分的性能水平。此外，也应加强系统整体及分系统间的互相支持，并在发挥整体优势的基础上进行综合运筹考虑。现在应用嵌入式计算机是一种关键手段，但嵌入式计算机应用所带来的负面作用也应予以足够重视。

不同信息的信号特征对应着不同交换要求，这点与“传输”有共性，但重要性更突出，应予以足够注意。

3. 信息交换现状综述（以电磁波为荷载信息的媒介）

① 荷载电波的媒介分为线缆介质（简称“有线”传输交换）及空气、真空等非固定固态介质（简称无线传输交换）两种。在信息服务应用中，这两种传输交换类型根据环境的约束条件，既有各自独立类型，也有交织兼备类型。例如放松通信服务地点限制的移动电话，在长途漫游通信场合，其交换便是无线–有线交换的交织兼备，发展中物联网服务也需要两种交换交织兼备。

② 在有线传输交换领域，按交换连接类型可分为电路（含逻辑连接）交换和路由交换。这两大类各有优缺点，电路交换可确保通信质量，保密性好，但在高速、通信信息量不大的情况下，电路换接占时比例大，而路由交换优缺点正好相反。电路交换随着通信服务种类的发展、数字信号的进入，曾有电文交换、分组交换、快速分组——帧交换、ATM 等一系列以提高交换服务质量，同时尽量减少交换代价的发展过程。全光交换也在发展中，但由于技术限制、硬件水平不够、成本高昂等原因，短期内尚不能实践应用。由于高速、高质量的光纤传输网的普及，电路交换模式已让位路由交换模式而退出主流交换地位。

③ 光纤传输网及路由交换构建了骨干有线通信网的主题。

光纤的发明以及制造技术的发展，使得单根光纤单个波长（可同时在多个波长工作）具有提供 40 Gb/s 的通信量，10^{-10} 的超低误码率，以及低传输损耗、成本低廉等优点，因而被迅速用于构建骨干有线通信网。由于光纤能提供很高的通信容量，因此可以预留通信容量方式，保证路由交换时，不致因线路通信容量不够而造成线路拥挤和数据丢包，以及“包”间延迟差距太大导致 QoS 下降，因而光纤传输最终取代了工作控制复杂、“开销”很大的 ATM 线路交换模式。

无线交换主要是在时空域按一定规则形成信息联通以进行信息传输。

现代通信网是以电话网络为基础发展而成的。按习惯，把“电话”以外的信息传输交换服务叫增值服务，现主要有电子邮件、可视电话、电话会议、电视会议、可视图文、视频点播等。各种服务的信息、信号有着不同特性，对“交换”也有很大的不同要求。各种业务结合信号特征对“交换”性能要求往往差异很大。虽然目前通信网络以光纤传输路由交换为主，但本书的介绍基于分析各种不同方式的优缺点并从匹配实际约束条件的基本工程设计方法出发的。

以下简要介绍几种典型的交换类型特征：

（1）电路交换（语言信号交换）及数据交换要求

① 人与人之间直接用语言信号交流，要求一对一交流，一般不应外泄信息；

② 语言信号误码率要求不高于 10^{-3}；

③ 通信持续时间相对较长，平均在 3 min 左右，而且双向对通各占一半左右；

④ 电话通信每路速率不高，限于 0.3～3.4 Kb/s；

⑤ 在通信中，人与人的语言交流不需要其他协议；

⑥ 利用计算机或计算机间信息交流进行数据增值业务（信息的信号形式为 0/1 二进制离散数据形式），不外乎人与计算机或计算机与计算机间交流信息，如经加密传输时，可防信息外泄；

⑦ 交换信息为数据形式（多为 0/1 二进制），误码率要求高，一般应在 10^{-8} 以上，甚至应保证在 10^{-10} ～ 10^{-11}，通信持续时间多为秒级或数秒以内；

⑧ 在信息为数据形式的交换中，时间延迟和信息包间次序在信息传送过程中固定不变。

（2）电路交换与数据交换类型特点说明

电路交换示意如图 2.10 所示。交换机集群和用户集群组成的通信网络如图 2.11 所示。

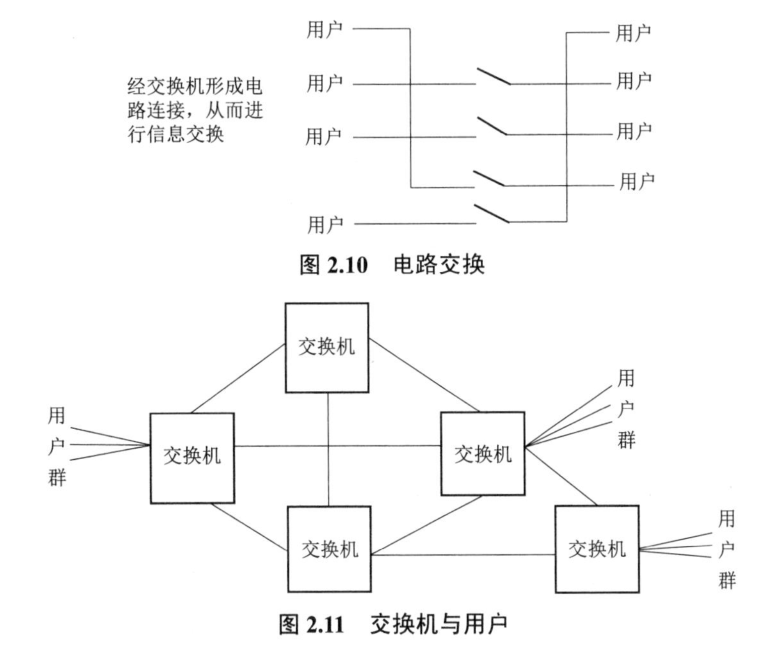

图 2.10　电路交换

图 2.11　交换机与用户

1）电路交换主要优缺点

优点：信息的传输延时小，一次接续时延固定不变；信息透明传输时交换机不需做存储分析处理；“开销”少，用户信息中不用附加很多用于控制的信息；双方的编码方式、信息格式可自主制定，不受网络限制。

缺点：电路进行连接耗时较长，传输短信息时，连接所占时间可能大于信息交换时间；电路资源被通信双方独占，电路利用率低；在通信繁忙时，很可能由于电路占用而接不通；双方的信息格式等一旦固定，将难以适应多种业务间发展不同的协议信息格式等。

2）数据交换

针对电路交换缺点对一些信息服务业务（尤其是计算机充当某些“用户”时）的严重影响而进行的变革，最初是报文交换方式，其核心概念是交换机内含有存储功能，用户间通信时不需叫通对方，只需依次序叫通接连交换机，再将交换信息组成一个“报文”发往交换机并加以“缓存”，最后再叫通对方发送信息。但有以下缺点：交换延时不固定，可能发生大延时，影响交换及时性，不适合及时交互通信；报文高速率通信时间较长时，交换机需很大存储容量。

3）分组交换

电路交换不利于实现不同类型数据终端之间的相互通信，而报文交换所引起的信息传输延时不固定，有时会很长。减少时延，使其满足利用计算机通信的用户可以及时交互信息的需要，可以用“分组交换”的方式较好地解决。对于数据通信中的实时信息交互（利用计算机进行通信）的问题，它采用了“报文交换”中“存储转发”方式，但不像报文交换那样以报文为单位进行交换，而是将报文截成许多较短的规格化的分组（Packet）。由于分组长度较短并有统一的格式，所以可在交换机中停留进行排队处理，而一旦确定了新路由，便很快输出到新的交换机（或终端），这样，在交换机中停留时间仅为毫秒级，这样的延时状态能满足绝大多数场合下数据交互式通信的要求。

根据交换机不同的处理方式，可以将分组交换分成两种模式，即“数据报”和“虚电路”。“数据报”方式是将“分组”当作报文处理，每个分组所包含的终点地址信息（提供给交换机）为每个“分组”寻找确定路由；可能发生不同路径到达的分组，则由终端进行正确的排列以保证传送的内容不混乱。虚电路方式在开始传输信息时，通过网络建立逻辑上的连接通路，这种通路建立后供用户发送信息用，以分组为单位经逻辑通路传递。一旦通信完毕，则发出拆除逻辑通路的信令将其拆除。无论哪种形式的分组交换，为了保证数据通信在非光纤传输情况下得到 10^{-9} 左右的误码率，都必须采用各路段分组的方法进行检验，由路段接收节点（交换机）按分组奇偶校验法，检查是否有误码。如果有误码，则要求发送节点重发而造成延迟，因误码是随机的，故形成了延时随机性。这是一个延时要求严格条件下的缺点，但计算机间数据通信是完全允许的。分组交换主要优点除了上述在轻负荷传送率情况下延时小、变化不大、误码率低以外，还有向用户提供不同速度、不同代码、不同同步方式、不同通信控制的数据终端能够相互通信的优点，实现了线路动态统计复用，通信线路（含中继线路和用户环路）的利用率高，在一条物理线路上可以同时提供信息以“分组”为单位的多条信息通路。

在分组交换中，储存和处理分组信息不要求交换机具有很大的存储容量，降低了网络设备的费用。但分组交换存在的主要缺点是：交换过程附加的传输信息较多，如分组头形成的控制信息，用以建立和拆除数据通路进行差错控制和流量控制的信息等。对于长报文，由于拆成“分组”插入的控制信息增加了很多占位，通信效率较低。此外，要求分组交换机具有较高的处理能力，增加了交换机的复杂程度。

4）在光纤传输条件下适应以局域网通信为主的快速分组交换——帧中继

分组交换实施背景和保证数据高质量通信的措施如下：

分组交换开始实施时，传输线路（即交换机中继线路）是基于模拟通信为主的步进制电话信道（带宽为 0.3～3.4 KHz），其传输带宽一般不大于 9.6 Kb/s，误码率为 10^{-3}～10^{-4}。在这种情况下，要满足数据通信要求，必须采取兼顾高效率与低误码率 10^{-9} 的双重措施，主要有：

采用虚拟电路复用方式以提高信道利用率，减少网络传输费用；在网络相邻节点传输通路上执行差错控制协议，具体而言，即发送一组数后等到交换节点返回，表示正确收到返回信号后，再发下一组数据；为了保证传输数据不超过线路的传输容量，采用流量控制措施，这类似于控差错方法，数据到达后再传送。

当用光纤作为局域网传输线路时，结合传输发展的要求，需考虑如下特点：

① 数据传输具有高速性，传输速度为 1.544～2.048 Mb/s，光纤传输的误码率很低，约为 10^{-9}，甚至接近 10^{-10}。

② 传输信息具有突发性和高传输速率，如传输图像和图形时，就要求高传输速率。

③ 建立独立端点纠错能力和多协议通信处理能力。

满足上述要求的交换方式称为快速分组交换，即在分组交换基础上加以改进以满足局域网高速数据传输要求。这些改进包括：

① 取消了网络节点之间、节点与用户设备间每段传输链路上的数据差错控制，而将其推到终端与终端之间进行，提高了网络响应速度，减少了分组传输的延时。

② 采用数据“帧”的概念，即计算机网络分层中的数据链路的概念。将“分组”交换中的“帧”做简化，去掉进行链路差错控制帧中的域，因此，帧中信息字段不仅可用于分组，而且可用于存放其他各种控制信息，从而实现不同协议的数据封装和传送。

③ 帧结构格式包含路由选择信息，用以指示信息传输的通道。

④ 快速分组交换——帧交换格式可以支持到 34 Mb/s 的传输速率，但是它仍采取建立永久虚电路的方法。同时，由于没有准备适用于不同速率的业务（如低速的音频业务和高速的视频业务），所以目前的快速分组交换——帧中继一般应用于 LAN 之间的互联。

5）异步转移模式（ATM）

ATM 结合了电路交换技术，支持实时业务，和分组交换一样，它可以适用各种速率业务，具有较高的复用效率。因此，ATM 适合如 B-ISDN 等下一代通信网交换和复用要求。ATM 的主要特点如下：

采用固定长度（53 个字节）的信元进行数据交换，在时间上没有固定的复用位置，由于是按需分配带宽，所以取消同步转移模式中帧的概念。与分组交换中分组长度可变不同的是，“信元”长度是固定的。

ATM 采用面向连接并预约传输资源的方式工作，即采用类似分组交换中的虚电路形式，同时，在呼叫过程中向网络申请传输所需资源，网络根据当时情况决定是否接受，这样就没有传输过程中的流量控制工作。ATM 网络内部取消了链路逐段差错控制的工作，而将这项工作推到网络边缘，由终端进行一定差错控制，以保证数据传输的质量。

ATM 降低了信元头部功能，由于网络中链路段的工作非常有限，所以信元头部变得异常简单，主要用于标志虚电路，表示分组经过网络中传输的路径。依靠这个标志，可以很容易地将不同的虚电路信息复用到一条物理通道上。为了防止分组头部出现差错而导致信元误投和网络资源浪费，信元头部被加上了检错和纠错控制。

6）光交换技术——发展中的技术

现在的光网络交换过程中，还做不到全部利用光电子技术进行交换，仍需采用一些电子部件进行光电转换，故缺少不了光电转换部件。由于电子部件的速度不及光电子器件的快，因此，进一步提高交换速度的措施是省去光电转换部件，正在发展的光电子技术正朝着争取支持全光交换的方向发展。

2.3.3.5　信息管控部分

信息系统的管理控制部分，包括其他重要系统中基于管理信息进行管理的分系统，是信息系统重要组成部分，也是信息系统等发展过程中的“瓶颈”之一。它的发展需要众多学科的支持，并且是一个交叉融合、复杂发展的问题。本小节对此做一些基础性介绍。

1. 基本概念

（1）管理与控制的含义及区别

“管理”与“控制”的实施都包括主动一方（即管理或控制一方）及被动一方（被管理者或被控制者）。“主动”的含义是其意愿通过一定方式传递至被动方，然后双方按一定的“秩序”共同完成一个运动过程，在“过程”中主动方不断根据运动情况（状态）进行调整以达到“意愿”的实现。“控制”和“管理”的核心内涵，在实施过程中有着上述共同点，也有区别，主要区别在于：“控制”要求被控制对象“服从”和遵照“命令”行事，而“管理”则是在按管理者意图行事的同时，也要注意发挥被管理者的主观能动性，所以当管理对象为人时，不宜用“控制”一词。在复杂的大型系统中，作为子系统存在的管理控制分系统，常具有完备的复杂系统特征，因此，在研究问题时，应注意应用系统理论中所涉及的系统规律，以使得复杂管理控制系统与功能约束条件之间形成较高效率和较高和谐程度的相互关系，从而保证高质量地完成管理控制任务。

管理与控制系统中往往涉及人的介入，即人担任管理决策的角色并具体执行管理工作，被管理对象中也有人参加。在很多情况下，人既是被管理者又是管理者，在不同管理层次中有不同的身份（这是合情理的）。凡有人介入的系统，就大大增加了开放复杂程度，这种系统被称为开放复杂巨系统（钱学森教授提出），它们遵守的机理包括人理、事理、物理及生理四个复杂庞大的“理”领域，更严重的是，四个理领域中大部分内容尚未被人类深入认识，并且“理”本身也在动态变化中。因此，很多管理系统的形成，不得不在各种不确定性、未知性和复杂性所引起的困难中矛盾地前进，而科学地研究人学并将其基本原理与“以人为本”原则结合，贯彻到有人介入的管理系统中去，是一个漫长且有待发展的过程。

除了上述对“理”认识不足的困难外，还有管理系统所具有的强劲“开放”特征。这个“开放”性不仅是耗散自组织系统原理所指出的，必须不断有物质、能量、信息输入，并能够通过系统自组织特性耗散内部所产生的熵，使系统得以有序运动，而且还有复杂的管理系统中事物间的关系引起“关系”嵌套、很难间断而形成一个封闭的问题。关系总是切不断的，尤其是当有人或人群介入时，由于人有社会性，往往会产生多重牵连。若将复杂的社会关系引入系统，并且考虑全部社会关系，则无法解决问题，因此，只需选择重要的问题加以考虑，而采用类比和化归的解决方法和模式是一种聪明、有效的措施。

（2）管理人（对人的管理）的初步讨论

对人的管理有一条重要原则，即要求管理人（被管理的人）按一定规则严格、准确地完成工作。但当工作环境发生变化而超出“常规”发生重要突发情况时，则需要人能发挥主观能动性来妥善处理。这种非常规情况的发挥与管理人及被管理人本身所具有的主动性素质和能力有关，同时也与管理机制有关。对人进行科学管理的一条重要原则是在“以人为本”的原则下，科学地应用对人的激励与约束的对立统一规律，既对立又统一，不断在对立面间科学转换并不断发展延伸。激励和约束的基础因素是人的需要，但要结合实际情况进行实施。下面简要说明人的各种需要。

① 生理需要：这是人生存中最基础的需要（指正常生理需要），如衣、食、住、行方面，如果扩大范围，还应包括抚养家庭成员的生理需要。

② 安全需要：这是第二层次需要，包括直接意义上的个人及家庭成员的人身安全需要，还包括了对个人安全享有生理需要意义上的“安全”需要，如工作稳定、工作安全等。

③ 感情需要：人具有社会性，每个人都生存在社会、人的群体中，因此，需要友爱和忠诚。同时，也需要群体和社会接纳自己以及自己的融入，这种“接纳”和“融入”在感情上必有所表现，对个人而言，是需要这种“感情”的！

④ 被他人和社会尊重的需要：每一个社会的成员都有自己独立的人格，个人的尊严应该得到承认和尊重。除此之外，随着一个人社会阅历的增加，希望别人和社会对自己的言行更多些尊重（体现在各个方面）。这是一种精神上高级的本征需求，这类似于随着子女的成长，希望父母对自己更多一些尊重，而不希望一切都听从父母指挥一样。

⑤ 自我价值实现的需要：每个人都有着不完全一样的人生价值观，除了极少数人缺乏明确的人生价值观外，所有的人都有实现自己人生价值的需要，其中包括争取和创造条件去实现的需要，也包括社会或他人对自己的努力成果的承认和肯定，这是一种最高级的需要。

以上 5 种需求，是对人在社会生活中多种需求概括而形成的对人的“激励”因素，对人的激励要在需求上，而“约束”则不能从根本上限制人的正常需求，两者科学地对立统一才是管理之道。

（3）信息系统的管理

现代大型信息系统，往往服务功能多，覆盖范围广，系统结构复杂并深深嵌入到社会中，对社会的发展有着重要影响。信息系统中的管理控制分系统对整个系统运行起着关键作用，因此，除了注意管理的共性外，还应注意研究管理分系统的特点，它们主要有：

① 信息系统的管理部分（分系统）将集中管理和分布嵌入管理相结合，以交叉、融合的方式行使管理控制功能，在结构上由管控部分融入系统某些具体组成中形成一体；在功能上起管控作用。例如，通信系统管理信令的传输，大部分情况并没有单独的物理信道，而是共用信息传输信道。存储交换设备也有很大部分共用。如“地址”（IP 地址）既可用作信息传输，也可用作管理甚至收费。管理控制部分也可分布嵌入到信息系统各分子系统中，完成相应的管理控制功能，这种情况也很普遍，如手机的 SIM 卡嵌入到手机起管理作用。

② 大型信息系统的管理子系统，在管理功能上具有明显的系统特征，如开放耗散自组织特征，多层次管理控制功能的时空交织动态展开形成复杂特征等。管理控制系统功能的形成，

是将各部分的管理控制自组织功能进行系统集成而产生的，整体功能的发展是各子系统功能的发展在时空展开的有机形成，如 Internet 中 IP 层协议由 IPv4 发展到 IPv6，会对整个 Internet 网的管理起重要发展的作用等。以上实例说明，管理规律具有复杂的系统性质。

③ 信息系统的管理分系统，总体上涵盖以下几项不可缺少的内容：服务功能和服务质量管理、服务运行管理（含与其他信息系统协同运行）、系统安全管理、资源调配管理、故障检测及修复管理、费用成本管理、发展策划与管理、管理人员的管理等。以上 8 项管理内容互相交叉交融，同时,每项内容中可划分众多子项。除此以外，每项管理内容必然会与外部社会运行的法律法规、规章制度等有密切关系，从而形成非常复杂的管理内容。在制定信息系统的管理内容时，应尽量构成独立可操作运行的完整体系，并力求简明扼要，易于贯彻执行和划分管理界限形成间断，使得内外有别、职责分明，这样才能进行有效管理。

④ 管理控制系统形成动态过程的重要依据是“管理信息”，包括被管理对象的状态、外部环境状态等，这些信息集成管理信息后被管理系统管理和利用。如果没有及时、正确地利用管理信息，则信息系统无法得到科学、正确的管理。

2. 管理控制功能的七元关系组表达及系统映射表达

信息系统管理控制功能的实施，可以看作是一种管理控制动力学过程，而其中的控制功能（一般不包括对人的个性进行控制）可认为是以系统理论和控制理论为基础，对控制对象进行控制的过程。根据具体的控制对象，还应将有关控制对象特有的管理控制规律加入到管理控制中。例如，费用管理控制应加入财务金融管理控制规则；安全控制应加入信息安全领域所具有的特殊规律，甚至考虑与相关法律有所连接。很多复杂的信息管理分系统，不可避免地属于钱学森先生所提出的开放复杂巨系统领域，因此，研究信息系统的管理控制分系统，在思路上应该利用人主导策划、人机结合、定性和定量分析相结合的系统集成方法，以解决复杂的信息系统管理控制问题。

定性和定量分析相结合原则所奠基的管控七元关系组框架如下。

用 $R_m^n(P,S,O,I,E,C,t)$ 表示执行管理控制动态过程的关系组。

其中 m 表示关系总数，n 表示次序数，t 表示时间，m、n 随时间段可变化。

$P(S.P.t)$，P 表示管理目的，它是广义的空间和时间函数。

$S(O.P.t)$，S 表示管理主动方行为与体现为包括被管方 O、广义空间和时间的管理行为函数。

$O(S,P,t)$，O 表示被动方行为，体现为包括 S、广义空间和时间的管理函数。

$I(S.P.t)$，I 为管理信息。

$E(S.P.t)$，E 为环境项，表示与更高层次系统之间的关系。

$C(S.P.t)$，C 表示对管理系统的约束和对管理关系的约束关系集合。

$R_m^n(P,S,O,I,E,C,t)$ 表示由 P,S,O,I,E,C,t 组成的关系集合，用以表达多因素多目标的管理行为关系，其具体形式可以多种多样，如微分方程、代数方程、模糊关系以及几种形式的结合；其动态性质的表现，除了各“元”是时空动态函数外，$R_m^n(P,S,O,I,E,C,t)$ 本身也是在时空中动态变化的一个复杂事件，需利用定性和定量分析相结合的方法来建立多层次模型，并不断验证修改，才能近似地建立上述 $R_m^n(P,S,O,I,E,C,t)$ 七元关系组。在实际管控过程中，每形成一道管控命令，都需一次利用 $R_m^n()$关系推演。

管控功能在七元组关系基础上的映射表达如图 2.12 所示。

例如，系统发展规划、计划由管理局管理机关高层管理员（组）完成管理，而系统应急管理（如信息安全对抗管理），则主要由现场管理员管理。

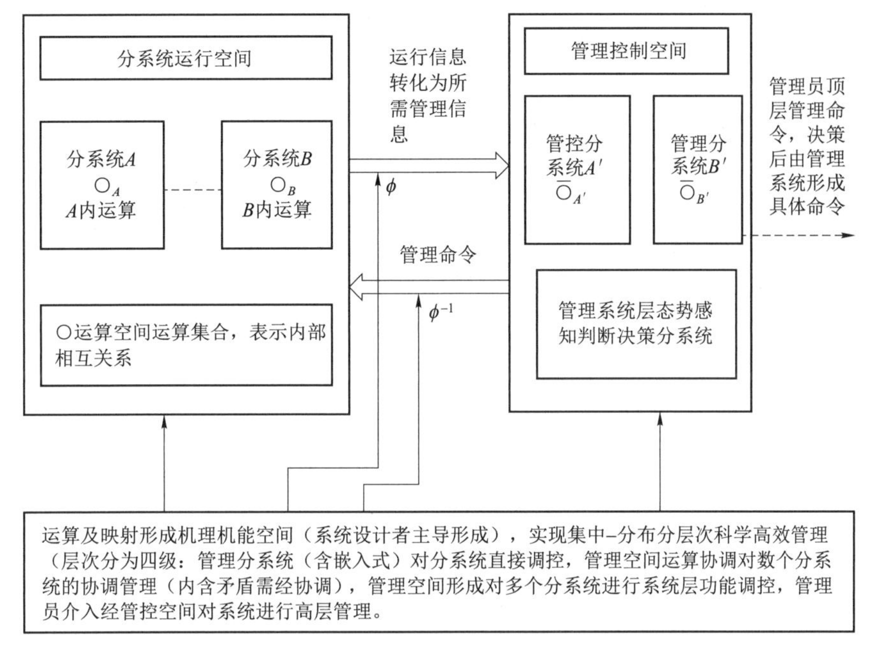

图 2.12　管控功能机理的人主导映射原理表达图

上述管控功能时空域映射表达了从分系统到信息系统运行状态监控及形成管控命令进行管控的原理过程。在实际管控中，管理过程需不断利用动态七元关系组推演具体管理命令。

3. 移动通信系统中管理控制分系统的实例（GSM）

移动通信系统的管理控制系统是移动通信系统中一个重要的分系统，它的工作正常与否决定了移动通信系统能否正常服务。

移动通信管理控制分系统是一个开放、复杂、多功能、多层次分布嵌入式管理控制系统，其开放性体现在其管理控制功能交融至其他不直接属于本系统的管理控制系统，即支持其他系统进行管理控制，但也需要其他管理控制系统的支持（论及系统间的“开放性”，即在更高系统层次而言，就称之为集成性）；复杂性体现在管理控制工作性质的精细复杂性，同时也体现在管理系统结构组成的多层次交叉融合；分布嵌入特性表现为某些功能分布在整个网络空间，时间上嵌入其他功能中，如构成路由链路管理的信令地址嵌入到信息数据流中。移动通信的远距离通信要利用光纤通信，这就形成了两种管理的交融，又互相嵌入，这些都体现了嵌入特性。

（1）管理功能的介绍

管理功能一般分为按日常时间连续管理和定期或事件激发进行管理两类。日常时间连续管理的功能有日常服务运行管理、日常运行收费管理、运行质量控制管理、管理人员的管理等。定期及按事件发生的重要管理，有网络故障预防及故障消除修复管理、发展策划与管理、资源调配管理等。总之，移动通信管理控制系统由多层次、多种管理功能集合而成，是一种很复杂的管理系统。

（2）各种通信应用情况下，由通信链路形成管理示意图

① 在同一注册地，同一小区移动用户间通信（图 2.13）。

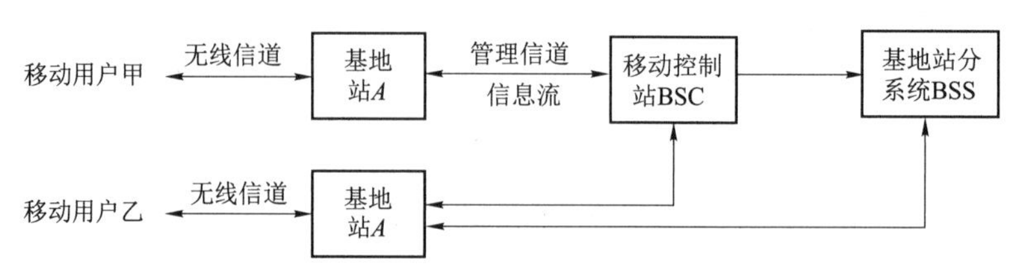

图 2.13　同注册地移动用户间通信

这种通信内含用户确认、时隙频率分配、加密算法等形成通信链路，并在通信完毕后拆除链路等，如一个用户移动出蜂窝小区，则应加上小区跨接管理。

② 移动用户漫游状态与固定用户长途通信（图 2.14）。

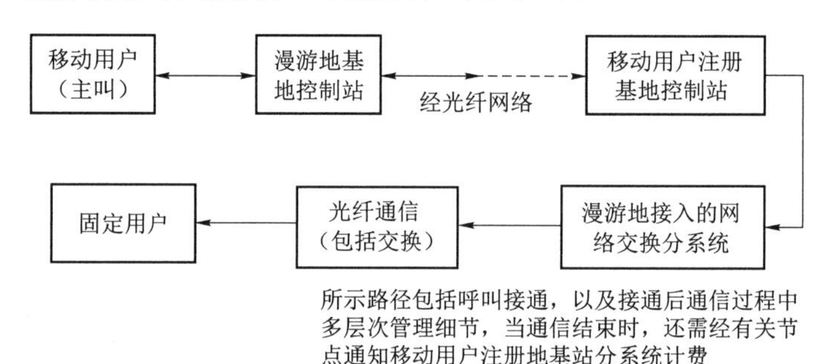

图 2.14　移动用户漫游状态与固定用户长途通信管理示意图

③ 移动用户漫游状态相互间长途通信（图 2.15）。

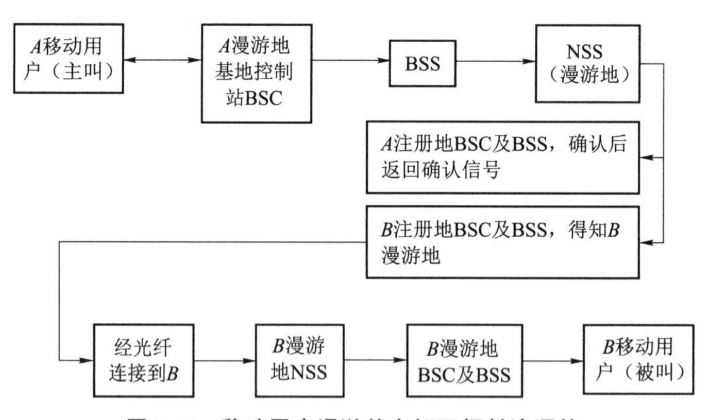

图 2.15　移动用户漫游状态相互间长途通信

当通信结束后，还应通知对应 BSS 进行计时 DSS 计费。这是一种接入环节比上小节环节更多的链路形成管理，特点是双方都要绕经移动用户注册地基站分系统才能得知 *B* 现时漫游地点，然后才能构成通信链路，此外，还涉及计时收费问题。特点是通信链路中一定要包括移动用户注册地的 BSC，在很多情况下形成反复绕行也在所不惜，因计费管理等管理项目必须在注册地移动站分系统（BSS）上进行。

如果是国际长途通信（现在仍限于两移动用户间使用同一移动通信体制，将来可实现经 BSC 对不同移动通信体制进行转换通信），则在光纤通信网络中增加国际交换节点以保证通信。NSC 按分布式结构考虑，如图 2.15 所示。

在上述管理流程中，每个节点及节点间尚有多层次的管理细节，如移动信道中的时隙频率分布管理，移动网络与光纤通信网络间协议转换连接，光纤通信链路中的复接、分接、交换管理等。管理控制功能的多层次叠套交织才能形成通信链路，完成通信。上面的示图内包括了建立通信链路和管理信息流通信两部分内容。

4. 嵌入式管控系统的应用扩展

基于管理信息组成的多层次多功能管理分系统，除了发源于复杂信息系统的应用发展需要外，由于信息内涵的普遍重要性，基于管理信息及先进信息科技组成的管理控制系统已广泛嵌入各类系统并发挥着重要作用，这种趋势还将继续发展。例如，嵌入服务业尤其是现代服务业、金融服务业（银行、股市管理）、医疗服务、物流业、交通系统运行服务、职业技能教育培训等。在此不能具体评述，有需要的读者可依基本概念及框架自行研究扩充应用。

2.3.3.6　信息处理部分

信息处理部分同时包括信息处理内容。

1. 基本叙述

“信息处理”是信息系统的核心功能，因为在实际的复杂环境中，只有经过“信息处理”，“信息”才能最后实现利用并发挥重要功能，信息处理的重要功能由多层次、多种功能组成集合，大体有挑选针对某项运动的真实信息序列避免假信息的干扰，由信息序列反演得到对应运动过程的特征和性质，进一步反演得到运动过程机理，最后反演判断策划目的及结果。总体而言，信息处理是一项艰难工作，主要因为：第一，信息处理是反演工作，它不一定能得到结果或者不一定能得到正确结果；第二，处理对象信息种类很多，并且具有不同复杂特征，如语言文字信息，可同时具有几种不确定性、局部表征性等，而语音语言信息还有语调语气因素影响；第三，很多“信息”对应复杂运动，或是人带目的的策划所形成的运动，处理这些信息需要人的思维选择运用科学规律和技术手段方法进行认真艰苦的反演，才能取得一定结果。因此，人虽是万物之灵，具有很高的思维能力，但面对人类发展不可或缺的“信息处理”发展，还需不断提高对自己思维规律的“自明”认识及对信息科学技术的掌握，并由此形成人机结合、利用信息处理系统帮助提升信息处理能力的发展需要。

下面谈谈信号处理总体概念。信号处理是信息处理的“前奏”，因“信号”是荷载“信息”的载体，是“信息”各种表达形式的总称（包括了一种“信息”以多种“信号”进行表达，例如一架飞行飞机信息的表达，可用雷达信号，也可用红外信号，在白天视界良好时还可以用可见光信号）。“信号”的表达生成、保存、传递利用等，因环境中存在的各种干扰（广义）而受到影响，进而影响后续的信息的处理和应用。因此，信号处理的主要功能是在信号运行环境中，保持和恢复信号表达“信息”的特征。信号处理学科和信息处理学科一样，是一个科学原理和技术的实现，也是一门软硬件结合并重的学科。

在讨论问题前，首先需要说明“信息”与“信号”内涵的区别，然后讨论作为“信息处理”的一个重要分支领域——“信号处理”的发展近况。“信号”是“信息”各种表达形式的总称，即“信号”荷载了“信息”并加以“表达”，还应注意到一种事物的运动（状态）可以由多种“信号”表达（一种运动状态可以经过多种“映射”，从而形成多种不同的“信号”）。例如，一架飞机在天空中飞行，可以用雷达去发现并跟踪记录其飞行轨迹，可用人眼观察其飞行，也可用红外仪测量等，这体现着人需要各种信息系统来帮助自己。因为信息系统不可能在理想纯净的“环境”中形成和获得信号，即信号总是“伴随”着干扰，或者说信号存在于干扰环境中，因此，需要从干扰环境中识别出“信号”及从“信号”中提炼出信息参数（即表征运动状态的参数），这个过程称为信号处理。它是信息处理的前期工作，也是信息系统的主要功能之一。只有经过信号处理，才能提炼出信息，后续工作才能延伸完成。信号的发展初期源于实际需要，如雷达应用中，远距离飞机的回波信号淹没在噪声中，需要在噪声背景中检测出有无飞机回波，另外，声呐探测、卫星遥感信号也有从噪声和杂波背景中检测某种所需事物辐射波的问题。因此，信号处理开始便遇到了从具有随机性质的噪声信号背景中提炼所需信号（本身也具有一定随机性）的问题，将其转化为数学问题便是随机信号的统计检测和参数估计问题；紧接着就要涉及随机信号的特征提取问题，开始阶段对各种随机信号未做深入实际研究，只能由常碰到的最简单的随机信号类型入手，这就是平稳随机过程中高斯分布随机信号。但复杂的实际应用绝不是这样简单，还需要修正假定的前提和更细致的参数估计。信息科技在广泛的应用领域中，都离不开在非理想环境下提炼信号，因而广泛地需要“信号处理”，这门学科经过几十年的发展逐渐形成了一门独立的新信号处理学科，它现在仍在发展中。

2. 信号处理

上小节叙述了信号处理学科发展的概况，本小节将扼要介绍其发展内容。信号处理学科的发展除了理论内容外，还有结合实际应用的问题，所以它的发展有理论和实际结合的内容。这主要体现在理论发展的基础上研究新的算法，并根据需要和数字芯片发展情况，研制、设计各种需要的新型信号处理机。信号处理领域与计算机科学技术和微电子集成芯片等有关学科联系紧密，从而形成了信号处理的跨学科特征。例如，由信号处理实践推动DSP芯片在信号处理领域的应用研究，就具有明显的跨学科性质。以下就雷达声呐、地震、遥测领域信号处理加以讨论。

（1）信号处理学科发展概况

信号处理学科发展的概况集中体现在如下几点：

① 信号和干扰噪声的概率特征，由高斯型向非高斯型发展，由平稳型向非平稳型过渡。

② 对象系统由限于时不变（或缓变的）、线性和因果最小相位系统，向时变、非因果、非最小相位、非线性系统变化。

③ 信号处理系统的性能，由概略型向精细个性化方面发展（对具有一定特殊个性的对象能精细对待其特征并进行特殊处理）。信号处理的前提条件，由对象严格限定并已知信号处理所需的前提条件向对象较宽松的限定条件过渡，由已知前提条件向未知前提条件（含概略知前提条件）方向过渡，信号处理系统的结构由简单、单通道向复杂、多通道变化。

④ 信号实现方法（算法）和系统构成（软硬件），与计算机科学技术和微电子集成芯片（DSP、存储、接口芯片、嵌入式系统、SoC系统）形成互动交融式发展。

（2）信号处理学科内分领域组成及其发展概况

最开始是以数学领域中概率及随机变量、随机过程为基点，假设检验为基础的信号检测，信号检测主要用于从噪声背景中确定（或称检出）信号的存在，它属于一种最简单的“信号处理”，但应用中仅是确定信号存在远远不够，还需要对信号本身做进一步处理以获得信号中各类信息。这种处理中很大一部分称为“波形估计”，它包括了信号滤波、波形和各类参数的估计，以及延伸至产生随机信号系统的“辨识”与建模。典型的波形估计分为平滑、预测、滤波以及滤波加预测等几种，波形估计所采用的基本方法是线性最小均方估计，实现这一估计的滤波器是维纳滤波器（针对时不变信号情况）和卡尔曼滤波器（针对时变情况）。

在提取信号特征（对应于产生信号事物的信息）时，有一种特征，即随机信号的谱是非常有用的，它可代表事物运动的速度、加速度，在部分情况下，还能代表事物所在的方向等，由此产生了谱分析和现代谱分析分支。现代谱分析提高了谱分析的精确度和分辨率，它主要包括 ARMA 谱分析、最大似然法分析、熵谱估计法和特征分解法四种，并且各自具有自己的特点。谱分析法只适用于平稳随机过程，因此，只在平稳随机过程情况下才有现在定义的“谱”的概念。

在波形估计和分析中，常用“滤波器”的方法来实现（卡尔曼滤波器用得较多）。应用维纳和卡尔曼滤波器的前提是信号和噪声的统计特性先验已知，此时这两种滤波器才能获得最优“滤波”效果；如果统计特性并不固定而是有所变化的，则要应用自适应滤波方法，通过自动地调整滤波参数获得较好滤波效果，这就形成了“自适应滤波”信号处理分支，它主要包括递推最小二乘（RLS）滤波器、最小均方滤波器（LMS）滤波、格型滤波和无限冲激响应（IIR）滤波器以及自适应噪声抵消方法等。

很多情况下，假定系统输入激励信号和加性观测噪声都属于同一种分布（更确切地说，是事实上假定为高斯分布特性），实际中所遇到的时间序列，明显是非高斯概率密度分布的，或多数时间是高斯分布而少数时间是非高斯分布的，对于后一种出现非高斯分布的情况，可视作“异常”（Outlier）。在存在“异常值”的时间序列中，如果使用一般的最小二乘法或最大似然法，将得出极不稳定的处理结果。为了得到数值上稳健的估计结果，要采用鲁棒方法，主要包括信息异常值模型的 M 估计、广义 M 估计、RA 估计与 TRA 估计、递推广义 M 估计、鲁棒非参数估计等各种方法。在时间序列不符合高斯分布的情况下，信号处理的方法必须由高斯假定下向非高斯型发展，这就形成了非高斯信号处理这一新发展的分支领域，它的主要内容有（主要基础为累积量）基于累积量的 FIR 系统辨识、最小相位 ARMA 系统辨识、基于累积量的阶数确定、非因果系统的辨识、基于累积量的参数自适应滤波、非高斯噪声中非高斯信号检测等。

现在在信号分析中经常利用各种变换，从信号中抽取有用的信息。在进行分析前，需要一定的前提条件，主要表现在对被分析信号做一些先验假设，再按假设确定一定的分析方法，以取得好的结果。但当分析信号不符合事前假定条件时，分析的结果会有差异，性能会有所降低，如果要改进这种情况，便需要设置新的条件，按新条件寻找新方法。以前使用变换方法时，都假定信号是平稳序列，傅里叶变换等（一维变换）方法都很有效，但在非平稳或时变信号情况下，要采取时频二维变换才能有效，由此发展起来面向时变信号的时频变换信号处理领域。它主要包括短时傅里叶变换、Gabor 展开、Wigner-Villa 分布及小波变换，现在还有正在研究的分数阶傅里叶变换等，其中小波变换是一种大量研究的新变换方法，包括连续小波变换、离散小波变换的框架理论、正交基小波、多分辨分析小波与 FIR 滤波器组、小波与 IIR 滤波器等内容。在雷达通信、声呐、地震探测、射电天文探测等领域中，为了改善信息系统的性能，采用了阵列天线进行有方向性的发射和接收，随之引起了信号处理领域阵列信号处理分支的建立和发展，今后一段时间它仍将有较快发展，这些发展还包括对应的实际应用。其分支学科针对的应用领域为信号源定位，即确定阵列信号源的仰角和方位角（近场信号源的距离测定），信源分离即确定各个信号源发射信号波形（根据不同的到达方向，即使它们在时域和频域是混叠的），信道估计即确定信源与阵列之间的传输信道的参数（多径参数等）。

由信号处理学科的发展状态分析，可以得出以下结论：经过了几十年的发展，信号处理获得了很大的进步，但仍有众多的科学技术问题亟待研究和解决，这些问题涉及众多交叉前沿学科内容（含基础学科前沿内容）。在理论支持下结合微电子芯片的发展，信号处理的实际应用水平也会继续快速发展。

3. 通信信号处理

无线通信是信息领域的重要分支，尤其是数字通信技术和计算机科学技术的诞生与应用，极大地推动了移动通信科学技术的质变性发展。在具有革命性的发展中，实践和科学研究都需要一门专门的学科，来研究通信领域和移动通信中的信号处理问题。例如，在城市环境中进行移动通信时，对多径效应造成的信号衰落的处理问题；多用户使用时涉及在时间维、频率维信号形式，以及功率维中如何最大效率分配有限资源，同时保证高质量通信等重要实际问题。在这些问题的研究解决中逐渐形成了一门新的通信信号处理学科，它是一门理论结合实际应用的学科，它的发展有力地推动了通信信号处理和应用的发展。这门学科有以下特点：

① 通信双方主要是以合作方式工作，对发射信号在接收端完全重构或恢复（通过接收和信号处理）有非常严格的要求。

② 通信系统的发展越来越需要具有高速率、宽带宽、高质量的传输功能。

③ 通信系统越来越需要具有能确保非常多的用户在时间、空间域高速无缝隙通信，并通信可靠性高的服务功能。

④ 由于通信系统分布所形成的拓扑结构越来越复杂，外加时通信信道有变化和电波传播的多径效应，移动通信信道在城市中变得非常复杂且多变。

⑤ 无线通信所能利用的资源有限，并具有很强的应用约束，外加众多用户分享资源等因素，引发了科学技术上对研究和解决高效率分配、利用资源并保持高质量通信问题的迫切需要。

通信信号处理这门学科可认为由两部分组成，分别是由通信信号和通信信道研究构成的基础理论部分和现代通信信号处理理论与方法部分。

下面扼要介绍各部分的核心内容。

首先研究信道问题。无线信道是由发射端经电波传输媒介到达接收端的传输路径总称。无线信道非常复杂，尤其是用在城市移动通信中的高频率段（VHF 以上频段）信道，众多障碍物及人工建筑物对电磁波漫反射作用，使得无线电信号的接收受到了多种干扰，包括码间、同信道干扰，同时，伴随着信号严重的时变性衰落。如果无法消除这些干扰和信号衰落，无线通信系统（尤其是移动通信系统）的正常工作将受到影响。产生、接收信号的过程的各种干扰是无法避免的物理客观存在，其原因是电磁波在传播路径中碰到比其波长大的障碍物时会形成反射波，遇到比其波长小的障碍物或单位体积内障碍物数量较多时，则形成漫反射，障碍物边缘不规则时，则产生绕射。这几种时变复杂的电波传输情况叠加就形成多了路径信道。在有限带通信道（这是一个合理和符合绝大多数实际情况的认定），由于信道的有限带通特性（非理想），信息调制信号码元形成了“拖尾”，从而形成码元间干扰。此外，多用户信号在同一信道内共用，以及蜂窝小区隔区频点重用，将形成同信道干扰。临近小区所用的不同信道信号会形成信道间干扰。

由以上简要论述可看出，社会发展孕育出移动通信，其大规模的普及是信道复杂的主要原因。针对非理想、非平稳信道的客观存在，人们很自然地要研究这种情况下处理和利用信号的基本理论，研究不同的调制类型来形成较理想的调制信号以匹配信道特征，再加上超消费接收信号进行处理，以得到较好的通信质量。这两个命题形成了通信信号处理学科的部分基础性内容，它主要包括通信信号的表示及特征、无线电信道的动态特性与参数、调制技术、最佳接收机、扩频信号、信源编码与信道编码等。通信信号处理第二部分大多是最近发展中的理论和方法，大体内容包括信道辨识与均衡；另外，由于信道响应特性是未知的和变化的，针对未知、非理想信道和加性高斯白噪声讨论消除码间干扰和补偿器（称为均衡器），包括内容有反卷积和均衡的基本讨论。针对信道具有码间干扰的最佳接收机、线性均衡器、决策反馈均衡器（原理上不需要使用训练序列进行均衡，实用上还是定期发送已知训练序列）、分数间隔均衡器（抽头间的间隔为码元间隔 T 的均衡器称为波特均衡器，抽头间间隔为 T 分数倍的均衡器称为分数间隔均衡器），能补偿输入端信号频谱中的非混叠。针对固有的信道畸变，在信道时变情况下的均衡器要利用自适应补偿方法，它的主要研究结果有 Bussgaug 自适应均衡算法、基于高阶统计量的盲均衡，以及利用接收和发射端循环平稳性的盲信道辨识与均衡（两种方法）、阵列信号处理和自适应阵列处理，其中主要内容有 Bartlett 和 Capon 波束形成器和改进分辨度的 Music 算法等。在多径最佳空间滤波方面的研究，有确定性盲波束形成、盲信号分离、盲信号分离的神经网络算法、最小二乘恒模算法、解析恒模算法、多目标自适应波束形成器、基于子空间的自适应阵列处理等内容。针对多用户运行，在干扰环境中（干扰数字串中）可靠地解调某个特定用户信号的多用户检测方法也是一个重要的研究方向。在 CDMA 体制中研究 CDMA 通信在各种特殊环境下的信号处理问题也是新发展的通信信号处理中的一个分支。总之，通信信号处理作为一个新学科，将继续与通信领域进行互动式发展。

4. 信息处理

（1）信息处理的映射表达

第 2.3.3 节将系统功能组成及基本机理在映射及映射机理空间表达的基础上，结合信息处理的基本任务，进一步用空间运算及映射表达，如图 2.16 所示。

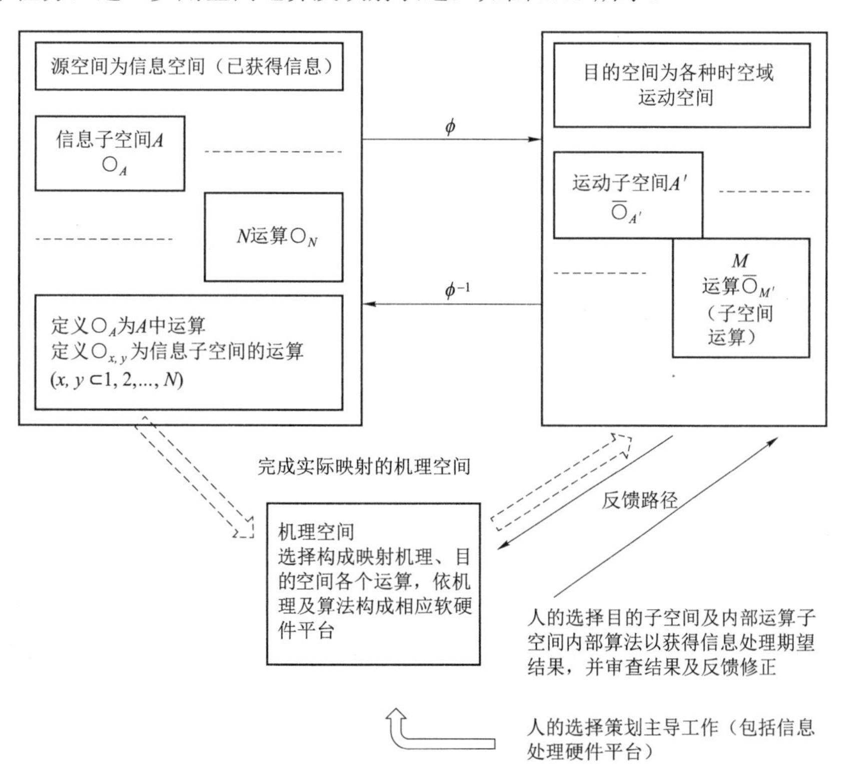

图 2.16　信息处理功能机理的人主导映射原理表达图

（2）信息处理一般过程及要点

当信号处理中未完成干扰信息的甄别时，一般不在信息空间重复甄别，而是在机理空间改变机理方法，然后在目的空间通过运算甄别和删除，但也会形成虚假结果，此时还可在目的空间经时空域过程验证发现后加以删除。这是一种付出代价进行验证的方法，在复杂对抗环境下也有应用。此外，还有将干扰信息反馈到信号处理部分，通过改变信号处理方法加以解决的，但这常需深入的技术支持，有很大的难度。

当获取运动过程的主要特征时，首先应利用先验信息和相应信号及信息处理基本知识（基本原理、方法、技术），对序列信息进行初步特征提取，然后由提取的特征综合反演出运动特征性质，再由其运动过程推演是否产生上述过程信息序列来加以验证。例如，由气象信息序列判断大地震就是正在努力研究的信息处理的重大课题。

当涉及信息序列反演运动过程主要运行机理（动态自组织机理是更深入和更困难的信息处理工作，进行反演时，只要有相关知识，由“后果信息”一般地很容易反演机理。但在复杂情况下，由于多种机理联合作用，或多种机理形成复杂或似是而非的结果，此时反演机理或主要机理就复杂得多，也不能保证“反演”一定成功，但发挥人的思维智慧，利用哲理性思维规律和扎实基础知识，敏锐抓住关键细节信息外加超高速计算模拟平台的支持，可以较大地提高“反演”成功的可能性。例如，根据事物存在不可能绝对相同的原理，细微快速分析信息内涵，有助于反演区分“机理”。尽可能延长运动过程，快速收集信息进行细微分析也是一条路径！

由信息序列反演主导者策划的运动“目的”是信息处理中最复杂和困难的工作，不能保证每次反演都正确！以“目的”形成的运动过程还可分为本能性目的和思维性目的运动过程，如喜鹊为了哺育幼鸟而筑巢是本能性目的实施过程。分析反演相对简单，对于人有目的地经缜密思维后组织的行动过程，反演运动目的的信息便复杂、困难得多，由哲理分析可知人的活动不可能，也不能彻底“透明”和被认识，否则，人类发展平淡无奇，因此，信息处理的反演复杂过程只能取得有限结果。

（3）构造映射机理的一些原理

“信息处理”是人类面临的一项具有挑战性的重要工作，需将多种前沿科技知识和人的智慧相结合来发展人的主导性，但人发挥作用运用科技知识，也需要一定的原则性、普适性的方法支持。对此进行下列初步讨论：

① 尽力利用信息原理：“信息处理”的本源属于信息领域，因此回归“本源”理所当然，尽力获取先验信息、运动特征信息等相关联信息，在时空域尽力利用有用信息构成本原理。

② 多分类局部特征判别集成利用原理：复杂运动的运动特征可属于不同的基本类别，如确定性问题也是各种类不确定性问题（概率、模糊、非线性条件敏感性等）、线性也是非线性问题（微观量子效应用薛定谔方程线性表达）、微观也是宏观性质等，应结合先验信息尽早综合判定，以提升准确性。

③“分析”与“综合”两种方法紧密结合原理：在信息处理过程中，“分析”与“综合”方法应多层次多次反复结合，以提高信息处理效率及减少错误。

④“正向”与“反向”推演相结合应用原理：“信息处理”虽总体上属反向推演，但在展开工作过程中需不断反向、正向推演相结合，互相验证提升效率和正确性。

⑤“化归”方法的尽力应用原理：化归方法是将待解决问题“转化”、“归结”为已掌握

问题、已掌握类似问题、较简单问题等的一类高级变换方法，应尽力利用以便发挥很好的作用。

⑥ 前沿计算科学支持的时空域超高速建模仿真计算方法应用原理：此方法是兼支持人类进行理论研究和实践活动的前沿有效方法，得到了科学界、技术界和工业界的共同重视，并在解决复杂问题时取得日益明显的效果。其除高质量、高效率完成科研设计任务外，还可提前发现其中隐藏的致命漏洞，避免发生不可挽回的失败。更重要的是，该方法形成了支持高效科研和生产的一种新的工作模式，很多发达国家已大力推动并获得了巨大效益，但该方法本身就是高水平的人与科技前沿的紧密结合。

注：以上讨论的内容不可能完备，有待进一步研究补充。

（4）待深入研究的几类问题

在处理多种实际信息的场合，其涉及的问题复杂得多，并不满足现有信号处理学科所设立的模型框架，将涉及更多的科学技术领域（很多问题尚属“未知”领域）。因此，信息处理领域还处在一个初期发展阶段，尚未形成学科基本框架和理论体系，下面只就几个重要研究问题加以介绍。

① 更广泛复杂背景下的信息选择问题。不同事物映射形成相似信息，但要求挑选其中一种事物所表征的信息。如两个运动体的运动轨迹在荧光屏上点迹相交后，要求继续正确延伸航迹，地物与飞机的电磁回波相似情况下要求挑选飞机回波，处理这类信息问题的思路是找出“信息”中存在的差异之处并加以利用。信息处理中时空二维处理便是这种思路的初步发展。

② 在存在虚假信息的情况下对“真信息”进行选择，这是个不能确定一定会有解决方法，而需要根据实际情况尽量解决的难题。原理上这属于在时空域中寻找“信息”的“差异”，即使找出了“差异”，能否进行正确的选择也是一个延伸的难题。很多情况下只依靠现有“信息”很难对事物进行真伪判断，需延伸至运动过程中进一步判断。

③ 按事物某特征或过程特征在海量信息环境中选择相关信息。例如，按某研究课题挑选重要信息，要求快速、较准确、无遗漏地选择，这在现在还远远无法准确做到，这也是“大数据”正在研究的问题。

④ 具有模糊不确定性质的事物间发生相互关系时对应的信息处理。此种类型的信息处理问题的研究开始于模糊信息处理，属于初始发展阶段。

⑤ 对“信息”附加义的处理及对信息作品深层次附加义集群的获取与处理是一个重要问题。“信息”是运动过程中众多状态的一个表征，“状态”与“状态”间相互关联会产生附加义（“状态”是构成“运动”的“元素”）。元素间有机地关联构成整体，从少数“元素”中能得到多少有关整体的“信息”（完全得到是不可能的！）是件不确定而又值得争取的事，人们日常所说的“联想起来感觉到什么”，其中“什么”便是附加义内容；文字也有附加义，这是因为语言学的“义位”是有附加义的，一个句子也会有附加义，一个语言作品的附加义更多、更深刻。对艺术作品讲究深层次艺术附加义的学派便是印象派，中国文化特征之一是重视作品的深层次附加义。一个信息作品可以用来表征一个复杂的运动过程，其中所含的附加义集群，内含更多深刻意义，应争取获得并加以利用（情报分析工作的核心便是分析“信息”，得到深层附加义集群以推测事物发展）。总之，附加义是一种客观存在，人们很早便加以利用了，但从理性角度加以研究却是不久的事，而利用信息科技领域的理论和技术加以研究才刚刚开

始。进一步讲，由信息系统来帮助人做附加义的处理当然是一件好事，但这是将来的事，得在科学技术取得明显突破后才能加以应用。

⑥ 在各剖面运动交织组成的复杂运动情况下，必有相应的融合信息存在。依据这个原理，人们可从两方面加以利用，一个方面是从得到的交融信号中提炼某剖面信息，从而得到对应运动剖面的状态，通常称这种工作为数据挖掘；另一个方面是根据某种运动特征的应用目的，研究能表征复杂运动有关剖面对应的多种交织融合信息，以便在应用中能根据融合信息较深入地认识复杂运动中所感兴趣的运动剖面的状态。这两者一个是分析方法，另一个是综合性方法。

（5）人智慧挖掘应用

上述信息融合与信息挖掘是复杂事物运动过程中客观存在和应用需要的性质，对此加以利用是理所当然的事。人类自古便会进行这样的思考并对思考结果加以利用，有些已成为人类进化的本能，但并不具有科学理性（即不明科学机理）。例如，两岁幼童能从复杂的信息环境中准确地找出妈妈，这是一个信息融合、挖掘结合应用的例子，但幼童并不知道如何识别妈妈，更谈不上在信息系统中人为地、较完备地设置这种复杂的信息融合、挖掘、处理的功能。现在的信息系统仅能简单地依此概念进行并列地设置数个信息源，以互补性获取信息，深层次的“融合”与“挖掘”还没有做到。例如，在探测卫星装上多波段、多光谱的探测器，利用多光谱信号进行信息互补或重复性确认。虽然上述工作有时发挥了重要作用，但从掌握科学规律角度讨论大都仍处在初期阶段，还有待长期深入的研究和发展。

在重要的运动过程中，某些环节的状态往往起着决定性作用。高效地利用信息处理手段可以从掌握“决定性”环节开始，进而掌握重要过程，这种“应用”在具有系统竞争或对抗性的场合能起到决定性的作用，但往往需要靠人发挥高度智慧进行系统策划，单独依靠具体的技术难以取得重大效果。例如，在 1942 年日本准备对中途岛发动攻击前，美方破译日方密码电报后发觉日方意图，但却无法破译日方用核心密码加密的代号 AF 所代表的攻击地点，于是美方用自己低级密码，故意发出“中途岛淡水设备损坏”的假信息，诱使日方破译此假信息，然后观察日方反应，再由日方对此假信息反应的电报加以验证自己的猜测，历史事实是日方后续电报中称 AF 淡水设备损坏，这就验证了 AF 代表中途岛。这是一个信息处理中的重要环节，这个环节的设置主要是靠“对抗”谋略性智慧。

（6）简要结论

根据以上论述，可对信息（信号）处理做出以下简要结论：就整体功能而言，信息（信号）处理，包括了信号处理（作为基本部分）和信息处理，而“信号处理”已形成了一门信号处理学科，其发展朝着正向非高斯、非平稳、非线性、精细分析等方向发展，其征程还较漫长。从严格意义上讲，信息处理学科的发展更多还处于初期阶段，很多高级的信息处理由人脑就可以完成，但处理的核心机理人自己还很不清楚。因此，利用信息系统完成类似人“思维”模式的“信息处理”以帮助人类利用信息，现在还远远不能做到，还有待人类艰苦、长期的努力。

2.3.3.7 应用支持部分

由于各类信息系统嵌入到社会应用中，人类活动已日益离不开信息系统的服务。例如，占 GDP 比重很大且发展很快的现代服务业领域就绝离不开应用多种信息系统的软硬件功能。“信息系统的应用”形成了一个重要的独立领域，在科学技术上形成了一个学科交叉的领域。

对于复杂的应用问题，必须利用科技使信息系统广大的应用领域不断快速地发展。久而久之，在信息系统中逐渐形成了一个功能组成部分，其功能为“应用支持”，即在本系统中有部分结构起外引内联的作用，以使本系统可以扩展应用功能从而构成新应用系统；在应用所需的支持技术和过程较简单的情况下，往往由系统的管理控制部分在管理系统正常运行中一并蕴涵应用支持功能。例如全球通移动电话系统，其管理控制非常复杂，构成一个复杂的管理控制分系统，它蕴涵了支持用户应用（用户应用很方便，只需拨号就足够了）的功能；又如计算机应用中，很多编程必须用高级语言，其中编译程序在计算机领域中为一种实用软件，性质上属于应用支持功能层次，而操作系统的性质属于管理控制部分。具有特殊性能的新应用场合在信息系统中需有部分结构（软硬件）支持其特殊应用，它往往起到加强嵌入式功能的作用。

1. 基本概念

信息系统应用领域的事物，需要结合信息系统应用支持部分才能充分发挥其应用功能，而应用支持部分的本质特征，一方面要尽力支持应用领域发挥预期功能，另一方面又要根据信息系统的特性，经过应用支持部分的变换匹配，使信息系统“能”且高效率地完成所需应用功能。

应用支持部分完成变换匹配功能的基础是科学技术进步及其巧妙的应用，只有不断应用前沿科技的研究成果，才能使应用支持部分支持不断发展的应用需求。例如，利用 PC 机形成多媒体视、音频应用系统，则应用支持部分必定需要先进的压缩和解压技术，以完成视频和音频信号的压缩和解压，否则 PC 机无法承担处理视、音频的任务，而压缩和解压的新原理、新技术的研究一直持续不断。

设计应用支持部分的核心理念是，屏蔽内部复杂的信息处理过程，增强对用户的透明性，以便用户推广应用。

由于信息科技发展迅速，应用领域的服务功能类型急剧增加，形成在基本功能概念上划分的七部分，服务水平和层次越来越高，促使信息系统运行机理的系统性大大加强。在实际系统结构上和业务过程中，七部分互相交融，“你中有我”、“我中有你”，并不能严格、绝对划分为各部分的独立操作，其结构界限往往具有模糊性。应用支持部分往往也需要其他功能部分支持，形成分布的有机集成。

2. 应用举例

计算机软件层次可划分为应用软件、实用软件、系统软件、机器指令系统，见表 2.2。

表 2.2　计算机软件

应用软件	按应用领域分为财务软件、教学软件、销售服务软件、游戏软件、分领域工具软件等
实用软件	一些常用的、较通用工具软件，如信息采集软件、专用领域编译系统软件、应用变换软件等
系统软件	操作系统、一些通用编译系统软件等
机器指令系统	CPU 的机器指令

表 2.2 中，实用软件层次的软件有应用支持功能，应划入应用支持部分（它可常驻计算机内，也可临时注入），普遍常用的应用支持软件多已常驻计算机内，有些甚至融入系统软件之中。下面结合多媒体软件进一步说明，多媒体软件按其作用功能分为五个层次（由顶层应用开始）：多媒体应用软件、多媒体编辑创作软件、多媒体数据准备软件、支持多媒体的操作系统、

驱动软件。将这些软件按对信息系统普适的功能进行划分，则多媒体操作系统以及多媒体驱动软件应属管理控制部分（专门控制管理分支），多媒体编辑创作软件和多媒体数据准备软件属于应用支持部分，各种应用软件属于应用层。下面将各个层次软件的功能扼要说明如下：

应用软件与应用密不可分，如专用软件产品包括电子教材、电子书籍、电影、人参与的游戏等；多媒体编辑创作软件，又称多媒体创作工具，用于组织编排多媒体数据、动画，制作高档特技效果，以及编辑、制作教育和娱乐节目；多媒体数据准备软件用于多种媒体数据采集（含声音、图像以及它们的结合）和预处理，它是编辑的前步工作，两者紧密配合以支持应用软件层次工作；多媒体操作系统在计算机操作系统基础上增加部分多媒体任务的调度，以保证音、视频同步以及信息处理实时性等多种基本操作管理，现在微软公司的 Windows 操作系统多兼容了多媒体操作管理，也包含了多媒体功能；驱动软件是直接和硬件打交道的软件，它完成设备的初始化、打开、关闭和基于硬件的压缩、解压缩，有时随相关硬件一并提供。

上述应用支持部分的工作原理，其映射关系如图 2.17 所示。

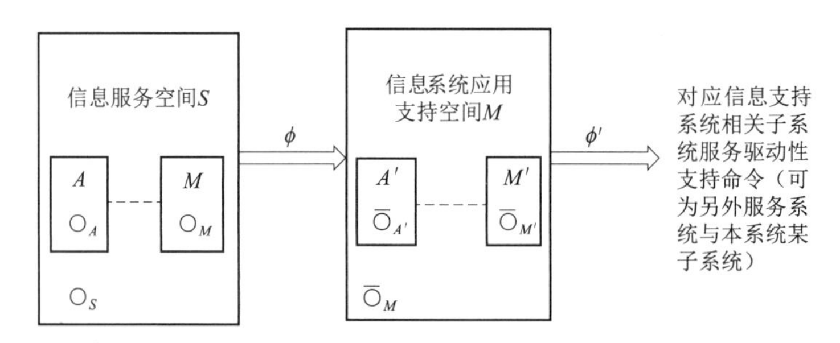

图 2.17　应用支持部分设计工作原理映射表示图

S 为信息服务空间（表达人的服务需要及内容），A～M 为其子空间，表示某类服务，A 等包含的元素代表某类服务的子服务。

$\bigcirc_A$～$\bigcirc_n$ 为子空间中运算，用以从某类子服务形成较复杂的某类服务。

$\bigcirc_S$ 为组合运算，用以从某类服务形成组合服务。

M 为信息系统应用支持空间，A'～n' 为应用支持子空间，其中元素代表某类服务的支持功能。

$\bar{\bigcirc}_{A'}$～$\bar{\bigcirc}_{M'}$ 代表由子服务支持功能合成某类较复杂服务的支持功能。

ϕ 为映射组合，表达来自：包括 A～M 子空间直接映射到 M 空间，也可为在 S 空间经子空间运算后映射，而映射地点可以是 A' 子空间，也可由 A' 组织 $\bar{\bigcirc}_M$ 运算形成综合服务支持，较简单服务要求也可直接映射至某服务支持子空间（也可再经 $\bar{\bigcirc}_M$ 运算），由其直接形成服务支持命令。

ϕ' 为应用支持输出服务驱动性支持命令，它简化了直接操控信息系统进行多种类型的应用的复杂性。

以上是从分析、分解的角度说明实现应用的设计过程，而实际上，当应用被确定后，执行过程是从信息支持系统应用支持部分开始工作，朝与上述过程相反的方向进行。

2.3.4　信息系统发展情况

信息系统是人工设计制造的系统，主要是为人及社会服务的，因此，它的发展主要取决于人类可掌握的知识、社会发展的程度和发展的需要，但总体而言是有待发展的，可由以下几点说明问题。

2.3.4.1　信息感知利用处初级阶段

综合动态及交互综合信息的信息感知初级阶段分析。人类感知信息是通过眼、耳、鼻、舌等器官接收多种媒介可载荷的信息，并结合神经系统及脑的思维进行认知。总体而言，每个人都“自在”地具有如表2.1所列出的七种处理信息的能力，但详细的机理却非常复杂，因而形成了人不认识自己的状态。例如，人的眼球作为一个透镜，所成的像应是倒立的，但经过视神经的作用，人感知的像却是正向的。这其中的机理并非十分明了，至少绝大多数人本身并不了解。至于“综合动态信息”及“交互综合信息”的认识利用过程就更为复杂，因为涉及上述的神经系统及脑思维功能的介入和作用，现在可知甚少。人在自己尚不清楚的情况下将无法制造出这方面的高水平信息系统来为人服务。因此，企图得到具有类人高级智能的多种媒体信息系统并将其作为工具是人类的“渴望”，但现在却不可“及”，因为这类信息系统是比单种信息的处理系统更为复杂的信息处理系统。人类对多媒体信息的感知和理解利用（有待研究的难题）尚处初级阶段，本小节中提出这样一个艰难的问题，目的是说明信息科技发展的征程是无止境的，人类尚需努力。

2.3.4.2　电磁媒体利用历史及发展

人感知信息是通过感知器官和大脑，对上述七种信息进行感知和认识，这是基本的、不可改变的。人类总是不断通过信息变换和信息系统的帮助，在时间、空间域（广义）上扩大感知和认识信息的范围。为了人能“感知”，最后都变换为上述七类信息供人感知和认识，扩大感知范围的主要手段是利用电磁波，其原因与德布洛依教授所提出的物质波粒二重性原理中电磁波是物质存在的基本属性有关。人类也利用声波及其他振动波、引力波（如微重力信息）、扭场等来表征运动状态，在不久的将来，量子纠缠态也可能被用来表征运动状态。除此之外，还可以以实物信息表征运动状态（如化石、岩芯、冰层、黄土层），另外，生物信息也已经引起了人类重视。总之，人类会不懈地努力去扩大感知和认识信息的时空范围，在本小节中只集中讨论电磁波领域相关问题，见表2.3。

表2.3　电磁媒体的发展及用途

波长特征	超长波	广播波段	短波波段	超短波波段	微波波段	毫米波波段
主要发展（20世纪）	70年代	20年代	30年代	40年代	40年代	80年代以来—21世纪
现代用途	水中通信	通信等	通信广播	通信雷达、遥感等		
波长特征	长波红外波段	短红外	可见光	紫外	X光	γ射线
主要发展（20世纪）	70年代以后	60—70年代	两个多世纪以来不断	80—90年代	20—30年代	80年代
现代用途	夜视应用等	空间发展利用等	有各种新应用	特殊及军用为主	进行物质结构研究	宇宙研究、核研究

人类还在不断发展表中所列波段的间隙波段的研究利用，例如毫米波段至长波红外波段间的 THz 波段（0.1～1 THz）用于空间及短距离工作。

人类在电磁领域的普遍应用及重要应用在频率尺度范围已达10^{15} Hz（时间维尺寸范围约10^{20} s），涉及物理、化学、生物的宏观效应（波）、微观及介观效应（粒子、量子效应），总的方向和目标仍是沿着后述的极限目标发展。例如，超短波+微波+毫米波的卫星通信，是在“任何人”、“任何地”、“任何时”方面改善发展。光通信是偏重“任何人+任何事”的大容量信息快速传输问题，光存储的大容量也是为“任何事”所驱动，移动通信是偏重于任何状态的一种（移动状态）较方便、便宜的通信。移动通信现在正发展的互联网功能有借助于计算机（尤其是小型计算机）传递信息、利用信息（在处理和利用信息方面仍有“瓶颈”）。由此可见，人类在信息科技领域已取得（尤其是20世纪后半叶）伟大的成就，但对人脑思维规律的认知（宏观、微观方面）却仍处于初步，提高信息处理能力（涉及对任何主题的信息利用）是相对的“瓶颈”。作者相信，从21世纪开始，人们在生命科学、脑科学（认知思维机理）研究的基础上，将大力研究能与人脑更好地协同工作的信息处理系统。

信息科技将伴随着人类的进化而发展，如上述已达 10^{15} Hz 尺度范围内的应用，宏观上距离现在人类在自然界所掌握的运动尺度范围10^{44}（时间维、空间维）尚有很大的发展空间。就下限而言，它距基于“物质间存在着相互作用”原理（说明很复杂的非线性相互作用并在时间、空间展开）的相互作用能量的最小量化阈值尚有差距。由以上讨论可得出，人类利用各种荷载信息的媒介，扩大获取信息的活动范围，将持续地动态发展。

2.3.4.3 永存的矛盾和正反向作用

信息科技、信息系统的发展是融入人类进步过程中的一种共同进化，而人类社会的进化是一个开放的复杂巨系统自组织进化体系，可再分为与多个开放的复杂巨子系统相关联的共同进化，如一个地区、一个国家的发展进步。一些信息科技问题和信息系统将以“特殊”形式参与具体的发展。本小节只在总体概念上讨论信息系统的一些永远存在的矛盾和相应的正反向作用。

人类社会进化的根源在于人类社会内部与环境对立统一的矛盾运动。信息系统融入社会越紧密，则相互促进发展越明显，矛盾对立统一的斗争也越激烈。矛盾运动是事物发展的根源，对于信息科技和信息领域而言，社会上各种矛盾在此必将有所反映并共同进化，具体的表征可归纳为一些对立统一范畴的具体矛盾，这些范畴包括绝对和相对、整体和局部、质和量、必然和偶然、连续和间断等。例如，现在在我国更应注意信息领域质的发展（科学新发现、技术的自主创新体现第2.3.5节所述可持续发展中做出的贡献）。在第2.3.5节中，研究信息系统发展的极限目标能发现其中充满了对立统一范畴所描述的对立统一内容，这些内容是形成“极限”和不断发展的根源。信息系统融入社会进行服务，社会中各种矛盾的融入大大增加了信息安全问题的严重性和复杂性，各种技术应用内含的对立统一的矛盾也往往被激化而产生信息安全问题。例如，运行复杂的信息系统，必然要预先设置测试的接口（因为系统运行不可能保证绝对正确而不出故障），这个接口又可被攻击者用作实施攻击的入口。为公众服务的信息系统必定向公众开放，少数犯罪者便可利用这种“开放”进行犯罪活动（如利用电子商务盗窃金钱）等。对立的矛盾激化后便会产生对抗的运动，其作用效应明显呈相互的正反向特征，也正是正反向效应斗争促使了发展。例如，作战双方处于激烈对抗位置并采取对抗行动，这种情况反映至军事信息系统领域，便形成了各国都非常重视的信息安全与对抗问题。虽尽力杜绝严重的信息安全事件的发生，也解决了很多问题，但新的信息安全问题发生的可能性并没有明显下降！本小节中提出了“信息系统永存的矛盾和正反向作用”这样一个基本命题，后续章节将就信息安全与对抗问题展开讨论，其普遍性结论是：永远普遍存在的对立统一矛盾及正反向作用的斗争是信息科技、信息系统发展的根源。

2.3.5　信息系统极限目标及其调整

信息系统发展及可持续发展目标应由“极限目标”调整到可与社会共同持续发展的、可实际贯彻的科学目标。

过去风行一时的信息系统发展目标是：任何人在任何地点、任何时间、任何状态下都能获得任何信息，并利用信息。这个“目的”是永远无法实现的，甚至是不合理的，因为“任何”一词表达了“绝对”、无条件、无限制的内涵。在人类社会中，按这个目标发展就意味着每个人都绝对的“任性”，意味着社会秩序像分子的“布朗”运动，每个人都有各自的目的、行为、行动的状态，社会就会整体无序而无法生存。例如涉及国家、社会安全及个人隐私的信息绝对不能任意“获得”！社会必须有序运动，遵循发展规律，尽量避免因持续无序“涨落”导致损失，要体现“以人为本”，体现公正公平。信息系统要发挥正面的“增强剂”、“催化剂”作用，目标应调整为“在遵守社会秩序和促进社会持续发展的前提下，尽力减弱时间、地点、状态、服务项目等方面对合理获得、利用信息的约束限制”。“合理”一词蕴涵了在复杂社会矛盾环境下信息系统安全问题的同步发展。

2.4　信息系统的发展是永恒的主题

2.4.1　信息科技与信息系统关系讨论说明

人类进化最本质的原因是“认识”与“实践”能力的不断提高，而认识和实践功能的实施和能力的提高都离不开“信息”媒介，包括人认识自己的发展过程。基于认识和实践的主要进化方式是：新规律的发现、知识的积累应用、新工具的发明创造、工具的改进等。获得相应信息是以上进化方式最根本的前提，各类信息系统是人类最重要的一类工具。

这是因为人认识能力提高的核心在于客观掌握各种运动的规律，而掌握规律必须由众多运动状态的综合分析、归纳得到，这充分说明了“信息”作为提高认识的媒介的重要性。同样，实践能力是否提高是通过实践的效果验证的，而“效果”是运动过程改进后众多状态的集成表达，因此“信息”作为提高实践能力的媒介同样重要。信息科学是研究各种运动状态、用“信息”表达规律和运动过程内在规律的学问。信息技术是依据信息科学及有关科学来解决信息领域应用问题的各种方法和途径，而信息系统是在信息科技支持下以信息为媒介为人类服务的平台，因此可得出本小节标题所示的结论。

2.4.2　具有普适性的增强剂和催化剂作用

根据上小节所述的“信息”是人类提高认识和实践能力这一基本因素，以及信息系统是人类重要的工具这两条基本规律，加上数字化电子科学技术和微电子科技的高度发展，使得很多类信息系统以小体积、小质量、低电压、低能耗的小型化面貌出现，从而使得这些信息系统方便与其他系统结合，或者以子系统身份嵌入其他系统起着增强剂的作用。这种以子系统身份嵌入其他系统起增强剂作用的方式，是信息科技和系统中的一种非常广泛、非常重要的工作模式，也是现代信息社会的重要特征之一。这种例子多不胜举，民航飞机中的导航系统、盲降系统都是典型的信息系统，它们嵌入民航客机内使其构成现代先进民航机，具有高度飞行安全和起降安全性能，能高质量地服务旅客，这大大促进了社会交通发展。高性能的机械加工中心中相关信息系统的嵌入是提高加工精度和效率的主要措施之一。此外，对小汽车而言，性能越高，则嵌入汽车电子信息系统功能越完善，现在这种趋势并无减缓，反而有所加强，以下较为详细地叙述。

对于这些信息系统，虽然能以子系统嵌入更大系统起增强剂的正面作用，但由对立面分析可知，一旦嵌入的信息子系统被破坏，则对整个系统影响很大，甚至发生使整个系统不能工作的严重情况，故保证嵌入起增强作用的信息子系统正常发挥作用很重要。由全局分析，当信息科技和系统深深嵌入社会起催化作用和增强剂作用，社会的各种矛盾也必须反映至信息科技和系统领域中，形成反面效果。其中，信息安全对抗问题便是一类重要问题，需认真应对以保证信息社会有序发展，后续章节将较详细讨论。

广泛为人类服务的信息系统，按用途可划分为：

① 科研信息系统（含研究生命科学的各种先进前沿的信息系统）。

② 社会发展信息系统。例如，气象信息系统、防灾信息系统；地震、森林火灾、洪水、流行病检测信息系统；医疗急救、环境保护检测、教育用信息系统、智能化交通系统中的信息分系统等。

③ 国家政府安全管理信息系统。例如，国防信息系统；侦察卫星、通信卫星、雷达声呐系统；政府办公管理信息系统；缉私系统；税收、国家行政管理所用信息系统等。

④ 社会公共服务信息系统。例如，通信、计算机网络、广播电视、有线电视系统（兼有国家组织的宣传教育传播功能）、医疗、教育公共信息库等。社会服务业高速发展并在占 GDP 比重大幅增长情况下，以先进信息科技支持的现代服务业正以高效、个性化、低成本优势在多个领域促进社会发展。

⑤ 经济发展及企业营销信息系统。例如，MIS、银行信息系统、股市期货信息系统、电子商务系统、市场销售服务系统。

⑥ 家庭个人信息系统。例如消费娱乐、生活服务及安全信息系统，以及逐步参与高级脑力工作的在家办公系统。

⑦ 嵌入信息分系统。将信息及信息控制系统作为分系统嵌入其他系统中，从而大幅度提高和增强原系统的功能，如民航机的导航、自动驾驶、盲降着陆系统，汽车的燃油喷射控制系统、防撞系统、基于 GPS 道路状态及导航系统等。另外，具有广泛含义的“其他系统”，包括非常广泛、复杂的社会系统都有信息系统嵌入。例如，文艺系统、经济系统、国防系统等是社会的重要组成部分，也都有信息系统嵌入其中。

在上述信息系统中，①～⑥信息系统往往是利用共用信息基础设施平台，再在其上搭建专用软硬件设备来完成各种专用功能的。

信息系统的服务功能正在发生融合，在结构组成上也正在共用基础设施，从而形成结构相互融合而功能独立的系统。例如，移动通信系统的长途业务要利用分布在各地的电信网络基础设施，电子商务要利用计算机网络，而计算机网络又离不开电信网络。另外，移动互联网发展也是例子。

总之，现代社会文明的进步、发展与信息科技和各类信息系统的发展息息相关。信息科技、信息系统除自主形成产业外（含运行服务业），还广泛融入并带动了其他产业的发展，从而形成了与经济甚至文化领域发展的互动。

例如，汽车中包括如下的电子、光电子信息系统：

① 形成电磁兼容性能的电磁兼容软件设计系统。

② 车本体的信息及控制系统。例如，温度控制子系统、压力控制子系统、发动机转速控制系统、车速度及加速度（含角度维）控制子系统、流量控制子系统；各种传感器（含光纤传感器）及总线系统等（若不用总线，则信号线约 1 000 根），尚不包括辅助控制子系统，如自动锁门、后备厢、空调子系统等。

③ 使用安全系统。例如，倒车雷达、防撞雷达（频率 75 GHz）、ABS 防抱死、安全气囊等。

④ 通信与导航系统（含与各网络的连接）。例如，电子地图、道路状态及电子导航等。

⑤ 环保系统。例如，排放控制子系统、噪声控制子系统。

⑥ 娱乐系统。例如，音频及视频娱乐系统。

⑦ 软硬件支持系统。其中，软件主要集中在信息获取、信息处理、信息利用和形成；硬件主要有专用 DSP、MCU（SoC）、存储器、编程器件等专用芯片。

⑧ 各种专用器件。例如，专用显示器、专用传感器等。

就更广泛社会范围而言，计算机、电信和移动通信系统共同融合形成各种社会信息服务系统，如网上商店+手机付款形成网上购物系统。同样，“手机银行”也是一种移动银行服务机能。这些说不尽的服务都可归纳到现代服务业。

2.5　信息系统的多种庞大支持体系

信息系统作为人类的重要工具，将持续不断地伴随着人类的发展和进化，它的发展从来都是依靠科学技术的支持。信息系统和信息科技除了互动式相互促进发展外，现如今更需要多层次的庞大的学科群和社会的支持，否则很难在实际牵涉到的复杂性问题、非线性问题等顶层难题的困扰中前进。

社会的支持是深层次且广泛的，除了一些重要领域需举社会之力支持外，社会风气、主流文化趋向都是深层、无形、长远性因素。例如，过分的功利思想、风气会带动浮躁、急功近利的行为，会严重影响探索科学前沿和攻克技术难关时的潜心研究、孜孜不倦，以及锲而不舍。过分的功利会影响本应有的紧密合作，更值得注意的是，急功近利、浮躁之风会在高校、研究单位、企业和开发机构中影响大学生、研究生和青年科技人员的健康成长，其后果是长期且严重的！

信息科技系统领域争取多些“进化机理的进化”的发展是重要难题，在此只能简要提出两个原则：第一原则，科技人员的培养延伸到大学生、研究生队伍时，素质、能力的培养与提高（素质中包括文化、价值观等因素）是源头，因为进化机理的进化主要靠人的思维和对行动的正确主导和努力实践；第二原则是破除理论研究与实践间的绝对分离模式，即使是前沿理论的深入研究也必须考虑客观实践的验证（含高级的实验验证）。努力在学科专业交叉融合的高水平科技队伍主导下，把计算科学和平台支持的建模仿真模拟工作引入到信息领域科学研究、技术发展、产品设计、人才培养工作中，才能起到加速促进作用。以下简要讨论学科支持体系及社会主要分工。

2.5.1 学科支持体系

① 基础层次：自然哲学、自然语言理解分析学、语言语义学、数学、物理、量子物理、化学、生物学（有关部分）等。基础研究课题经努力后失败是正常现象，不应当按过失计算。

② 前沿交叉基础层次：信息科学理论、量子信息学、系统科学与系统工程、控制科学、认知科学等。

③ 专业基础层次：电子学、光电子学、微电子学、计算机科学技术、信息及信号处理科学与技术、生物信息学等。

④ 专业学科层次：多种学科领域，如通信、遥感、微电子设计、电子工艺、光电子器件设计制造、理化信息系统设计等。

2.5.2 研究支持体系

各层次发展的社会支持与主要完成单位如下：

① 基础层次：在国家基础研究计划、国家专门基金支持下，主要由高校和基础科研机构承担。

② 应用基础层次：10～15年中长期预先研究；5年期预先研究，主要由国家相关计划及基金支持，大型企业对5年期预先研究支持为辅，主要承担单位同等基础层次。对于应用研究与发展，应以企业为主、国家支持为辅，企业内的研发机构为企业主要承担应用基础层次研究。

③ 服务应用层次：企业支持、企业研发机构为主（市场应用与支持、保障支持等）。

2.6 信息科技力挺社会信息化发展

此处兼论大小宇宙共同进化，适者生存规律导引下形成社会进化机理的进化。

2.6.1 信息社会核心内涵的分析和理解

信息社会依靠信息科技、信息系统的不断发展，使人类社会不断深入地、科学地认识自然、社会本身和人类自己，并由此不断提高人类的生存发展能力，形成可持续发展高级模式，即信息社会是高级持续发展社会。

信息社会中科技是第一生产力的具体体现是，各类海量信息是人类认识一切生存运动的媒介，具体表现在帮助人获得信息、处理信息，各种信息系统作为帮助工具嵌入社会起正面的强化和催化剂作用，而支持上述两者发展的基础是人不断掌握并运用发展中的信息科学技术，这种高度融合的发展是信息社会实现科技是第一生产力的核心机理。

除了科技发展，信息社会还需不断发展社会人文水平和人民人文素质以应对信息社会发展中不断产生的负面矛盾，如信息安全、信息诈骗等。众所周知，人文社会学研究，尤其是定量研究是非常困难和艰巨的，但先进的信息科技和系统都开辟了定量细致研究人文社科问题的新途径，如人文计算、社会计算等，因此越来越受到重视和应用。

2.6.2　信息社会发展的重要机理和规律

1. 信息科技和嵌入信息系统为核心因素融入信息社会，产生了多领域、多层次运行机理及多学科门类等，相互融合，共同促进社会快速发展为社会发展的顶层原理

① 信息科技全面融入现代服务，使服务内容扩展、服务质量提高，并快速发展为国民经济中的重要组成部分。例如，现代物流、移动消费服务业，科技服务业、数字生活服务业、第三方医疗服务业、教育服务业等，都可划入现代服务领域内。

② 现代产业和现代国防工业在信息科技和信息系统的大力支持下形成了“你中有我”、“我中有你”的紧密融合、共同发展的态势，即使其中有独特国防用途的先进装备，也必与民用产业有共同的科技基础，高水平的材料、工艺装备和科技人员等方面支持形成了相互融合、共同发展的局面。

③ 信息科技作为信息社会发展第一生产要务的核心因素，融入科学研究的基础层次、应用基础层次、应用研究层次和产品、商品的设计层次，形成了推动社会实体经济发展的核心因素。

④ 信息科技融入多种学科门类而形成新型的融合学科和交叉学科并与社会共同发展，是科学技术支持社会发展基础因素中学科发展层面的核心规律，多学科门类是指不能限于理工门类而应包括社科人文领域。例如，人文计算、情感计算、社会计算、信息生物学、量子信息学、计算材料学、影像医学等，不断产生且无尽头是基本特征。

2. 系统理论基本规律导引下，选择信息科技和系统新发展，强力推动信息社会发展

① 赛博系统的应用发展。

赛博系统直接称为控制系统，控制论一词的内涵并非字面意义上所指的通常的自动控制理论。维纳当时创造的 Cybernetics 一词的内涵包括非常广泛，目的深远的基础性学科，有信息论、通信理论、噪声理论，以及神经生物学、心理学和计算机工程有机结合起来之意，用此词构成的系统，含义为突出人主导的、结合利用广泛信息科学技术而形成的高级的为社会、个体人服务的系统。主导一词包括人主导构思设计、发展，也包括由研发中心的思维意愿形成控制服务，这些高级服务全由系统提供（它是人身之外的非生命系统，但不可分地融入人类生活，具有非常精细复杂的系统结构）。赛博空间可由以下五要素相互作用形成空间简要表达：人思维（主导）、知识、信息、控制（作用）和平台。

赛博系统概念下可形成多种复杂分系统，它们的一些特征就可冠以不同名称，如智慧家庭、智慧城市。当然，有益的发展是用于很好地服务于残疾人和老年人的敏捷服务系统（不用智慧一词是避免过高使用人独有的思维进行表达）。

② 对赛博空间作战的积极防御应对准备。

这是美国近几年基于社会有序运行进行研究策划提出的作战新空间模式（赛博空间作战），这条原理是支持赢得战争的最基本要素，其作战层次广泛，可达战略层，也可以是战术层具体战斗，其核心理念是由人的系统思维在信息控制域广泛地主导。例如，在电磁空间、网络空间、计算仿真空间、自动控制空间以及特定的地理空间，进行以信息高科技为手段的系统攻击，形成预定目的的有效攻击，可概括为破坏对方重要部门的有序运行，但攻击机理却往往具有很强隐蔽性，使对方难于发现和进行有效对抗。美军对赛博空间作战进行了认真训练和准备，组成了赛博作战司令部，由最高军衔将领任司令官，并准备以不战而屈人之兵的方式取胜。应对赛博空间的作战，绝不能仅限于军事领域，必须由全社会核心信息域及信息系统在人主导下利用前沿信息科技进行分析和综合、定性和定量相结合的集成思考，科学选择有效的对抗措施破坏赛博攻击（第 4 章所介绍的原理——在高强度思维对抗措施中提供有效原理支持），在此强调人的思维主导作用。

③ 信息科技在宽范围对立领域的新发展构成新系统工作机理，促进实现信息域进化机理的进化。

信息域进化机理的进化，源于性质对立的新规律的发现，以及新规律效果明显的应用，且其约束条件可被接受或良好接受，由此新规律逐渐被大量应用。所构建新系统、新服务在社会中得以普及，形成的重大发展可称为进化的进化。

在信息科技领域，总体而言，是利用宏观领域的多载体（电子群）荷载信息，以及传统经典物理学规律进行信息系统及所用器件的研究、发展和应用，正在按老子所提出的反者道之动向对立面领域转化发展，即由宏观域研究应用向微观域转变，由经典力学向量子力学转变。例如，利用调控自旋方向（量子态一种）的巨磁效应制成了性能全面优异的存储芯片（自旋芯片），并有千亿美元的市场前景，并催化诞生了自旋电子学新学科。它研究的是除电子电荷特征以外的自旋特征的多种应用，有院士认为 21 世纪很可能由电子电荷世纪，进化转变为电子自旋的世纪。此外，由量子力学与信息科学融合新产生的量子信息学，正在结合量子效应研究（具有独特优点）并支持其应用强劲发展。据科学家们预计，量子效应较多的信息处理领域可促进新机理的实现。

④ 依系统理论信息系统的应用服务与其约束的条件对立统一形成付出代价与获得得益的动态统一。由此形成了促进信息系统发展的路径，即利用科技前沿着力于减轻系统运行服务约束条件的强度，从而形成促进发展（当然，科技前沿的作用同时提升功能更好），这是一种由局部突破带动全局发展的模式。例如，新型氮化钾和铟磷材料除提高器件高频性能外，可使器件工作电压降到 1 V 以下，大大降低功耗并改良散热情况，提高可靠性。结合到普里高津教授的耗散熵原理，它是通过减少自身产生的熵值来反向支持向外排出熵（相反相成的办法）。

⑤ 直击系统层主要对立面矛盾，将其消灭转化或大幅削弱，实现系统层相反相成，增强发展模式（更先进方式是预测主要对立矛盾防范未来）。信息领域支持社会信息化发展现实的主要矛盾之一是各类信息安全问题，已经严重到必须治理的地步，当然，由涨落达到新的有序，信息安全矛盾的产生必然具有不可避免性，但预先考虑加以防范，要比现在先发生后治理更少负面作用。正确预计和防范未来体现智慧和能力，是艰难而应永恒争取的举措。

2.6.3 信息社会与人才培养的共同进步

① 社会是人的社会，人是社会中的人，社会应该以人为本，人、社会与环境构成开放复杂巨系统，人与社会在主动与被动、自明与模糊、复杂的起伏涨落中艰难前进。

② 人的培养发展是社会发展中的内化过程，即人与社会共同融入人类文明（文化）发展中。

③ 人本身的培养、发展及人主导社会间竞争发展的核心隐形因素为人素质能力的培养发展。人和社会为主形成复杂巨系统，原理上巨系统的运行发展依据极复杂、尚不被人认识的

自组织机理（不是上帝或真神主宰社会和人类进步），同样，人的培养、发展机理也是社会与个人结合的某类自组织机理，不能被完全认识，也是隐形的；延伸到人才和人才队伍核心特征、素质和能力，在一般场合，它们是隐形的，在特定场合则以方法、技术、效果的方式转化为有形表达，人与社会精彩的表演就寓于这种奇妙的对立统一的转换中。青年学子应多争取这种转换的体会和自觉。

2.7　本章小结

本章主要讨论信息、信息科技、信息系统的基本概念及相关内容，包括：信息的定义、内涵与发展历程；信息系统的特征、功能组成、极限及持续目标以及所需的强且庞大的发展支持体系；信息科技发展力挺社会信息化发展问题。

习　　题

1. 信息的定义如何？其内涵是什么？

2. 信息系统的定义是什么？简述信息系统的功能组成。

3. 信息的特征是什么？人类利用信息的发展历程如何？

4. 什么是科学？什么是信息科学？什么是技术？什么是信息技术？

5. 信息系统的基本特征是什么？人类追求的信息系统发展的极限目标是什么？

6. 信息系统发展的支持体系是什么？

7. 为什么说信息科技及信息系统的发展是人类社会永恒的主题之一？

8. 信息系统的普遍作用是什么？

9. 试举例说明某一信息系统的信息采集、传输、处理、交换、存储、控制、管理的过程、作用及其发展过程和支持体系。

10. 试分析和举例说明信息系统的嵌入式特性及其作用。

11. 试扼要分析信息科技、信息系统与社会信息化发展的关系。

12. 试举多例说明对立统一律及系统理论公理的导引作用。

第3章 信息安全与对抗基础概述

3.1 引言

根据前章内容与社会的现实状态，人们普遍承认：信息和众多种类信息系统的利用是国家、社会生存发展中不可缺少的因素之一，信息科技与信息系统促进了社会的发展，同时社会发展也带动了信息领域的发展。社会越现代化，信息科技与信息系统发展和利用也越充分。信息领域以多种多样的形式深深地融入社会，特别是它的嵌入特性使信息科技和信息系统嵌入到了社会的各个部分，从信息的角度思考问题已成为人的一种思维模式。信息系统嵌入到其他系统形成了更复杂、更先进的系统，信息融入社会起“增强剂”作用，社会的发展就是社会的矛盾运动。当信息及信息系统密不可分地融入社会，社会矛盾结合信息领域就会形成新的矛盾运动，这种矛盾运动是复杂矛盾的运动（也可说是矛盾的集合）。多种多样的矛盾运动与社会共同进步，信息安全问题是其中的一种矛盾，它是一种复杂矛盾，具有多层次、多剖面交织的特性（即可分为多层次、多剖面的多种矛盾，矛盾间又互相关联），同时，它又是动态变化的，在不同场合演化为具有不同性质和形式的矛盾。信息安全问题客观上是一个复杂动态运动的矛盾体系，由此很容易得出以下结论：信息安全问题是社会、信息科技和信息系统发展中的一个矛盾侧面，它没有终结，只有随“发展”而发展，在发展中解决存在的问题，又会发生新的问题（矛盾），再在发展中解决。信息安全的发展体现了社会的一种进步，反过来，社会进步又会提出很多新问题，促使信息科技的进步和信息的安全程度增加，如此互相促进、互相对立地不断发展。

用矛盾、发展的观点看待信息安全问题是一个基本观点，本章对信息安全及对抗进行系统概述。第3.2节是“问题”的基本描述，包括信息安全概述（“安全”含义下的全部问题）及信息对抗问题的概述（即信息安全问题在对抗剖面（侧面）的讨论）。第3.3节为信息安全与对抗问题产生的根源（既有安全含义下的根源，也包括产生对抗的根源），进行一定程度的溯源性分析以体现信息安全问题的复杂矛盾体系。第3.4节着重于信息安全对抗问题的要点概述、对抗的概要过程、对立双方各阶段行动要点，以及在发展中增强信息安全的各种措施等。第3.5节专门叙述维护信息安全、防范及惩罚信息犯罪的有关法律内容。

3.2　信息系统安全对抗的基本概念

3.2.1　信息的安全问题

安全是损伤、损害的反义词，信息是事物运动状态的表征与描述。信息安全的含义是指信息未发生损伤性变化，即意味着事物运动状态的表征与描述未发生损伤性变化，如信息的篡改、删除、以假代真等。造成信息安全问题的方法多种多样，与之相关的因素也很多，总体上信息安全问题是一件非常复杂的事情。信息的篡改、删除、以假代真也往往与信息表达形式相关，例如，信息重要内容的数字部分用十进制阿拉伯数表示，则小数点位置的变动对数值的影响很大，篡改小数点的位置可能造成严重影响，用中文大写数字表示一个数值就不会存在上述问题，但是这很不方便。再如，通过对信息作品增加数字水印或利用散列函数形成内容摘要，都可对信息内容进行审核等。

讨论信息或信息作品的安全问题关联到很多内容、很多学科分支，它是一个开放性的复杂问题。本章重点讨论信息安全的基本概念及对抗过程要点等基础问题。

3.2.2　信息安全的特性

信息安全的特性保持（即不被破坏）与信息系统的性能品质、安全水平有密切关系。信息安全的主要特性如下：

① 信息的机密性，即保证信息不能被非授权用户所获得。

② 信息的完整性，即保证信息不被非正当篡改、删除及伪造。

③ 信息的可控性，是指信息系统具备对信息流的监测与控制特性。

④ 信息的真实性，是指信息系统能在交互运行中确认信息的来源以及确保信息发布者真实可信的特性。

⑤ 信息的可用性，指信息的运行、利用按规则有序进行，即保证正当用户及时获得授权范围内的正当信息。

可用性还包括如认证、公证、验证、不可否认、信任等特征，具体情况下可能需要同时实现多种特征，以确保信息和信息系统的安全。这种例子很多，例如，在保密通信中需要密钥管理中心，但它不能随意设立，必须由具有公证性的权威机构进行授权，通信时用户向密钥管理中心申请密钥，中心对用户身份验证后才可以进行通信，这些都是可用性的问题。又如，数学签名的可用性主要体现在不可否认性等。

3.2.3　信息系统的安全

信息系统是以信息为系统核心因素而构成的为人类服务的一类重要工具，信息脱离了信息系统就形成不了服务功能，信息系统缺少信息则无法运行，也起不到服务人类的作用，信息同信息系统是紧密相关且互相不可分割的，这种特性体现在信息安全问题上也同样是紧密关联的。与信息系统相关联的信息安全问题主要有三种类型：

第一种类型，信息安全问题发生在信息方面。信息与信息作品内容被篡改、删除、以假代真，虽然这种安全问题直接体现在信息或信息作品上，但发生过程却体现在信息系统的运行上，离不开作为运行平台的信息系统，这正体现了信息与信息系统在信息安全问题上是相互关联并且不可分割的。

第二种类型，信息安全问题发生在信息系统运行秩序方面。信息系统发生信息安全问题则意味着系统的有关运行秩序被破坏（在对抗情况下，主要是人有意识地造成的），造成正常功能被破坏而严重影响应用，体现在某时某刻发生对某信息的破坏。此外，还会发生其他如信息传输不到正确的目的地，传输延时过长影响应用等。同样，信息的泄露也会严重影响应用。还有一点应该指出，信息本身的安全问题，侧重于具体的某信息或信息作品被攻击、被破坏的单件安全问题，而信息系统发生安全问题（如不及时采取措施纠正）意味着是一种类型性问题，例如信息传输延时较大意味着所有传输的信息都延时较大。信息系统产生安全问题的原因多种多样，总体上认为信息系统及其应用的发展必含矛盾运动，安全对抗问题是众多矛盾对立的一类表现形式，这种矛盾有多种。例如，科学技术对信息系统功能的支持尚不完备，某一种技术措施有其正面效应，同时也可能产生负面效应；信息系统虽具有自组织机能，但仍离不开必要的管理，因此需要设置管理人员对系统的进行管理入口，而这个入口同样可以被攻击者用作攻击信息系统的入口；由于对复杂软件的正确性检验及数学上的 NP 问题而无完备地进行，只得在软件中留有对实时发现的错误进行纠正（打补丁）的接口，这个接口同样可被利用作为对信息系统实行攻击的入口等。

第三种类型，信息安全问题发生在信息系统方面。这种信息安全问题是攻击者直接对信息系统进行软、硬破坏，其使用方法可以不直接属于信息领域，而是其他领域的方法。例如，利用反辐射导弹对雷达进行摧毁，通过破坏线缆对通信系统进行破坏，利用核爆炸形成对信息系统的多种破坏，利用化学能转换为强电磁能用以破坏各种信息系统等。

3.2.4 信息攻击与对抗

信息安全问题的发生原因多与人有关，按人的主观意图可将其分为两类：一类是过失性，这与人总会有疏漏有关；另一类是有意图、有计划地采取各种行动，以破坏信息、信息系统和信息系统的运行秩序从而达到某种目的，这种事件称为信息攻击。

受到攻击方当然不会束手待毙，总会采取各种措施反抗信息攻击，包括预防、应急措施，力图使攻击难以奏效，减小己方损失，以至惩处攻击方、反攻对方等，这种双方对立行动事件称为信息对抗。

信息对抗是一组对立矛盾运动的发展过程，起因复杂，过程是动态、多阶段、多种原理方法措施介入的对立统一的矛盾运动。虽然信息对抗对信息系统应用一方而言不是件好事，但从理性意义上应该理解为不可避免的事件。它是一种矛盾运动，而在人类社会发展过程中又不可能没有矛盾。再由辩证角度分析，一件坏事对事物具有促进其发展的重要作用，应该以“发展是硬道理”的理念积极对待不可避免的事。

信息对抗过程非常复杂，在此用一个时空六元关系组概括表示：

$$\text{对抗过程} \leftrightarrow R^n[G,P,O,E,M,T]$$

其中，n 表示对抗回合数；P 为参数域（提示双方对抗的重要参数）；G 为目的域；O 为对象域；E 为约束域；M 为方法域；T 为时间；R^n 为表示六元关系组间复杂的相互关系。关系是运算和映射组合的另一种直观称呼，关系中还包括了诸元的相互变化率：$\frac{\partial O}{\partial P}$，$\frac{\partial^2 O}{\partial P^2}$，$\frac{\partial^3 M}{\partial t \partial O \partial E}$等表示连续多重变化，不连续变化常用序列、差分方程等表示。

详细、全面、定量地描述一个复杂对抗过程非常困难，虽然在自然科学和数学中人们已发现很多重要关系，如在泛函分析中，集合间或元素间的广义距离关系构成距离空间，大小量度关系构成赋范空间，集合间某些运算关系（具备某些约束）构成内积空间，内积关系可能同时满足赋范和距离关系等；代数中有同构同态关系，物理中有一系列重要关系等。但就对抗领域的六元复杂关系而言，由于其广泛性和复杂性，还难于直接用上述关系表达（包括具体条件不确定、时变因素等），主要还是靠发挥人的智慧随机应变，采用定性与定量相结合的方法决定 $R^n\left[G,P,O,E,M,T\right]$。

3.3　信息安全对抗问题产生的根源

3.3.1　基本概念

信息安全问题产生的根源是一个复杂的综合性问题，以下就一些主要根源分别进行分析。根据哲学定律，事物内及关联中必然普遍存在各种矛盾　（对立统一的差异对立、对抗等），如第 1 章所述，可以用对立统一的范畴来抽象表征各具体的矛盾。信息领域的安全问题同样遵守此定律，存在着的众多安全剖面的矛盾是产生信息安全问题的主要根源。

人们将信息系统的发展目标设定为其服务功能越全面、越方便越好，要求在“任何时间、任何地点方便地获得和利用信息”，其隐含的需求是要更多的自由和更多的普遍性。而自由与约束、普遍与特殊是对立统一的范畴，信息安全是在普遍性自由的整体要求下实现具体约束和特殊性，这样肯定会出现矛盾而发生安全问题，这也是一种矛盾的具体体现。

例如，高性能的芯片大多需要工作在高工作频率上，但高工作频率在相对短尺寸上的辐射效应就不能忽略了。对于信息隐藏而言这是一对矛盾，是由物理规律所决定的性能与信息隐藏之间的矛盾（也是技术发展所引起的矛盾）。

信息安全问题产生的根源在于事物的矛盾运动。辩证哲学认为，对立统一规律认定事物的存在体现在不停的运动之中，运动发展即是矛盾的对立统一的运动，没有矛盾就没有发展。例如，计算机网络的应用主体是大量的个人计算机，对于个人计算机应用功能的发挥，互联网是一个很大的发展。但个人计算机的设计初期目标是个人应用，并没有考虑联网工作时所应具备的安全控制功能；同样，互联网应用初期的应用人数远不如现在多，其安全问题也远不如现在这样严重，故其传输协议中安全因素考虑不足（例如，IPv4 协议的众多安全问题，由于手机的智能性而形成的各类安全问题，由于网络的开放性引起的个人隐私的保护问题等）。

由哲学上总体讨论，事物发展中矛盾是永远存在的，否则便没有发展了。信息安全对抗问题的产生日趋重要，它是信息系统融入社会促进其发展所产生的一种必然矛盾，对此应有理性认识和积极态度。人们努力要做的，是按发展规律预测未来，尽力做支持发展的事情，力争使发展较为顺利。

下面讨论引发信息安全问题的几类具体矛盾，在具体领域内讨论矛盾运动产生信息安全问题的主要根源。

3.3.2 国家间利益斗争反映至信息安全领域

诞生在中国战国时代的孙子兵法，早在 2 000 多年前便精辟地指出“知彼知己，百战不殆”，知彼是第一位的，靠什么知彼，依靠获得的各种信息进行综合分析是关键因素。现代信息科技以及多种国防信息系统，在现代战争中起着重要作用，因此各国都非常重视，甚至提升至尽力争夺“制信息权”的高度上。战争领域对抗是个本征属性（矛盾斗争的激烈形式），对抗在为战争服务的信息系统中必然有强烈反映，这是国防信息系统安全问题产生的根源表现。信息攻击、反信息攻击、反反信息攻击等对抗过程，将永无完结地持续着，这是国防信息安全领域生存发展的基本规律。例如，国家间通过各类手段尽量获得对方的政治、经济、国防等各类信息情报，以提升己方的实力、应用措施等。

3.3.3 科技发展不完备反映至信息安全领域

人对科学技术的掌握是一个持续的过程，世界不断运动变化，人类不断认识，这个过程不会完结。总体而言，人类的认识永远落后于客观运动的存在。现实情况是，对于科学规律，人只掌握了其中较少部分，对复杂非线性问题、非平稳性问题、生命问题、认知思维问题等所知很少，信息领域很大一部分的科学问题都涉及上述领域，如不掌握科学规律，则技术上必然存有被动无奈之处。

例如，大型软件的正确性问题就无法验证，因为在数学上尚未解决验证方法问题，会存在很多错误、缺陷或漏洞，从而造成严重的信息安全问题。复杂网络可抽象为复杂的拓扑结构，但拓扑学中很多问题尚未解决，也就谈不上网络在非常情况下（如遭攻击发生故障）损失最小的优化结构。不同于生物有免疫能力和自我恢复能力，无生命的信息系统全靠事先充分估计各种意外情况，人为设定状态以应对特殊情况。

种种信息系统中，包含了很多人类尚不完全认识的规律，外加事先不可能充分地估计情况和设定应对状态，这就是发生各种信息安全问题的一种根源。

3.3.4 社会中多种矛盾反映至信息安全领域

人类的进化过程持续了数百万年，而有历史记载的只有五千余年，虽然近一百多年尤其是近半个世纪科技迅速发展推动了社会发展（尤其是物质文明方面），但就人类社会总体情况而言，仍存在不少问题，距离较理想状态差距仍很大。例如，欠发达国家中很多人处在饥饿状态，很多儿童营养不良，更谈不上享有良好教育；一些发达国家依仗自己经济、科技优势，在国际交往中处于不平等优势地位；超级大国总在千方百计实施霸权主义，把自己的意识形态强加于别人，实质上是力图控制、驾驭别国，甚至不顾其他人的生存发展权。这种国家间、社会中不合理矛盾的客观存在，会扭曲正常人性而激起各种反抗，包括信息对抗，而反抗中也会有因过激行为而伤及无辜的情况。

人们知道社会犯罪是一种社会现象，社会中总有少数犯罪分子要伺机犯罪以达到其个人的不法目的。在信息科技广泛嵌入社会并服务社会的过程中，高科技信息犯罪由于具有隐蔽性、快捷、高效性等特点，吸引犯罪分子利用信息对抗手段进行犯罪，并且这种犯罪呈上升趋势。犯罪原因有多种，对于其中的部分原因，社会应承担道义上的责任（甚至诱因责任）。例如，一些青少年因为成长处于种种逆境、社会关心帮助不够多，而养成孤僻或强烈逆反的报复心理；有的青少年平权思想浓厚，反对知识产权带给个人创造巨大财富（如软件专利等），对此认为不公平而要讨回公道；有的人对他人拥有大量财富产生失衡心理，而在信息网络中攻击掠取，既方便又隐藏，还可达到心理平衡；有的法盲还错误地认为没有实地动手抢劫就不算犯罪，这也助长了种种信息犯罪行为。

总之，很多社会和犯罪原因在信息科技、信息系统密切融入社会的情况下，必然会在信息领域有所反映，从而形成各种信息安全及信息犯罪问题。

3.3.5 工作中各种失误反映至信息安全领域

人虽然是万物之灵，但在高度紧张的长期工作中，会因种种原因不可避免地发生疏漏、错误，其中部分情况会形成信息安全问题，甚至在对抗环境中造成损失。例如，工作时不小心将信息系统的电源关闭，导致处理信息的大量损失，甚至直接造成信息系统的破坏。

3.4 信息安全对抗的过程及其要点

3.4.1 对抗过程简述

单就对抗行动而言，攻击方占主动，因为总是他们主动发起攻击，可在任何时间对任何信息系统采用各种方法进行攻击。当攻击者仅思考如何进行信息攻击和破坏而没有采取攻击行动时，他处于隐蔽状态，同时也不违法，甚至还受法律保护，无法随意对其动用法律。这就使得广大信息系统使用者、系统运行者处在被动状态，充其量只能思考如何防范，找自己的弱点和漏洞，总结过去经验教训，以此防止更大损失发生等。攻防双方简要的对抗过程如图 3.1 所示。

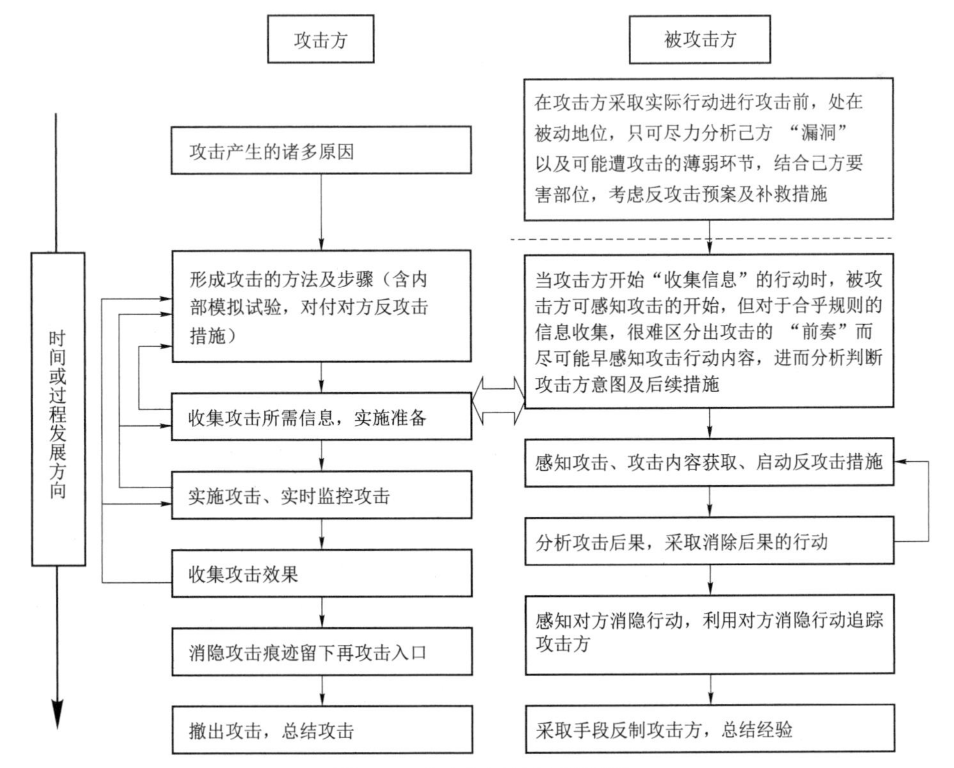

图 3.1 攻击与对抗过程简图

3.4.2 对抗过程要点

前面列出了对抗过程简要步骤及双方关键行动，下面深入讨论其四个要点：第一，信息安全对抗过程是一个激烈、复杂的过程。第二，信息安全对抗序曲是双方以对抗信息为核心的对抗。第三，信息安全对抗的关键是达到或者挫败攻击，尖锐复杂的对立斗争情况往往是前一阶段斗争的结束，又是后续斗争的序幕，形成连续——间断——连续的对抗过程。信息安全与对抗领域有其基本规律和方法，将在第4、第5章详细分析基础性原理及对抗的原理性方法。第四，信息安全对抗的问题应融入发展标本兼治。信息安全问题是一个复杂严肃的问题，如果不能持续重视及动态发展，将对国家、社会的发展产生重大影响，故一方面需要积极研究综合性、系统性的防范措施，另一方面应建立促进信息安全科学技术的发展观点，融入发展标本兼治。

3.4.2.1 信息安全对抗的过程是一个激烈复杂过程

上小节说明在信息对抗过程中，攻击方在总体上处于主动地位，具有时间、方式、地点、环节及对象等方面的主动选择权，而防范方限于防范领域，只能尽可能延伸至事先防范。现实情况是多数信息系统具有一定的信息攻击防范功能，可以说是设防系统。欲达攻击目的必定是个复杂的对抗过程，绝非简单行动。一个复杂过程可分为多个阶段，每个阶段还包括子阶段，子阶段中又具有多个对立步骤（如上节所述），各步骤阶段也不一定依次进行，往往多次反馈重复，双方采取多种对抗措施。对抗过程具有随机性和后效性，绝非简单的马尔可夫随机过程所能描述，这种复杂的后效（随机）过程，数学上尚缺乏有效分析方法，一般只能定性或部分近似定量分析。

信息安全与对抗的发展需要科学的支持，尤其是复杂性科学、系统科学、数学、物理等前沿性和基础性科学的支持。信息安全与对抗领域的科技发展及体系建设归根结底将落在人才的发展上。

3.4.2.2 信息安全对抗的序曲是以对抗信息为核心

基于信息的定义及信息安全与对抗的机理，这里提出对抗信息的概念用于研究对抗问题（第4章提出相关原理及解释），对抗信息是指信息安全与对抗领域，人们实现对抗目的所采取对抗行动时伴随产生的相应信息。根据信息的定义，可将对抗行动看作一种具体的运动，它自然会产生信息。它是对抗行动所产生的信息，有对抗的性质，故称为对抗信息。对抗信息对于对抗双方都非常重要，双方围绕对抗信息展开了一系列持续的对抗。

那么如何判断信息是否为对抗信息呢？可依照系统运行的“道”来判断，只有违反运行“道”（“反其道”）的对抗信息，才有可能被感知；不违反“道”（“共其道”）的对抗信息，即使存在，也难于被感知。这样，信息安全对抗领域就有了“共道”（遵守规则、机理等）和“逆道”（违反规则、机理等）因素，基于“共道”和“逆道”因素的信息安全与对抗领域的规律将在后续章节中讨论。

3.4.2.3 信息安全对抗的关键是达到或者挫败攻击

在对抗阶段，双方将竭力采取各种方法、手段、措施达到己方目的，信息安全对抗的关键是达到攻击目的和挫败攻击（主要阶段，成败的关键）。第 4 章、第 5 章中将详细讨论对抗领域基本原理及基本方法。此阶段对抗“过程”概念体现在：一个过程由多个子过程构成，一个子过程的结束又是一个子过程的开始。当一个子阶段结束时，攻击方无论“成败”与否，要消除痕迹，避免报复。防范方要弥补损失、追踪攻击源，开始进行报复（在新一轮对抗过程前，双方总结分析，为新一轮信息安全对抗过程做准备，可认为是新对抗过程的开始）。“信息安全对抗”实际上是一个既连续又间断的持续过程。

图 3.1 主要以“事件”为主线构成，下面的对抗环节框图主要表达人的主导作用。图 3.2 所示为双方形成对抗的关系映射反演法示意图。

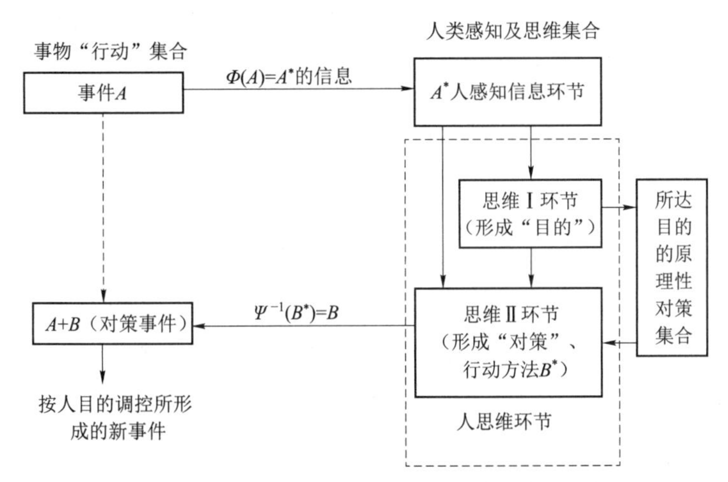

图 3.2　各方形成“对抗”的关系映射反演法示意图

框图表示人达到调控事件 A 的过程：首先事件 A 映射至人，人感知“信息”（A^*为人所感知的信息）后，经过思维对 A 进行认识，然后思考针对事件 A 的调控并形成“对策目的”（欲达“目的”），再根据事件 A 状态及“对策目的”形成对策行动方法 B，经 $\varPsi^{-1}(B)$ 将实际行动反映射至事件集合以形成新事件（体现调控目的），主要是在人的思维中形成行动方法，故称关系映射反演法。

将上述人的感知信息、思维对策、形成对策方法等环节浓缩为“人环节”，从而形成对抗过程，如图 3.3 所示。

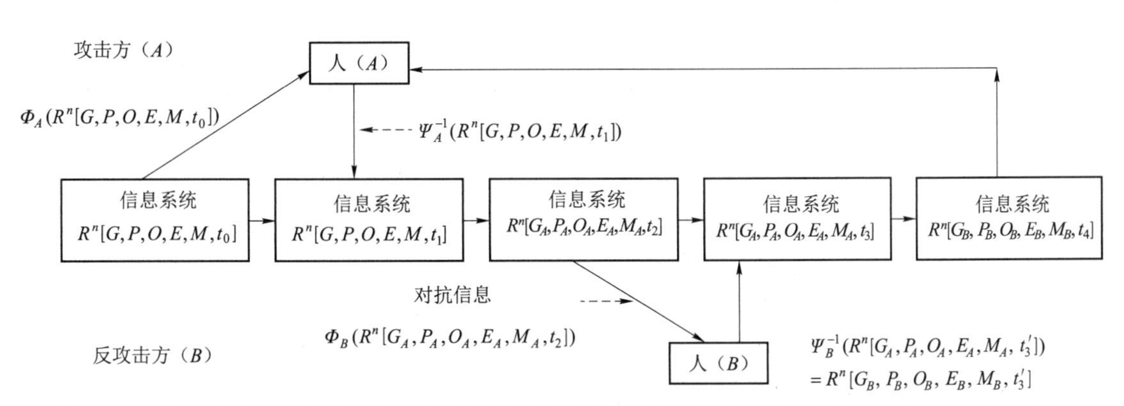

图 3.3　对抗中人介入形式的“人环节”示意图（假定 $\varPsi_A^{-1}$ 作用系统产生 $R^n[G_A,P_A,O_A,E_A,M_A,t_A]$）

框图重点表示双方对抗第一回合，信息系统状态用 $R^n[G,P,O,E,M,t]$ 表示；攻击方形成的作用改变了信息系统状态，在 $R^n[G,P,O,E,M,t]$ 中以下标 A 表示，即 $R^n[G_A,P_A,O_A,E_A,M_A,t]$；而反攻击方 B 方的作用在 $R^n[G,P,O,E,M,t]$ 中以下标 B 表示；发生事件的时间用 t_0，t_1，t_2 等表示。

3.4.2.4 信息安全对抗的问题应融入发展标本兼治

信息科技与形形色色信息系统的嵌入式特性（嵌入社会、嵌入其他系统），起“增强剂”及“催化剂”作用并推动社会发展，这是非常重要的正面作用，但万一发生信息安全问题，则会有很大的负面作用，反而影响社会发展、国家安全、人民正常生活。因此，全社会应树立信息安全概念，努力防范信息安全问题的发生等，而进一步将信息安全问题融入“可持续发展体系（包括科学技术发展体制建设及基础设施、人才培养等）”是更深层次的概念。下面以第二次世界大战的一个事例为例说明上述观点。

1941 年年底，日本联合舰队司令官山本五十六大将策划的偷袭珍珠港事件，重创了美国太平洋舰队，使美国太平洋舰队损失了几乎全部战舰及大部分陆基空军，使得日海军相对强大，日方居于主动地位。为了重振军心及民心并报复日本，美国杜立德中校组织利用 B–25 中型轰炸机轻载燃油，由航空母舰起飞轰炸东京等日本大城市，造成日本心理上的重大恐慌与压力（飞机降落在中国沿海地区）。日方急于扩大其太平洋防御范围，以防美军再次轰炸东京，山本五十六因此制订了“米”字计划，即攻击中途岛美海、空军前沿基地、消除前沿“钉子”，同时可引出美太平洋舰队残部，迫使其与日方占绝对优势的联合舰队决战并将其消灭，这是一个一箭双雕的凶狠计划，当时实力对比大致见表 3.1。

表 3.1 日美战时实力对比

海军实力	日联合舰队	美太平洋舰队
战列舰	17 艘	无
航空母舰	8 艘	3 艘
巡洋舰	33 艘	8 艘
驱逐舰	65 艘	14 艘
潜水艇	21 艘	35 艘
舰载机	700 余架	200 余架，且战斗机性能逊于日本零式战斗机

日方山本五十六大将虽首创了以海军、空军为主攻击的海军先进作战模式，但美方太平洋舰队司令官尼米兹上将曾在情报机构工作过，深知信息的重要性，信息优势往往可当雄兵百万。他责令太平洋舰队情报机构日夜截收日军无线电信号并加以侦破从而获得信息。由侦破信息得知日军将有大规模行动，尼米兹上将估计中途岛为一个可能目标，但电信中对地址幂次加密，即密码再加密，代号为 AF，因而无法破译。尼米兹便采取攻击试探方法，用美方较低密级的密码发报，故意声称中途岛淡水设备损坏亟待修复，日军截获美方电信后上报日司令部，电信中出现 AF 淡水设备损坏亟待修复的内容。美方由此确定日军攻击地点为中途岛，并倾太平洋舰队全部剩余力量，事先有计划、有准备地迎击日本舰队，重创日军，炸沉多艘主力航母及大部分舰载机，使得山本五十六大将首次吃败仗，时间为 1942 年 6 月。

美军得胜后，在相当长的时间内并未继续利用所破译日军密码扩大战果，以隐藏真实情况，日军也没有认真研究战役前后的一切情况，也没分析出是由于信息泄露造成战败，山本五十六本人丝毫没有怀疑信息泄露。1943 年 4 月，山本五十六不听部下信息可能泄露的劝阻，执意去前方视察。美方利用破获的日军密码得知山本的行动计划，在空中派遣战斗机伏击，利用山本座机缓慢降落、护航战斗机返航的时机由高空俯冲，一举击落山本座机，震动全日本。

该事件充分说明了信息安全的重要性，也说明理念的重要性，以及信息科技发展的重要性（中途岛战役日军没有雷达，美军却充分利用了作为一种信息系统的雷达为作战服务）。对于具体信息安全问题，第二次世界大战时通信安全是利用密码，但当时密码领域的系统理论水平和具体技术水平都与现在不可相比。现在已经掌握密码安全的条件，并有各种类型密码供不同条件选择使用（例如公钥 RSA 码，码长 1 024 位甚至 2 048 位才是安全的，如加上一次一密钥用法，则是保证安全的，除非利用尚在探讨中的量子态计算模式可以快速找出密钥），而第二次世界大战时，密码系统理论尚不能从总体上分析判断密码的安全性，才发生日军自己以为所用密码安全而实际上不安全的事情。第二次世界大战时用的密码现在已完全不能起保密作用，以 20 世纪 80 年代流行的 RSA 码为例，128 位、256 位都不安全，密钥要加长，至少 512 位才安全，现在 512 位也变得不十分可靠，说明“除旧立新”与“发展”是同步提高的，是密码系统进步和发展的主要模式。同样，信息系统发展及信息安全领域的发展也以不断除旧立新、对立统一的发展作为主要模式。

3.4.3　对抗过程特征

信息安全对抗过程是复杂的对立斗争的动态过程，同时也是发展过程，是嵌入社会共同发展的过程。信息安全对抗的系统性特征包括：

① 信息系统是信息科技发挥作用不可缺少的平台，它本身就是系统，而且可能是很复杂的系统，具有明显的系统特征。信息系统嵌入到其他系统作为子系统发挥重要作用，在更大的系统范围内体现其系统特性。信息系统安全问题，是信息系统生存运行过程中的重要问题之一，就其总体而言，必然具有明显的系统运动特征。

② 信息系统在发展过程中量变、质变互相转换交替，在质变阶段信息及信息系统状态是远离平衡状态耗散地发展，无论其功能、结构还是约束条件的变化，一般都是非线性的。安全对抗问题所引发的信息系统发展，也必然具有明显的多层次和量变、质变互相转换交替的性质。

③ 信息系统自组织特性会形成多层次的宏观序，并且与环境共同进化，即通过潮落（对立斗争的起伏）形成新序及进化机制的进化，信息系统安全对抗问题的发展明显具有这种特征，并已成为信息系统发展的一个核心剖面。

④ 信息安全对抗具有明显的系统对抗性质，受系统理论中普遍规律以及“信息安全与对抗的一些特有规律”（在第 4 章中介绍）的制约，利用这些规律可促进其发展。

3.5　信息安全对抗的系统发展对策

3.5.1　基本概念

信息安全对抗发展的讨论具体涉及两个方面：第一方面从宽范围支持信息安全对抗发展

的角度讨论，第二方面从较专门范围即从信息的攻击防范角度进行讨论。

总体上，应将社会进步、科技发展、社会成员素质提高作为基础，促进信息安全的发展。社会是人类众多个体结合形成整体活动的社会，科技发展是指人类掌握客观规律及实践的方法、路径（包括人类社会及人自己发展的客观规律），总之，都密切关联到人，要以人为本。

信息安全问题最基础的根源是来自人与自然的关系、人与人的关系，是人类所涉及的诸多关系与状态中的一种，它在社会中越来越重要。通过社会进步和科技发展，不断有新的信息科技和系统进入社会，服务于人类并发挥作用，同时，陈旧的系统和技术不断淘汰，其安全对抗问题也随之消亡。社会进步不断产生更合理的社会秩序，人素质的提高也会减少各类信息安全事件的发生。因此，广泛的社会发展是信息安全发展的基础。

下面提出一些重点发展工作，以使我国信息领域呈系统性的可持续发展特性，这里特别指出，具有自主知识产权的核心技术涉及国家安全、国防建设的发展能力，这是中华民族复兴所必备条件之一。由工作原理到能力的实现，中间需经过众多艰苦的工作环节以及众多科技人员的长期努力，其中那些从事基础研究和应用基础研究的，客观上只有少数人成功并获得重大突破，大部分人只能提供经验和基石，他们的精神是可贵和值得发扬的。

3.5.2 不断加强中华优秀文化传承和现代化发展

中华文化是世界上少数延续数千年的优秀文化之一，是世界文明财富的重要组成，也是中华民族的瑰宝，其核心是哲学文化，具有稳固发展的特性。虽不易感觉到它的存在，但它实际上是中华民族的灵魂，须臾不可离，它对中华民族的生存发展发挥着深层次的重要作用。

中国哲学思维的特点，是崇尚辩证的对立统一，强调整体，非常注重综合，注重和谐存在。中华文化讲究兼容并蓄，这与过分注重分析、分离、对立以致容易发生还原论、绝对化、单极化等思维方式截然不同。在21世纪及其后续漫长岁月中，中华文化的核心理念将对人类文明（包括科学技术、人的道德品行、社会进步等）的发展起到重要促进作用，对扎根于社会、科技且与其同步发展的信息安全对抗问题，也必然起到基础性作用。

3.5.3 不断完善社会发展相关机制改善社会基础

关怀青少年成长的社会机制是一个重要的战略机制，而对逆境和困境中青少年的教育包括心理健康、关心和帮助。此外，对社会弱势、困难群体的帮助也是减少社会矛盾、减少对抗的基础机制。还有一种顶层机制也很重要，即关注社会自身发展机制的机制，它的重要性体现在社会自身发展能力的加强是一种强化内因的根本作用，类推到信息安全领域，便是一种使全社会关心信息安全的正面发展机制，这是一种最基本机制。

3.5.4 不断完善教育体系以人为本提高素质能力

教育的本质目的和作用，是人类文明的传承和人类的进化发展的持续，这里的教育是指整个教育体系。人的素质和能力的提高，是从以人为本概念上促进信息安全的发展。

3.5.5 不断加强基础科学发展和社会理性化发展

自然科学与数学领域的发展是信息科学技术及信息安全发展的基础，这是因为自然科学与数学都是研究事物运动规律及其状态的表征，它们的发展都是信息及信息安全发展的必要基础，众多学科也都是从物理角度发挥基础性作用。当信息领域所需基础有突破性发展后，信息及其安全领域定有长足发展。社会基础学科的发展，是在人理及事理基础层次对信息安全发展的支持。信息安全问题，尤其是信息攻击与防范领域，密切涉及社会与人的各种内在因素，先进的社会与更高的素质水平，必然对应于更良好的社会信息安全状态。

人文科学是以研究人本身的完善为目标的学科，而人的完善是通过培养其德性达到博雅、卓越和完善（如公正、正义、勇敢、谦虚、团结、为公、自强不息等种种品行）。社会科学是研究人类社会的不断科学发展的学科，包括经济学、政治学、社会学、犯罪学、法学等学科，这些学科的研究发展是建立先进社会机制的理论基础。

人类社会是一个极其复杂的巨系统，其持续进化非常需要理论基础的支持和理性的实践活动的不断提高。信息安全作为人类社会发展、应用信息的重要条件，与社会存在互动关系，社会发展更先进，必然会更有利于信息的安全利用。

3.5.6　依靠技术科学构建信息安全领域基础设施

① 加强相关领域应用基础对应的技术科学研究及应用研究，是在信息领域及信息安全领域取得创新和可持续发展的直接动力。其相关领域的内涵非常广泛，有与信息直接相关的，如电子学、光电子学、信息论、通信理论、数字技术、计算机科学与技术等；另外，还包括物理、化学、数学、生物学等有关领域。它们对技术的进一步发展起基础性支持作用，如大型软件可靠性问题的提高、大型网络结构耐破坏性的提高、密码安全性的提高等都需要基础学科深层次的支持。

② 建立和发展信息安全基础设施。信息安全基础设施是一个体系概念，由各种必需的信息安全基础设施（本身是复杂系统）组成，它同时处于动态发展、不断变化中，按工作性质可分为信息安全运行基础设施、信息安全科技发展基础设施、法律鉴定认证基础设施等。运行类信息安全基础设施，又可再分为公共密码基础设施（只负责公钥制密码使用管理，保证有序运行）、各类认证中心、认证中心的认证机构等。建立各种信息安全基础设施，需要多种学科和人才支持，主要是信息科技以及与信息科技相联系的管理学科和人才的支持。

③ 建立较完整、系统的软硬件兼备的安全产品。这项工作是保证信息系统安全的直接物质基础，没有这些基础，就无法构筑安全的信息系统，即丧失了信息安全的基础条件。信息安全产品种类很多，如有关的密码产品系列（包括算法）、数字水印产品等。

④ 建立符合安全标准的信息通用基础产品系列。数字技术的应用大大拓宽了信息类产品的普及和发展，使其形成了一个庞大领域。各类应用产品门类极其繁多，可划分为不同的层次和剖面进行研究。例如，就信息安全剖面而言，有专门的信息安全类产品，但使用这类产品并不足以保证信息安全，还需要有支持安全产品的基础通用的系列产品。信息安全防范攻击是一个系统性问题，必须在多层次、多环节上保证安全，如在应用层利用信息安全产品（如加密密文传递），但若在信息未加密前便已泄露，则应用层安全也无意义。而基础层次的安全，往往与一些通用基础性产品密切有关，如 CPU、操作系统、数据库管理，若这些产品有漏洞，则很容易发生安全问题。同时还应指出，这些高性能标准的通用基础产品系列的发展，不但与信息安全密切相关，而且还与信息领域全面发展（包括扩大市场竞争能力、国防建设发展等）密切相关，应选择几个重点方向大力促进发展，才能使信息系统与信息安全同步发展。

3.6 信息安全对抗的法律领域措施

3.6.1 基本概念

随着信息科学技术及各类信息系统的发展和普及，各种与信息有关的犯罪也大大增加，利用法律与犯罪作斗争（避免犯罪、维护秩序、惩治犯罪）是人类历来的做法。针对利用信息高科技和信息系统（包括涉及信息安全）这一类型的犯罪，如何设立法律体系是个复杂问题，对此法律界仍有争论，世界各国做法也不一致。有效打击信息领域跨国犯罪是重要的法律延伸问题，同时也具有相当大的困难。针对信息领域犯罪的法律体系是法律体系的重要分支，并与其他领域法律有很多关联。由于具有很大的系统复杂性，本节只做简述。

作为法律体系中惩治犯罪的主要法律，刑法针对信息领域犯罪行为现有四类立法模式：

第一类是继续沿用现有的刑事法律来惩治信息犯罪，将这种犯罪归类于传统犯罪，只不过认为犯罪者用了新的犯罪工具，形成新的犯罪方式。这种模式无须特别立法，通常以立法形式进一步明确传统法律，不加修改地适用信息领域的犯罪。这种模式能保持法律稳定性，但很难涵盖日新月异的信息犯罪的全部类型，会造成打击犯罪不力，若不断延伸某些法律条文及术语的含义，就有可能与通行国际刑法原则相违背。

第二类是将新的犯罪刑法的法律规定在原刑法的章节中。这可再分为两种情况：一种是依据信息领域犯罪的种类和性质，将有关法律条文分散规定在刑法各章节；另一种是将所有新的犯罪类型看作一个整体，集中规定在刑法某一章节，使之形成较为完整的罪名体系（包括修改相应条款和增加新条款），如加拿大 1985 年通过的刑法修正案，日本 1987 年通过的刑法部分法律条文修正案，荷兰 1993 年通过的刑法修正案等。这种做法保证了刑法完整性，但由于信息领域的犯罪是一个新犯罪类型，其犯罪内涵在不断变化中，若频繁修订刑法，会使其不稳定，如不修改，则可能发生刑法不完全涵盖的问题。

第三类是制定单行单独的法律。如美国除了佛蒙特州外，各州都制定了专门的计算机犯罪法，英国在 1990 年通过修改将计算机网络犯罪完全视为传统犯罪的模式制定了专门的法律——《计算机滥用法》。这种立法形式比较灵活，修改起来比较方便，但应注意保证与刑法及至单行法律之间的相互协调。

第四类是在其他法律、法规中设置有关信息犯罪的条款，也就是附属刑法。如法国《信息管理法》规定非法进入或在计算机系统功能中设置障碍，干扰数据完整性与真实性，伪造和不当使用计算机等方面的内容。

上述四种立法形式各有利弊，不适于只采用一种模式，不少国家都采用两种以上的立法模式。

我国刑法针对信息犯罪的处理原则是采用第一类、第二类原则相结合的方式。如《中华人民共和国刑法》第二百八十七条规定，利用计算机实施金融诈骗、盗窃、贪污、挪用公款、窃取国家秘密或其他犯罪的，依照本法有关规定罪名处罚。《全国人大常委会关于维护互联网安全的决定》中第二、三、四条规定的犯罪行为明确指出，犯罪者将按照《中华人民共和国刑法》有关规定追究刑事责任，这些规定体现了上述第一类原则。在我国 1997 年修订的《中华人民共和国刑法》中，第二百八十六条、二百八十七条所规定的非法入侵计算机系统罪、破坏计算机系统罪属于第二类立法形式，是通过扩大延伸原法律术语的含义、修改原有法律条文、增设新条款来实现对这类犯罪的惩治的。

我国涉及信息安全领域的其他法律、法规，经过持续的法治建设，已初步构成法律体系，并正在执行中。随着信息化带动现代化的进程，信息领域涉及安全问题的法律、法规还将进一步建设完善。

3.6.2　法律法规

3.6.2.1　直接相关的法律法规

1.《中华人民共和国刑法》（节选）

第二百八十五条　违反国家规定，侵入国家事务、国防建设、尖端科学技术领域的计算机信息系统的，处三年以下有期徒刑或者拘役。

第二百八十六条　违反国家规定，对计算机信息系统功能进行删除、修改、增加、干扰、造成计算机系统不能正常进行工作，后果严重的处五年以下有期徒刑或者拘役；后果特别严重的，处五年以上有期徒刑。违反国家规定，对计算机信息系统中存储、处理或者传输的数据和应用程序进行删除、修改、增加的操作，后果严重的依照前款的规定处罚。故意制作、传播计算机病毒等破坏性程序，影响计算机系统正常运行，后果严重的依照相关规定处理。

第二百八十七条　利用计算机实施金融诈骗、盗窃、贪污、挪用公款、窃取国家秘密或其他犯罪的处罚，依照本法有关规定定罪处罚。

2.《全国人大常委会关于维护互联网安全的决定》概述

本《决定》是一个法规，其核心目的是在国家大力倡导和推动下，在互联网日益发挥作用的同时，为了兴利除弊，使互联网得到更好的发展，维护国家安全和社会公共利益，保护个人、法人和其他组织的合法权益，规定对破坏互联网安全运行的各种行为构成犯罪者追究刑事责任；对利用互联网非法运行影响国家安全构成犯罪者追究刑事责任；对破坏社会主义市场经济秩序和社会管理秩序构成犯罪者依刑法追究刑事责任；对侵犯个人、法人和其他组织的人身、财产等合法权利构成犯罪者依刑法追究刑事责任，对上述规定范围以外，利用互联网构成犯罪者也按刑法追究刑事责任。《决定》还规定了利用互联网进行违法活动尚构不成犯罪者按其他法规、行政管理规定等进行相应惩治。《决定》会同刑法及其他法规，构成规范互联网运行发展的法律体系。对互联网运行中规定不得违反事项的违反者将依照刑法追究刑事责任。

- 不得侵入国家事务、国防建设、尖端科学技术领域的计算机信息系统。
- 不得故意制作、传播计算机病毒等破坏性程序，不得攻击计算机系统及通信网络致使计算机系统及通信网络遭受损害。
- 不得违反国家规定，擅自中断计算机网络或者通信服务造成计算机网络或者通信系统不能正常进行工作。

在互联网中规定不得影响国家安全和社会稳定的事项主要有：

- 不得利用互联网造谣、诽谤或者发表、传播其他有害信息，煽动颠覆国家政权，推翻社会主义制度或者煽动分裂国家、破坏国家统一。
- 不得通过互联网窃取、泄露国家秘密、情报或者军事秘密。
- 不得利用互联网煽动民族歧视、破坏民族团结。

- 不得利用互联网组织邪教组织、联络邪教组织成员、破坏国家法律、行政法规。
- 不得利用互联网销售伪劣产品或者对商品、服务做虚假宣传。
- 不得利用互联网损害他人商业信誉和商品声誉。
- 不得利用互联网侵犯他人知识产权。
- 不得利用互联网建立淫秽网站、网页，提供淫秽站点链接服务。
- 不得利用互联网编造并传播影响证券、期货交易或者其他扰乱金融秩序的虚假信息。
- 不得利用联网侮辱他人或者捏造事实诽谤他人。
- 不得利用互联网非法截获、篡改、删除他人电子邮件或者其他数据、资料，侵犯公民通信自由和通信秘密。
- 不得利用互联网进行盗窃、诈骗、敲诈、勒索。

3.《中华人民共和国电信条例》（2000 年 9 月国务院公布实施）电信安全章节

本条例主要作用为规范电信市场秩序、保障通信网络安全、促进电信业务和互联网健康有序发展，条例包括总则、电信市场、电信服务、电信建设、电信安全、罚则和附则共七章，第五章为电信安全，摘录如下。

第五十七条 任何组织或者个人不得利用电信网络制作、复制、发布、传播含有下列内容的信息。

（一）反对宪法所确定的基本原则的；

（二）危害国家安全，泄露国家秘密，颠覆国家政权，破坏国家统一的；

（三）损害国家荣誉和利益的；

（四）煽动民族仇恨、民族歧视，破坏民族团结的；

（五）破坏国家宗教政策，宣扬邪教和封建迷信的；

（六）散布谣言，扰乱社会秩序，破坏社会稳定的；

（七）散布淫秽、色情、赌博、暴力、凶杀、恐怖或者教唆犯罪的；

（八）侮辱或者诽谤他人，侵害他人合法权益的；

（九）含有法律、行政法规禁止的其他内容的。

第五十八条 任何组织或者个人不得有下列危害电信网络安全和信息安全的行为。

（一）对电信网络的功能或者存储、处理、传输的数据和应用程序进行删除或者修改；

（二）利用电信网从事窃取或者破坏他人信息、损害他人合法权益的活动；

（三）故意制作、复制、传播计算机病毒或者以其他方式攻击他人电信网络等电信设施；

（四）危害电信网络安全和信息安全的其他行为。

第五十九条 任何组织或者个人不得有下列扰乱电信市场秩序的行为。

（一）采取租用电信国际线路私设转接设备或者其他方法，擅自经营国际或者香港特别行政区、澳门特别行政区和台湾地区电信业务；

（二）盗接他人电信线路，复制他人电信码号，使用明知是盗接、复制的电信设施或者码号；

（三）伪造、变造电话卡及其他各种电信服务有价凭证；

（四）以虚假、盗用的身份证办理入网手续并使用移动电话。

第六十条 电信业务经营者应当按照国家有关电信安全的规定，建立健全内部安全保障制度，实行安全保障责任制。

第六十一条　电信业务经营者在电信网络的设计、建设和运行中，应当做到与国家安全和电信网络安全的需求同步规划，同步建设，同步运行。

第六十二条　在公共信息服务中，电信业务经营者发现电信网络中传输的信息明显属于本条例第五十七条所列内容的，应当立即停止传输，保存有关记录，并向国家有关机关报告。

第六十三条　使用电信网络传输信息的内容及其后果由电信用户负责。

电信用户使用电信网络传输的信息属于国家秘密信息的，必须依照保守国家秘密法的规定采取保密措施。

第六十四条　在发生重大自然灾害等紧急情况下，经国务院批准，国务院信息产业主管部门可以调用各种电信设施，确保重要通信畅通。

第六十五条　在中华人民共和国境内从事国际通信业务，必须通过国务院信息产业主管部门批准设立的国际通信出入口进行。

我国内地与香港特别行政区、澳门特别行政区和台湾地区间的通信，参照前款规定办理。

第六十六条　电信用户依法使用电信的自由和通信秘密受法律保护。除因国家安全或者追查刑事犯罪的需要，由公安机关、国家安全机关或者人民检察院依照法律规定的程序对电信内容进行检查外，任何组织或者个人不得以任何理由对电信内容进行检查。

电信业务经营者及其工作人员不得擅自向他人提供合法用户使用电信网络所传输信息的内容。

4. 公安部关于对《中华人民共和国计算机信息系统安全保护条例》中涉及的“有害数据”问题批复的摘录

“有害数据”是指计算机信息系统及其存储介质中出现的，以计算机程序、图像、文字、声音等多种形式表示的，含有攻击人民民主专政，社会主义制度，攻击党和国家领导人，破坏民族团结等危害国家安全内容的信息；含有宣扬封建迷信、淫秽、色情、赌博、暴力、凶杀、恐怖、教唆犯罪等危害社会治安秩序内容的信息；危害计算机信息系统运行，功能发挥和数据可靠性、完整性、保密性，以及用于违法活动的计算机程序（含计算机病毒）。

3.6.2.2　间接相关的法律法规

1.《科学技术保密规定》（代替原《科学技术保密条例》）

本规定共五章三十四条，现将第二章国家科学技术秘密的范围和密级节录如下。

第七条　关系国家的安全利益，一旦泄露会造成下列后果之一的科学技术，应当列入国家科学技术秘密范围。

（一）削弱国家的防御和治安能力；

（二）影响我国技术在国际上的先进程度；

（三）失去我国技术的独有性；

（四）影响技术的国际竞争能力；

（五）损害国家声誉、权益和对外关系。

第八条　国家科学技术秘密的密级。

（一）绝密级

（1）国际领先，并且对国防建设或者经济建设具有特别重大影响的；

（2）能够导致高新技术领域突破的；

（3）能够整体反映国家防御和治安实力的。

（二）机密级

（1）处于国际先进水平，并且具有军事用途或者对经济建设具有特别重大影响的；

（2）能够局部反映国家防御和治安实力的；

（3）我国独有，不受自然条件因素制约，能体现民族特色的精华，并有社会效益或经济效益显著的传统工艺。

（三）秘密级

（1）处于国际先进水平，并且与国外相比在主要技术方面具有优势，并且社会效益或者经济效益较大的；

（2）我国独有，受一定自然条件因素制约，并且社会效益或者经济效益较大的传统工艺。

第九条 有下列情况之一的，不列入国家科学技术秘密范围。

（一）国外已经公开；

（二）在国际上无竞争能力且不涉及国家防御和治安能力；

（三）纯基础理论研究成果；

（四）在国内已经流传或者当地群众基本能够掌握的传统工艺；

（五）主要受当地气候、资源等自然条件因素制约，很难模拟其生产条件的传统工艺。

第十条 属于国家科技秘密和民用科学技术，原则上不定为绝密级，确需定为绝密级的，应当符合本规定第八条关于绝密级的规定，并报国家科委审批。

2.《计算机信息系统国际互联网保密管理规定》（2000年1月国家保密局发布）有关条款

第六条 涉及国家秘密的计算机信息系统不得直接或间接地与国际互联网或其他公共信息网络相连，必须实行物理隔离。

第七条 涉及国家秘密的信息，包括在对外交往与合作中经审查批准与境外特定对象合法交换的国家秘密信息不得在国际互联网计算机信息系统存储、处理、传递。

第八条 上网信息的保密管理坚持“谁上网谁负责”的原则，凡向国际互联网的站点提供和发布信息必须经过保密审查批准。

第九条 凡以提供网上信息服务为目的而采集的信息，除在其他新闻媒体已公开发布外，组织者在上网发布前，应当征得提供信息单位的同意。凡对网上信息进行扩充或更新，应当认真执行信息保密审核制度。

第十条 凡在网上开设电子公告系统、聊天室、网络新闻组的单位和用户应由相应的保密工作机构审批，明确保密要求和责任。任何单位和个人不得在电子公告系统、聊天室、网络新闻组上发布、谈论和传播国家秘密信息。

第十一条 用户使用电子函件进行网上信息交流，应当遵守国家有关保密规定，不得利用电子函件传递、转发或抄送国家秘密信息。

3.《中华人民共和国保守国家秘密法》

本秘密法共五章三十五条。第一章为总则，第二章为国家秘密的范围和密级，第三章为保密制度，第四章为法律责任，第五章为附则。详细内容可查阅专门文件。

4.《计算机软件保护条例》（国务院令84号发布）

本条例共五章。第一章总则，第二章计算机软件著作权，第三章计算机软件的登记管理，第四章法律责任，第五章附则。详细内容可查阅专门文件，由章节目录可得到本条例主要内容。

5.《中华人民共和国计算机信息系统安全保护条例》

本条例共五章三十一条。第一章总则，第二章安全保护制度，第三章安全监督，第四章法律责任，第五章附则。本条例主要目的为保护计算机信息系统安全，促进计算机的应用和发展。保护制度中将计算机信息系统的建设和应用纳入遵守法律法规及其他国家规定，如计算机房建设不得危害计算机信息系统安全，各单位应建立健全安全管理制度，报告发生案件，规定了安全监督内容和法律责任等。

6.《计算机信息系统安全专用产品分类原则》

本原则涉及实体安全、运行安全和信息安全三个方面，每个方面再细分若干方面，明确了分类原则，定义了专门术语，并按上述三个方面分别建立了类别体系，是一个基础性法规文件。

7.《计算机病毒防治管理办法》

本办法规定了公安部公共信息网络安全监察部门主管全国的计算机病毒防治管理工作及各级地方公安部门为地方分管部门，规定了个人、单位不得制作计算机病毒，不得有各种传播病毒的行为（包括销售、出租、赠送含病毒媒体），生产制造、销售防治病毒者行为规范，社会各单位个人在防治病毒工作中的行为规范（含报告“疫情”，防治病毒等各种职责）以及罚则。

8.《计算机信息系统安全保护等级划分准则》GB 17859—1999

本准则规定了计算机系统安全保护能力的五个等级。第一级，用户自主保护；第二级，系统审计保护；第三级，安全标记保护；第四级，结构化保护；第五级，访问验证保护（依次为最高级）。定义了专门术语，建立各等级划分准则（各级安全功能内涵），本准则实质上是一个标准。

9.《商用密码管理条例》（商用密码技术属国家秘密）

本条例的核心内容为对不涉及国家秘密内容的信息进行加密保护或安全认证所使用密码技术和密码产品，国家实行自研究、制造、销售、使用、监督管理的专控管理，其他法律、法规从略。还将不断有新法律、法规产生，以促进信息安全的有序发展。

10.《中华人民共和国电子签名法》

2004 年 8 月 28 日，中华人民共和国第十届全国人民代表大会常务委员会第十一次会议通过了《中华人民共和国电子签名法》。作为我国电子商务领域的第一部法律，《电子签名法》的出台，第一次从法律上将数字化活动推到了实际操作的阶段，开启了中国电子商务立法的大门，它为解决司法实践中亟待回答的问题、扫清网络交易行为的障碍提供了立法保障，为互联网从单纯的媒体时代过渡到全面应用时代奠定了基础，并将进一步规范网上行为、净化网络环境、消除网络信用危机、保障用户的各项权利，为我国的网络立法与国际立法的接轨起到了示范性作用。该法自 2005 年 4 月 1 日施行。该法共分五章，分别为总则、数据电文、电子签名与认证、法律责任、附则。下面是电子签名法的法律责任（第四章）部分。

第二十七条　电子签名人知悉电子签名制作数据已经失密或者可能已经失密，未及时告知有关各方，并终止使用电子签名制作数据，未向电子认证服务提供者提供真实、完整和准确的信息，或者有其他过错，给电子签名依赖方、电子认证服务提供者造成损失的，承担赔偿责任。

第二十八条　电子签名人或者电子签名依赖方因依据电子认证服务提供者提供的电子签

名认证服务从事民事活动遭受损失，电子认证服务提供者不能证明自己无过错的，承担赔偿责任。

第二十九条 未经许可提供电子认证服务的，由国务院信息产业主管部门责令停止违法行为；有违法所得的，没收违法所得，违法所得三十万元以上的，处违法所得一倍以上三倍以下的罚款；没有违法所得或者违法所得不足三十万元的，处十万元以上三十万元以下的罚款。

第三十条 电子认证服务提供者暂停或者终止电子认证服务，未在暂停或者终止服务六十日前向国务院信息产业主管部门报告的，由国务院信息产业主管部门对其直接负责的主管人员处一万元以上五万元以下的罚款。

第三十一条 电子认证服务提供者不遵守认证业务规则、未妥善保存与认证相关的信息，或者有其他违法行为的由国务院信息产业主管部门责令限期改正。逾期未改正的，吊销电子认证许可证书，其直接负责的主管人员和其他直接责任人员十年内不得从事电子认证服务。吊销电子认证许可证书的，应当予以公告并通知工商行政管理部门。

第三十二条 伪造、冒用、盗用他人的电子签名，构成犯罪的，依法追究刑事责任。给他人造成损失的，依法承担民事责任。

第三十三条 依照本法负责电子认证服务业监督管理工作的部门工作人员，不依法履行行政许可、监督管理职责的，依法给予行政处分。构成犯罪的，依法追究刑事责任。

11.《电子认证服务管理办法》

为了规范电子认证服务行为，对电子认证服务提供者实施监督管理，依照《中华人民共和国电子签名法》和其他法律、行政法规的规定，制定了《电子认证服务管理办法》，并于 2005 年 1 月 28 日由中华人民共和国信息产业部第十二次部务会议审议通过，该办法自 2005 年 4 月 1 日起施行。该法共分八章，总则、电子认证服务机构、电子认证服务、电子认证服务的暂停终止、电子签名认证证书、监督管理、罚则、附则。下面是罚责（第七章）部分。

第三十七条 电子认证服务机构向信息产业部隐瞒有关情况、提供虚假材料或者拒绝提供反映其活动的真实材料的，由信息产业部依据职权责令改正，并处警告或者五千元以上一万元以下罚款。

第三十八条 信息产业部和省、自治区、直辖市的信息产业主管部门的工作人员，不依法履行监督管理职责的，由信息产业部或者省、自治区和直辖市的信息产业主管部门依据职权视情节轻重，分别给予警告、记过、记大过、降级、撤职、开除的行政处分。构成犯罪的，依法追究刑事责任。

第三十九条 电子认证服务机构违反本办法第十六条、第二十七条的规定的，由信息产业部依据职权责令限期改正，并处警告或一万元以下的罚款，或者同时处以以上两种处罚。

第四十条 电子认证服务机构违反本办法第三十三条的规定的，由信息产业部依据职权责令限期改正，并处三万元以下罚款。

3.6.3 执法过程

法律维护信息安全最基本的作用是将维护信息安全以“法律”形式进行规范，并纳入法律体系中将其作为重要组成部分。在法治社会中，法律是一切活动自由度的最后界限（不得超出），除起规范作用外，还起威慑作用，通过法律宣传教育对社会公众起提高自觉的教育作用等。法律的最后作用是维护社会秩序、法律权威，对触犯法律者进行惩罚。正因为它是最后一道作用，故一方面应严肃、严格，另一方面应科学严密、公正、公开，两个方面相互制约又相辅相成。本书非法律书籍，不宜详述，只就执法过程（着重与信息相关内容）做一简述。

3.6.3.1　法律介入信息安全案件过程

图 3.4 所示为信息安全犯罪的执法过程简图。信息安全事件首先进行是否违法判定，属民事事件则进入民事行政法规调查过程，如果为犯罪，则进行犯罪立案调查过程，涉及信息系统及相关的调查取证等工作。

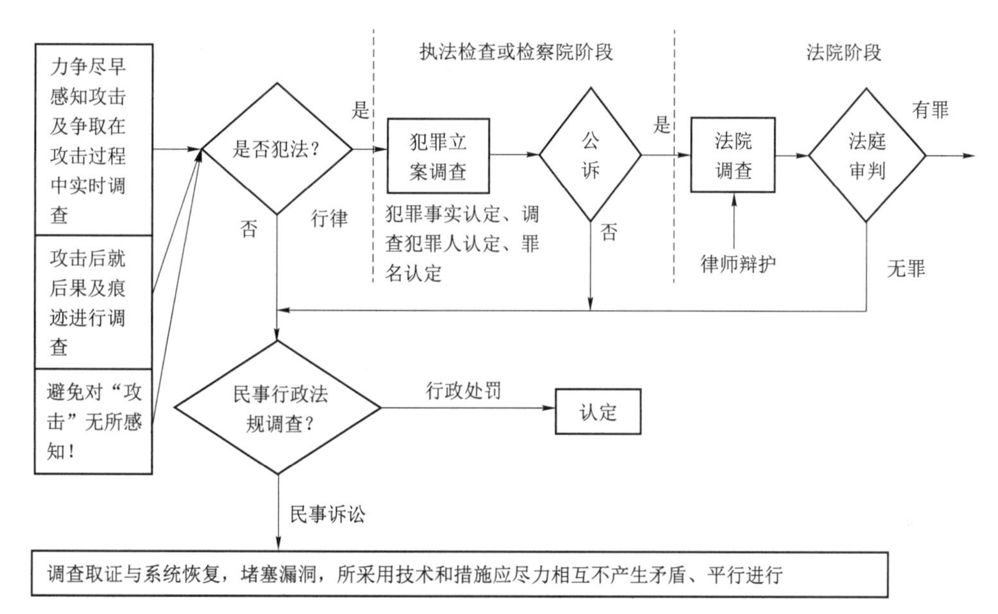

图 3.4　执法过程要点示意图

3.6.3.2　涉及信息安全刑事犯罪罪名

涉及信息安全的刑事犯罪罪名共有四条，由《中华人民共和国刑法》第二百八十五条、二百八十六条、二百八十七条规定，它们是：

- 非法侵入计算机信息系统罪
- 破坏计算机功能及正常工作罪
- 破坏计算机程序数据罪
- 利用计算机进行金融犯罪、窃取国家秘密及其他犯罪

其中，非法入侵计算机信息系统罪为其他犯罪前奏及必要步骤，在这条罪行中没提及后果。这是值得注意的是，造成“入侵”事实即构成犯罪，至于有犯罪行动、但入侵未遂是否构成犯罪要根据实际情况而定。其他罪名是否成立都与后果挂钩，都可以与“非法入侵罪”共同成立。

对于入侵计算机信息系统，犯罪人可以在物理上并不接触计算机，而以技术手段侵入信息系统。其过程大体与本节开始过程一致，只不过具体情况、具体内容有所变化。如操作系

统、网络拓扑结构都会有所变化，攻击者为达到入侵计算机信息系统的目的而采取的手段（尤其是收集攻击信息阶段），与正常用户正常工作行为一致，很难被察觉，只有反常行为才有可能为被发觉、被查找、被暴露和提供线索。以下用对以 UNIX 为操作系统的入侵为例进行说明。一般情况下分为三步：第一步，攻击者利用 finger 或 send mail 等服务来确定目标系统上某个用户账号，然后使用密码工具获得口令，至此用户已获得 shell 访问权，具有一个普通用户访问权。第二步，进行访问权攻击，进一步获得 root 的权限（利用系统"默认"状态漏洞，利用管理员的漏洞修改系统文件配置、破解密码），至此完成了入侵的前期工作。第三步，进入计算机信息系统获取文件、修改文件，最后还可能放置特洛伊木马等类似程序，为下次入侵留后门，并尽可能清理系统登记以消除入侵痕迹和罪证，包括清除登记文件中可能暴露侵入行为的记录，清除 shell 中使用过命令的记录。入侵者消除入侵痕迹的行为（消除罪证之一）是否得逞与系统管理水平有关，如管理员将登记文件设置成"只能增加内容而不能减少内容"的属性，入侵者就很难将用户 shell 文件曾用命令记录（banhistory 文件）删除或修改日期。另外，如 UNIX 主机使用了 syslog 配置做登记备份，也可查到入侵证据！以上说明攻击与防范攻击是一场对立斗争（也有统一处）。

3.6.3.3 涉信息犯罪取证及电子证据

"罪证"是法律结束案件的重要依据（重物证是我国刑法定案的第一因素）。计算机信息系统遭受攻击留下的证据，不同于"普通"犯罪罪证，而有其特殊性。由于计算机作为"工具"，或作为"部件"嵌入其他信息系统，因此，计算机信息系统罪证作为代表具有普遍性和重要性，所讨论内容也适用于其他电子设备中的电子证据。

电子证据，是指在计算机或计算机系统运行过程中产生的，以其记录的内容来证明案件事实的电磁记录物。

计算机取证，是指对能够为法庭接受的、足够可靠和有说服力的、存在于计算机和相关外设中的电子证据的确认、保护、提取和归档的过程。它能推动或促进犯罪事件的重构，或者帮助预见有害的未经授权的行为。

从计算机取证的概念中可以看出，取证过程主要是围绕电子证据来进行的，因此，电子证据是计算机取证技术的核心，它与传统证据的不同之处在于它是以电子介质为媒介的。

"计算机取证不过是将计算机调查和分析技术应用于对潜在的、有法律效力的证据的确定与获取。证据可以在计算机犯罪或误用这一大范围中收集，包括窃取商业秘密、窃取或破坏知识产权和欺诈行为等。"计算机专家可以提供一系列方法来挖掘储存于计算机系统内的数据或恢复已删除的、被加密的或被破坏的文件信息。这些信息在收集证词、宣誓作证或实际诉讼过程中都可能有帮助。若从动态的观点来看，计算机取证可归结为以下几点：在犯罪进行过程中或之后收集证据；重构犯罪行为，为起诉提供证据；对计算机网络进行取证尤其困难，完全依靠所保护信息的质量。

计算机信息系统的罪证提取是广泛、艰巨、细致的技术工作。当然，电子证据和传统证据相比，具有以下优点：可以被精确地复制，这样只需对副件进行检查分析，避免了原件受损坏的风险；用适当的软件工具和原件对比，很容易鉴别当前的电子证据是否有改变，譬如 MD5 算法可以认证消息的完整性，数据中一个比特的变化就会引起检验结果的很大差异；在一些情况下，犯罪嫌疑人完全销毁电子证据是比较困难的，如计算机中的数据被删除后还可以从磁盘中恢复，数据的备份可能会被存储在意想不到的地方。此外，电子证据的特点和优点还包括：潜在性，需要借助专用设备和科学方法才能显现；易传播性；脆弱性，易被改变销毁；时间确定性，易配有对应时间记录；可以被精确复制，可避免对原件的损伤；用适当的软件工具去对比原件，容易鉴别数字证据是否被改变；在一定情况下犯罪嫌疑人完全销毁数字证据有一定困难。

可能存在的电子证据：用户自建文档（地址簿、日程表、收藏夹、文本、文件、数据库文件）；用户保护文档（压缩文件、改名文件、密码保护文件）；计算机创建文件（备份文件、日志文件、交换文件）；计算机系统管理文件，如上小节攻击者力图消除痕迹中所涉及文件；自动应答设备记录；数码相机记录；手持电子设备如个人数字助理，打印机、复印机、读卡机等的记录等。

罪证是犯罪过程状态的记录，也是一种信息。消除证据是一种行动，也包括消除证据信息。绝对隐藏信息是不可能的，但在广泛的信息海洋中提取特殊所需很艰难，是技术性很强的工作，只能因地制宜、针锋相对地采取各种方法，这是原则和普遍的方法。下面讨论一些具体取证方法：

① 收集计算机内所有数据。

对运行 Window NT 操作系统的机器，具有限制从硬盘提取数据的权限，故可利用 Linux 命令（绕开 Window NT 操作系统）完全复制硬盘中所有文件。对运行 UNIX 操作系统的工作站或服务器，提取证据的步骤是在保存内存数据情况下关机，然后再启动机器提取数据。值得注意的是，不同配置的机器会发生从其他磁盘启动计算机的情况，过程复杂，不当操作会损坏内部所需证据，因此需要精通 UNIX 操作系统的科技人员配合。

② 利用数据恢复提取数字证据（也是消除数据、删除攻击的记录）。

数据恢复原理（以 Window 为例）：它采用了 FAT、FAT32 或者 NTFS 三种文件系统，再以 FAT 文件系统为例。数据文件写到磁盘后会在文件分配表（FAT）上和文件目录表（FDT）上记录相应信息，如文件名称、大小、类型、建立时间起始符号，以及在盘上所占实际扇形区位置。当删除一个文件时，在文件目录表上加上删除标志，在没有新文件写入而全部覆盖的情况下，文件还保留着。数据区占据了硬盘的大部分空间，通常所说的格式化程序如 Format 程序，只是重写了 FAT 表，并没有把 DATA 区的数据全部删除，这是数据很多情况下可恢复的原理。

③ 恢复数据的几个原则方法。

第一，要确保计算机处在原始状态，对涉案磁盘可“克隆”几个副本，不要对原盘进行恢复操作，以保证数据不被损坏。第二，恢复数据过程中最好外挂一个可引导硬盘，并将其虚拟内存放在 C 盘上，以保证不丧失数据。第三，对内容较明确的数据，在使用常用恢复软件无效的情况下，可根据文件内容尝试，可能获得数据区中未被覆盖的重要数据。第四，在精通技术的前提下，认真细致，以不放弃任何一点蛛丝马迹的精神努力工作，有时要以“死马当活马医”的原则，做到不丧失任何“可能”。

3.6.3.4　信息安全犯罪取证的法律问题

计算机取证是介于计算机领域和法学领域的一门交叉科学，所以必然要涉及一些法律问题，其主要困难则是如何证明电子证据的真实性和说明电子证据的证明力。

根据法律要求，作为定案依据的证据应当符合真实性、合法性和关联性这三者的要求，电子证据也不例外。一般而言，关联性主要指证据与案件争议事实和理由的联系程度，这属于法官裁判范围。合法性主要指证据形式是否合法问题，即证据是否通过合法手段收集、是否存在侵犯他人合法权益、取证工具是否合法等。这点与电子证据的自身特性联系不大。电子证据若要成为法定的证据类型，关键是解决"真实性"的证明问题。传统证据有"白纸黑字"为凭，为了保证证据的真实性，民事诉讼法和相关司法解释均要求提供证据原件即书面文件，因为原件能够保证证据的唯一和真实性，防止被篡改或冒认。但电子证据以电磁介质为载体，没有传统观念上的原件。一些解决的方法，有对电子证据附加上"数字签名"，即通过前面所提到的数字签名技术赋予每个电子证据发出人一个代表其身份特征的电子密码；在证据搜集和运用方面，采用权利登记、电子认证、网络服务供应者的证明，专家鉴定结论或咨询意见书等。

证据的证明力指的是证据对证明案件事实所具有的效力，即该证据是否能够直接证明案件事实，还是需要配合其他证据综合认定。根据我国《民事诉讼法》第63条规定，法定证据共7种：书证、物证、视听资料、证人证言、当事人陈述、鉴定结论和勘验笔录，其中，电子证据并未考虑在内。在证据的"7种武器"当中，书证位列各类证据之首，又称为"证据之王"，比物证、证人证言等其他类证据证明力要强得多。例如，如果举出的证据是双方签订的书面合同作为书证，双方的合同关系事实即可认定；但如果是证言，只能作为一种间接证据，不能单独定案。可见，证据的"出身"，即属于何种类型的证据，直接决定了其证明力的大小，而电子证据属于何种证据类型还是在争论着的问题。

3.7 信息安全对抗标准与组织管理

信息安全标准是信息安全规范化和法制化的基础，是实现技术安全和安全管理的重要手段。信息安全评估以信息安全标准、准则、规范为基础，是信息安全风险分析、安全检查、安全认证和认可，以及信息系统安全保障体系建设的基本。特别是随着信息数字化和网络化的发展和应用，信息技术的安全技术标准化变得更为重要。目前，世界上信息安全相关标准可分成三类：

① 互操作标准。例如，对称加密标准 DES、3DES、IDEA、AES 等，非对称加密标准 RSA，VPN 标准 IPSec，安全电子交易标准 SET，通用脆弱性描述标准 CVE 等。

② 技术与工程标准。例如，信息产品通用测评准则（ISO/IEC 15408）、安全系统工程能力成熟度模型（SSE–CMM）、美国 TCSEC（橘皮书）等。

③ 网络与信息安全管理标准。例如，信息安全管理体系标准（ISO/IEC 17799）、信息安全管理标准（ISO 13335）等。

信息安全标准是企事业单位安全行为的指南，对于产品供应商、用户、技术人员都很有益处。对于产品供应商，生产符合标准的信息安全产品、参与信息安全标准的制定、通过相关的信息安全方面的认证，对于提高厂商形象、扩大市场份额具有重要意义；对于用户，了解产品标准有助于选择更好的安全产品，了解评测标准则可以科学地评估系统的安全性，了解安全管理标准则可以建立实施信息安全管理体系；对普通技术人员，了解信息安全标准的动态，可以站在信息安全产业的前沿，有助于把握信息安全产业整体的发展方向。

信息系统安全评估和信息系统安全保障同样是复杂的问题，其复杂性不仅来源于信息系统安全本身，更来源于安全评估中所涉及的角色、责任、行政管理及流程。根据其评估方的不同，信息系统安全评估可分为如下几类：安全风险评估、安全检查、系统安全保障等级评估、安全认证和认可等。信息系统安全风险评估具有基础性作用，其结果是信息系统进行等级划分的一种依据，可直接导出信息系统的安全需求，为信息系统安全保障体系的建设提供直接的指导。总之，信息系统安全评估提供了一个形式化的准绳，无论是对生产厂家，还是对用户，都大有益处。生产厂家可以根据统一的评估准则，生产出满足不同用户安全需要的产品，该产品可由被独立授权的、可信的第三方机构来鉴定是否满足国际公认的安全标准；评估的结果可帮助用户根据自己应用环境和具体用途的不同来选择安全产品，同时来预期应用是否足够安全，以及在使用中所存在的安全风险是否可以被接受。

信息系统的安全组织管理从内容上讲应包含两方面的含义，即信息系统安全的组织和信息系统安全的管理。二者是保证信息系统安全的有机整体，健全的信息系统安全管理组织是有效实施信息系统安全管理的前提，通过信息系统安全管理组织对信息系统进行安全的管理则是要达到的最终目的。健全信息系统安全管理组织机构，是保障信息系统安全的基础。一个健全的信息系统安全管理组织应具有完善的机构设置、合理健全的管理规章制度，机构内工作人员各司其职、各尽其责、团结协作，确保各项安全工作顺利进行。

信息系统安全管理的基本原则：多人负责原则、任期有限原则、职责分离原则。

① 多人负责原则。从事每项与信息体系统有关的活动，都必须有两人或多人在场。所有参与工作的人员都必须是计算机网络系统主管领导指派，并经高层管理组织认可，确保参与工作的人员能胜任工作且安全可靠。坚持这一基本原则，是希望工作人员彼此相互制约，从基本的工作环节入手，提高计算机信息网络的安全性。

② 任期有限原则。担任与信息安全工作有关的职务，应有严格的时限。涉及信息安全的任何工作职务，都不应成为某人永久性或专有性职务。坚持这一基本原则，一方面是因为长时间从事安全工作，会使人在精神上过度疲劳，从而系统的安全可靠性有所下降；另一方面，也可以在一定程度上避免系统中的某些违纪、违规、违法行为长期藏而不露，降低利用职务之便在系统中从事违法犯罪活动的可能性。

③ 职责分离原则。把各项可能危及信息系统安全的工作拆分，并划归不同工作人员的职责范围，称为职责分离。坚持这一基本原则，是希望各工作环节相互制约，降低发生危害事件的可能性。每个工作人员只能涉及自己业务职责范围内的工作，除非经高层安全管理组织批准，否则不能泄露自己工作中涉及安全的工作内容或了解不属于自己工作范围的工作内容，如发现有人私自超越工作职责范围，应视情况给予纪律处分并向上级领导呈报。

信息系统安全管理的方法：

① 健全的信息系统安全管理制度。信息系统安全与否在很大程度上取决于具体的安全管理方法，许多用户为维护自身利益，在安全管理的方法上做了大量有益的尝试，也积累了很多行之有效的经验，认真分析不难发现，实现安全管理的前提是健全的安全管理制度、明确的责任分工。制定切实可行的信息系统安全管理制度，要求计算机应用单位根据信息安全管理、处理信息的内容，确定系统的安全等级、实施安全管理的工作范围，然后根据要求分门别类地制定相应的信息系统安全管理制度。

② 信息系统安全管理工作要点。各种安全管理制度是保证信息系统安全的前提，认真、严格执行并不断完善安全管理制度才能达到安全管理的最终目的。实现信息系统安全管理，

必须从大处着眼，从小处抓起，堵住日常工作中的各种漏洞。从安全管理工作上下功夫，会在很大程度上增加信息系统的安全度。实施安全管理应注意做好以下几个方面的工作：单位最高领导经常过问信息系统的安全问题；严格监督规章制度的执行情况；加强对从事信息安全工作人员的安全教育；加强安全检查并进行科学的评估；增加资金投入强化安全建设。

对信息系统安全构成威胁的根源是人，管好人也就可以从根本上解决信息系统的安全问题一个重要内容。信息系统安全程度是相对的，人仍是系统主宰，信息系统是否安全在很大程度上取决于使用和接近系统的人。所谓人事管理是指负责工作人员的录用、培养、调配、奖惩等一系列的工作。从人事管理工作的范围和内容可以看出，其中每一项工作都涉及被管理工作人员的私人利益，而人在认为自己利益受损时，就可能做出对社会、对他人不利的举动，信息系统中的工作人员就可能利用手中的工作和工具发泄私愤。例如，某厂财务科计算机负责人杨某，因受领导批评而心存不满，故意将该厂财务管理系统进行人为破坏，造成该厂一段时间内的财务账目全部丢失。人具有复杂的情感，怎样做好人事工作也不是容易讲清的问题，在信息系统安全管理中，人事管理占有举足轻重的地位，人事管理工作重点包括：

① 工作人员录用。用人单位招收工作人员都要进行一些必要的审查，审查的内容、宽严程度不一，主要取决于工作人员今后可能涉及的工作内容，包括待录工作人员的个人历史、人品审查，与被录用人员签署必要的文件，岗位职责限定等方面。

② 工作业绩考核、评价。要求考核内容全面、评价公正，期望通过全面考核掌握工作人员的思想动态，促进在职员工提高业务素质。对工作员工工作业绩的肯定，也会激发工作人员的工作热情。考核评价一定要客观公正、有理有据；不负责的考核评价，会在某些工作人员中产生积怨。涉及信息系统的工作人员的不满情绪可能造成危及信息安全的严重后果。

③ 加薪、升职和免职。如果对加薪、升职和免职等涉及工作人员个人私利的诸多敏感事情处理不当，往往会使一些工作人员出现过激行为，导致危及信息系统安全的事件发生。从心理分析角度考虑，一般认为工作人员在受到免职和解雇威胁时，最可能危及信息系统安全。例如，美国曾发生过银行职员在信息系统中预置病毒的事件，病毒发作的条件是“当我的名字从人事档案中消失”，后来该职员被辞退，银行信息系统及与这家银行联网部门的信息系统出现了紊乱。

④ 信息系统工作人员档案管理。人事档案管理是人事管理部门的日常工作。工作目标是确保人事档案材料能反映工作人员当前各方面的实际情况，便于掌握控制。在信息系统工作人员的档案管理工作中，要特别注意档案材料的及时收集与补充，使档案材料确能全面反映工作人员的思想状况，因此不断收集和更新材料是有别于其他档案管理的特点之一。平时要绝对限制无关人员接触人事档案，注意内容保密，避免一些触及个人思想的问题暴露于大庭广众，使工作人员背上沉重的思想包袱而失去工作热情。

⑤ 定期教育培训。人事管理部门在严格管理各项的同时，应定期对被管理的工作人员进行安全教育和岗位技能培训。定期进行安全教育的目的，是使工作人员始终绷紧信息安全的弦，在思想上重视安全问题，掌握安全技术，使各项安全措施得以顺利实施。信息技术飞速发展，新系统不断引进，必须进行技术培训，使工作人员适应社会发展、掌握最新技术，同时，也减轻技术发展过快给工作人员造成的心理压力，提高工作效率。在对工作人员进行安全教育的同时，要注意进行职业道德教育和思想行为规范教育，对安全教育中涉及的安全技术问题，要根据工作需要认真选择讲解，这是安全技术两面性所决定的。

3.8　本章小结

本章从系统层次论述了信息安全与对抗问题，主要讨论了信息安全与对抗的基本问题和发展问题、产生根源及法律措施，包括：信息安全与对抗问题的基本描述，提出“对抗信息”概念、信息安全、信息系统安全、安全性的四性归纳及攻击与对抗的基本概念；信息安全问题产生的主要根源，矛盾运动发展根源，国家利益斗争根源，科技发展不完备根源，社会矛盾及人的介入根源；信息安全及信息攻击防范的系统发展工作要点，中国涉及信息安全犯罪的法律、法规及执法过程，电子证据和计算机取证的概念等；信息安全标准与信息安全管理的主要内容等。

习　题

1. 什么是信息安全？什么是信息攻击？什么是信息对抗？什么是对抗信息？
2. 信息安全问题的主要特性有哪些？
3. 信息安全问题产生的主要根源有哪些？其内涵是什么？
4. 试利用矛盾的运动发展规律的观点来分析信息安全问题的产生。
5. 论述并举例说明科技发展不完备是信息安全问题产生的一种根源。
6. 论述并举例说明人的介入是信息安全问题产生的一种根源。
7. 论述并举例说明信息系统对抗过程的主要步骤。
8. 信息安全对抗问题的实质是什么？
9. 信息系统攻击与防范系统发展的概念指的是什么？
10. 简述我国涉及信息安全犯罪的主要法律、法规及其内容。
11. 什么是电子证据？什么是计算机取证？有哪些类型的电子证据？
12. 计算机取证与传统意义上的犯罪取证有何异同？
13. 信息安全标准的主要作用是什么？有哪些主要的信息安全标准？
14. 什么是信息安全管理？其基本原则有哪些？如何进行人事管理？

第4章
信息安全与对抗基本原理

4.1 引言

“信息安全与对抗”是信息领域中的事物所具有的复杂的、对立统一的多层次、多剖面、动态演化过程中的一个本质特征，它不是孤立、封闭存在的，而是融入人类社会、人类文明发展进化过程中的。信息安全与对抗问题的基本原理涉及领域非常广泛，深入研究便涉及“理”的体系，而各种“道理”具有“开”域的性质，因此它是以真理为中心的无明显边界的问题。我国学者提出将“道理”划分为物理、事理、人理、生理四个领域，这种划分是为了便于分类特征研究，不是绝对的。例如，自然哲学也研究物理学中最概括、最基本的理论，又与人理有交叉，因为哲学本身就包括人理内容。人们应该有科学的世界观，这就包括了自然哲学。一切真理除了其客观存在以外，还有一项重要属性，即与人结合，被人所理解、掌握才有实际意义（即对人类具有实际意义）。本章所涉及基本原理是在系统理论公理体系中应用对立统一律（含“反者道之动”原理），并将第二层次公理内涵延伸到信息安全与对抗领域，形成的应用基础及应用层基本原理。本章结合基本原理应用建立了对抗过程模型，并给出了一些应用举例。

另外，在实际应用中，信息安全与对抗问题是以一些具体领域性问题出现的，各领域又可再细化。如通信系统是一个领域，其本身可再分为移动通信、卫星通信、电信通信等分领域，计算机网络系统也是同样如此，而通信与计算机网络系统现在已交叉。因此，“基本原理”是指非某领域专用而是各领域共同相关，在此意义上的“基本”意义。

本章基本原理的讨论大体上分为两个层次，第一个层次是结合信息及信息安全与对抗领域的特征，应用对立统一规律得出某些基础性原理；第二个层次是在系统层次结合系统结构、功能和动态运行的基本技术原理。具体技术原理和方法的基本应用安排在第5章介绍，还应强调指出：结合信息的特征主要是第2章所叙述的基于“宏观物理”的信息特征，尚未包含基于微观量子态基础的信息特征，因为微观状态下“信息”的特征将有变化，安全与对抗问题的特征与基本原理将有所变化，也有待研究。

4.2 信息安全对抗的自组织耗散思想

本小节主要是延伸自组织耗散理论，构建信息安全与对抗领域的自组织耗散理论基础的基本思想。

信息科技及系统深深地融入人类社会，形成了与社会共同进化的状态，同时，信息安全问题的重要性与迫切性也日益突出。如何看待信息安全问题，如何提高信息安全程度等，都是热点问题，期待研讨与回答。笔者认为，信息安全与对抗问题是信息系统融入社会共同进化事物中矛盾的一部分，具有复杂的系统特征，总体上可以借助开放耗散自组织理论基础，在信息安全对抗领域建立对应分支理论，用以由系统矛盾角度研究信息安全与对抗问题，进而对矛盾进行导引，推动信息科技和信息系统乃至社会的发展。

耗散自组织理论以矛盾对立统一运动的观点为基础，可扼要归为以下四种结论：

① 在开放耗散结构（非线性、非平衡态、耗散内部不可逆过程产生的熵）前提下，加上一定条件可实现自组织机能。

② 开放耗散结构通过“涨落”（矛盾对立斗争造成的状态起伏）在远离平衡态下达到新的有序。这条结论蕴涵进化的概念。

③ 大小宇宙共同进化，意指耗散自组织系统融入环境（更“大”的系统）后与之互相作用、共同进化（淘汰不能共同进化者）。这发展了达尔文的被动选择淘汰理论，它也是耗散自组织理论中说明进化过程的重要部分。

④ 进化机制不断进化（进化模式也在进化，总的趋势是使世界进化得更快、更深入和更先进），阐明进化生存更深层次规律。

以上结论在信息安全对抗领域完全适用。上面已经提到的“信息安全对抗”问题作为一个事物，是人类社会进化内容的重要组成部分，它明显地具有系统复杂特征，属于耗散自组织理论的适用范围。就应用研究而言，重要的是结合信息安全对抗领域的实际问题，发展信息安全对抗领域的耗散自组织理论分支，也就是在原有基本理论基础上，补充专门内容和原理，建立理论分支，进一步促进发展。

笔者认为，在延伸系统理论形成信息安全对抗领域分支理论的具体工作中，总体而言，应将系统理论中蕴涵的、起深层次作用的矛盾对立统一律，推演到信息安全对抗领域“直接”层次，形成具体规律而加以重视和实践，即在思考信息安全对抗过程中的概念、机理和推演规律中突出对抗性的对立斗争形成与统一这一核心机理，从而形成信息安全对抗的概念、原理，具体内容由三部分组成：以耗散自组织理论及其基础分支理论为框架的基本引导概念、信息安全对抗原理体系及对抗模型。下面先对基本引导概念加以表述，主要有如下几个方面（为推演“原理”所用）：

① 特征既然是“斗争”，则进一步自然要想“斗争”围绕“什么”进行而展开，即斗争围绕什么对象而进行？我们可以说围绕信息系统安全性能而进行，但有着数不清个数、种类的信息系统和有数不清的安全性能，同时，只限于安全对抗领域则难以联系其他功能。因此，用“安全性能”作为对象仍显平淡无特色，应进一步提炼以形成更概括、更集中的表示对象的概念。笔者认为用“特殊性”较为合适，它是概括事关信息安全对抗决定成败的特定事物，如“信息”所表达的特征等价于表达的某种特殊性，各种信息系统正常运行可理解为：对象+规则+信息+使用目的组成的一种具体的“特殊性”（实际上是一组含特殊性的关系集合）。因此，可认为，“斗争”是围绕“特殊性”展开的，斗争的对象是特殊性，也就是保证信息的特殊性。

② “信息”为什么引起“斗争”？引起斗争的基本因素在哪里？核心机理是由“信息存

在相对性原理”所阐述，即“信息”的重要性在于它可表征“运动”（信息表征运动状态，信息集合（群体）可表征运动过程），有“运动”存在必有相应“信息”存在；同时，具体的“信息”是可以被“干扰”（如删节、修改、夺得等）的，这既体现“存在”又是相对的。由此，存在着的相对性形成了围绕“信息”展开斗争的可能。

③ 时间、空间是一切事物存在的基本形式，“信息”作为一个事物，它的时空基本特征是什么？与信息存在的特殊性、相对性等如何关联？正是“有限尺度”下的时空域细节结构支持信息特殊性的鉴别和利用，包括信息表达形式可以被变换，即可以形成不同特殊性的表达。

④ 耗散自组织理论中的“自组织”功能是一个核心因素，也是基础因素。信息安全对抗的过程特征非常明显，即持续不断又有间断（等待结果和做出判断决策、付诸行动需要时间），双方各自的对立行动构成对抗层次子过程（每个子过程的结束，标志着一次对抗双方的暂时统一），再由众多子过程形成阶段性对抗过程。按系统理论推断，信息系统状态不断变化，那么，在对应层次必有自组织机理相应变化，这种变化来源于对抗双方各自为形成自己欲达到的系统自组织机理特征（特殊性）的对抗措施。这可概括为双方围绕保持“特殊性”和破坏“特殊性”的多层次叠套、交织的对抗行为，它也是形成不断变化的自组织机理和自组织功能的核心原因。

⑤ 信息安全对抗进化机理以及进化机制的进化分析。“通过涨落达到新的有序”说明系统自组织有序的动态变化，其中对社会民众有利表达了“发展”，发展中若有重要质变者，则可称为“进化”。“进化”一定是由一类机理所驱动的，若驱动机理发展，则事物一定发生更显著的质变，这就涉及系统理论描述的进化机理进化的原理，再进一步关联到人的主导促进进化作用，则人选择实际促进事物向对立面发展是一种促进发展的重要模式（对应哲理“反者道之动”）。在信息安全对抗领域，则体现在“反其道而行之相反相成”与“共其道而行之相成相反”两条原理的灵活运用上。

⑥ 将耗散自组织理论用于信息安全对抗领域，除了建立理论框架的重要内容外，研究分析其“切入点”（热点）是另一重要因素。研究认为，“热点”就是双方争夺制“对抗信息”权和后续的“抢先”快速反应措施，它是双方重要的斗争切入点，也是双方对抗争夺的焦点。

⑦ 信息安全对抗是信息领域非常重要的问题，但不是全部问题。人类利用信息科技及系统为人类服务，促使社会进化是顶层目的，但信息安全问题作为一个子目标，如何融入顶层目标是一个值得注意的问题，“忽视”、过度及不恰当地影响其他功能都不合适，建议在具体场合根据具体条件（功能要求，约束条件）进行系统运筹。对信息安全的正确定位和科学对待是重要的，以下小节将依此思考延伸讨论各种“原理”。

以上论述了信息安全与对抗领域自组织耗散理论基础，在此基础上，可以构建信息系统基础层次和系统层次的对抗原理。同时，其原理的引述力图为信息安全对抗领域建立耗散自组织理论分支打基础。

4.3 信息安全与对抗的基础层次原理

本节主要论述构建于信息系统安全目标之上的自组织耗散理论延伸形成的基础层次的对抗原理。信息安全对抗过程中，对抗双方常用“进攻方”与“防御方”代表，双方进行对抗是信息系统发展过程中必然存在的事物，“进攻”的发生也并不一定是负面现象，信息系统安全对抗的发生和实施都离不开人的策划、主导作用，人有能力使用人类掌握的任何知识技术。因此，本节所述原理可被攻防双方运用，这就增加了信息安全对抗中斗争的复杂性与不确定性，但这样恰恰代表发展与进步。

4.3.1　信息系统特殊性保持利用与攻击对抗原理

本原理表达为：信息系统的正常运行可由一组特定的时空域关系集合来表征，它由特定的对象+规则+信息+使用目的等组成（简称“特殊性”）。这组关系的变动、破坏意味着系统服务的变动、破坏。因此，信息安全对抗中，对抗双方围绕着系统特殊性的保持展开对抗行动，具体的对抗行动是进一步切入系统对应的自组织机理的保持与变化的斗争中。

本原理存在的最基础的支持，来自具体事物的存在等价于一种特殊的运动，可用一组特定的事物与“环境”相互作用的时空关系表征（简称“特殊性”），因此，特殊性（与“普遍性”形成对立统一范畴）是事物存在的本质性质（用以区分其他事物）。在时空域用多维度精细刻画原理，可形成每一事件表征的唯一特殊性，但在实际环境中往往只需相对完备的特殊性表达，当表达能力有矛盾时，则转化为解决矛盾问题。在信息安全对抗领域，可以利用以上基本概念和原理，将其扩大延伸到系统层次（信息系统），给出“特殊性“的系统表达，再结合系统理论的核心，将自组织机理引入信息系统安全对抗过程中，形成对抗原理及对抗工作的框架。

下面将对“特殊性”的内涵做进一步的延伸讨论，以满足信息安全对抗的需要。

“特殊性”是事物的一种本质属性，是一组关系，但其本身也是事物，可以是特定的“特殊性”，也可是具有不同“共性”的特殊性事物类。它的特殊性可按很多特征划分：按是否可更改划分，人的虹膜和基因是不能更改的，指纹虽不能改变，但随年龄增加而变得模糊；也可按某种物理、化学特征划分等。关联到信息系统的服务运行，因其服务类型、个体内容等种类差别很大，故信息系统服务特殊性不能固定而需随服务的变化而变化，这样就同时形成因对抗需求而更改正常服务的特殊性。事实上，由服务特殊性的组成分析，其每一组成员都是可改变的，而不同的服务需要也给攻击、破坏信息系统增加了可能性（即改变服务所需特殊性）。综上所述，在信息安全对抗领域需要应用“特殊性存在和保持原理”，选择合适的“特殊性”，以便在对抗环境中保持服务特殊性的存在并发挥作用。复杂事物多由多部分各具特殊性的分事物整合形成，在复杂事物特殊性的利用中，对其进行认知时，应尽力避免单纯串联式认知，以提高效率减少错误率，这体现了人的选择智慧。例如，某种重病的诊断治疗往往需多道特殊性（信息）的正确获得和认识，缺一不可！医学的发展正努力利用信息高科技及系统对情况加以改善，PET、CT 的研发应用便是一例（还需减轻费用）。

4.3.2　信息安全与对抗信息存在相对真实性原理

本原理内容：事物的存在对应着某种运动过程的存在，而运动过程由众多相应运动状态的序列组成，由此可以推出，原理上有事物存在，必有相应信息存在；但在实际宏观态环境中，由于信息的获取、储存、传输处理所形成的表达形式可能被改变或代替，因此，真实信息并不易得到。由此，本原理提示人们注意，信息存在的相对性是影响信息安全的基本问题之一！

伴随着运动状态的存在，必定存在相应的“信息”。同时，由于环境的复杂性，具体的“信息”可通过多种形式表征运动，且只具有相对的真实性。

唯物论者认为客观存在的世界就是运动着的物质，运动是物质存在的特征，列宁的名言是“世界上除了运动，其他什么也没有”。运动着的物质只有在空间和时间内才能存在（时间和空间是物质存在的基本形式），再进一步，辩证论认为物质运动的根源在于内部矛盾的对立统一斗争（也就是对立统一的各种矛盾相互作用）。运动是按照客观规律进行的，因而不能随心所欲、违反规律地制造运动。运动与物质存在着等价性，由于物质是不灭的，只有不断地运动、转移，因而运动是不灭的，即运动是名副其实不断地运动（转移）着的（具体体现在一个事物与其他事物间不断变化着的相互关系）。信息是运动状态的表征，它用于表征运动状态，其本身也不断地变化着。信息作为运动状态的表征是客观存在的，在这个最基本概念、哲理意义下，信息不可能被绝对地隐藏、仿制和伪造，这是运动的客观存在及运动不灭的本质所形成的，也是信息存在的绝对性来源，但实际的复杂环境会对信息产生影响，在此只用一些数学概念简化说明。

以下借助数学中映射的概念进一步阐述本定理。

设所讨论的处于一定状态的事物集合为A，其中元素a_1，a_2，…，a_i，…，a_j，…，a_n为处于一定状态的各具体事物。事物间发生的某种“关系”，可看作集合内元素的运算（实际上它可能非常复杂），用$\bigcirc$表示。对应A事物集合的信息集合（也可是信息获取集合），用B表示，其中元素b_1，b_2，…，b_i，…，b_j，…，b_n表示具体信息（也可为信息获取集合中元素），$\bar{\bigcirc}$表示B集合中的运算。在实际应用中，可借助同构映射在事物复杂、相互作用的环境下准确获得所需信息。现用数学表达：$a_i \xrightarrow{\Phi} b_i(=\Phi a_i)$，$a_j \xrightarrow{\Phi} b_j(=\Phi a_j)$，如果$\Phi$是一一映射，即是满映射，且是单映射（即$a_i \neq a_j$，$b_i \neq b_j$），加上条件$\phi(a_i \bigcirc a_j)=\phi a_i \bar{\bigcirc} \phi a_j = b_i \bar{\bigcirc} b_j$，则称$\Phi$为集合$A$、$B$间对于运算$\bigcirc$和$\bar{\bigcirc}$的一种同构映射。这样可将$A$和$B$及$\bigcirc$和$\bar{\bigcirc}$看作广义上的相同（一回事），也就是知道$B$及$\bar{\bigcirc}$等价于知道$A$及$\bigcirc$，即信息集合$B$及其关系$\bar{\bigcirc}$表征了事物集合$A$及其“运动”（关系$\bigcirc$）。同样，也可由集合$A$、$\bigcirc$、$\Phi$求得$B$和$\bar{\bigcirc}$，以下进一步说明。

如在集合A内，a_1，a_2，…，a_i，…，a_j，…，a_m为一事物子集，与a_n相互作用形成信息I_1，I_2，…，I_i，…，I_j，…，I_m，即$a_1 \bullet a_n = I_1$，$a_m \bullet a_n = I_m$，若欲得到a_1与a_n相互作用的信息I_1，可由在B集合中得到$a_1 \bullet a_n = I_1$唯一的象来实现，利用同构映射便可在B集合形成唯一合成的象。

$$a_1 \bigcirc a_n = I_n,\ \phi(I_n)=\phi(a_1 \bigcirc a_n)=\phi(a_1)\bar{\bigcirc}\phi(a_n)=b_1 \bar{\bigcirc} b_n$$

同构映射中，Φ为一一映射，保证了A集合中$a_1 \bigcirc a_n$，…，$a_m \bigcirc a_n$不会在B集合中发生混淆。

实际应用中，达到同构映射并不容易。如上述动作中如何选定a_1，一般而言是需根据先验所知针对特定特殊性来进一步选择及利用信息，但这样又关联到特殊性存在获得保持原理中所述的实际困难，下面以雷达探测为例进一步说明，如图4.1和图4.2所示。正是因为雷达直接扫探空间，并不能很有效地获得飞机的信息，因此增加了雷达信号处理环节，以增强获取有用信息的能力。

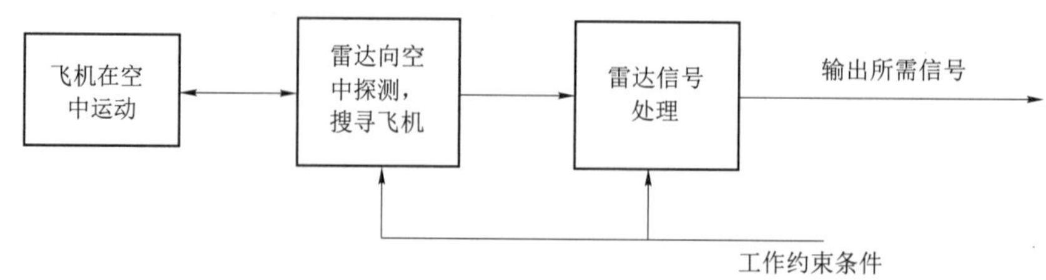

图4.1　雷达探测目标获得回波信号工作原理

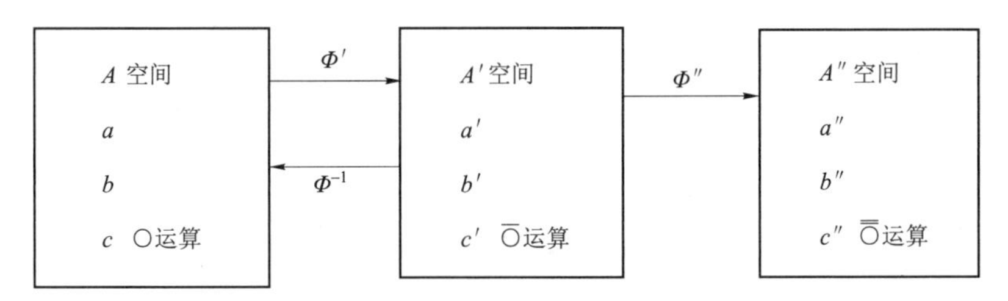

图 4.2　集合间二次映射表达雷达获得目标回波信号原理图

现结合雷达的例子来说明同构映射中获得可靠信息的同时，也很可能破坏信息（体现信息存在与获得保持相对性原理）。人类为了提高雷达获取所需信息的可靠性，在信息获得环节后增加了信号处理环节，形成了如图 4.2 所示的结构，现利用数学映射概念说明本原理。

设 A 空间中，a 为大地坐标系，b 为目标飞机，c 为其他飞机或其他干扰物体，运算○表示 b、c 与 a 形成 b、c 的坐标（对运动物而言是动态值）。

设 A' 空间中，a'表某工作中的雷达定向辐射的电磁波，用向量表示，其波束以雷达坐标为基准在空中扫探；b'、c' 为 b、c 映射至 A' 中电磁波的反射面积；○为 a'（某定向辐射）与 b'、c' 相遇形成某定向辐射的雷达回波的信息作用。

Φ 为 A 至 A' 映射，映射如下：

$a_x a_y a_z$ 映射至 $a'_\gamma a'_\theta\, a'_\varphi$（距离 a'_γ、俯仰角 a'_θ、方位角 a'_φ）。

详细表达如下：

b 映射为 b'，表示电磁波反射面积；c 映射为 c'，表示电磁波反射面积。在正常情况下，在 A' 空间，b'、c' 分别独立存在，构成了同构映射，在 A'' 空间容易选出 b' 或 c'。A''为信号处理空间，a'' 为信号处理算子（可被导入选择变更）。b'' 为 b' 的像，c'' 为 c' 的像。δ 为 a'' 作用域，b''、c'' 具体运算由 a'' 的性质决定。Φ'' 为由 A' 至 A'' 的映射：$a' \to a''$，$b' \to b''$，$c' \to c''$。

雷达向空中辐射探测电磁波，因天线结构及发射波形设计，形成的雷达探测角度和距离分辨率有一定限度，如角度为 1°、距离为 50 m，目标间接近或小于上述限度，则两目标在雷达探测中发生混叠而不能直接分辨。如在 100 km 距离上飞机的飞行高度为 1 500 m，在 50 m 距离范围内与地物回波混叠，造成了 A 空间到 A' 空间的映射 Φ 不是一一映射，进而破坏了同构映射，产生了直接信息获取的错乱，这种情况如图 4.3 所示。b'、c' 的像产生了混叠，是由于雷达形成的映射功能不完善，破坏了 b 与 c 在 A 空间存在的特殊性，这是特殊性存在与获得原理中涉及破坏特殊性的反面实例，也是雷达应用中常发生的问题之一。目前，已形成的较好的解决方法，是增加信号处理环节。由 A' 到 A'' 空间的映射完成是利用特选算子 a''对 b'、c' 进行运算而再次区分不同的回波信号，其基本机理仍是利用不同回波具有内在不同的特殊性。飞机在空中运动，其回波间相对时间位置不可人为变动，但运动回波频率也有多普勒频移，而地面回波基本没有这些特征，利用这些特殊性的差异，即可在混叠的回波中加以区分。就信息获取至信号处理过程而言，可认为两个环节都实行了反其道而行的相反相成原理的操作，并形成了互

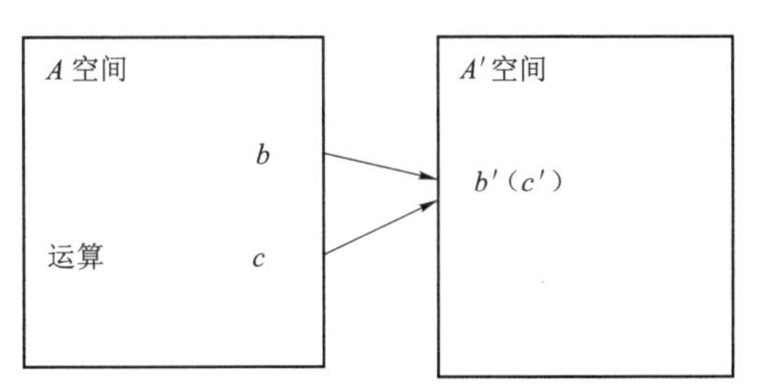

图 4.3　A 至 A' 间破坏了一一映射情况

相板反的效果。在信号获取环节，由于技术的限制，在一些场合破坏了信息获取的同构映射功能，破坏了信息的特殊性，造成了应用中的重要缺陷；而接连的信号处理环节，需要科技人员找出两类目标回波信号其他的特殊性差异，并利用此差异恢复两类回波信号的差异区分，用于实际工作。当然，在雷达应用中进一步精细区分、识别不同运动中目标仍需努力。

4.3.3 广义时空维信息交织表征及测度有限原理

“信息”是信息系统用以实现服务的媒介，具有重要的基础性作用，因此，认识信息、掌握信息进而利用信息，是信息社会发展中的一条重要因素。认识“信息”主要是认识“信息”的内涵，但因“信息”是客观存在事物运动状态的表征，其内涵种类非常多、非常复杂而且随运动动态变化，因此，认识信息内涵进而进行有效表达以保持利用很重要，本小节即针对此问题给出参考框架。

第 2 章 2.2.2 节给出了“信息”转化为四维关系组的表征，即信息=>（信息直接关联对象特征域关系+信息存在广义空间域关系+信息存在时间域关系+信息变化域关系），这是将“信息”转化为“关系”表达的重要一步，但关系应进一步转换为量化表达的信息。

本节主要内容为：利用测度概念建立多层次、多维的信息表达测度的原理性框架；从关系组中寻找并确定“关系”的特征，进一步确定表征特征测量的“测度”，并且应是交织的测度组合。“测度”是长度、面积、体积等概念的扩展，没有固定的定义，满足综合数学测度定义的就是一种具体的测度。

设 R 为某子集构成的环，如果 R 上的集函数满足：

① $E \in R$，$M(E) \geqslant 0$；

② Φ 是空集，则 $M(\Phi)=0$；

③ 对任何 R 上的任何互不相交的 $\{E_n\}$，则 $M(\sum_{i=1}^{w} E_n)=\sum_{i=1}^{w} M(E_n)$（可加性），$n=1, 2, \cdots, W$。

利用信息特征的测度表达，可以深刻地认识“信息”所表达的特殊性。进一步区别“信息”和在对抗环境下通过保持其特殊性来达到信息系统安全运行服务的目的，其前提条件是信息内涵度量（测度）是有限的，否则难于准确表征。

利用信息特征和测度提升信息系统安全对抗性能时，有下列要点：

第一步，由信息组成选择重要的关系及其特征；

第二步，选择和构造合适的测度，用以表达信息特征，“测度”在多领域有多种类型，如泛函空间的距离、泛数、内积，概率空间也有多种，在有限测度下还可结合实际构造新测度（但有难度）；

第三步，构成测度集，最好是多层次结构，以便突出具体的“信息”特征。当然，测度集越复杂、越深刻，则使用越复杂，故应结合实际适当选择。

附加步骤，对“特征”进行变换后扩大应用（第 4.4.4 小节将讨论），甚至由特征需求反演信息表征的新形成（如新信息和新测度组），使对方不能掌握，则有利于信息安全。

本定理有广泛而深层次的应用，如在信息安全对抗领域先进的信号设计、信号变换都在不断研究和应用，线性正则变换及其对应信号研究便是一例。

4.3.4 在共道基础上反其道而行的相反相成原理

本原理是对立统一律在信息安全领域的具体延伸，主要用于对抗双方选择措施的破解，以及转化对方对抗措施从而形成对己方有利的结果，其实质是由对立转化为己方得利。

4.3.4.1　对立统一律内涵重述与本原理关系

矛盾对立统一律是一切事物运动的基本规律。人们承认矛盾的对立斗争是促使事物发展的根本因素。承认矛盾对立斗争是第一性的同时，不能忽视与对立同时存在的“统一”的重要性（虽然对立的矛盾斗争是绝对的，统一是暂时和有条件的）。一对矛盾在对立的同时又存在统一，这就呈现了相反相成的性质，因此，可以认为矛盾对立统一律本身就蕴涵了相反相成。此外，矛盾对立统一律中指明，矛盾运动的方向总是朝对立面发展，也可认为是“相反相成”的深层次含义。为了进一步强调对立统一律中统一性质的重要性，现展开分析并揭示其与本原理的关系。

① 矛盾对立面以互相依赖、互为依存构成事物对立存在的永不可缺。例如，作战双方极端对立，都为争取己方获胜，这就是共同统一点；进而，如果对立的统一不存在了，战争也就不存在了。因此，双方存在是以对立统一存在为前提的，又如，信息安全对抗双方都企图在对抗中战胜对方而势不两立，但只有双方都是在对抗中存在，对抗才存在，这是互为依存的体现。

② 对立面互相贯通、互相渗透意义上的统一，还可分为下列三种方式：

a. 有共同基础因素，因此形成相互包含、相互渗透、你中有我、我中有你、互相吸引的趋势。例如，信息安全对抗双方都需要利用先进的信息科技，并查找己方弱点、缺点进行克服或利用进而为对抗所用，形成互相渗透、你中有我、我中有你的对立态势，然后再努力向己方有利转换以达到新的统一。

b. 对立的两者，尤其是复杂对立事物中，有部分公有事物形成了统一，当打破统一对立发展时，应注意打破公有事物对己方的约束。例如，生产和消费你中有我、我中有你。信息干扰对抗，干扰了对方，也会干扰己方，先进的干扰必须尽力消除对己方的干扰。

c. 对立在统一状态下形成互相转换的趋势（排除向别的状态转换）。本趋势（性质）强调统一中的对立面互相转换是对立统一律的主要辩证内容，也提示寻求对立面转换的切入点要在统一中寻找。

③ 对立统一律与本原理的关系。对立统一律的要义为事物内对立矛盾，通过不断斗争同时又相互吸收、相互渗透的同时存在（对立存在）而形成统一，但统一并不静止，对立双方不断排斥、否定对方，使事物向现行统一的对立面转换，形成动态运动。这是对立统一律的核心概念（存在——斗争——转换——存在，不断循环）。现联系本原理；对立统一、转换同样是原理的核心，其中，在其道基础上表达了对抗原始的统一是开始对抗的基础和出发点，反其道而行之表示采取的是一种总体思路机理和方法（集合）。相反表示方向，即相反的对抗行动，而相成则强调对抗行动要成功（一次对抗成功），构成一种新的统一状态，以上内容扼要地说明了对立统一律及本原理的核心机理及其相互关联，但在实际应用中尚有众多问题需注意研究。

4.3.4.2　本原理应用要点

1. 人主导有效运用对抗原理进行对抗原则

现在信息安全对抗已发展为复杂的系统对抗，且有重大后果的过程都需要人精心策划、设计对抗机理方法，并随对抗过程的实际情况做有效调整，又因对抗过程是矛盾对立统一的过程，因此，要掌握运用对立统一的辩证思维方法以及本原理的信息安全原理，并落实在选用先进有效的信息技术上。本原则是具有灵活性的普遍适用的信息安全对抗原则。

2. 思考在时空因子框架中落实具体特征（特定事物）并三处嵌入定理，构成对抗应用

（1）时空特征因子具体特征（表4.1）

表4.1　时空特征因子具体特征

空间维	时间维
何方：*A*方、*B*方 层次：系统层、分系统层、子系统层、子分系统层、剖面等	过程、分过程、子过程间关系及其次序关系等 过程持续时间长短的表达，测度为：时期、阶段、时段、时隙、时刻等

（2）时空域三特征因子分别嵌入定理发挥作用（图4.4）

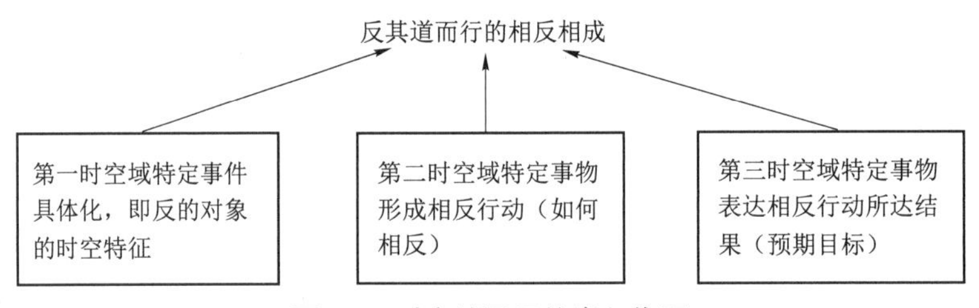

图4.4　时空域因子的嵌入作用

举例说明：第二次世界大战的中途岛战役中美方信息安全对抗本原理的应用。总体层次采取反自己破密码之道，而采取编假情报诱使日方自己在通信中暴露密码代表的地点（中途岛）的方法（是反其道中针对其第一时空因子中总体空间维和全时间过程的主要内容）。第一时空域第二层次特定事物是采用编中途岛这个日本关心的假情报，并采用无线电发送的方法；诱使日方截获美方信号并使日方相信，是第二时空域嵌入特定事物（相反行动的主要内容）；根据所采取行动判定对抗达到相成效果，即日军内部通报中再次出现AF密码代号，是第三时空域特定事物结果判定。以上是美军在信息安全领域与日军对抗破解日方密码的案例，同时说明高水平人发挥智力而主导信息安全对抗取得胜利的重要性。

3. 本原理几种扩充应用

对于本原理与在其道基础上共其道而行之相成相反原理（实质是实现逆转），在对抗中可以联合应用，以形成向己方有利的对立面转换机理，并在广泛的时空域实施信息对抗斗争转换。

一切事物的运动生存都在时间及广义空间域（事物存在范围）中进行，对立面转换是事物的特征分析，因此，也应在时间空间域进行。例如：

① 共道对抗、逆道对抗的空间、时间域转换。转换原则是按需变换，可依己方需求，也可依对抗态势中己方需求来寻找适宜的转换条件进行转换，还可顺对方行动走势对其后续行动中产生的逆转条件加以利用，从而形成己方的转换。一个复杂对抗，可在过程中利用下述原理的多次对立转换：共道可对应为共其道而行之相成相反，逆道可对应反其道而行之相反相成。

② 在对抗过程中，可进一步在系统总体层及各执行层交织利用反其道而行之相反相成与共其道而行之相成相反间的应用转换，其基本原理是按对抗需要及实际环境依靠高水平的人

员努力做出智慧诀择。

例 1： 扼要重提美日中途岛战役中，美方在系统层总体上采取了反其道（自己传统破密码）而行之相反相成原理，并重点表达在对抗过程和行动阶段分别交织采用本原理及共其道而行之相成相反原理，保证了对抗成功。说明各对抗原理系统集成应用的重要性。

例 2： 20 世纪 60 年代，美国策动我国台湾空军人员驾美制 U–2 高空侦察机，采取逆道飞行入侵、共道侦察的手段，大量收集我国大陆的重要情报，同时也获知我制导雷达的信息对抗弱点。在我国用导弹击落第一架 U–2 后，美方迅速在 U–2 上加装利用我方雷达弱点的回答式干扰设备，有效实施了反其（我方）道而行之相反相成原理，使我方三发导弹同时脱靶。美方获胜后，我方努力分析并破解了对抗机理（干扰机理），采取反其道而行之相反相成系统层对抗机理，消除我雷达天线泄露关键信息的弊端，并形成了反对美干扰机理的对抗机理，仅 2 个月完成了抗干扰改装，从而再次击落 U–2。而美方却错误地分析了我方的对抗机理，并错误地加装了非常先进的干扰设备，错误认识和对抗措施不仅无法挽救后续 U–2 被连续击落的结果，反而为我方“提供”了很先进的电真空器件样件（当时国际禁运）。

（3）贯彻系统层对抗的具体切入机理。

这里主要介绍两种机理：

① 从对抗双方存在的统一中寻找双方共有特征后，向己方起对抗功能的方向转换，以达到对抗作用。例如，计算机 C 语言中指针功能所配置的寄存位数不够多，由此攻击方可编写攻击程序，通过寄存器位数不够造成溢出，破坏正常程序的执行并能执行攻击程序，甚至可使攻击方获得计算机系统管理权。

② 利用对方某些功能在运行的同时需付出代价的弱点，对代价转换加以利用，使其形成己方对抗功能，这种思路及具体技术措施就形成了具体的对抗机理。例如，计算机领域攻击方可利用为改正软件错误而预留的改正路径实施入侵攻击；再如，20 世纪 70 年代我国防空部队在援越抗美对抗中，利用美先进战机对地攻击最后阶段不能机动飞行的弱点，实施近距离快速作战，总共击落 1 700 余架美国先进战斗轰炸机。

4.3.5　在共道基础上共其道而行之相成相反原理

本原理是本章 4.3.4 节所述原理的反对称形式，同样也体现了矛盾对立统一律、反者道之动等哲理。在应用方面，两者都强调创造条件促使事物向对立面转换（第 4.3.4 节原理是在“共道”基础上使用反其道方法转化，而本原理则直接利用“共道”中反面因素直接转化），是一种辩证意义上更深层次的转换逆道机理。老子《道德经》曾论“祸兮福所倚，福兮祸所伏”，说明了“正”、“反”相互辩证转换的哲理。信息安全对抗双方可看作互为“正”、“反”，很多哲理的延伸应用可以形成信息安全对抗领域的原理。在应用中，如人的主导作用，反向转换达到新的统一，多层次、多阶段利用嵌入因子并灵活找出转化切入点等因素的掌握，均与上小节相同，就不再赘述。

例 1： 如 A 方作战飞机为了干扰对方雷达对自己的探测，可在飞机上安装自卫式杂波干扰机，从而起到对抗对方探测自己的作用。但副作用是干扰源和飞机处同一位置，因此对方火控雷达可不采用反干扰的办法，而采用在角度上跟踪干扰源的办法（干扰越强，就越容易进行），这样连续地获得了飞机的方位角、高低角数据，再结合使用控制导弹的三点法制导，便可利用导弹对飞机进行攻击。这是表面上让对抗干扰成功，但正是利用“成功”形成与反向转换相反的结果。

在第4.3.4小节叙述了“以反为主相反相成进行对抗”原理，在本小节中，我们提出形式上以对方共道顺向为主，实质上达到反向对抗（逆道）效果的原理，称为共其道而行之相成相反原理。共其道而行达到相反的效果有多种原因和方法，概括而言，来源于哲学规律所表述的一切机理所形成的机能效果都只具有有限性而非绝对性，否则矛盾运动就停止了（时空域呈相对性）。“信息安全对抗”多是复杂非确定性动态变化事件，这更加重了对抗措施机能相对性、有效性的体现。共其道而行的相成相反原理就是在上述规律导引下，结合中国哲学智慧（老子所提出），“将欲翕之必固张之，将欲弱之必固强之，将欲废之，必固举之，欲将取之，必固予之”，在信息安全对抗领域所提出的一种原理应用。本原理在应用中常具有多种双方“成”与“反”的内涵，并相互结合构成对抗思路与方法，以下举例说明。

例2：在信息安全对抗中，攻击方经常组织多层次攻击，其中佯攻往往是为了吸引对方的注意力，掩盖主攻以易于成功，而反攻击方识破佯攻计谋时，往往也佯装全力应用以吸引对方主攻早日出现，然后痛击之。对于公开服务的信息系统，用过量“服务”请求使信息系统瘫痪，是一种常用的依相成相反原理进行信息攻击的方法。

例3：信息对抗双方往往需要互相收集对方重要的对抗措施信息，故意放出重要“反向”假信息并配之以假动作，诱导对方动用错误核心对抗措施形成暴露，这便是相成相反的方法。在信息系统中设置假点和假工作吸引对方实施攻击，然后顺藤摸瓜重挫对方，也是其中的一种方法。在信息系统中设置假枢纽点吸引对方攻击也是一种相成相反方法。

“在共道基础上反其道而行之相反相成”规律中“共道基础”是“反其道而行之”的前提条件，也可看作是一种相成相反。

第4.3.4节和第4.3.5节所述两条原理在具体应用时有多种组成，其组成框架可概括为：在矛盾对立统一规律作用下，某方在某层次、某剖面对某事物在某阶段相成；某方在某层次、某剖面在某阶段对某事物相反。上述各例都可由具体状态组成具体的“相反相成”或“相成相反”。

4.3.6 争夺制对抗信息权快速建立对策响应原理

本原理在基础性原理系中的作用是，在共道基础上反其道而行之相反相成原理的导引下往应用层延伸，从而提出对抗过程中双方斗争夺取焦点的规律，进而完成基础性原理框架。

首先定义对抗信息，“对抗信息”指下列两种信息：第一种为对抗双方任一方欲采取对抗行动所需的先验信息，第二种即对抗任一方采取对抗行动时必伴有的信息。“运动状态的表征是信息”的概念说明有行动必有信息，但根据“信息存在相对性定理”，己方可以有意地隐藏这种“对抗信息”，以避免暴露自己的行动而为对方实施反击提供先验信息，因此，对抗信息对双方都很重要。“对抗信息”在时空域中存在时，必包含对立统一性质，如双方希望向对方隐藏自己行动所形成的“对抗信息”，对方则希望破除“隐藏”而得到它。“对抗信息”的隐藏与反隐藏除了体现在空间的对立斗争外，在时间域中也存在着“抢先”“尽早”意义上的斗争，也同样具有重要性。时空交织双方形成了复杂的“对抗信息”斗争，成为信息安全对抗双方斗争过程第一回合的前沿焦点，并对其胜负起重要作用。

围绕“对抗信息”所展开的双方斗争是复杂的空、时域的斗争，除了举例说明的最基本的双方对抗因素外，还有多种时空交织、相反相成的斗争方式，要依据对抗斗争具体情况而定，如佯攻的对抗信息就不应对对方隐藏而恰是相反。围绕“对抗信息”在对抗过程中影响斗争结果的核心规律，就是在“对抗”环境中要取得对抗信息并形成为己方主动利用的优势，以便后续的反其道而行之及建立系统对策响应。下面将重点围绕“对抗信息”的斗争结合“反其道而行之”原理进行分析，图 4.5 所示为原理的框架表示。

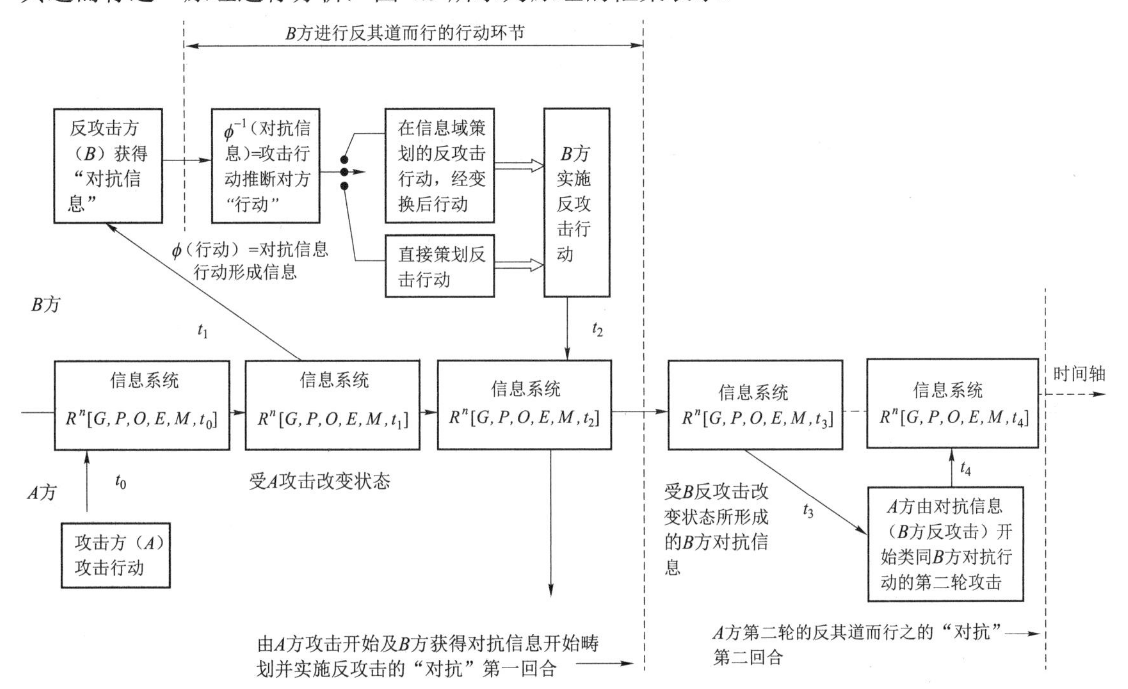

图 4.5　争夺制对抗信息权快速建立系统对策响应原理框图

在框图中，双方获得对抗信息的时间坐标用 t_1 、 t_3 表示，实施攻击时间用 t_1 、 t_2、 t_4 表示，信息系统响应对抗行动用 $R^n[G,P,O,E,M,t]$ 表示。双方都力争在对方实施对抗行动后立刻获得对抗信息，其来源于攻击方的攻击行动，同时也作反攻击方实施反攻击行动所需的“对抗信息”，其中蕴涵了“反其道而行之相反相成”原理，即 t_3 尽量接近 t_0 ，滞后越少越好，但实际上可能不能直接由对方攻击行动感知对抗信息，而需等待信息系统对攻击行动做出反应，由信息系统的状态改变才得到对抗信息，这就多了一段时间滞后。

Φ（行动）=对抗信息，Φ 为映射符号，也可理解为算子，意为“行动”产生对抗信息。

ϕ^{-1}（对抗信息）=攻击行动的企图，表示由对抗判断对方的攻击之道，这依靠科学技术知识，也依靠局中人的智慧和能力。

以开关形式及两个框图表示两类进行“反其道而行之”的方式：一类是在信息领域就对抗信息产生“反其道而行之”的方法，然后变换至行动域形成实施方法；另外一类是根据对抗信息反演的攻击方法，直接在行动域策划对抗行动。至于采用哪种方式，要根据实际情况而定（属于联想、关系反演等思维方法领域内的各种具体方法）。

框图中只表示两个对抗回合（A 攻击、B 反攻击、A 再次攻击等），实际情况可能是多回合展开。

$R^n[G,P,O,E,M,t]$ 表示某信息系统可响应双方对抗行动的动态六元组关系（在第 3 章中提到并说明过），在下节中建立“共道–逆道”对抗模型时将再次讨论其运用。

框图中获得“对抗信息”的过程蕴涵了“反其道而行之相反相成”原理。信息系统以“信息”为运行媒介，系统中充满了“信息”，如何感知“对抗信息”，其根源在于它“与众不同”，即其“逆道”特征的存在。如果“对抗信息”的存在和运行不违反“道”（预定的规则机理），那么它是难于感知的。

总之，对抗信息的获得与利用蕴涵了激烈对抗，并与第4.3.4小节在共道基础上反其道而行之相反相成原理、第4.3.5小节共其道而行之相成相反原理紧密结合着。

4.4 信息安全与对抗的系统层次原理

本节结合信息系统结构、功能和动态运行的基本技术原理，给出五条系统层次的对抗原理。需要特别强调的是，在信息安全对抗问题的运行斗争中，基础层次和系统层次的原理在应用中是你中有我、我中有你的，往往交织、相辅相成地起作用，而不是单条孤立地起作用，重要的是利用这些原理观察、分析、掌握问题的本征性质，进而解决问题。

4.4.1 主动被动地位及其局部争取主动力争过程制胜原理

对抗双方在对抗过程中，虽然总体上常可以分为攻击方、被攻击方（防御方），但对抗过程中双方各有攻防（形成了过程）。依上述情况，本原理说明发动攻击者在攻击剖面占主动地位，理论上它可以在任何时间、以任何攻击方法、对任何信息系统及任何部位进行攻击，而攻击准备工作可以隐藏进行；被攻击者在这个意义上处于被动状态，这是不可变更的，它所能做的是在全局被动下争取局部主动（也包括4.3.6节原理的结合应用）。

争取局部主动的主要措施有：

① 尽可能隐藏重要信息，例如，在重要时刻对重要信息节点的信息传输与交流进行安全状态控制，使之不泄露。

② 事前不断分析己方信息系统在对抗环境下可能遭受攻击的漏洞，事先设计可能遭攻击的系统性补救方案。

③ 动态监控系统的运行，快速捕捉攻击信息并进行分析，科学地进行决策并快速采取抗攻击的有效措施。

④ 在采取上述措施的同时，应综合运筹，在对抗信息斗争中争取主动权。例如，过早采取措施会因暴露重要对抗信息而打草惊蛇最终被蛇咬。

⑤ 利用假信息设置陷阱，诱使攻击者发动攻击再加以灭杀，也是一种斗争办法；反之，这时攻击方可用将计就计的办法进行斗争。

总之，斗争方法多种多样，但每种都不是“绝对”的，因此要因地制宜、正确应用。在反攻击者全局处被动态势下，科学地最大限度地争取主动，以达到“相反相成”，最终全局获胜。

以上仅从原理上说明，攻击者就攻击而言占主动地位，但不等于对抗全局制胜占主动地位。对抗制胜，常指某一对抗过程获胜，即获胜致使过程结束。就攻防行动而言，防御方也非永远防御，不能仅仅恢复被攻击破损的系统，而是常常进行反击行动。“反其道而行之相反相成”原理已包括了反击内容。在对抗过程中，双方常常攻防兼备，力争对抗过程制胜。

4.4.2　信息安全置于信息系统功能顶层考虑综合运筹原理

信息安全问题是个非常重要的问题，应该格外重视。但值得注意的是，一个信息系统的功能，总体而言是获得信息并利用信息从而为人服务，安全功能虽然是功能中非常重要的部分，但毕竟不是全部功能而只是起保证服务作用。对待安全功能，应根据具体情况，科学处理、综合运筹，并置于恰当的“度”的范围内。更重要的是，本原理提示人们，将信息安全这一重要问题融入整个系统，利用系统理论及信息安全对抗原理进行综合运筹，恰当地在系统功能体系中（安全性为其中之一）妥善处理各分项“度”的相互关系，以使信息系统充分发挥功能，同时不产生大的功能失调。如商用公钥制 RSA 1 024 位密码是安全的，但因编、解码都是大素数的高阶幂次，运算耗时很多，影响信息传输速度而不能随意采用，一般只用于传递密钥，这就是进行综合而不能偏废考虑的典型例子。

4.4.3　技术核心措施转移构成串行链结构形成脆弱性原理

功能（由多分功能）组成串行结构和功能由核心保障技术链转移构成串行结构形成脆弱原理。

本原理所述串行结构形成脆弱性在应用中包括两类情况：一类是系统一项功能的完成要在系列分功能分别都完成之后才能实现，由此形成了串行链式结构；另一类情况是，一种功能的完成以系列技术保障为前提（一种技术保障完成，并不能构成任务组成），而技术保障又需延伸另外的技术保障进行保障，依此类推，直至不需特别关注的技术保障为止，由此也构成了串行结构。

现先就第一类功能串联结构来举例说明。空间站与载人输运航天器共同完成航天员换乘交接任务，具体的交接任务可分为：两个航天器调轨和调姿态（在同一轨道对接姿态），航天器接近飞行，多项措施保证平稳对接；检查密封措施，开启对接舱；宇航员依次换舱，两航天器各自封闭舱门，执行空间任务，平稳分离载人返回舱脱离航天器，各自调轨调姿（空间站进行正常运行）；载人输运航天器为重返地球做降落调姿，再次调轨，在预定轨道点及时启动返回减速发动机以实施返回，在准确预定点打开返回舱降落伞进行着地，着地瞬间启动着地缓冲发动机，保证宇航员安全着地，宇航员出舱（或需地勤人员帮助）。以上每项分任务还可进一步分解，每进行一步还需系列技术保障。人类利用系统遂行复杂，在任务场合，本原理具有普适重要性，在进行双方对抗场合，各方还要对对方保密，并嵌入对抗功能，这使得本原理的应用更具重要性和难度。

以下再进行简要定量分析说明：

每一种安全措施面对达到“目的”的技术措施，即由达到目的的直接措施出发，在逐步落实效果过程中，必然遵照从技术核心环节逐次转移至普通技术为止这一规律，从而形成串行结构链规律。技术核心逐次转移规律来自一条普遍原理，即在具体实施过程中必由构建充要条件做起。任何技术都只能相对有条件地发挥作用，而且必须依赖于其充要条件的建立，而“条件”作为一个事物，又不可缺少地依赖其所需条件的建立（条件的条件），因此形成以条件递推的转移串行链结构（直至不需特别建立条件的普通水平技术为止）。

串行链结构具有脆弱环节主宰全链安全性能以及在同等水平情况下应尽量减少串联环节

数两条原理。例如，某安全措施链由成功概率为 0.3，0.8，0.9，0.9，0.9 的五个串行环节组成，则安全措施链的成功概率为 0.174，如最脆弱环节增为 0.5，则全链的概率升为 0.437，可见全局性能由薄弱环节所主宰。

随着社会的不断进步，所谓不需要特殊关照的状况也在不断变化，但这条系统性原理却依然适用，只是原来需要特别关照的具体条件会有所变化。以利用密码进行信息内容隐藏为例，随着密码发展和性能优良的密码的选用，在应用中必定要有密钥管理中心，以便负责密码的方便、可靠、安全运行，而密码中心的运行还需要进行管理（因一旦密码中心出问题，后果将非常严重），密码中心的成立需要有对密码中心的认证管理工作；再向应用环节延伸，申请环节也是重要的，它又可分解为一系列步骤，直到个人身份有效证件的登记、检验，在身份验证容易伪造情况下对身份证还需要不断改进验证。

为了弥补本原理制约信息系统性能发挥的缺陷，在系统结构上应将依赖关键技术而形成的串联链结构，改变为具有等价技术性能和不同充分必要条件的并联结构，以避免同等充分必要条件的技术并联在碰到攻击破坏情况发生“一箭双雕”的损伤情况，而不能充分发挥并联结构的作用。

4.4.4 基于对称变换与不对称性变换的信息对抗应用原理

“关系”是一个非常重要的基础概念，它是由事物间普遍的相互关联、相互影响形成。“关系”在一定意义上表征事物运动，代表事物存在。“变换”可以指相互作用的变换，可以认为是事物属性的“表征”由一种方式向另一种转变，也可认为是关系间的变换，即变换关系。例如，信号的傅里叶变换对是将信号属性在时间及频率域间进行变换。傅里叶变换对本身也有固定明确的关系，在数学上可将变换看作一种映射，在思维方法中可将其看作是一种“化归”。“变换”有许多已知种类，各种新的变换和新“变换”的利用仍在不断研究发现，一些常用的重要变换有：同态、同构变换、对称与不对称变换等（同态与同构变换在信息领域的应用见第 4.3.2 小节，“信息存在相对性原理”中已举例说明）。本小节着重讨论对称与不对称变换的基本概念与应用原理。

对称的定义为：某事物的某性质 A，对某基准 B 进行某种变换 C，如性质 A 经变换后不变化，则称性质 A 在变换 C 下对于基准 B 是对称的，否则称为不对称，并称 C 为性质 A 关于基准 B 的对称变换。

性质 A 还被称为对 C（变换）的不变量，借助不变量的概念可推行正向和反向应用：当已知 A 可寻求对 A 的对称变换（不变变换），利用找出的对称变换可以排斥其他不具有性质 A 的事物；另一种应用是，当先发现一个对称变换，则深层次一定存在一个“不变性”，如果尚未觉察，则应努力查找发现。

例如，一个圆形图形对于圆心做各种旋转，图形不变化，则称圆对圆心而言是旋转对称的，椭圆只对长轴或短轴做 180°翻转，是对称的。

对称与不对称是事物运动的一种基本特性，也是作为研究具体事物特殊存在性的重要依据之一，其中所述参考轴（点）是广义的。例如，设某一时刻为时间维参考点，运动着的系统对时间参考点不对称，它就是进化系统。上述变换可以是一组变换，也可以是一对正反变换。如傅里叶正反变换、信号处理中的扩谱与解扩等都是一对正反变换，对某类特设性质信号实现正反变换形成对称变换，而不具有某种特设性质的信号经反变换时则明显衰减，这是利用信号的某种特殊性和对称变换，来保持该信号而削弱其他信号的常用方法。这种原理也可用于信息安全对抗领域，即利用对称变换保持自己的功能，同时利用对方不具备对称变换的条件来削弱对方，达到对抗制胜目的，现进一步用图 4.6 说明。

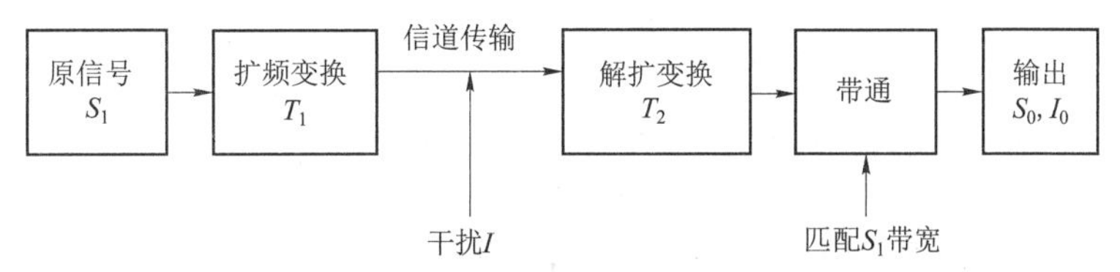

图 4.6 信道传输中利用干扰的不对称变换提高抗干扰效果的示意图（理论上 $S_0 = S_1$， $I_0 = I / T_2$）

如 S 为信号，$(S_1T_1)T_2 = S_1$ 意味着 T_1 、 T_2 构成对信号的对称变换，同时 ST_1 使信号频谱扩展（如 T_1 倍）。当干扰信号 I 内不蕴涵 S_1T_1 所具有的性质时，经 T_2 变换后的信号因 T_1T_2 具备对称性质而可实现输出 $S_0 = S_1$，同时可做到干扰输出 $I_0 = I / T_2$。在 I 为干扰信号进行信息攻击情况下，利用上述对称变换概念可对干扰信号进行削弱。

在密码应用领域，利用密钥对信息进行加密和解密（密钥可以不只是一个），是对原信息的一种对称变换，而不知密钥则无法完成对称变换，就无法得知原信息，从而实现了信息内容的保密。在信息安全对抗领域，还可利用广义对称和不对称变换提高某方面的对抗性能。

如选择的对象的对抗性能表现在某性能指标 A 上，A 数值高，则抗攻击性能强，其他主要功能指标用 S 表示。在两类选择对象 F_1、F_2 中进行选择时，选择原理应是经选择后功能保持但对抗弱者将被淘汰。即 $S_{F_1} = S_{F_2}, A_{F_2} = A_{F_1}$，可看作是一种含广义的对称与不对称变换相结合的选择，目的是有利于抗攻击。对称性体现在不同的措施选择中具有相同无变化的功能指标，不对称性体现在选择抗干扰性能较好者。

4.4.5 多层次和多剖面动态组合条件下间接对抗等价原理

设系统可由层次为 $L_0, L_1, L_2, \cdots, L_n$ 的结构集成，且 $L_0 \subset L_1 \subset L_2 \subset \cdots \subset L_n$，如在 L_i 层子系统受到信息攻击而采取某措施时，可允许在 L_i 层性能有所下降，但支持在 L_{i+j} 层采取有效措施，使得在高层次的对抗中获胜，从而在更大范围获胜。因此，对抗一方绕开某层次的直接对抗而选择更高、更核心层进行更有效的间接式对抗称为间接对抗等价原理。

例如，某防空武器系统由火控系统雷达、计算机及火力系统（高射炮、防空导弹）组成。设火控雷达受干扰，正常信息探测受影响（L_2），但可在 L_3 目标截获、跟踪层次（是 L_2 的后续层次）提高性能（如缩短探测—截获过程所需时间，缩短稳定跟踪过渡时间等），使得在全武器系统层次对敌机流的毁伤概率（顶层功能）保持不降低，还可能有所增加。理由如下：干扰强度 $I \propto \dfrac{1}{R^2}$，回波信号强度 $S \propto \dfrac{1}{R^4}$，其中 R 为探测距离，则有 $\dfrac{S}{I} \propto \dfrac{1}{R^2}$，如 R 降低为原来的 1/2，S/I 则提高到原来的 4 倍，原来探测不到的飞机回波信号便可以探测到，这时虽然会因探测距离的降低（相当于敌机在火力圈内逗留时间的降低）而使毁伤也有所降低，但因雷达截获时间变短而形成全武器系统射击反应时间的降低，因此它可更有效提高对敌机的毁伤概率，综合正负效果后对敌机毁伤效率反而有所提高。较详细分析见有关随机服务理论的文献，从本例中可看出多层次相反相成的机理。

雷达被干扰不能在正常距离上探测目标，这是攻击方的成功。压缩探测距离是我方的一种退守，加之以提高快速截获目标的能力，就为全武器系统以更高的毁伤概率为毁伤攻击飞机提供条件，这是在更高层次中的“成”（某层次的“退”而全局性的“进”，不同层次中“进退”并不对称）。

4.5 信息安全与对抗共逆道博弈模型

人主导信息安全对抗总体模型及共逆道对抗机理博弈模型。本节主要内容是在信息系统嵌入信息社会对立统一矛盾运动、共同进化、适者生存原理的导引下，就信息安全对抗问题建立上述两级主要模型，以服务于信息安全对抗发展。

4.5.1 建模的基本概念

建立模型解决问题是人们利用思维能力对欲解决问题进行抽象、概括，然后进行“化归”的一个最常用环节，它同时也可看作一种映射，是人对运动着的事物的信息及本质特征，进行浓缩后映射而建立的表征事物运动的本质性关系（称为模型）。

根据事物的实际情况，简单事物对其本质关系直接建立一个模型便够用；复杂事物有着多层次、多剖面的动态关系，需要建立模型的集合，它由多层次、多剖面的分模型组合而成。很多情况下，需要利用模型研究事物的动态运动，此时应在模型的结构中融入表征运动特征的动力学组分，同时往往将动态过程划分为子过程、子阶段进行模型分析。对于复杂事物的模型分析，往往是在时间、空间维度上建立子模型，并利用这些模型进行事物运动的分项及综合集成研究。利用模型研究事物运动，虽然可简化并集中于重点方面，但建模和利用模型进行综合研究往往很复杂和困难，目前尚无系统性通用的有效方法可提供，只能根据具体场合因地制宜地构建模型和寻找研究方法，因此带有很强的技巧性。

根据事物运动机理、规律建立的模型，一般称为物理模型（并不仅限于物理学领域）。依照化学、生物学等原理建立的机理规律组合，广义上也称物理模型，这里的“物理”是广义的物理，指事物存在运动的“理”。

将待研究问题高度抽象、概括、构成的以数学概念、理论、方法等为基础的一组数学关系（或称数学结构），称为数学模型。

此外，还有以部分实体混合组成模型的半实物模型等，实际常常是以研究问题、解决问题为目的组成模型。例如，可先根据机理建立物理模型，其中的一些相互关系是利用数学建立的，分析问题用数学方法等，因此构成了各种混合模型。

由以上的简要讨论可明显看出，对一个问题建立模型决不能要求唯一性，因为可能存在多种多样的模型，关键在于：

① 模型涵盖了要解决问题的本质性关系（如遗漏本质问题，则模型失去意义）；

② 模型要能起有效解决关键性问题的作用；

③ 模型在表征本质前提下应力求简单。简单中蕴涵巧妙，这实际是将问题进行“化归”的一种模式。

对于复杂问题，其本质特点是“复杂”。模型虽力求简单以便取得结果，也只能是在突出要点前提下的相对性简单，而且同时存在“简单化”是否“恰当”的问题。另外，由于大部分场合是通过模型求解未知问题（少部分是归纳和总结问题），因此，对于未知问题建立的模型，其正确性在理论上是不可能验证的。模型理性的“正确”与“未知”内含逻辑矛盾，所以模型存在是否正确和恰当问题，要在实践中加以验证、反馈、修正以提高其正确性。验证模型可首先由模型的约束条件和前提条件与所研究实际问题的贴合性与真实性入手，如遗漏了重要的前提条件和约束条件，则根据模型所得出的结论将不具有重要意义，甚至反而起误导作用。一个复杂问题的模型，虽然是对问题原型化简、浓缩、抽象后所得出，但仍会很复杂，体现在多变量的非线性交织、时变特性等，对这类模型的求解，往往需要利用计算机进一步进行数值模拟计算。实际上，模拟计算现已成为人类认识实践中的重要组成部分，将来也一定会得到进一步发展和利用。

4.5.2　信息安全对抗总体模型

本模型是在对立统一矛盾律总体引导下，结合系统理论、钱学森先生的复杂巨系统理论及人主导从定性到定量综合集成方法论和信息安全对抗原理等，形成的人主导信息安全对抗总体模型。本模型的主要组成因素类似赛博空间构成，强调人的思维结合知识信息形成高水平的对抗作用。本模型可应用于不同范围的总体层次，也可连接下小节共道逆道对抗机理博弈过程模型，用于实际对抗。模型如图 4.7 所示。

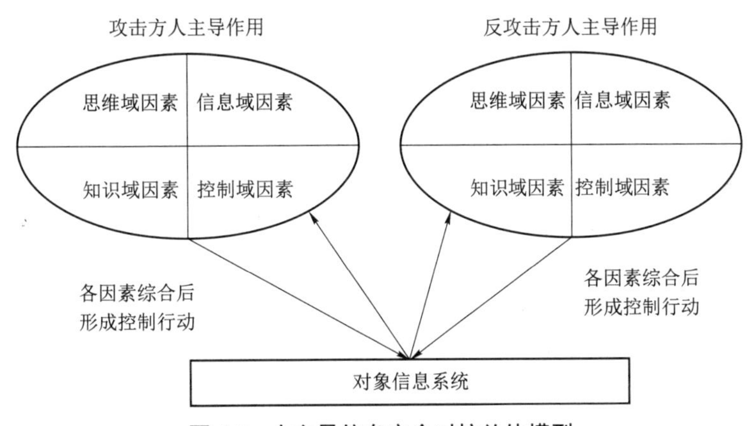

图 4.7　人主导信息安全对抗总体模型

① 思维域因素：主导人对对抗问题及系统认识，对对抗过程及动态行为认识和判断，对对抗采取措施、判断并实施等。

② 知识域因素：系统理论、信息科技知识、信息安全对抗原理、对抗经验等。

③ 信息域因素：社会环境信息、对象信息系统生存环境信息、对象信息系统动态运行信息、双方对抗行动推测信息等。

图 4.7 所示的信息安全对抗总体模型，是信息安全对抗领域发展现状的抽象概括，客观上说明在人们正在按模型所述功能组成介入并积极活动。当然，有些善于较深入利用模型的会在信息安全斗争中占较有利地位，而有些只是被动死板地按照内容动作，则必丧失大部分主动。图中所指出的内容如思维内涵、信息域中环境内涵都在对立斗争中动态变化和发展着，需将模型所示的运动机理与实况结合来分析和研究。以下提出几项信息安全对抗领域发展的

趋势，供建立总体模型时考虑。

① 攻击方以达到某系统总体攻击效果为目的，形成时空域中多子目标的分布式攻击，并由此形成多共道、逆道环境相互作用的复杂系统攻击。这是信息攻击发展的总趋势。例如，国际上的（2011 年开始）APT 攻击（先进高级持续攻击）、时空分布间断的攻击。多因素驱动以达到难预防和高效目的，是此类攻击突出的特征。防御方首先应认识这类攻击的特征，不断系统地分析和审视己方系统薄弱、易受攻击环节，注意收集对抗信息，达制对抗信息权，灵活、科学地运用反其道而行之相反相成、共其道而行之相成相反两原理等措施加以应对。

② 防御方应将对抗模式由单纯的被动“救火治病”和被动的由受攻击后应急补救模式发展为预防+应急补救模式，并逐步加强预防式工作成分。发展、构建信息安全体系应注意信息安全生态环境建设及集约式信息安全对抗模式。

③ 集约式对抗模式关联两个模型，即对抗总体模型及对抗机理博弈过程模型，并通过人思维主导及各方法来高效应用。集约对抗模式用于对抗攻击是指有效采用各种技术，在不同层面对抗整合，形成集中有效的对付攻击，它具有高效、低开销的优点。但集约式攻击模式现在也正被攻击者关注并使用，从而形成了集约式信息安全攻防对抗这种更加复杂和激烈的信息安全对抗模式。

④ 信息安全生态环境建设。其整体建设是国家和全社会的责任，但科技人员应不断运用生态系统建设成效，采用相应科技措施以增加对抗实效。信息安全生态环境，是指影响信息安全存在发展的一切外界条件的总和，是将信息安全看作具有活性自组织机理的事物，使其在信息安全生态环境下更好地发挥活性功能。在此暂定信息安全生态环境包含图 4.8 所示的因素域，并由其各自活性发展，共同协力打造信息安全生态环境，提升信息安全的运行水平。信息安全生态环境建设与实践中，其核心理念是将系统原理及相应措施从信息安全领域扩大到社会领域，以强化全社会的信息安全发展，其中包括对抗打击反方建立的信息安全反面生态环境，如信息攻击团伙、信息安全地下黑色产业链组织等。

信息安全生态环境组成如图 4.8 所示。

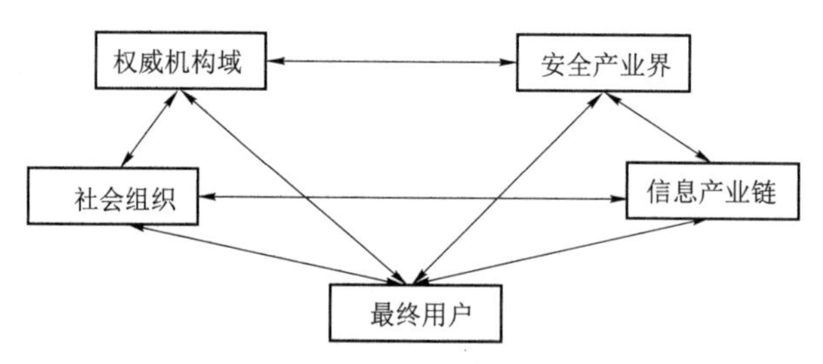

图 4.8　信息安全生态环境组成

a. 权威机构域：政府部门（规章制定、政府管理）、立法部门（科学完备、法律支持）、标准组织（科学完备、制定标准）等。

b. 安全产业界：信处安全技术创新、新产品研发、新产品嵌入信息系统等。

c. 社会组织：专业科研机构、学会机构（科学研究、技术发展）、协会机构（发展建议）、自然科学基金委（科普及舆情导向）等。

d. 信息产业链：信息产品主动关联安全产品，构成共赢产业链，达到相互支持共同发展的态势。

⑤ 以科学敏捷思维运用科技前沿原理技术，形成对信息安全集约式发展和体系建设的强有力支持。敏捷思维在此是指能迅速、准确分析复杂矛盾及选择有效解决矛盾的原理技术的思维能力。在信息安全对抗领域，这种能力首先体现在识别和检测对方攻击的能力和方法上，概念上化归到双方争夺制对抗信息权原理的落实上。在深入发展到识别和检测能力的总体思维时，也应贯彻系统集约化发展模式。如技术驱动发展为动力源机理驱动，利用云平台集中研究关键软件的 hash 函数快速检测法，并免费发给各用户以验证软件是否被嵌入攻击程序。

4.5.3　共道逆道对抗博弈模型

信息安全对抗领域包括了无数具体问题，不同具体问题有不同矛盾，也就有不同斗争机制。就其共性和基本性而言，“共道–逆道”对抗机制的博弈过程模型是一个基本模型，具体用于各对抗过程时，它要根据实际情况充入具体内容，也可进行剪裁。模型构成的根据是信息安全对抗双方在斗争过程必遵守矛盾的对立统一律。将矛盾对立统一斗争相反相成作用对应到“共道”、“逆道”环节而构建的模型，可以用作过程后的总结分析，也可在对抗前用于运筹决策，制定措施方法等。

“道”，源自老子的《道德经》，是其中的核心概念，在此作规律、秩序、机制、原理等理解。“共道”是遵循共同原理机制、秩序、机制、原理之意，“逆道”是相逆对方的道（在 4.3.4 小节在共道基础上反其道而行之相反相成原理已有说明）。应强调指出，在一个信息系统中，“道”是一个集合，一般情况下内容很多（即共道集合内元素很多），同样，“逆道”集合内元素也很多。建立的模型中的“共道”，对攻击方而言是指欲达到某攻击目的所需要的对方“道”集合中的元素，对其选择作为进行攻击的部分前提条件，它很可能不止一个元素而是多个元素。“共道”是“道”集合的一个子集，“逆道Ⅰ”是完成攻击和破坏对方的“道”的必要条件集合。“逆道Ⅱ”则是在前述必要条件下完成攻击的充分条件集合，对反击方而言，在“共道”环节中应尽快感知对方建立的共道准备攻击集合，而在“逆道Ⅰ”环节中，则是尽快感知对方的“逆道”攻击行动，并快速做出反攻击响应，为反攻击建立“逆道”。以上是将“共其道”的含义分解为单方面动作来解释，在实际对抗中，双方“共道”、“逆道”措施会多层次、多次相互交织使用（如逆道环节中嵌入共道子环节），并常以相反相成方式起作用（在 4.3.4 小节已有阐述）。总之，“共道”、“逆道”措施是对抗过程中对抗双方皆必具有的共性特征，用此共性特征可组成“共道”、“逆道”斗争节点，进而构成 2～3 级串联模型，用以表述对抗过程。

在第 3 章提出对抗过程表示为 $R^n\left[G,P,O,E,M,t\right]$ 的六元素关系组合，将融入模型各环节中充实模型的功能，并完善其作用。

4.5.3.1　以共道逆道为核心特征的博弈过程

由攻击方的攻击目的、反攻击方的信息系统安全性能分析及预测为起始步骤，以“共道”、“逆道”为核心环节，双方博弈对抗的过程简示图如图 4.9 所示。

现将过程的关键点解释如下：

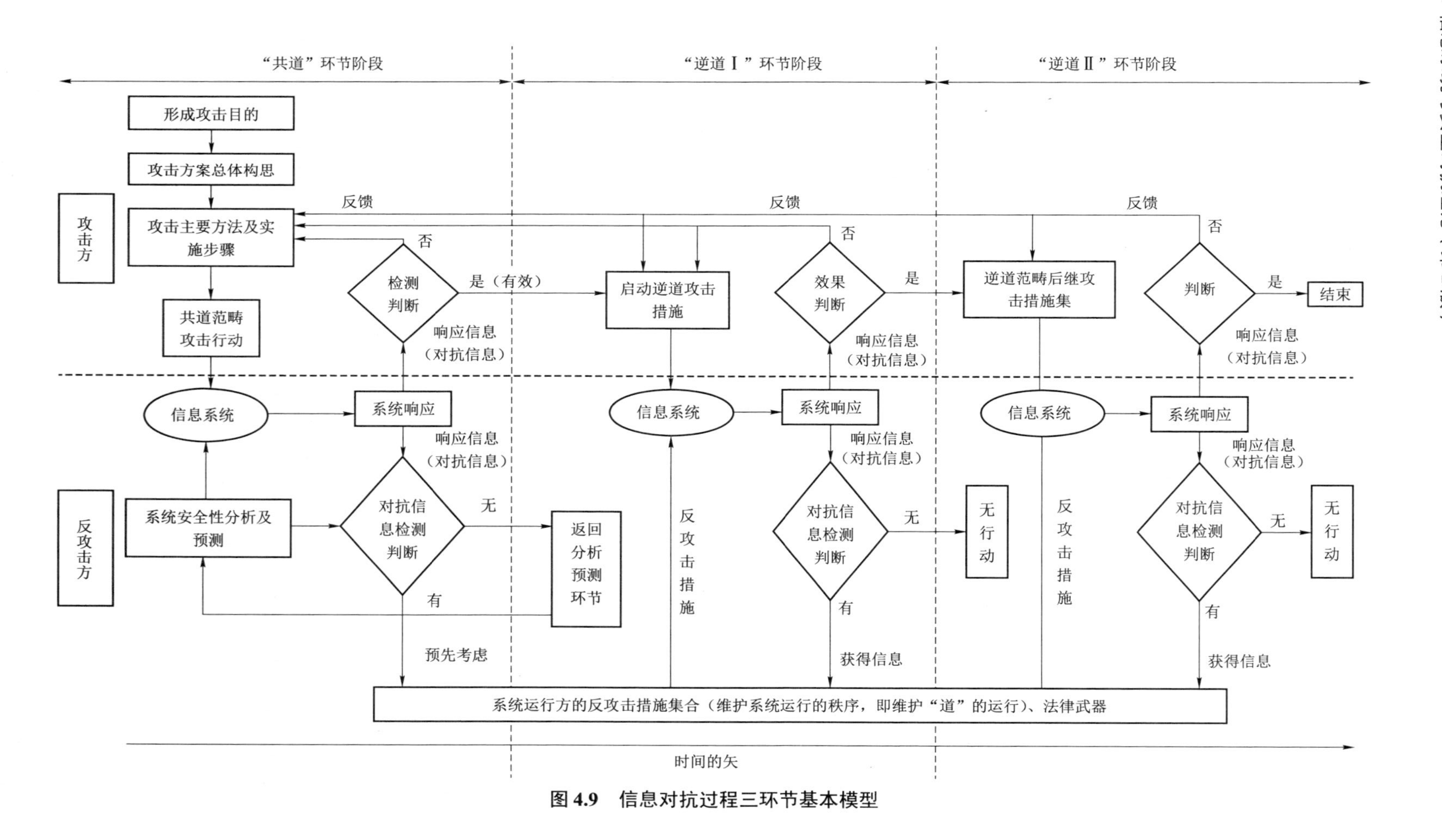

图 4.9 信息对抗过程三环节基本模型

① 双方对抗的启动点来源于攻击方的攻击目的、后续攻击方案、制定的主要攻击方法步骤等，信息系统的运行方（反攻击方）对对方的攻击行动，开始处于被动局势，所能做的积极措施仅是对信息系统安全弱点的预先分析，准备在弱点遭受攻击时的应对措施等。

② 在对抗过程中，双方的对抗行动都必然伴有与之相应的信息，这类特殊信息称为“对抗信息”，它是连接信息安全对抗双方以形成对抗过程的基本要素，对双方都很重要，尤其是反攻击方，因为它相对发动攻击者总体上处于被动态势。尽早获得对抗信息是后续过程中争取主动的核心要素，由此引出时间维中双方的争夺：攻击方要争取攻击行动的突然性，以获得更强攻击效果，同样，反攻击方要快速通过对抗信息来正确感知对方攻击，并快速采取有效反击措施以应对攻击，这就是双方都期望获胜而争取时间和采取措施进行的斗争。在一个对抗过程中，有多次上述你来我往的斗争回合。（在对抗过程的框图中，用响应综合时间来定量表征时间指标。）

③ 双方对抗过程是一个连续又间断的激烈斗争过程，对于它的生成、持续、阶段性的结局，除了受科学规律和原理支配外，博弈双方在复杂多变环境中发挥智慧科学地运用谋略也非常重要，而谋略是高素质人才发挥主观能动性的一种集中表现。

④ 双方的对抗在遵循本章以前各节所述原理的前提下，运用智慧以取得己方胜利的过程可概括为图 4.9。相互关系的三个串联环节，即“共道”环节、“逆道Ⅰ”环节及“逆道Ⅱ”环节，其中“逆道Ⅰ”环节是“逆道Ⅱ”环节的准备环节，在攻击方由“共道”环节完成了准备工作，并能直接进行攻击（进入“逆道Ⅱ”环节）的情况下，也可能省略“逆道Ⅰ”环节。

⑤ 在对抗过程中，双方都有可能因受挫而折回到以前环节，从而重新布置对抗措施，这种情况在框图中用反馈线表示。

⑥ 框图起基础表征作用，它可以叠套、多层次使用；可以表示一个对抗过程、子过程，也可以用以表征一个斗争环节（如逆道环节）内部的进一步展开（结合例子说明）等。

4.5.3.2　基于六元关系组的共逆道博弈模型

上小节将对抗博弈过程划分为三个基础阶段（“共道”环节阶段、“逆道Ⅰ”环节阶段及“逆道Ⅱ”环节阶段），并进一步将三个阶段展开为三个动态演化对抗关系集合的串联节点（即“共道”、“逆道Ⅰ”、“逆道Ⅱ”对抗关系集合组成的节点），这种博弈模型称为“共道–逆道”对抗机理博弈模型，如图 4.10 所示。

其中，M_A 代表攻击方法集合，M_{A1}、M_{A2}、M_{A3} 表示在“共道”、“逆道Ⅰ”、“逆道Ⅱ”阶段 M_A 的子集合；M_B 代表反攻击方法集合，M_{B1}、M_{B2}、M_{B3} 表示在“共道”、“逆道Ⅰ”、“逆道Ⅱ”阶段 M_B 的子集合。整个对抗过程可用六元关系组 $R^n[G,P,O,E,M,t]$ 表示，相应信息系统在对抗作用下的多重演化，即工作状态特征，包括双方对抗措施的作用后果，其中，G 代表目的集合，P 为核心参数集合，它集中表示 E、O、M 的重要状态。E 为环境集合，也可理解为双方约束条件，它是在对抗过程中各种复杂原因所形成的复杂约束条件集合。n 表示次序，A 或 B 表示 A 方或 B 方。M 为双方对抗所用方法集合，它是双方由各自对抗目的，并根据约束条件和对方的方法所形成的、己方针对性的对抗方法。O 是由双方对抗目的所形成的具体行动目标，t 为时间。各组元之间往往还有复杂的相互关系，例如，E、P 会影响 G、O、M，同样，G、O、M 也会有要求于 E 和 P。

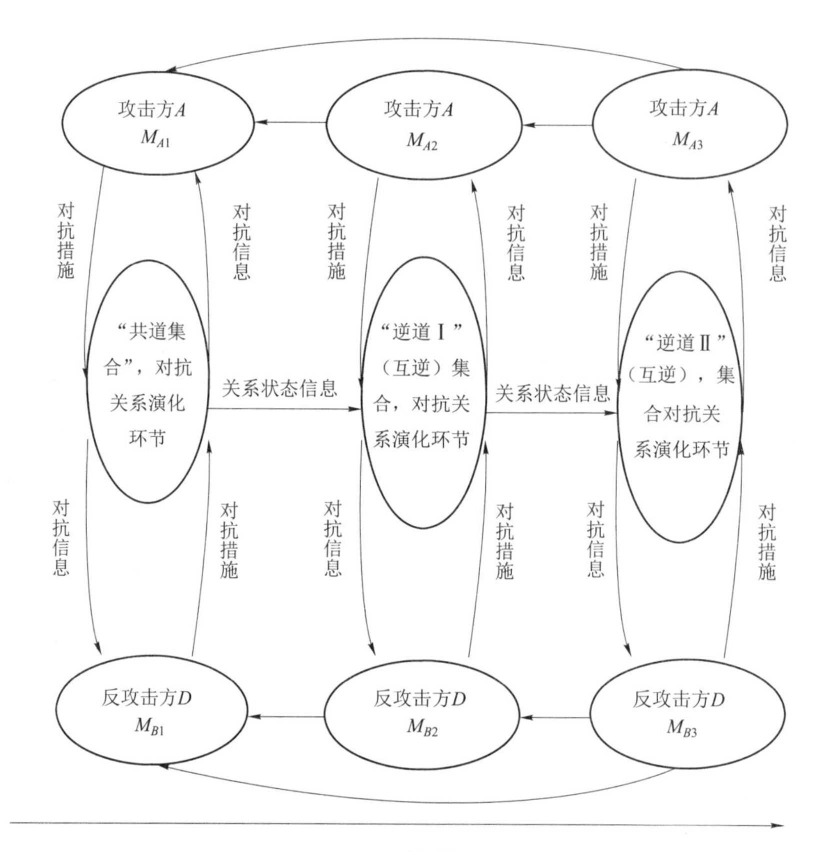

图 4.10 “共道–逆道”对抗过程模型

下面将解释 $R''[G,P,O,E,M,t]$ 的构成特征。$R''[G,P,O,E,M,t]$ 的构成是复杂而又重要的，通过它来表征某具体“对抗”相互斗争的机理（或机理作用达到目的的可能性）、方法、过程和结果进而融入各环节的模型中，强化并完备模型功能，完成利用模型所欲达到的目的，因此它是模型构成的核心。R'' 的构造并不能孤立地进行，要紧密结合实际“对抗”环境，综合其中包含的六个组元情况，有机地进行 R'' 的整体构造。由于双方对抗势不两立，故双方各组元的情况都很保密；同时，双方又竭力获取对方信息，因此，在利用模型策划、实施“对抗”时，只能依靠不完全信息、智慧来设定 R''，然后预测结果。

综合上述情况，对 R'' 的构成及应用的要点可归结如下：R'' 与六元组实际情况密切相关。在复杂情况下，其构成非常复杂且具有不确定性，因此不可能完全用定量表达式来表示，必定是定性与定量相结合。除了双方在总体层次建立对抗关系 $R''[G,P,O,E,M,t]$ 外，因上述原因往往还需分段（分环节、分阶段、子阶段、层次、子层次、剖面、时间上分时段、时隙、时刻）结合实际应用分别建立。R'' 没有固定规范的构造方法，上两节相关原理的灵活应用是构造 $R''[G,P,O,E,M,t]$ 及 M 的原则性方法。最后还要指出，$R''[G,P,O,E,M,t]$ 在应用中是动态演变的（随时间、组元变化而演变），演变的结果即代表模型作用结果，同时具有不确定性，即对抗结束后 $R''[G,P,O,E,M,t]$ 的演化过程也往往不能全部明确，即使这样，建立和利

用模型及 $R^n[G,P,O,E,M,t]$ 仍旧是非常重要的方法。

$R^n[G,P,O,E,M,t]$ 中，某方目的的完全达到以及另一方目的的完全被破坏，可用 0 和 1 表示。但实际情况很复杂，往往不能以 0 和 1 表示，需要建立“评价函数”，利用评价函数来决策如何继续对抗。这往往需要人做最后判断（高层次策者），评价函数的确定一般是很难的事，往往要依靠经验和各种知识，如借用数学泛函中的距离、内积概念表示现在的结果与理想、预期目的间的差距。为了说明多层次、多阶段的“共道–逆道”行为交织，举例如下。

例 1：第二次世界大战初期美日信息安全对抗实例。

1942 年，在日本偷袭珍珠港后，美国太平洋海军力量大受损失。为了抑制日本在太平洋上的强势进攻，美国特别注意收集日军各种信息，尤其是无线电信息，并大力研究、破译日方密码。由总体层次分析，美方进行的是信息攻击以获取日方机密信息，是一种共其道基础上的逆道行为，即前提条件是不破坏日方正常通信的“共道”行为。当收到日军频繁通信的无线电信号时，美方判断日军将有大规模军事行动，否则不会这样频繁通信，于是加强了对日无线电信息的破译工作。不久后，美方破译出日方无线电信号，说明日本联合舰队将向代号为 *AF* 的地点进攻，但 *AF* 是何处不得而知，由于时间非常紧迫，不能再花费更多的时间去破译、探知 *AF* 为何处，只能猜测可能是中途岛或另一处。

美方想出一个“欲擒故纵”、“相反相成”的办法，其中“相反”是——反美方自己通常由密文找出密钥破密码的方法，即编一个日方感兴趣的假情报，诱使日方获得并相信，再截获日军通信中对假情报的反应，如果再次出现 *AF*，则说明 *AF* 即为假情报中的地点。这是一种非常规的通过假情报诱使日方在信息安全对抗过程中自己暴露核心秘密的具有风险的巧妙方法。当时，美方猜测 *AF* 很可能为中途岛，所以就编制了“中途岛淡水设备损坏急需抢修”这个假情报，并用日军可破获的低级密码发出电文，诱使日方截获该信息受骗。几日后，美方在截获日军电文中发出了“美军 *AF* 地淡水设备损坏急待修复”的由美方编制的假情报内容，从而证实了日军密码中的“*AF*”即中途岛，由此美军预先对日军的进攻做了充分准备，因而有效挫败日军的进攻并重创日海军，开始扭转对日作战被动的战局。现结合模型及六元组关系对上述信息安全对抗实例加以表达。符号和表达过程见表 4.2～表 4.4。

表 4.2　符号表示

$C_{美低}()$=美方用低级密码加密信息	$C_{日低}()$=日方用低级密码加密信息
$C_{美高}()$=美方用高级密码加密信息	$C_{日高}()$=日方用高级密码加密信息
$D_{美低}()$=美方用低级密码解密信息	$D_{日低}()$=日方用低级密码解密信息
$D_{美高}()$=美方用高级密码解密信息	$D_{日高}()$=日方用高级密码解密信息
$I_{美}\lozenge R_{猜}$ 表示以 $R_{猜}$ 为核心内容的情报	$I_{日}\lozenge AF$ 表示以 AF 为核心内容的情报
$H_{美低}(I_{美}\lozenge R_{猜})$ 表示用低级密码加密形成的密文	$H_{日低}(I_{日}\lozenge AF)$ 表示用低级密码加密形成的密文
$R^n_{美}[G(日)、O(日)]$=1 表示美方系统按日方目的和目标响应，美方对抗失败	$R^n_{日}[G(美)、O(美)]$=1 表示日方系统按日方目的和目标响应，日方对抗失败

表 4.3　对抗过程表达

阶段 1	
美方（相反相成）：$D_{美低}[H_{日低}(I_{日})]=I_{日}$，美方破解日方低级密文，获日方情报 $R^1_{美}[G_{美}、O_{美}]=1$，美方局部目的达到	日方（相反相成）：$D_{日低}[H_{美低}(I_{美})]=I_{美}$，日方破解美方低级密文，获美方情报 $R^1_{日}[G_{日}、O_{日}]=1$，日方局部目的达到
阶段 2	
$D_{美低}[H_{日}(I_{日}\Diamond AF)]=I_{日}\Diamond AF$，日方核心加密，$AF$ 未破解 $R^2_{美}[G_{日}、O_{日}]=0$，美方参对抗失败	日方获胜，因高级密文加密变换密文技术
阶段 3	
日方即将发动强大攻击，因环境、时间、因素所迫，美方只能放弃常规密码破译之道，改用诱骗日方自我暴露密码之道，应用“相反相成”原理构成美方对抗方法总体思路	

表 4.4　分阶段表达（美方风险为串联环节，日方无更新对抗措施）

分阶段 1	
美方根据战争态势猜测地点为 $AF=R_{猜}$，美方编制假情报 $I_{假}=I_{美}\Diamond R_{猜}$	日方因无对抗信息泄露浑然不知，按常规截获美方无线电信息
分阶段 2	
美方 $C_{美低}(I_{美}\Diamond R_{猜})=H_{美低}(I_{美}\Diamond R_{猜})$，“$R_{猜}$ 淡水设备急待修复” 利用“相成相反”原理，日方成功截获并相信 $R_{猜}$ 是日方感兴趣的地点（“特殊性”的利用），因此正确猜测得到 AF（待验证）	日方成功截获 $H_{美低}(I_{美}\Diamond R_{猜})$ $D_{日低}[H_{美低}(I_{美}\Diamond R_{猜})]=I_{美}\Diamond R_{猜}$ 非常重视 $I_{美}\Diamond R_{猜}$，当作 AF 作战良机 $C_{日低}(I_{美}\Diamond R_{猜})=H_{日低}(I_{美}\Diamond R_{猜})$ $=H_{日低}(I_{日}\Diamond AF)$
分阶段 3	
美方 $D_{美低}[H_{日低}(I_{日}\Diamond AF)]=I_{日}\Diamond AF$ 因为，$I_{日}=I_{美}$(日重发$I_{美}$) 所以 $I_{美}\Diamond R_{猜}=I_{美}\Diamond AF$， $R_{猜}=AF(AF$告破$)$ 体现本轮信息对抗美方获胜	日方采取对抗措施 $R^3_{日}[G,\ P,\ O,\ E,\ M,\ t]=R^3_{日}[G_{美},\ O_{美}]$ 信息系统为美方目的、目标服务而失败

例 2：对抗双方基于科学技术形成对抗能力的博弈分析。

设有两类信息科技：一类为应用基础类型，另一类为应用类型，各用 $N_1(t)$ 和 $N_2(t)$ 表示，对抗双方 A、B 的对抗能力以 $n_A(t)$、$n_B(t)$ 表示，双方围绕吸取科技知识 N_1、N_2 化作自己的能力而斗争，一方科技能力为零则被判断为失败。假设每种科技知识只能为某一方所用（这里简单化假设），对抗斗争过程用以下微分方程组表示。设：

$$\frac{\mathrm{d}n_A}{\mathrm{d}t}=[\alpha_{11}N_1(t)+\alpha_{12}N_2(t)]n_A(t)-\delta_A n_A(t)$$

$$\frac{\mathrm{d}n_B}{\mathrm{d}t}=[\alpha_{21}N_1(t)+\alpha_{22}N_2(t)]n_B(t)-\delta_B n_B(t)$$

$$\frac{\mathrm{d}N_1(t)}{\mathrm{d}t}=r_1[N_1^0-N_1(t)]-M_{11}n_A(t)-M_{12}n_B(t)$$

$$\frac{\mathrm{d}N_2(t)}{\mathrm{d}t}=r_2[N_2^0-N_2(t)]-M_{21}n_A(t)-M_{22}n_B(t)$$

以上四个非线性微分方程组是一类对抗算子 $R^n\left[G,P,O,E,M,t\right]$ 的表示，其中 α 为将两类科技知识转为 A、B 方对抗能力的系数；δ 为对抗中落伍淘汰系数。其中，N_1^0、N_2^0 为基础科学所支持的技术科学（信息领域）的初始值，实际上是缓变增长的，因为缓慢，所以可看作常数；r_1、r_2 为 $N_1(t)$、$N_2(t)$ 的增长力转换系数；M 为科技与能力间转换因素。

利用表示对抗过程的 $n_A(t)$、$n_B(t)$ 解析式，“模型”可化归为图 4.11 所示的形式。

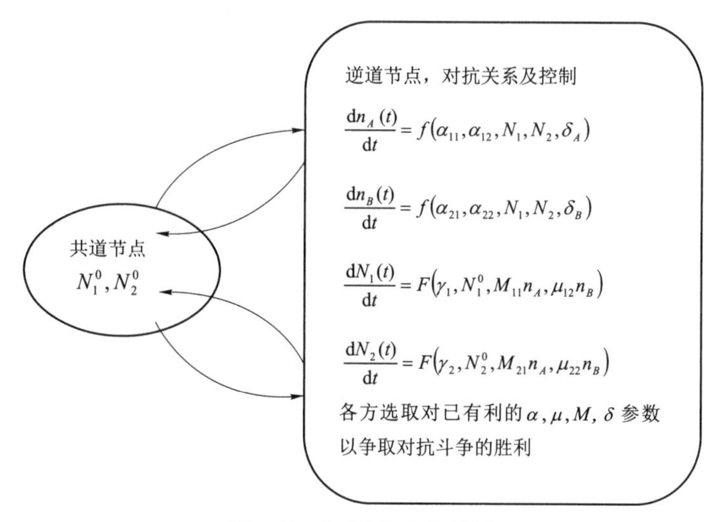

图 4.11　“对抗”化归模型

定量分析及近似结果：对上述非线性常微分方程求解析解是非常困难和复杂的，求出的解析形式又往往很难直接得出物理概念。为了绕开数学难题和提高分析实效，常取近似方法分析。假设 $N_1(t)$ 和 $N_2(t)$ 的变化比一场对抗斗争中的各因素都慢，则可设 $\frac{\mathrm{d}N_1(t)}{\mathrm{d}t}=0$、$\frac{\mathrm{d}N_2(t)}{\mathrm{d}t}=0$，有下式

$$N_1(t)=N_1^0-\frac{1}{r_1}[M_{11}n_A(t)+M_{12}n_B(t)]$$

$$N_2(t)=N_2^0-\frac{1}{r_2}[M_{21}n_A(t)+M_{22}n_B(t)]$$

将其作为约束条件代入 n_A、n_B 的微分方程，可得

$$\left.\begin{aligned}\frac{\mathrm{d}n_A}{\mathrm{d}t}&=\alpha_1 n_A(t)-\beta_{11}n_A^2(t)-\beta_{12}n_A(t)n_B(t)=f_1\ [n_A(t),n_B(t)]\\\frac{\mathrm{d}n_B}{\mathrm{d}t}&=\alpha_2 n_B(t)-\beta_{21}n_A(t)n_B(t)-\beta_{22}n_B^2(t)=f_2[n_A(t),n_B(t)]\end{aligned}\right\}\tag{1}$$

式中，$\beta_{11}=\dfrac{\alpha_{11}}{r_1}M_{11}+\dfrac{\alpha_{12}}{r_2}M_{22}$；$\beta_{12}=\dfrac{\alpha_{11}}{r_1}M_{12}+\dfrac{\alpha_{12}}{r_2}M_{22}$；$\beta_{21}=\dfrac{\alpha_{21}}{r_1}M_{11}+\dfrac{\alpha_{22}}{r_2}M_{21}$；$\beta_{22}=\dfrac{\alpha_{21}M_{12}}{r_1}+\dfrac{\alpha_{22}\mu_{22}}{r_2}$；$\alpha_1=\alpha_{11}N_1^0+\alpha_{12}N_2^0-\delta_A$；$\alpha_2=\alpha_{21}N_1^0+\alpha_{22}N_2^0-\delta_B$。

分析对抗结局，应对式（1）求解，虽有非线性性质，但研究稳态解较方便，因此可对稳态解的不同平衡点分别进行研究。下面将在不同平衡点分别进行研究，平衡点共有三组，即

$$n_A=0,n_B=0$$

$$n_A=0,n_B=\frac{\alpha_2}{\beta_{22}}$$

$$n_A=\frac{\alpha_1}{\beta_{11}},n_B=0$$

现分别加以讨论。为了讨论需要，利用式（1）的雅可比矩阵，将其中各元素求导得：

$$\frac{\partial f_2}{\partial n_A}=-\beta_{21}n_B$$

$$\frac{\partial f_1}{\partial n_A}=\alpha_1-2\beta_{11}n_A-\beta_{12}n_B$$

$$\frac{\partial f_1}{\partial n_B}=-\beta_{12}n_A$$

$$\frac{\partial f_2}{\partial n_B}=\alpha_2-\beta_{21}n_1-2\beta_{22}n_2$$

在 $n_A=0$，$n_B=0$ 时，

$$\left.\frac{\partial f_1}{\partial n_A}\right|_{0,0}=\alpha_1，\left.\frac{\partial f_1}{\partial n_2}\right|_{0,0}=0，\left.\frac{\partial f_2}{\partial n_1}\right|_{0,0}=0，\left.\frac{\partial f_2}{\partial n_2}\right|_{0,0}=\alpha_2$$

平衡点$\begin{bmatrix}n_A\\n_B\end{bmatrix}=\begin{bmatrix}0\\0\end{bmatrix}$处的雅可比矩阵为$\boldsymbol{J}=\begin{bmatrix}\alpha_1&0\\0&\alpha_2\end{bmatrix}$。

由 $\det(\boldsymbol{J}-\lambda\boldsymbol{I})=0=(\alpha_1-\lambda)(\alpha_2-\lambda)=0$ 得出特征值：$\lambda_1=\alpha_1$，$\lambda_2=\alpha_2$。

如 $n_A=0$、$n_B=0$ 的平衡点为稳定平衡点，则 α_1、α_2 必小于 0，即

$$a_{11}N_1^0+a_{12}N_2^0<\delta_A,a_{21}N_1^0+a_{22}N_2^0<\delta_B$$

这表明 A、B 双方吸收新科学技术化的能力小于因过时而淘汰的能力。这是内因造成的“自取灭亡”，而不是因“对抗”造成的毁灭。

再分析攻击方失败，反攻击方生存（微分方程稳态解为 $n_A(t)=0,n_B(t)=\dfrac{\alpha_2}{\beta_{22}}$）的情况，此时雅可比矩阵为：

$$J=\left|\frac{\partial f}{\partial \tilde{n}}\right|_{0,\frac{\alpha_2}{\beta_{22}}}=\begin{bmatrix}\alpha_1-\dfrac{\beta_{11}}{\beta_{22}\alpha_2} & 0\\ -\dfrac{\beta_{12}\alpha_2}{\beta_{22}} & -\alpha_2\end{bmatrix}$$

由行列式 $\det=(\boldsymbol{J}-\lambda\boldsymbol{I})=0$，其中 $\boldsymbol{I}$ 为单位行列式，得：

$$\left[\left(\alpha_1-\frac{\beta_{11}\alpha_2}{\beta_{22}}\right)-\lambda\right](\alpha_2+\lambda)=0\text{，}\ \lambda_1=-\alpha_2\text{，}\ \lambda_2=\alpha_1-\alpha_2\frac{\beta_{11}}{\beta_{22}}$$

若 $n_A(t)=0,n_B(t)=\dfrac{\alpha_2}{\beta_{22}}$ 为稳定态点，则 $\lambda_1=-\alpha_2$，α_2 必定大于 0，$\alpha_1-\dfrac{\beta_{11}\alpha_2}{\beta_{22}}$ 必定小于 0，从而导致：

$$\frac{\alpha_1}{\beta_{11}}-\frac{\alpha_2}{\beta_{22}}<0,\ \frac{\alpha_1}{\beta_{11}}<\frac{\alpha_2}{\beta_{22}}$$

对以上不等式中 α 进一步展开后得：$\alpha_2=\alpha_{21}N_1^0+d_{22}N_2^0-\delta_B>0$。这个条件的物理意义非常容易理解，即反攻击方必须保持安全科技能力不断增加，这是信息安全斗争生存的必要条件，否则便“自取灭亡”。

A 方能力增加，即

$$\frac{\alpha_1}{\beta_{11}}=\frac{\alpha_{11}N_1^0+\alpha_{12}N_2^0-\delta_A}{\dfrac{\alpha_{11}M_{12}}{\gamma_1}+\dfrac{\alpha_{12}M_{22}}{\gamma_2}}<\frac{\alpha_2}{\beta_{22}}=\frac{\alpha_{21}N_1^0+\alpha_{22}N_2^0-\delta_B}{\dfrac{\alpha_{21}M_{12}}{\gamma_1}+\dfrac{\alpha_{22}M_{22}}{\gamma_2}}\sqrt{b^2-4ac}$$

α_1 的下标 1 表示与 A 方有关的系数，α_2 的下标 2 表示与 B 方有关的系数，β_{XX} 第一个下标表示由 A、B（1，2）己方影响的增长率，而第二个下标表示另外起作用的一方，如 β_{11} 表示 A 方对自身增长率的影响，外加 A 方的影响（A 起平方作用）。β_{12}、β_{22} 系数中包括了 α_{11}、α_{12}、α_{21}、α_{22} 等原出现在表示增加对抗能力项目中的系数，而这些系数在式（1）中出现则表示减少对抗能力的项，这是因为 N_1^0、N_2^0 中的科技项目被双方转化为对抗能力越多，则剩余的科技项目就越少（因假设 N_1^0、N_2^0 本身增长很慢），同时也就会引起阻碍能力的增长，因而这些因素同时在 α_1、α_2 及 β_{12}、β_{22} 等系数中出现，这体现了事物往往同时具有“双刃剑”效应并形成较复杂的非线性作用（普遍哲理）。上述不等式表明 B 方对抗能力的增长系数与减少系数之比比 A 方两系数之比大，则 B 方在对抗中的对抗能力增长比 A 方快，因而 B 方在争斗中取胜而 A 方消亡。现 B 方胜 A 方条件中只涉及 β_{11} 和 β_{22} 而没涉及双方交叉作用，是因为稳态解中另一方已灭亡。条件变化后，可出现 A 生存而 B 方灭亡，以及 A、B 方共存持续斗争的结果，其中包括有双方交叉影响，在此就不再推演。

例 3： 双方直接进行信息安全攻防对抗的系统总体层逆道环节定量分析。

本例中假设攻击方准备工作进行顺利，而反攻击方并没有察觉攻击先兆，因此可省略“共道”环节而直接进入“逆道”攻击阶段，而“逆道”环节的具体模型可应用随机服务理论来构建。假设攻击方的各种攻击行为组成攻击流，反攻击方组成服务台，并以“服务”成功表示反攻击成功。若攻击方的“攻击流”中“个体”到达后得不到“服务”而离去，则称此“攻击流”的个体“突防”，代表攻击成功，其模型核如图 4.12 所示。

攻击方根据对抗信息采用不同措施组成攻击流，反攻击方采用不同反攻击措施形成了服务台的服务，将双方“逆道”演化环节利用随机服务理论进一步表示如下：设 A 方为攻击方，

B 方为反攻击方，如图 4.13 所示。

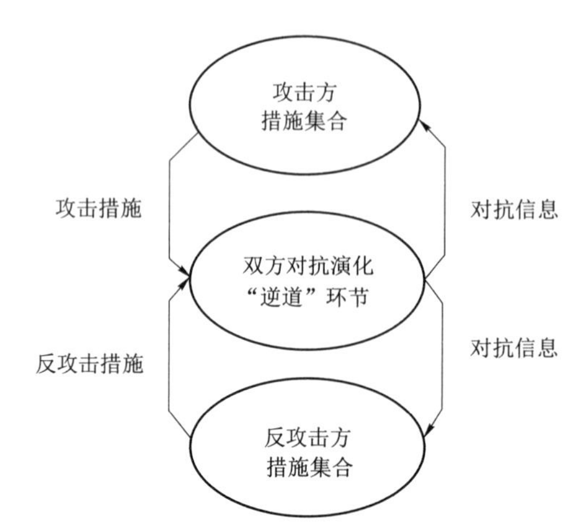

图 4.12　攻击双方“逆道”环节对抗过程演化表示框图

图 4.13　攻击流与服务

现用随机服务理论、表示攻击行动的攻击流及对抗攻击的服务台（如图 4.13 所示）进行对抗过程的系统总体分析（以反攻击方为主进行表征），将 $R^n[G,P,O,E,M,t]$ 中各元素及关系表征为：攻击方的各种攻击用随机普通流（Possion 流）表示，它具有普遍性、平稳性及无后效性三种特性，它使得定量分析较为简单，是一种实际攻击流的近似表示。但对反攻击方而言，这种近似的攻击流产生比实际发生的非普通流更为严峻的“形势”，普通流在 0～τ 的时间间隔内有 k 个“攻击”到达的概率分布函数用 $P_k(\tau)=\dfrac{(\lambda\tau)^k}{k!}\mathrm{e}^{-\lambda\tau}$ 表示，其中 λ 为普通流唯一参数，称为“流强度”，表示单位时间内到达的“攻击”个数的平均值。由上式可知，Δt 时间间隔内无攻击流到达的概率$=1-\Delta t$。因 k=0，结合 $P_k(\tau)$ 的表达式说明普通流具有无后效性，即到达流的概率只与 τ 有关，而与以前分布无关（由概率分布函数表达式中没有以前时间间隔 τ_0、τ_1 等参数介入可明显看出），表达式中没有时间坐标因子 t 的介入，因此分布函数与时间坐标无关而呈平稳性，基于普通性则导出在任何时刻 t 最多只有一个攻击流到达。以上是攻击方的攻击流描述。

服务台反攻击行为性能都用服务时间（获得对抗信息，采取反攻击对抗措施，统称为“服务”）来表示，服务时间具有随机性，用随机变量表示（由于复杂性所形成），服务时间 $t_{服务}<t$ 的概率分布服从负指数性，即用 $F(t_{服务}<t)=1-\mathrm{e}^{-Mt}$ 形式表示。当具有多种获取对抗信息的方法、措施时，则用各种获取对抗信息时间的加权平均值构成 $1/M_1$。当 t 很小而 t=Δt 时，在 Δt

内完成服务 $F=1-\mathrm{e}^{-M\Delta t}=M\Delta t$ 。

对抗过程可表达如下：双方就制对抗信息权及采取实际有效措施对抗，由两个串联环节进行对抗，由此普适表征对抗过程，并化归随机系统服务模型，如图 4.14 所示。

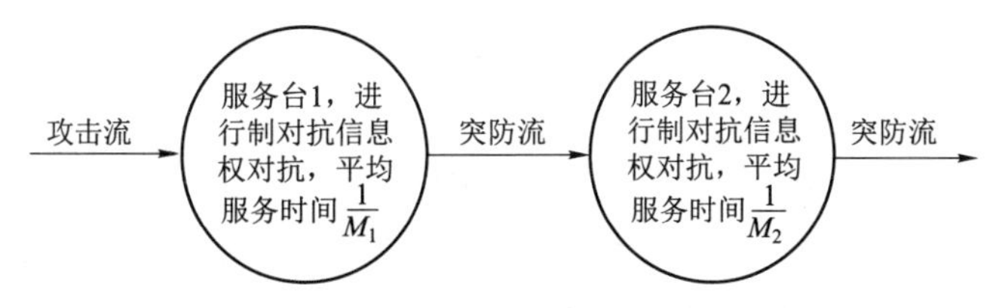

图 4.14　随机系统服务模型

两个服务台组成一个整体性反攻击动态演化环节，第一级攻击流到达后先进行服务，以 $F_1\left(t_{服务}<t\right)=1-\mathrm{e}^{-M_1 t}$ 表示服务时间小于 t 的概率分布函数，相当于提取攻击相关信息（对抗信息）以供第二级服务用，第二级服务时间（反攻击所需时间）的概率分布函数以 $F_2\left(t_{服务}<t\right)=1-\mathrm{e}^{-M_2 t}$ 表示，其中 M_1、M_2 为 F_1 和 F_2 的平均服务时间的倒数。在此应指出，假设经过第一级服务台输出的攻击流，本身性质没有受影响，那么到达第二级服务台时仍为波松普通流。以上是反攻击方 M 及 G 的描述。现在导出反攻击成功概率表达式的微分方程，然后求出稳定解，即为反攻击成功的概率值。

考虑在 $t+\Delta t$ 后各时刻状态的解析表达式，同时认为 Δt 间隔很小，可近似看作 $t+\Delta t$ 时刻（因此在其中最多只可能有一个攻击流到达，这是依据流的普通性而得出的近似认定），状态由到达流被服务和未被服务（突防）两种分状态组成（没有中间状态）。S_{00}、S_{01}、S_{10}、S_{11} 分别代表第一、二级空，第一级空而第二级服务，第一级服务而第二级空和第一、二级都正在服务，由此组成整个系统的状态组合，在 t 时刻产生各状态的概率用 $P_{00}(t)$、$P_{01}(t)$、$P_{10}(t)$、$P_{11}(t)$ 表示，具体分析如下：

- 在 $t+\Delta t$ 时刻，S_{00} 状态由以下两种分状态组合而成，各分状态是互不相容的，满足概率相加定理。

分状态 1： 系统 t 时刻处在 S_{00} 状态，Δt 内无攻击流到达（其概率近似为 $(1-\lambda\Delta t)$），在 $t+\Delta t$ 时刻保持状态的概率为：

$$P_{00}^{(1)}(t+\Delta t)=P_{00}(t)(1-\lambda\Delta t)$$

分状态 2： 系统 t 时刻处在 S_{01} 状态，Δt 内火控系统“服务”完毕，也无攻击流到达，在 $t+\Delta t$ 时刻分状态 2 的概率为：

$$P_{00}^{(2)}(t+\Delta t)=P_{01}(t)M_2\Delta t(1-\lambda\Delta t)\doteq P_{01}(t)M_2\Delta t$$

所以

$$P_{00}(t+\Delta t)=P_{00}^{(1)}(t+\Delta t)+P^{2}(t+\Delta t)=P_{00}(t)-P_{00}(t)\lambda\Delta t+P_{01}(t)M_2\Delta t$$

$$P_{00}(t+\Delta t)-P_{00}(t)=P_{01}(t)M_2\Delta t-P_{00}(t)\lambda\Delta t$$

由于 $\Delta t\to 0$，所以

$$\frac{\mathrm{d}P_{00}(t)}{\mathrm{d}t}=M_2P_{01}(t)-\lambda P_{00}(t)$$

- 在 $t+\Delta t$ 时刻系统处于 S_{01} 状态，为三个不相容分状态的组合，即

分状态 1：在 t 时刻系统处于 S_{01} 状态，在 Δt 间隔内不变化（无“流”到达，第二级未服务完），故在 $t+\Delta t$ 时刻该分状态的概率为：

$$P_{01}^{(1)}(t+\Delta t)=P_{01}(1-\lambda\Delta t)(1-M_2\Delta t)\approx P_{01}(t)(1-\lambda\Delta t-M_2\Delta t)$$

分状态 2：在 t 时刻系统处于 S_{10} 状态，在 Δt 间隔内第一级服务完毕，进入第二级服务，无“流”到达，故在 $t+\Delta t$ 时刻该分状态的概率为：

$$P_{01}^{(2)}(t+\Delta t)=P_{10}(t)(1-\lambda\Delta t)M_1\Delta t\approx P_{10}(t)M_1\Delta t$$

分状态 3：在 t 时刻系统处于 S_{11} 状态，在 Δt 内第一级服务完毕送入第二级服务，此时无“流”到达，故在 $t+\Delta t$ 时刻该分状态的概率为：

$$P_{01}^{(3)}(t+\Delta t)=P_{11}(t)M_1\Delta t(1-\lambda\Delta t)\approx P_{11}(t)M_1\Delta t$$

因此，在 $t+\Delta t$ 时刻，

$$\begin{aligned}P_{01}(t+\Delta t)&=P_{01}^{(1)}(t)+P_{01}^{(2)}(t)+P_{01}^{(3)}(t)\\&=P_{01}(t)-(\lambda+M_2)P_{01}(t)\Delta t+M_1P_{10}(t)\Delta t+M_1P_{11}(t)\Delta t\end{aligned}$$

所以 $$\frac{\mathrm{d}P_{01}(t)}{\mathrm{d}t}=M_1P_{10}(t)+M_1P_{11}(t)-(\lambda+M_2)P_{01}(t)$$

- 在 $t+\Delta t$ 时刻系统处于 S_{10} 状态，为三个不相容分状态的组合，即

分状态 1：在 t 时刻系统处于 S_{00} 状态，而在 Δt 间隔内有一个流到达，在 $t+\Delta t$ 时刻该分状态的概率为：

$$P_{10}^{(1)}(t+\Delta t)=P_{00}(t)\lambda\Delta t$$

分状态 2：在 t 时刻系统处于 S_{10} 状态，在 Δt 间隔内第一级未服务完（状态保持与“流”是否到达无关），在 $t+\Delta t$ 时刻该分状态的概率为：

$$P_{10}^{(2)}(t+\Delta t)=P_{10}(t)(1-M_1\Delta t)$$

分状态 3：在 t 时刻系统处于 S_{11} 状态，在 Δt 内第二级服务完毕（状态与有无流到达无关），在 $t+\Delta t$ 时刻该分状态的概率为：

$$P_{10}^{(3)}(t+\Delta t)=P_{11}(t)M_2\Delta t$$

所以 $$\frac{\mathrm{d}P_{10}(t)}{\mathrm{d}t}=\lambda P_{00}(t)-M_1P_{10}(t)+M_2P_{11}(t)$$

最后分析在 $t+\Delta t$ 时刻系统的 S_{11} 状态，它同样是三个分状态组合，即

分状态 1：在 t 时刻系统处于 S_{01} 状态，在 Δt 间隔内有一个“流”到达，第二级没服务完，此时分状态在 $t+\Delta t$ 时刻的概率为：

$$P_{11}^{(1)}(t+\Delta t)\doteq P_{01}(t)\lambda\Delta t(1-M_2\Delta t)\doteq P_{01}(t)\lambda\Delta t$$

分状态 2：在 t 时刻系统处于 S_{11} 状态，在 Δt 间隔内第一级、第二级都未完成服务（状态与有无“流”到达无关），此时分状态的概率为：

$$\begin{aligned}P_{11}^{(2)}(t+\Delta t)&=P_{11}(t)(1-M_1\Delta t)(1-M_2\Delta t)\doteq P_{11}(t)-M_1(t)\Delta t-M_2P_{11}(t)\Delta t\\&=P_{11}(t)-(M_1+M_2)P_{11}(t)\Delta t\end{aligned}$$

分状态 3：原处在 S_{10} 状态，在 Δt 间隔内第一级服务完，又有流到达（二级无限小，可忽

略），此时分状态的概率为：

$$P_{11}^{(3)} = P_{10}(t)M_1\Delta t \bullet \lambda\Delta t$$

所以
$$\frac{\mathrm{d}P_{11}(t)}{\mathrm{d}t} = \lambda P_{01}(t) - (M_1 + M_2)P_{11}(t)$$

由以上分析得到表示系统 S_{00} 、S_{01} 、S_{10} 、S_{11} 状态概率的微分方程组为：

$$\frac{\mathrm{d}P_{00}(t)}{\mathrm{d}t} = -\lambda P_{00}(t) + M_2 P_{01}(t)$$

$$\frac{\mathrm{d}P_{01}(t)}{\mathrm{d}t} = -(\lambda + M_2)P_{01}(t) + M_1 P_{10}(t) + M_2 P_{11}(t)$$

$$\frac{\mathrm{d}P_{10}(t)}{\mathrm{d}t} = \lambda P_{00}(t) - M_1 P_{10}(t) + M_2 P_{11}(t)$$

$$\frac{\mathrm{d}P_{11}(t)}{\mathrm{d}t} = \lambda P_{01}(t) - (M_1 + M_2)P_{11}(t)$$

最值得关注的是，上述微分方程的稳态解（“存在”的实际系统总有稳态解），即 $t \to \infty$ 时，$P_{ij}(t) =$ 某常数，这时 $\frac{\mathrm{d}P_{ij}}{\mathrm{d}t} = 0$，$(i, j = 1,2)$，此时微分方程化为一组齐次代数方程。齐次代数方程若有非零解，则其系数矩阵组成的行列式必为零。经验证，其系数行列式为零，用线性代数定理可得出一组稳定解：

$$P_{00} = \frac{M_1 M_2}{(M_1 + \lambda)(M_2 + \lambda)}$$

$$P_{10} = \frac{\lambda M_2 (M_1 + M_2 + \lambda)}{(M_1 + M_2)(M_1 + \lambda)(M_2 + \lambda)}$$

$$P_{01} = \frac{\lambda M_1}{(M_1 + \lambda)(M_2 + \lambda)}$$

$$P_{11} = \frac{M_1 \lambda^2}{(M_1 + M_2)(M_1 + \lambda)(M_2 + \lambda)}$$

结合物理概念来验证由上式求得的各种状态的概率：当系统服务很快（相对流强度），即 M_1、$M_2 \gg \lambda$ 时，P_{00} 值应该很大，意即系统很快处理完了达到的流而没有滞留，而 P_{10} 、P_{01} 、P_{11} 值都很小。

如 M_1 、M_2=100，λ=1 可得：

$$P_{00} = \frac{10\,000}{10\,201} = 0.980\,3，P_{10} = \frac{20\,100}{20 \times 10\,201} = 0.009\,805$$

$$P_{01} = \frac{100}{10\,201} = 0.009\,803，P_{11} = 0.000\,05$$

如 M_1=100，M_2=10，λ=1 可得：

$$P_{00} = \frac{1\,000}{101 \times 11} = 0.90，P_{10} = \frac{10 \times 110}{110 \times 10 \times 10} = 0.009$$

$$P_{01} = \frac{100}{11 \times 101} = 0.09，P_{11} = \frac{100}{110 \times 10 \times 11} = 0.000\,82$$

服务时间短于“流”的平均到达时间间隔，故说明 P_{00} 较大，又因第一级处理速度比第二级快得多，第二级平均服务时间已短到流元到达时间间隔的 $\dfrac{1}{10}$ （第一级为 $\dfrac{1}{100}$ ）。第一级形成“流”滞留的概率很小，第二级滞留概率相对就要大一些，而计算出的概率值证明了物理概念推论的正确性。为了再次验证，可设想 M_1、M_2 数值对换，则 P_{10}、P_{01} 数值应对换，故计算 $M_1=10$，$M_2=100$，$\lambda=1$ 的概率值：

$$P_{00}=\frac{1\,000}{101\times 11}=0.90(\text{没变}),\ P_{10}=\frac{100\times 111}{110\times 10\times 10}=0.09$$

$$P_{01}=\frac{10}{10\times 11}=0.009,\ P_{11}=\frac{100}{110\times 10\times 11}=0.000\,82\ (\text{没变})$$

计算结果圆满地验证了物理概念的推理。如入侵流强度高（即平均到达间隔小于二级系统的服务时间），则 P_{00} 应接近于零（服务台都忙于服务，空闲概率很小），而首先接触“流”的第一级服务台更忙于服务，使得 P_{10}、P_{11} 都较大，表示二级服务台都忙于服务。

例如，设 $\lambda=100$，$M_1=M_2=1$，则计算结果如下：

$$P_{00}=\frac{1}{101\times 101}=0.000\,098,\ P_{10}=\frac{100\times 102}{2\times 101\times 101}=0.5$$

$$P_{01}=\frac{100}{101\times 101}=0.009,\ P_{11}=\frac{10\,000}{2\times 101\times 101}=0.490$$

结果很好地验证了物理概念的推理结论。

如 λ、M_1、M_2 数值都差不多，则除了第一级服务概率偏大些，各种状态将出现概率分散布局的情况。设 $\lambda=1$、$M_1=M_2=1$，表示系统服务能力仍较强，故 P_{00} 仍应较大（但不如 $M_1=M_2=100$ 时大），但数值应向 P_{10}、P_{01}、P_{11} 转移，请见下列计算结果的验证：

$$P_{00}=\frac{1}{11\times 11}=0.826,\ P_{10}=\frac{10\times 21}{20\times 11\times 11}=0.087$$

$$P_{01}=\frac{10}{121}=0.082\,6,\ P_{11}=\frac{10}{121\times 20}=0.004\,1$$

得出系统各状态存在的概率分布后，重要问题是计算对抗过程的结果，即服务概率（反攻击成功概率）及突防概率（$1-P_{(\text{服务})}$），而突防概率 $P_{(\text{突防})}$ 一定和 λ、M_1、M_2 有关，λ 越强，突防可能性越大，M_1、M_2 越大，突防可能性越小，在此引用俄文参考书，给出稳态的突防概率计算公式：

$$P_{(\text{突防})}=1-\frac{M_1M_2(\lambda+M_1+M_2)}{(\lambda+M_1)(\lambda+M_2)(M_1+M_2)}$$

计算示例如下：$\lambda=1$，$M_1=M_2=100$，$P_{(\text{突防})}=1-\dfrac{100^2\times 201}{101^2\times 200}=0.015$

$\lambda=1$，$M_1=M_2=10$，$P_{(\text{突防})}=1-\dfrac{100\times 21}{11\times 11\times 20}=0.132$

$\lambda=1$，$M_1=100$，$M_2=10$，$P_{(\text{突防})}=1-\dfrac{1\,000\times 111}{101\times 11\times 110}=0.091\,8$

$\lambda=1$，$M_1=10$，$M_2=100$，$P_{(\text{突防})}=1-\dfrac{1\,000\times 111}{10\times 101\times 110}=0.091\,8$

$$\lambda=1, M_1=1, M_2=1, P_{(突防)}=1-\frac{1\times3}{2\times2\times2}=0.625$$

$$\lambda=100, M_1=1, M_2=1, P_{(突防)}=1-\frac{1\times102}{101\times101\times2}=0.995$$

$$\lambda=100, M_1=0.1, M_2=100, P_{(突防)}=1-\frac{10\times200.1}{100.1\times200\times100.1}=0.9990$$

$$\lambda=100, M_1=0.01, M_2=100, P_{(突防)}=1-\frac{200.01}{100.01\times100.01\times200}=0.9999$$

$$\lambda=100, M_1=0.01, M_2=0.01, P_{(突防)}=1-\frac{0.01^2\times100.02}{100.01\times100.01\times0.02}=1-10^{-8}=1$$

由本小节的分析可得出以下简要结论：将对抗过程中双方相互反其道而行的理念，化归为随机流攻击下随机服务系统表征的相互对抗模型，并将 $R^n[G,P,O,E,M,t]$ 的动态演化具体展开为二级串联服务台对普通流的服务过程。设 λ 表示攻击强度，M_1 表征反攻击方获得对抗信息的能力，M_2 为反攻击能力，并且都映射到时间维，用反应速度表示能力。对于某种攻击，如无对抗措施，则对应 $M_2=0$，即造成对抗失败；同样，如获取不到对方的某种攻击信息，则对应 $M_1=0$，突防概率非常接近于 1，这样也使攻击得手，这进一步说明对抗过程中尽快获得对抗信息和快速采取有效反攻击措施的重要性。

例 4：特殊性保持原理在网络安全通信嵌入传输协议中的应用。

信息系统安全对抗中，特殊性保持原理对攻防双方都适用，其基本含义是双方各自保持一组特殊的时空域关系组，其中一些重要关系是对立而不相容的，这表征了对立双方的成败状态。这组关系可进一步由对象集合、运行规律集合、信息集合、运行目的集合、运行路线集合、条件集合等“特殊性”元素组成，再由它们之间的相互作用所形成的运行规律表达具体的“特殊性”（一组特殊关系）。

分例 1：利用单密钥交换实现 *A*、*B* 通信双方的安全通信协议。

对象集合：*A*、*B* 双方，攻击方 *M*，密钥分配中心 *KDC*。

运行条件：形成密钥交换和安全通信的前提条件，包括 *A*、*B* 双方在 *KDC* 注册为正当用户，*KDC* 与 *A*、*B* 方有正常联系方式和信道，*KDC* 工作正常等。

运行目的：*A*、*B* 通信双方进行特殊内容的安全通信。

信息集合：对于 *A*、*B* 双方通信中重要的信息集合，通过加密确保其特殊性。此外，还有多种影响系统安全运行的攻防双方都需要的“对抗信息”，如利用对抗信息确保 *KDC* 的安全运行。

运行规律：特殊对象对应特殊运行权利，如掌握特定的密钥和利用密码进行特殊通信的权利。

例如，*M* 就没有上述权利，*KDC* 虽有掌握分配通信密钥的权力，但没有利用密钥译出密文的权力。

运行路线：*A*（用 *KA*）→*KDC*，请求与 *B* 通信，*KDC* 确认后，产生通信密钥 *KAB*，*KDC*→*A*（传递 *KAB*，以及 *KB*：*KDC* 与 *B* 通信密钥），*A*（用 *KB*、*KDC* 与 *B* 通信）传递 *KAB*，*A* 和 *B* 之间进行特殊通信。

协议内容：*A* 用与 *KDC* 通信的密码向 *KDC* 申请与 *B* 密钥通信，*KDC* 审查无误后，随机产生 *AB* 间通信密码的密钥 *KAB*，*KDC* 用 *KA* 向 *A* 传递 *KAB* 及 *KB*（*KDC* 与 *B* 通信密码的密钥），*A* 用 *KB* 向 *B* 传递 *KAB*，*AB* 间进行秘密特殊通信。

本协议蕴涵了本章所述相关定理的应用：

除全程贯彻特殊性保持定理外，本协议安全运行的结构是串联结构，因此任何环节都不能失效，否则会造成全结构的失效。例如，*KDC* 环节是最易遭受攻击而造成重大损失的关键环节，应不断加强这一环节的安全保障。

延伸到对信息安全“对抗信息”的控制，也是十分重要的。*KDC* 必然要时刻分析各种可能对自己发起的攻击，如 *KDC* 审查 *A* 条件，如果有漏洞，就应进一步审查，而本身的重要运行状态也要保证安全。进一步延伸到对抗行动，则可运用“反其道而行之相反相成”和“共其道而行之相成相反”等原理，形成各种具体措施。例如，*KDC* 可利用“蜜罐”技术以达到诱骗攻击的目的。

分例 2：利用公开密钥实现 *A*、*B* 间联系传送相互通信所用单密钥，通信双方的安全通信协议。

对象集合：*A*、*B*、*KDC*，攻击方 *M*。

运行前提条件：*KDC* 运行正常，*A*、*B* 在 *KDC* 审查登记完备。

运行目的：利用公开密钥密码学（以下简称公开密钥），进行 *A*、*B* 保密通信的密钥交换。

信息集合：同分例 1。

运行规律（设 *A* 发起通信）：*A* 利用与 *KDC* 安全通信方法，向其申请与 *B* 进行安全通信及获得通信用公钥；*KDC* 审查合格后向 *A* 发送 *KPB*（*B* 公钥）；*A* 接收后用 *KPB* 加密，自己随机产生与 *B* 通信的密钥 *KAB*，然后传给 *B*；*B* 接收后用自己的私钥进行解密，从而得到 *PAB*，用于 *A* 和 *B* 间保密通信。

此协议减轻了 *KDC* 直接介入 *A*、*B* 通信的程度，但 *KDC* 仍是重要环节，如攻击者冒充 *A* 而未被 *KDC* 察觉，即使 *B* 向 *KDC* 查询，*B* 也无法识破，除非 *KDC* 首先察觉。此协议运行结构也为串行结构，如 *A*、*B* 环节被攻破，*KAB* 及自己私钥和对方公钥都可能泄露。

分例 3：*A* 和 *B* 双方利用公钥制密码通信时，有中间人攻击。

对象集合：*A*、*B*、*M* 角色同上。

攻击实施条件：*M* 知道 *A* 和 *B* 通信方式为利用公钥密码体制进行保密通信，并将开始通信，*A* 和 *B* 实际上并不掌握通信对方的公钥；*M* 知道 *KPA*、*KPB* 通信双方的公钥，*A* 和 *B* 方保密通信时仅用公钥密码加密内容；*M* 必须从 *AB* 开始通信开始，无遗漏完成下述攻击步骤。

运用目的：能连续破获 *A* 和 *B* 之间的保密通信内容。

攻击运行机理：*M* 运行的核心机理，是向 *A* 和 *B* 双方嵌入自己公钥 *KPM* 以替代 *A* 方应用的 *KPB* 和 *B* 方的应用 *KPA*，从而用自己的私钥破解双方通信内容，然后再将“破解内容”使用信宿方的公钥重新加密，完成信息传递，这样 *M* 在攻击的同时保持了 *A* 和 *B* 双方的持续通信。

反向规律：*M* 实施攻击需上述条件同时满足，构成了时空域串行条件链，因此只要破坏任一条件攻击，便会整体失败。

4.5.3.3 对抗博弈支付矩阵及对抗信息作用

现举对抗博弈的例子。假设攻击方（*B* 方）可以从两个方向中选择一个，作为某种攻击的主攻方向；防守方（*A* 方）从这两个方向中选择一个方向作为抗击的主要方向，同时部署组织支援，这就有了选择支援方向的问题，用 *A* 方对 *B* 方造成的伤害为博弈的支付矩阵。设：

B_1：攻击方所选择的第一个攻击方向的事件

B_2：攻击方所选择的第二个攻击方向的事件

A_{11}：A 方将防守主力置于第一方向的事件
A_{12}：A 方将防守主力置于第二方向的事件
A_{21}：A 方将支援置于第一方向的事件
A_{22}：A 方将支援置于第二方向的事件
则 A、B 双方博弈组合共 8 种，见表 4.5。

表 4.5　对抗博弈组合形式

$A_{11}B_1A_{21}$	$A_{11}B_2A_{21}$	$A_{12}B_1A_{21}$	$A_{22}B_2A_{21}$
$A_{11}B_1A_{22}$	$A_{11}B_2A_{22}$	$A_{12}B_1A_{22}$	$A_{22}B_2A_{22}$

考察战斗结果的支付矩阵（表 4.6），设 A 方对准 B 方攻击方向，对准得益为 3，没对准得益为 1，将支援力量对准攻击方向的附加得益为 7，没对准得益为 1。

表 4.6　基于博弈策略的支付矩阵

攻防策略	支援策略	
	A_{21}	A_{22}
$A_{11}B_1$	3+7=10	3+1=4
$A_{11}B_2$	1+1=2	1+7=8
$A_{12}B_1$	1+7=8	1+1=2
$A_{12}B_2$	1+3=4	3+7=10

如 A 方无法得到信息，则很难对准，特别是两次都对准是很难的，便不可能获得 $A_{11}B_1A_{21}$ 及 $A_{12}B_2A_{22}$ 得益最高项。

对照上述例子，可以很明显地得出结论：获得对己有用的对方信息是很重要的，是一种先决条件；双方都这样做，则形成了“对抗信息”的斗争焦点。

4.5.4　博弈模型的讨论

本节建立了基于“共道–逆道”的对抗机理博弈模型，该模型具有多层次结构特征，总体层次表示模型的整体构成，由沿时间维顺序展开的“共道”、“逆道Ⅰ”、“逆道Ⅱ”三个串环节所组成。第二层将“整体构成”动态化，形成以 $R^n[G,P,O,E,M,t]$ 为核心含反馈的多层次交织联系的动态演化环节；第三层以“环节”结合 $R^n[G,P,O,E,M,t]$ 形成可嵌入环节，在使用模型进行对抗运筹时，可根据对抗策划的需要，以“环节”为单元进行功能嵌入，从而完成较科学细致的、多层次交织的对抗策划和仿真研究；第四层进一步对具体的某阶段关键措施、方法等，利用 $R^n[G,P,O,E,M,t]$（结合其包含的六个组元）进行定性和定量的分析与综合，以达到尽可能好的模型利用效果。在复杂情况下用模型结合科学计算来进行研究，有着广泛应用前景。本节并未涉及具体方法，而各种原理性的方法将在第 5 章叙述，第 5 章内容可嵌入本章的相关环节，以便进行更具体的应用。

4.6 本章小结

本章论述了信息安全与对抗的基本原理，包括：信息安全与对抗的基础层次原理；特殊性、相对性在信息安全中的体现，信息广义时空维有限尺度原理，反其道而行之相反相成原理，共其道而行之相成相反原理，快速响应及动态发展原理等；信息安全系统层次原理，主动与被动原理，对称与不对称变换原理，间接对抗原理等。另外，本章花了较大篇幅介绍了“共道–逆道”模型及模型与诸原理间的关系，结合实例说明了模型及 $R^n[G,P,O,E,M,t]$ 用在信息安全对抗领域时，对对抗矛盾进行分析综合的方法要点。

习　　题

1. 信息安全与对抗问题的基础层次定理有哪些？

2. 试用信息的特殊性原理分析信息安全与对抗问题并举例说明。

3. 试用信息存在的相对性原理分析信息安全与对抗问题并举例说明。

4. 试用广义空间信息的有限尺度原理分析信息安全与对抗问题并举例说明。

5. 试扼要说明“共道基础反其道而行之相反相成原理”的主要内容及它的核心重要性（举例说明），以及与争夺制对抗信息权及快速建立对策响应原理之间的关系。

6. 试分析信息安全与对抗问题的快速响应原理并举例说明。

7. 试分析“反其道而行之相反相成”和“共其道而行之相成相反”两原理之间的关系。

8. 信息安全与对抗过程的动态发展原理内容是什么？

9. 信息安全与对抗问题的系统层次原理有哪些？

10. 试分析信息安全对抗过程中，攻击方与被攻击方的主动、被动特性。

11. 试用信息安全措施的核心转移原理分析信息安全与对抗问题并举例说明。

12. 试分析信息安全与对抗问题的对称与不对称变换原理并举例说明。

13. 试分析信息安全问题的间接对抗等价原理并举例说明。

14. 为什么需要从信息系统的顶层功能考虑信息安全问题？

15. 简述信息安全对抗过程的“共道–逆道”模型的博弈过程，并扼要说明其与诸原理的关系。

16. 试说明六元关系组 $R^n[G,P,O,E,M,t]$ 在“共道–逆道”博弈模型各环节中的作用，以及对抗双方斗争如何体现在 $R^n[G,P,O,E,M,t]$ 中。

17. 试针对某一信息系统，分析其获取对抗信息的重要性和作用。

18. 试针对计算机网络系统分析其对抗过程，以及信息安全问题基础层和系统层原理的具体体现。

第5章
信息安全与对抗系统方法

5.1 引言

本章主要讨论对抗信息攻击、提高信息系统安全的原理性方法。从信息系统的系统层次功能考虑，安全性能是其中一个重要组成部分，但并非全部。建立这些功能相互间的关系需要有一个参考指标体系及其表征(测度)，按测度可以概略地将信息系统的安全问题分为三类：第一类为信息安全性能放在优先考虑位置，优先采取措施保证系统安全性能满足要求，这是少数情况；第二类即安全性能与其他性能需综合考虑，安全性能重要，但其他性能也不能不重点考虑，这是一种重要类别，占相当大的比例，也是具有很大难度的问题；第三类是应用环境中其他功能占主要地位，信息安全功能只是附带考虑。无论是哪一类信息系统，其性能（包括安全性能）都随着社会的发展和科技的进步而不断发展。

实际中，往往会碰到非常复杂的情况而形成复杂的问题，最复杂的问题是其复杂矛盾难以被确切界定和描述，因而更难以圆满解决，只有酌情近似处理。这种情况属于人类对复杂性的认识和掌握，不在本书讨论范围内。

原理性对抗方法可分为两个层次，即系统层次方法及按类型划分的技术层次方法（或称技术方案性方法），系统层次方法与各类型技术层次方法两者相结合、相互支持才能加强实际信息系统的安全能力。系统性方法用于总体思维和构建信息安全体系，具体技术层次方法则用于具体实现。

在介绍系统层次原理性方法之前，先扼要介绍一些重要的基本概念，包括关系、算法、协议、系统管理控制等，而后分别介绍各类具体技术方法，包括信息隐藏方法、信息系统及其服务群体作为整体按“特殊性”加以安全保护的方法，以及信息及其实体的个性保持利用方法。本章内容涉及信息攻击问题，这是矛盾对立统一的必然。

5.2 信息安全与对抗性能指标及占位

信息系统是一大类系统的统称，可再划分为多种类型的专门系统，并在发展中不断融合而产生具有新功能的信息系统。旧指标随旧系统的消亡而消亡，新的性能指标不断产生。同时，不同类型的信息系统具有不同的具体指标，本节给出了研讨信息安全对抗问题的指标体系的参考框架。

5.2.1 基本概念

信息系统作为为人类服务的一种重要工具，除基本功能外，在设定指标体系中还应考虑安全因素及使用性能，并应根据实际应用环境对三因素进行系统综合的运筹，否则信息系统很难发挥为人类服务的最本质功能。例如，如果不断出现重大安全问题而造成重大损失，将会从根本上动摇这种信息系统存在的必要性；使用性能也同样重要，如果使用中付出过大的代价造成“得不偿失”，这种信息系统也难以生存。综上所述，信息系统指标中应对传统常规性能（或称理想环境下性能）、使用性能、安全性能三因素并列综合运筹，这是构建信息系统指标体系的基本观念。此外，系统性能因素之间存在相互制约关系，形成的具体性能指标为综合协调的结果。

5.2.2 增设可裁减的系统性能指标框架

侧重系统性、可持续发展的信息系统性能指标体系框架，其特征包括：具有多层次、动态的系统性质，具有可持续发展的适应性和广泛性，具有多层次的开放结构，各类信息系统可根据实际情况来裁剪应用。

5.2.2.1 系统常规信息性能维

常规信息性能指标维（或称理想安全环境性能维），按其信息功能划分如图5.1所示。当考虑信息对抗环境的安全因素后，各指标名称可依然不变，但其具体内容应结合考虑安全因素，实质内容将有较大改变。

5.2.2.2 系统集成性能分维

本分维可列各分项（如图5.2所示）是使信息系统具有能力嵌入，实际存在的，数量巨大各种系统，直至被集巨系统（人类社会），如图5.2所示。

5.2.2.3 系统使用性能维

系统使用性能维主要涉及成本、使用方便性及安全性，如图5.3所示。

5.2.2.4 系统运行秩序管理及安全监控

本分维性能主要应对多服务种类中服务功能动态转换时正常有序，转换广义扩充至发生“入侵”攻击时运行状态变更察觉，如图5.4和图5.5所示。

5.2.2.5 系统安全性能维

本维性能是由5.2.2.4小节，在运行秩序察觉存在信息安全攻击基础上进一步对“攻击”进行定位，采取系统工作恢复及惩治“攻击”可需功能，即信息攻击感知，定位及恢复系统安全性能分维，如图5.6所示。

5.2.3 测度概念及其安全对抗性能占位

信息系统的设计、研制、检测、评估工作中，由于复杂的性能指标体系及各项指标性质不同，各指标缺乏可比性，这给原本已非常困难的指标综合运筹增加了困难，因此引入测度概念作为可比性的基础，为指标体系分项间建立可比较的测度奠定基础。

5.2.3.1 测度概念

测度P被定义为环λ上集函数的集合，如满足下列条件，则称P为测度。

设 $\varPhi$ 为空集，则 $P(\varPhi)=0$，任意集合 $A\in\ell$，$0\leqslant P(A)\leqslant+\infty$，

$\{A_n,n>1\}\in\ell$，$A_i\cap A_j=\varPhi(i\neq j)$ 且 $\sum_{n=1}^{+\infty}A_n\in\ell$，则

$$P\left(\sum_{n=1}^{+\infty}A_n\right)=\sum_{n=1}^{+\infty}P\left(A_n\right) \quad \text{（可数加性）}$$

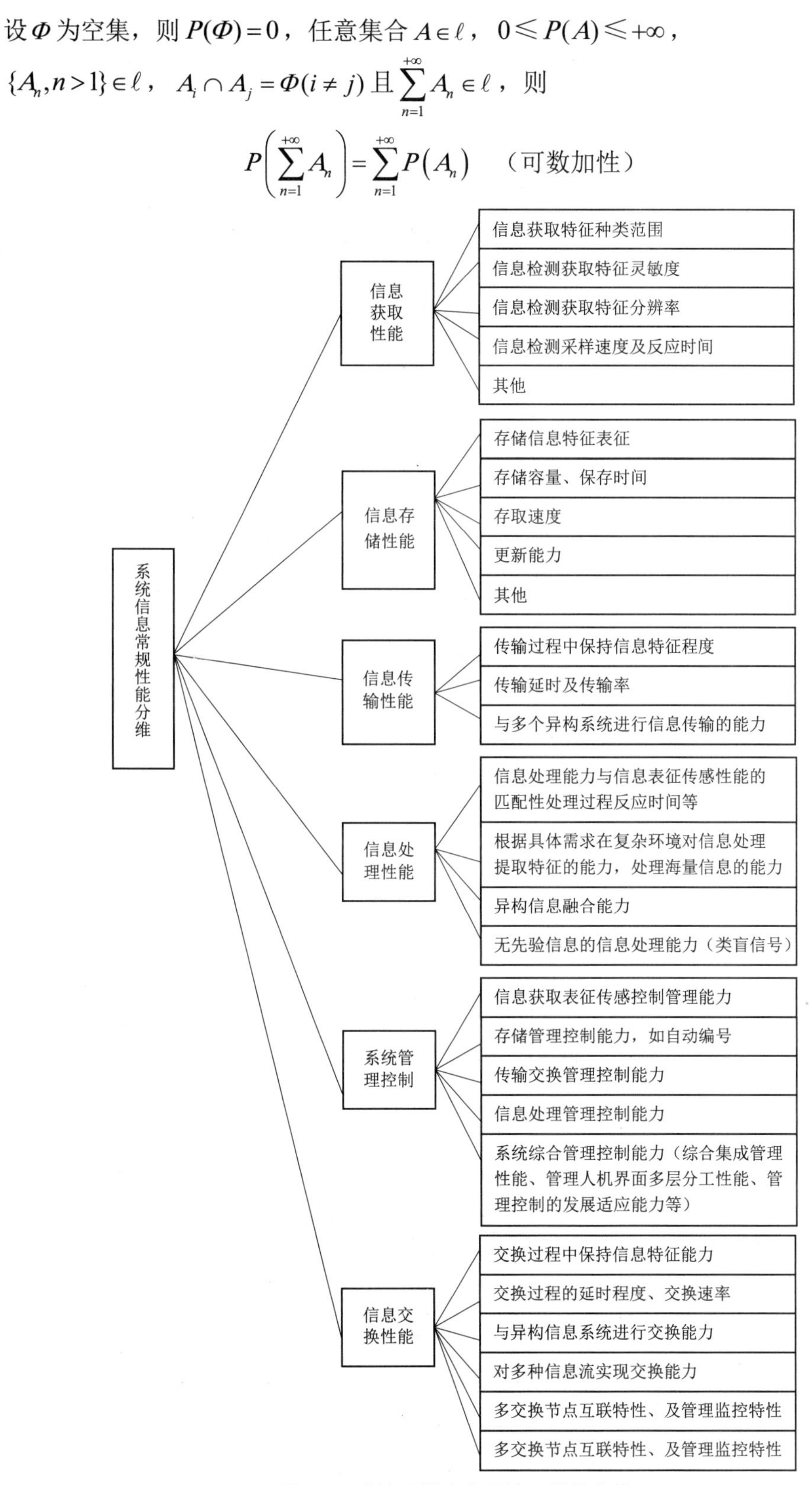

图 5.1　系统理想安全环境下性能分维

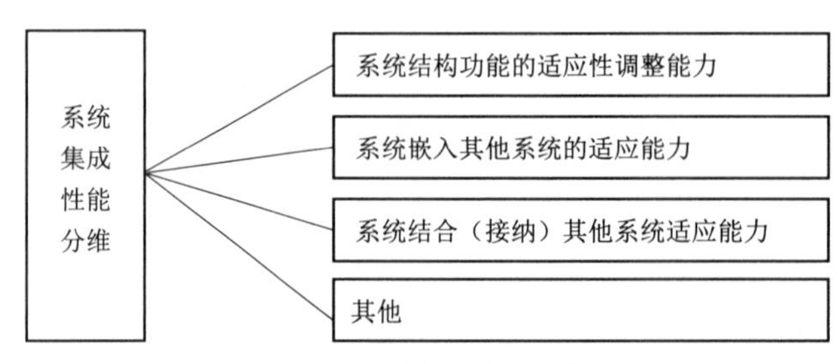

图 5.2　系统集成性能分维

注：本分维主要性能是面对发展而建立的，面对未来总是非常困难的，尽力科学地考虑就会取得一定成效。

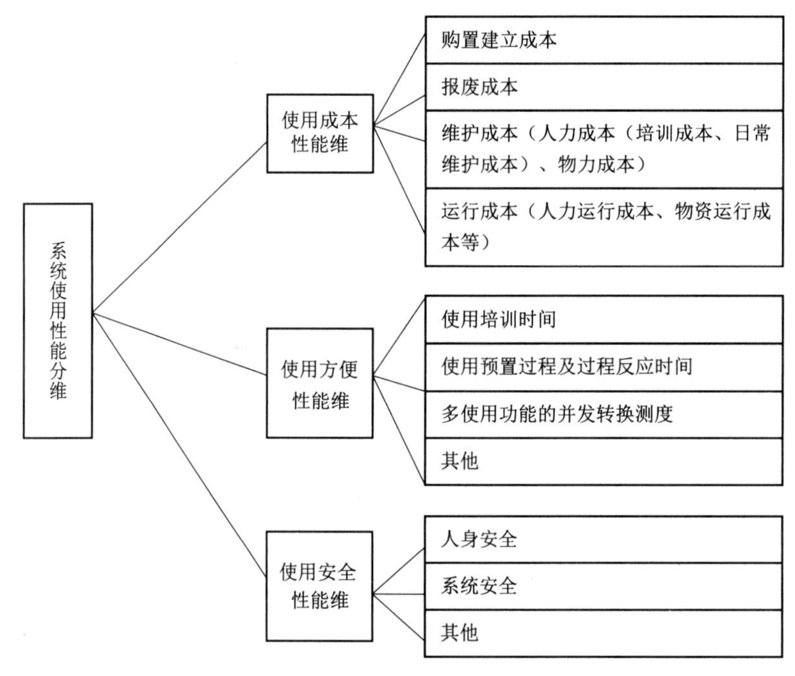

图 5.3　系统使用性能分维

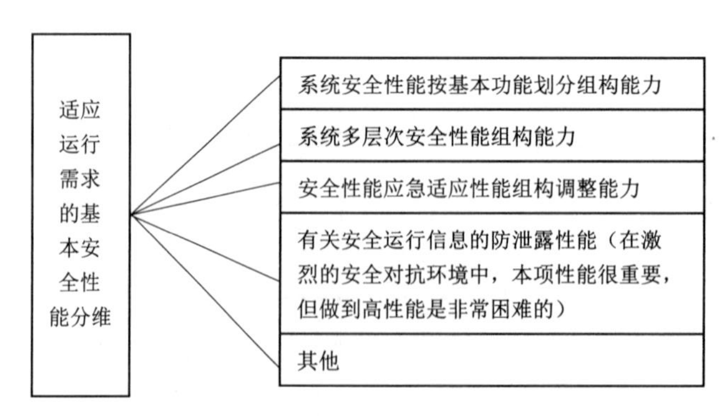

图 5.4　适应运行需求的基本安全性能分维（防御）

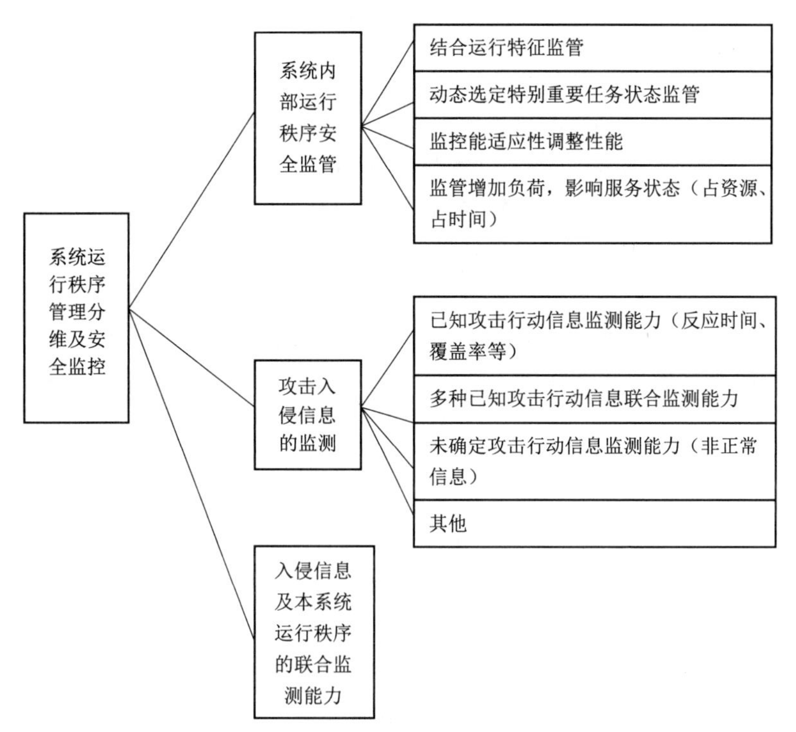

图 5.5　系统运行秩序管理及安全监控分维（发现）

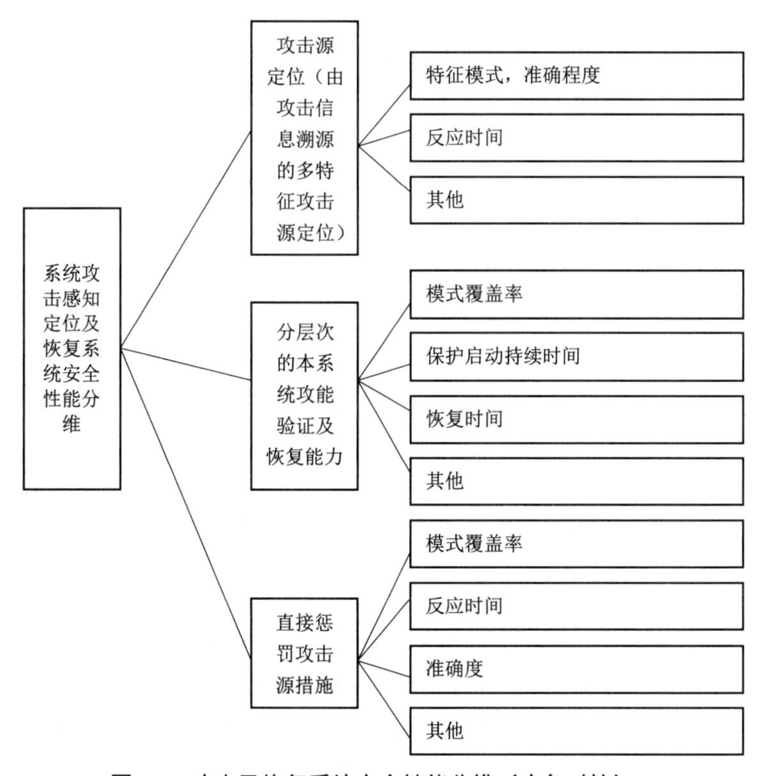

图 5.6　攻击及恢复系统安全性能分维（应急对抗）

测度 P 作为集函数的一种表征，可以用各种具体形式来表达事物特征，如体积、面积、长短、质量等。普遍化的数学抽象化的表征，如赋范空间中的范数，可看作事物大小的一种抽象概括化表征，它也是一种测度，如概率是一个随机事件集合中表征可能性的测度。根据实际情况，选择恰当的具体表达，对事物进行衡量和评估是一件重要而艰难的工作。同时，不同测度进行比较和衡量有一个当量转换问题，测度群间互相合适的转化更为困难。对于复杂性能的定量分析，利用测度进行定量权衡仍是一种科学概括方法。除了概率外，人们常用做某件事所花费时间的长短、试验次数等作为测度。

应该指出，实际工作所确定的测度表征中，常蕴涵某些前提“条件”及与另外“测度”的关联，从而形成复合函数式的测度。例如，对于一种密码的安全测度（如多位 RSA 密码），因为没有合适的算法，只得用计算机和穷举搜索法。在某计算速度条件下，当其破译密码时间（搜索次数×每次计算时间）远大于密码运行时间时，则用安全的来表征；若条件变化，如破解密码的算法不变，但计算机的计算模型变为多次并行计算，解密时间大大缩短（≠搜索次数×每次计算时间），引起“测度”内涵的变化，那么原来安全的密码就变为“不安全”了。这说明利用“测度”概念评估具体事物时有动态特性。

5.2.3.2　占位分析

假设构成某信息系统的必要措施集合的元素数为 n，备选措施集合的元素数为 m，每项措施都具有“双刃剑”效应，完成正向功能的得益为 G_i，使用不当（或发生对抗损失）的损失为 L_i，而发生正面效应的概率为 P_{Bi}，发生负面效应的概率为 $1-P_{Bi}$，系统的评价测度 P_{Bi}，n 是 m 中争取指标具有较大数值的选项数。

当由于信息安全因素导致损失 L_i 很大，且 $1-P_{Bi}$ 很大时，就意味着有值得注意的安全问题，应采取安全措施使 L_i 及 $1-P_{Bi}$ 降低，或避免采用该种措施。信息系统设计中，如果有由于发生信息安全问题而导致很大的 L 值，则表示有安全问题，必须要考虑。

当 L_i 值较大同时又具有重要的得益 Gi 值时，意味着信息系统既要求服务功能又要求安全性能，这是一类功能要求高、约束条件严、完成设计难的信息系统。如果只有功能要求，而没有因信息安全原因可能导致重大损失 L 的，则此类信息系统的设计可较少考虑信息安全措施。如果因信息安全方面失误导致很大的损失 L，而系统服务功能的得益却不高，则设计时应将重点放在信息安全性能方面。

根据以上讨论强调信息系统的不同特征，将信息系统安全对抗性能在系统中的占位概略地分为三类，即

第一类：信息安全对抗性能是信息系统性能指标体系中极其重要的组成部分，应优先着重考虑，实现相应的安全措施，以保证系统总体性能满足要求。

第二类：信息安全对抗性能较重要但并不占“压倒地位”，应根据重要性能指标综合运筹（包括安全对抗性能），使系统整体性能达到可接受程度。

第三类：信息安全对抗性能不占重要部分，不需要重点考虑其实现措施。

本节内容是系统层次信息安全对抗原理具体应用的延伸，由实际应用情况分析，具有高安全性能要求并将安全对抗措施置于系统构建顶层优先位置的信息系统占少数，具有较高安全性能要求又需结合其他功能综合考虑进行构建的信息系统所占比例越来越大，较少考虑或不考虑信息安全的信息系统所占比例将日益减少。

5.3　信息安全与对抗问题的关系表征

5.3.1　基本概念

第 3 章较详细地说明了信息安全与对抗问题的主要内容，第 4 章由“道”出发，讨论了信息安全领域两个层次原理并建立“共道”、“逆道”三环节对抗模型，本章将延伸讨论各种对抗方法的实际需要，并将以前内容做必要延伸。第 3 章所述“信息”及“信息系统”发生安全的内涵以及第 4 章围绕信息系统“道”的斗争将在本章中进一步细化：信息系统的安全对抗问题，可以概括为围绕系统运行过程进行的斗争，即通过改变运行秩序而人为改变运行过程（包括重要状态的改变）和保持原定运行过程间的斗争，由于系统的运动秩序是依靠具体的“道”（规律规则）所建立的，所以，由基础角度思考和研究信息安全问题，引出了第 4 章内容。现在往细致面延伸，根据哲学原理，信息系统作为一个复杂事物，在运动中其内部各部分及内外各部分事物必定处在普遍动态的相互联系、关联、影响中，各种关联、联系被称为“关系”。重要的“关系”遵循系统理论耗散自组织原理而形成运动的规律和规则，因此，对对抗双方围绕信息安全进行“道”的斗争的研究，便可转至由“关系”（重要者）入手进行研究，后面将扼要叙述“关系”的表征——信息系统所涉及的几类普遍的重要关系。实际上，各学科领域都在不断研究各自领域的各专门关系，也正在进行研究学科领域间的交融关系。例如，数学研究函数、映射及算子等价同构等关系，量子物理研究一种微观物质运动关系，信息与生物交融研究 DNA 及生物特性之间的关系等。对关系的研究进而形成的科学定理，就是在一定前提条件下的某种特定又普遍存在的“关系”（“道”），由此可以看出“关系”内容及表达形式的广泛性和重要性。

5.3.2　信息系统状态矢量表示及关系表征

信息系统的状态可用一个多维矢量 $\boldsymbol{S}=\left[S_1,S_2,S_3,\cdots,S_i,\cdots,S_n,t\right]$ 表示，各维将单位向量 $\boldsymbol{e}_1$，$\boldsymbol{e}_2$，$\boldsymbol{e}_3$，…，$\boldsymbol{e}_n$ 作为基，基间并不一定正交（可能存在相关），可根据需要选择。利用多维向量组可以很好地表达系统多层次、多剖面的状态。

系统某一层次、某一剖面的状态表示，可根据相关因素确定向量维数，而无关因素用向量的正交分量表示，即在本层次、本剖面不形成关联分量，但可能通过“关系”在其他剖面产生重要影响，该因素也应列入状态组以备更深入的分析。实际上，一个状态也内含关系，它表示“状态”中各分量间的关系，“状态”是系统中关系作用的中间结果，“关系”和“状态”有密不可分的联系。

例如，移动通信系统在工作过程中建立呼叫关系是不可缺少的。在呼叫关系建立过程中，要用多维向量的动态状态来表征过程，其中信源手机号码、信宿机号码是两个重要分量，通过信源手机号码与基地台建立连接关系。在寻找信宿机具体过程中，很多步骤是利用电信网（有线）与信宿机方面建立呼叫（除了信宿机在同一小区内），而这段分过程中移动基地站也参与其中，并有更多层次状态分量介入。由此可看出，一个事物间复杂的相互关联过程要用含时间因素的状态组相互关联形成。

进一步讨论关系的形成和状态的关系。当某一些“作用”作用于某信息系统上时，系统可用该时刻系统的状态表示，而“作用”则常可用算子 $\boldsymbol{R}$ 表示，即 R_1，$R_2\cdots$，R_i，而 $R_i\boldsymbol{S}$ 表示算子 R_i 作用于状态向量 $\boldsymbol{S}$，算子 R_1，$R_2\cdots$，R_i 等作用于 $\boldsymbol{S}$ 的结果可能是多维向量（包括转化为某分量的正交分量），也可能是标量（一维向量），总之算子可使系统状态起变化。进一步扩充可为系统状态间（也可能是另外系统）的相互作用关系，即 $\boldsymbol{S}_i \cdot \boldsymbol{S}_j$，其中 · 表示算子。算子是一个非常广泛、灵活的概念，表示相互间的作用，其作用范围是多维的空间、时间联合域。以下结合算子及其他方法，讨论信息系统常常涉及算子等表征的几种主要关系。

5.3.2.1 算子表征的关系

算子所表征的主要关系包括：

（1）直接作用关系

① 正向作用关系：对某事物 A 中某剖面某对象 B 的变化起助长作用 C，则称 C 为对事物 A 的 B 剖面的正向关系。例如，利用某相关新工艺可提高某商品质量，则称某新工艺对某产品质量起正向作用。

② 反向作用关系：与上述关系作用相反者。

③ 正、反向作用关系：在该剖面的某子剖面起正向作用，对另外某子剖面起反作用者。很多关系都有此种功能属性，它是一种相反相成的体现。

④ 条件作用关系：在某条件下起正向作用，在另外某条件下起反作用者。如某种细菌感染发病，吃对症药品必须有一定剂量，并持续一定时间，否则病会反复。实际上，条件作用关系是约束关系与直接作用关系相结合形成的关系。直接作用关系可用 $R \cdot \boldsymbol{S}$ 表示为某种作用算子。

（2）约束关系

即指某指称对象（或某状态）的某种性质（状态）存在时，还另外存在某种作为系统运动的限制，这种“限制”对信息系统的运动称为约束关系。约束关系对系统某状态的形成不起直接作用，只起限制作用。如刑法对社会各种正常活动并不起直接支持作用，它约束、威慑犯罪分子，而对正常活动进行保护（可认为是广泛的间接支持作用）。约束关系多为一组时空关系，对系统某“状态”或某对象起约束作用，常在表达关系后加注约束条件，如：$\boldsymbol{R} \cdot \boldsymbol{S} = \boldsymbol{S}_{i+1}$，$\boldsymbol{S}$ 为（$\boldsymbol{S}_1$，$\boldsymbol{S}_2$，…，$\boldsymbol{S}_i$，…，$\boldsymbol{S}_n$，t），在其后加 $\boldsymbol{S}_{i\min} < \boldsymbol{S}_i < \boldsymbol{S}_{i\max}$，$\boldsymbol{S}_{j\min} < \boldsymbol{S}_j < \boldsymbol{S}_{j\max}$，$\boldsymbol{S}_i(t) t_{i\min} < t < t_{i\max}$ 等。

（3）条件关系

即某关系状态存在所需条件，主要分必要条件、充分条件和充要条件。可用以下形式表示。

如在 $\boldsymbol{S}_i$ 为必要条件下，表达形式为：

如果 $\boldsymbol{S}_{i条件} = 0(不存在)$，则 $\boldsymbol{S}_{j事件} = 0(不成立)$；

如果 $\boldsymbol{S}_{i条件} = 1$，则 $\boldsymbol{S}_{j事件} = \begin{bmatrix} 0 \\ 1 \end{bmatrix}(可成立，也可不成立)$。

$\boldsymbol{S}_i$ 为充分条件下，表达形式为：

如果 $\boldsymbol{S}_{i条件} = 0(不存在)$，则 $\boldsymbol{S}_{j事件} = 0$不确定；

如果 $\boldsymbol{S}_{i条件} = 1$，则 $\boldsymbol{S}_{j事件} = 1$。

$\boldsymbol{S}_i$ 为充要条件下，表达形式为：

如果$\boldsymbol{S}_{i条件}=0$(不存在)，则$\boldsymbol{S}_{j事件}=0$；

如果$\boldsymbol{S}_{i条件}=1$，则$\boldsymbol{S}_{j事件}=1$。

（4）联结变换关系（含条件联结变换关系）

联结变换“关系”组成的关系。它可由关系进行组合以构成复杂的关系集合，多数情况下为有条件的联结变换，此时可与上述条件关系联合应用。主要的联结变换关系有：合成关系、分解关系（分岔关系）、变换关系（条件变换关系，包括了“0–1”变换关系）、选择关系（条件关系的一种）、反馈关系（还可再分为正反馈与负反馈关系，正反馈关系加一定条件可形成突变关系）。由以上讨论可以明显看出利用多个联结转换关系可以组合形成更复杂、更起作用的关系集合，从而表征信息系统的运动状态。以下举例说明各种关系组合形成更复杂关系。

（5）作用关系、条件关系及反馈关系的组成

图 5.7 表示由合成关系、选择关系（控制$\pm K$值）、变换关系等组成的闭环反馈关系。

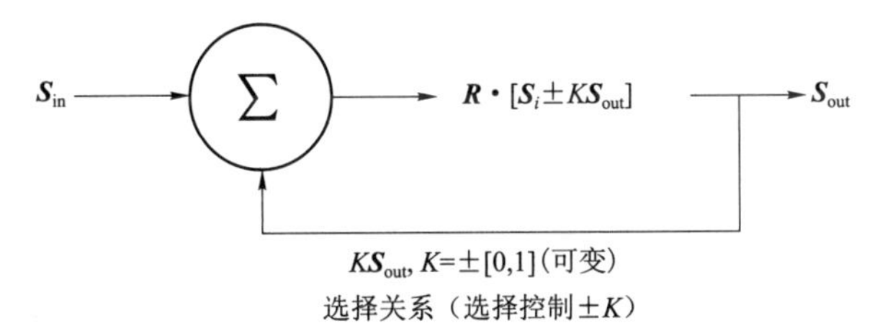

图 5.7　由合成关系、选择关系（控制±K值）、变换关系等组成的闭环反馈关系

图 5.8 表示，在不同变换条件时，$\boldsymbol{R}_{变换}$有不同变换输出$\boldsymbol{S}_{out1}$，$\boldsymbol{S}_{out2}$，…，$\boldsymbol{S}_{outn}$（也可理解为选择关系与变换关系相结合，形成多种变换输出的选择）。

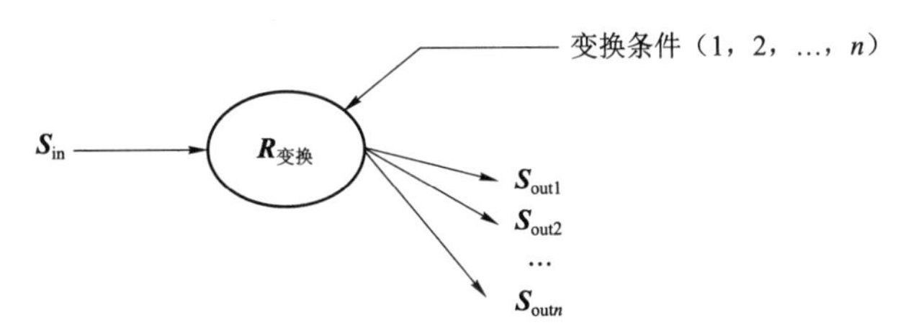

图 5.8　在不同变换条件时，$\boldsymbol{R}_{变换}$有不同变换输出$\boldsymbol{S}_{out1}$，$\boldsymbol{S}_{out2}$，…，$\boldsymbol{S}_{outn}$

5.3.2.2　关系的时间特征

时间、空间是物质存在的基本形式，关系中的互相作用作为一种时空运动，必然与时间有关，上述各种关系与时间的关系结合形成各种各样的性质（也称关系的时间特征）。这些关系大致有下列几种：

① 延时关系，“关系”间的延时状态，$\bar{\boldsymbol{S}}_i(\boldsymbol{S}_1,\cdots,\boldsymbol{S}_2,\cdots,\boldsymbol{S}_n,t)\boldsymbol{\cdot}\boldsymbol{R}_t=\bar{\boldsymbol{S}}(\boldsymbol{S}_1,\cdots,\boldsymbol{S}_2,\cdots,\boldsymbol{S}_n,t-\tau)$。

② 持续关系，关系的作用持续一段时间（也可很短），$\bar{\boldsymbol{S}}_i(\boldsymbol{S}_1,\cdots,\boldsymbol{S}_2,\cdots,\boldsymbol{S}_n,t)\boldsymbol{\cdot}\boldsymbol{R}_t=\bar{\boldsymbol{S}}_i(\boldsymbol{S}_1,\cdots,\boldsymbol{S}_2,\cdots,\boldsymbol{S}_n,t)$。

③ 时间后效关系，一般情况下某种“关系”的作用会延时产生，然后再随时间增加逐渐减弱，减弱周期有长短区别。因为事物发展的复杂性，有时会直接有否定之否定现象。例如，某种药（如四环素）被新的抗生素代替，而被废弃不用，当有一种新细菌（病毒）在社会（用

药环境中）传播，且对新药有抗药性，一旦这种细菌（病毒）形成流行病，则新抗生素无效而老药很可能有效。现在的四环素就发生过这种情况。

$\bar{\boldsymbol{S}}_i(\boldsymbol{S}_1,\cdots,\boldsymbol{S}_2,\cdots,\boldsymbol{S}_n,t)\bullet\boldsymbol{R}_t=\bar{\boldsymbol{S}}_i(\boldsymbol{S}_1,\cdots,\boldsymbol{S}_2,\cdots,\boldsymbol{S}_n,t)\bullet \mathrm{e}^{\tau t}-\bar{\boldsymbol{S}}_i(\boldsymbol{S}_1,\cdots,\boldsymbol{S}_2,\cdots,\boldsymbol{S}_n,t-T_0)$，$T_0\gg\tau$，当$t<T_0$时，$\bar{\boldsymbol{S}}_i=0$。

④ 时间反转关系，$\bar{\boldsymbol{S}}_i(\boldsymbol{S}_1,\cdots,\boldsymbol{S}_2,\cdots,\boldsymbol{S}_n,t)\bullet\boldsymbol{R}_t=\bar{\boldsymbol{S}}_i(\boldsymbol{S}_1,\cdots,\boldsymbol{S}_2,\cdots,\boldsymbol{S}_n,\tau-t)$。

⑤ 时间压缩及放大关系，$\bar{\boldsymbol{S}}_i(\boldsymbol{S}_1,\cdots,\boldsymbol{S}_2,\cdots,\boldsymbol{S}_n,t)\bullet\boldsymbol{R}_t=\bar{\boldsymbol{S}}_i(\boldsymbol{S}_1,\cdots,\boldsymbol{S}_2,\cdots,\boldsymbol{S}_n,t/\tau)$为压缩，$0<t-1$为放大。

⑥ 各种时间关系组合构成复杂时间关系。

⑦ 时间关系的作用可用时间算子来归纳理解。

5.3.2.3 实际应用的说明

本小节较详细地讨论了用以表征信息系统运动的几种“关系”的性质和作用，实际上形成了用“关系”代表系统的转化“映射”。有了这个“映射”和转化概念，就可将本章后续讨论的系统层次安全对抗方法与技术层次方法以“关系”为结合点结合起来，而不致形成在理论体系上的“空缺”。在实际应用中，形成了各种原理方法作用于信息系统的落脚点，为了加深上述概念，在第5.3.3小节中用实例说明各种“关系”，形成移动通信系统宏观序的机理和形成“序”的简要过程。在第5.3.4小节延伸讨论信息系统几类重要的具体关系集合，它们的状态不但影响信息系统服务功能，也密切关联着信息系统的安全状态，这也是为研究具体安全技术进行的铺垫。

5.3.3 移动通信自组织宏观有序关系形成

复杂系统宏观层次自组织序的形成，体现了耗散自组织理论的作用（道），实质上是由系统内外多种关系相互作用所形成的，并扼要表征了系统的生存。

正向驱动主要因素：社会发展、经济发展驱动通信系统在任何人、任何地点、任何时间、任何状态下前进了一步，即人们需要在移动状态进行通信，并构成覆盖广阔的通信网络（即移动通信系统）。

约束条件关系：以语音通信及短信息为主；需要在广大覆盖地区构成通信网络；使用方便可靠，与普通电话相当；手机体积、质量（含电池质量）应足够小和足够轻；耗电及电池工作时间分别应足够小和足够长；使用成本低（不同类用户具有不同门限，成本越低，用户可能数越多）。

技术层次形成多个约束条件的集合，如：

① 多用户与有限可用信息资源间矛盾的解决，移动用户与联系基站接力交接、远地漫游问题的解决。采用TDMA和CDMA优于FDMA的分析决策，与电信网络联合工作解决长途远距离漫游。

② 利用技术发展来减轻使用成本的约束，由最初为电话通信的几十倍，连续降至十几倍及几倍，个人手机购置费呈十几倍的下降。利用微电子集成技术形成了成本下降而用户数不断增加、运营获取利润并互动的良性循环。“约束条件”是多层次动态变化的，并随社会发展及竞争机制的存在而变化，约束条件的极限不能超越规律形成的自然决定性，如GSM的基地站范围内用户数是由体制及所分配资源决定，不能超出用户数的极限值。

多层次关系交织反向作用关系，它同时起排斥和刺激作用，如：与约束条件最低允许限的超差构成反向扼杀及寻求出路的正向推动作用关系；与现有相似生存系统的功能的微小差别构成主要竞争作用关系；与同类竞争者的微小差距及反差构成反向作用关系，克服各反向作用促使其发展是“相反相成”规律的体现。

支持关系是相互作用中所形成的一种起支持作用的关系集合，它往往具有开放性质，延伸到很多层次直至科学基础，如大规模高频功率集成芯片及嵌入式系统技术、表面安装技术、数字技术及软件协议技术（开放式结构）、高级软件技术及网络控制管理软件技术、与电信网络结合的漫游寻址技术。以上为技术因素形成的直接正向支持关系，支持关系在起支持作用时不可避免产生新的约束关系，以及潜伏的反向作用。

在移动通信中有众多联结关系，如：用户数 N 的增加（在门限数以下）形成正反馈关系，GSM 与 CDMA（宽带）的特性加以其他因素构成选择 GSM（TDMA 为主）的体制选择关系。

以上几类关系互相作用，形成了我国移动电话现行主流体制——GSM（CDMA）体制。全国已形成大面积覆盖（包括沿铁路线大部分覆盖）并实现部分国际移动通信，移动用户数达世界第一位，而且还在不断增加。用户进一步增加（特别是较发达地区），将达到基地站内用户数的极限，此时，必将产生具有新“序”的移动通信系统，或势必对现行系统进行重大改进。

各种关系的作用示意框图如图 5.9 所示。

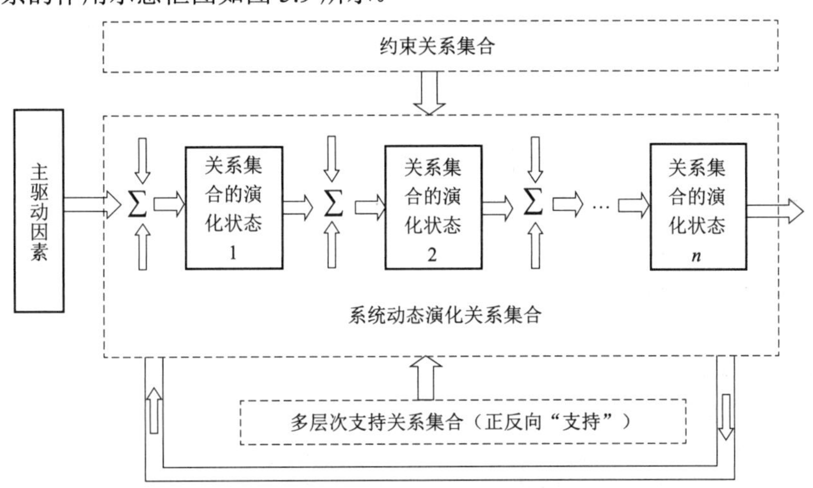

图 5.9 各种关系间的相互作用自组织形成宏观序的过程示意图

5.3.4 影响信息系统安全的几种重要关系

在信息系统中，影响信息系统正常工作、形成安全漏洞、造成损失的关系可能非常多，如果凡是可能影响系统工作秩序和违反运行规律的关系，不论可能造成损失的大小，都加以考虑和研究，则数量庞大至难以进行，在此选择对主要的关系加以讨论。

5.3.4.1 算法及其语言

算法是精确定义的一系列规则，它指明如何从给定的输入信息经过有限步骤产生所需要的输出。算法具有五个特征：算法必在有限步骤内结束，称为终止性；每一步必有精确定义，而规定是严格无歧义的；算法在运行前要具备初始信息；算法一般在终止时有确定的结果，输入和输出信息之间有一定的逻辑关系；算法的存在，必须同时考虑在一定时间、空间内有可以实现的条件。

算法语言是描述算法、面向解题过程的程序设计语言，算法及算法语言的“算”是广义计算，绝不仅限于算数或数学之算，而是指有规律的计算步骤的集成（符合图灵机模型为基本条件）。算法和算法语言在信息安全与对抗领域中之所以重要，是因为攻击方与反攻击方都需要它，攻击方有些攻击的成功是通过破坏算法，利用算法中的核心步骤达到的。

例如，对密码算法而言，掌握新的有效算法就意味着取得在密码领域较多的优势，可以用来攻破密码的保密性；而反攻击方则应掌握算法的核心，尽力避免其为攻击方所利用。再如，入侵检测算法主要用于检测已知的攻击行为，检测准确率一般也较高，但对于未知攻击，其检测能力就大大下降了。

5.3.4.2 运行管理软件

一个较复杂的大型信息系统，其系统运行管理软件，实质上也是一个复杂的软件系统，它一般由很多子系统整合而成，子系统又可分为子系统，再细化分为软件模块等。算法又往往是构成软件模块的基础，在不同信息系统中，各种专门的系统运行管理软件往往有专门的名称。

以计算机领域中的系统软件为例，其中操作系统、编译系统都是通用计算机系统软件中的子系统。当计算机组成网络后，网络中的运行管理软件系统又常用网络操作系统。又如，电信网络中很著名的7号信令系统，实际上是其运行管理软件之一。电信系统开展的各种新业务，其支持核心是各种相应的新运行管理软件，它们建立并融入原系统软件并形成新的全系统运行管理软件系统，其他各类信息系统（特别是大型复杂信息系统）都有各自的运行管理软件系统。它与应用层密切相连、与应用软件相结合，才能形成功能优良、使用方便且安全可靠地发挥应用效能的软件系统。附带指出，很多功能和技术先进且敏感的信息系统（如卫星通信系统），其内部核心管理软件列入关键技术，因此是严格保密而不出售的。

基于信息系统的运行管理软件在信息系统中客观重要，在安全领域同样具有重要意义。攻击方一旦控制了被攻击方的运行管理软件，则很大程度上对系统运行多种攻击的目的都将较容易达到，即使攻击方达不到很大程度上掌握系统运行软件，只要找出其中一些漏洞就可实施相应的攻击。对信息系统的营运方，使用方（抗攻击方）保持系统运行管理软件正常工作，免遭攻击破坏是件艰难的事，主要原因有：其一，大型软件的正确性、无错误的验证尚无理论上的方法，有的属于数学上的NP难题，因此漏洞不可能完全避免，有漏洞就会引致攻击。其二，由于软件本身的复杂性，要全面分析可被利用或作为攻击之处，即前面所提出的“共道–逆道”概念和模型中所有可以反其道而行之处，则更是难上加难。除了复杂性外，攻击方式还有不可知、不确定性，追求绝对安全是不可能的，而且也违反了发展进化不会停顿的基本概念。计算机内病毒的主要机理是利用系统运行管理软件的工作机理，夺取其运行控制权，进行繁殖及破坏，而企图设计一种能抗各种病毒的操作系统是不可能的。其三，软件系统是开放的，即要与应用者打交道，而不是孤立封闭状态，攻击者可伪装成应用者与管理运行软件打交道进而伺机攻击破坏，Windows 操作系统的漏洞不断出现便是一例。

5.3.4.3　信息系统协议

协议的含义是协商议定共同遵守的约束和步骤，用以共同完成某种、某类事物。一个协议完备并起作用，必须具备以下特征：

① 与协议有关的当事人各方，事先必须充分了解协议内容，并知道遵照协议执行的具体步骤。

② 当事人必须同意严格遵守协议方的入局，并同意接受遵守协议情况的监督。

③ 协议内容本身必须是清楚的、有明确定义的，不会由于含混而产生误解。对完成事物而言必然是完备的，对完成事物过程中各种具体情况都应涵盖，而且规定的具体动作、协议的步骤有固定执行次序，不能跳越执行。每个步骤包括广义的计算（含定理、认证、检测等）及信息传递。

由协议定义可看出，协议涉及的内容非常广泛，各类信息系统在工作时离不开支持其工作运行的各种协议组成的协议子系统，它是信息系统结构中重要软件组成的基础构件之一，也是信息系统运行所不可缺少的。信息系统安全协议是系统协议的重要组成部分，它本身又包含了各种协议，如利用密码保护信息内容时，在系统运行中应首先建立密码运行协议，以保证密码安全有效运行。此外，非专门为了保证安全设立的安全协议，往往需考虑与安全因素相配合的措施和功能，这是系统的一种客观需要。这就使得信息安全对抗因素的考虑范围扩展到信息系统的协议体系，所以重要的协议应建立信息安全对抗概念。由于以前安全对抗问题没有现在严重，因此，IPv4 协议没有过多考虑安全问题。

5.3.4.4　个性关系集合

事物个性的关系及个性关系的组合可形成个性关系集合。

个性（即特殊性）是一个相对概念，在一定范围内是特殊性，在另外更具体、更小范围内可能就是普遍性。如某些信息系统的协议，在具体关系作用范围形成个性的体现，但对于它的适用领域又呈现共性、普遍性——可普遍适用性。个性（特殊性）与共性还可组合而形成在原共性范围内的特殊性，如信息系统所用某种协议（在其适用范围）呈现共性，一旦加入具体对象（如信息地址、信宿地址），则在原适用范围呈现特殊性。在信息安全领域，相对而言共性不如个性对安全性敏感，因此共性与个性组合形成个性的情况下，组成个性的个性更应注意保持其个性的封闭。

个性有多种表现形式，概括说来，运动特殊状态的表达即可被认为是特殊性的表现，因此用信息来表达特殊性时，特殊性作为一种特殊的运动形式是不能更改的。在实际活动中，特别是在信息系统中，往往是利用特殊性的表达形式进行交往，例如用个人代号、IP 地址、个人密码、个人数字签名等特殊信息代表具体的个人。进一步而言，还有特殊性的个体间进行交往而构成特殊性的过程，例如某甲与某乙进行保密通信，签订双方协议，这些过程也可认为是个性关系组合。

5.4　信息安全与对抗的系统层次方法

5.4.1　基本概念

人们称实现某种目的所遵循的重要路径和各种办法为“方法”，“方法”的产生是按照事物机理、规律找出的具体的一些实现路径和办法，因此产生办法的“原理”族（集合）是“方法”的基础。在信息安全与对抗领域上所讲述的原理是本小节所叙述方法的基础，面对重要的问题时，应根据实际情况运用诸原理，灵活地创造解决问题的各种方法。本小节只能叙述一些指导性方法，或称原理性指导方法。

“方法”按其作用机理也可分为几个层次。

第一层次即总体层次，全局性方法。该层次方法是针对信息安全对抗领域矛盾的演化发展，研究其发展规律、发展方向、发展路径的方法，以及结合具体实际研究发展路径、发展进程中掌握控制关键点的方法，这层次的方法实质上是思维方式性方法，是研究具体方法的方法，起着发展战略作用，对认清某领域的发展态势、发展规律和正确决定发展路径起着重要作用。

第二层次的方法是方案性方法，即针对某些（或某类）信息安全问题，结合实际情况研究其内在发展运动机理，挖掘一切可利用因素，形成解决某些信息安全问题的方案性方法。本层次考虑解决问题的范畴和性质比第一层次范围要具体深入，属于总体性质，即同时具有总体性质又具有具体问题性质，这类方法为支持形成正确科学总体方案起重要作用。

第三层次是具体技术性方法，这类方法是直接利用各相关技术对问题进行解决，应用这类方法的要点是选择相关有效“技术”，使实施效果明显而付出代价较小。

对某种方法而言，其效果性质往往并非绝对局限于某一层次，而有可能兼有几个层次的作用意义。本小节主要讨论前两层次方法，附带第三层次方法。三个层次方法间相互关系，有支持也有制约，从而构成方法的整体。

5.4.2 反其道而行之相反相成战略核心方法

本方法（以下用“方法”代表本方法）兼有两个层次作用。

“方法”首先具有指导思维方式功能，属第一层次方法，具体表现在：

① “方法”普遍适用于对抗双方，因为对抗双方都必须应用本“方法”，谁不应用，谁必吃亏；然后双方都必须进一步考虑己方与对方同时应用本方法可能形成复杂交叉对抗环境的情况。

② 在对抗展开的时间、空间普遍应用本方法，即在各种类型“对抗空间”的各层次、各剖面的“对抗”行动应用本方法；对抗过程中全时域历程，即过程中各时间阶段、分子段、片段等应用本方法；对抗过程中时空（广义）域的联合展开中也都应有所应用。

③ 由于“在共道基础上相反相成”原理是对立统一律在信息安全对抗领域的具体化，“原理”起核心作用，而本“方法”是“原理”的应用，也起核心作用。“相反相成”体现深层次辩证机理，是一种思维方式，也是一种思维方法。

“方法”在第二层次发挥核心机理作用，对形成方案性方法起重要作用，体现在：

① “方法”可以与第4章相关原理相结合，根据实际情况挖掘“对抗”内在机理，巧妙地形成各种有效对抗方案性方法（这部分内容，后续进行专门的讨论）。

② “方法”中“相反相成”部分往往巧妙地利用各种因素，包括利用对方“力量”形成有效对抗方法，其基础是第4.3.4小节原理（“在共道基础上反其道而行之相反相成”）中的“相反相成”部分，该小节中应用举例提前说明了本“方法”与第4.3.4小节原理相结合所起的作用。

在第二层次，本“方法”独立或与其他原理结合，形成信息安全对抗领域的技术方案性方法。现举例说明，思路如下：

① 对于对方对抗行动的“条件”（充分、必要、充要）实行反其道而行之以破坏对方的行动。例如，脚本病毒需要脚本运行环境，禁止启动其运行环境就可以防止脚本病毒的运行。

② 对于对方对抗行动的机理，直接实行反其道而行之破坏其行动效果。例如，恶意软件可通过破坏 Windows 的 UAC 机理实现软件的自运行。

③ 调整己方对抗行动机理，使之与对方对抗机理间关系为正交性质，使对方对抗机理与己方机理不发生关系，从而消除对方行动效果，这是在对抗层次的广义“反其道而行之”。

④ 利用“新量子信息”具有的不同于现“信息”的特征，即具有不可触及性的新特征。如果外来任何“影响”触及其工作机理，则它立刻发生变化并偏离正常状态，以表示有外来影响介入了系统而告警。

“方法”的具体应用举例如下：在通信或雷达碰到干扰信号对抗时，可加大通信功率以压制干扰。在信息系统工作过程中，所用的某种信息媒介受到对抗攻击时，可更换为另一种工作机理不同的信息媒介，以利用与攻击机理无关的机理工作来应对攻击，如更换电磁波工作波段便是最普适的例子。正在研究的量子通信中，量子编码便是以“不可触及”特性灵敏感知存在的攻击以保证正常通信。后面将就本“方法”与其他重要原理相结合形成的一些技术性方案的方法为例加以说明。

5.4.3 反其道而行之相反相成综合应用方法

5.4.3.1 “反其道而行之相反相成方法”与“信息存在的相对性原理”、“广义时空间及时间维信息多层次交织表征及测度有限原定理”相结合形成的方法

一切对抗的基本机理是反其道而行之，因此，在信息对抗领域遵循此机理的反其道而行之方法是基本方法，应用中结合“信息”的特征是基本前提，因此，结合“信息存在相对性原理”、“广义空间维及时间维信息的有限尺度表征原理”是重要的。

在以电磁信号为信息媒介的应用情况下，进行攻击的有效方法是产生攻击信号、掩盖对方信号，使对方难以区别（在时域、空域上）原信号，而反攻击方则在所有信号在时空中只占有限尺度原理的基础上，利用己方与攻击信号间的各种存在差异找出信号间的差异，从而区别信号与攻击信号，这是利用 “信息存在相对性原理”、 “广义空间维及时间维信息的有限尺度表征原理”等原理实行的“反其道而行之”。

现代信号处理就是按此原则具体实现的一类方法，如时空变换、多阶累量分析、现代谱分析等，计算机取证技术也较充分地体现了这些原理的结合应用。

5.4.3.2 “反其道而行之相反相成方法”与“争夺制对抗信息权及快速建立系统对策响应原理”相结合形成的方法

争夺并率先掌握对抗信息及其内涵是对抗双方都十分在意的事，因为只有在掌握对抗信息方面具有优势，才有可能在后续对抗中占主动并获胜。在双方围绕“对抗信息”的斗争中，“反其道而行之相反相成”是一种重要方法，在多层次场合中起重要作用，与“双方争夺制信

息权及快速反应原理”相结合，运用得体的一方就能在相应的对抗中占优势。

下面简要分析两个原理相结合形成更有效方法的机理。“对抗信息”之所以重要，其根本原因是对抗信息与对抗行动间的对应关系，即由“信息”推断出行动的机理和意图。对抗双方既竭力获得对方的“对抗信息”以利于进行对抗，又要防止对方获得己方对抗信息以破坏己方行动。在做法上双方有相同之处，但又各自反对方而行。具体的“反其道而行之”有多种方法：可以隐藏对抗信息的存在，也可藏匿和误导信息内容，还可以在时间维上进行斗争以延误对方知晓信息的时间，从而阻止对方及时反应、及时采取对策。

结合应用“反其道而行之相反相成”与“争夺制对抗信息权及快速反应”原理形成对抗方案的过程中，需要结合更深层次的“原理”进行考虑。例如，某一行动方考虑对抗方案过程中，事前应考虑到对方也会在围绕对抗信息的斗争中，采用多回合的“反其道而行之相反相成”、“共其道而行之相成相反”方法。因此，这一方必须有针对性、灵活地“运用反其道而行之相反相成”与“共其道而行之相成相反”的组合以对抗对方的组合，形成动态对抗过程。两原理的组合具有多种灵活性，应结合具体情况和技术方法决策性地确定。例如，可以用“反其道而行之相反相成”的方法对抗对方反其道的方法，也可用于对抗对方“共其道而行之相成相反”的方法。

事实上，在复杂的信息安全对抗领域内，“反其道而行之相反相成”及“共其道而行之相成相反”原理，既是规律又是基本思维方法，还是形成技术性方案的重要方法，其重要性在多处都有所显示，而精彩地发挥应用多成为信息对抗领域的典型范例，前面所述的中途岛战役便是一个典型案例。

5.4.3.3 “反其道而行之相反相成方法”与“争夺制对抗信息权及快速建立系统对策响应原理”、“技术核心措施转移构成串行链结构而形成脆弱性原理”相结合形成的方法

“反其道而行之相反相成方法”、“争夺制对抗信息权及快速建立系统对策响应原理”与“技术核心措施转移构成串行链结构而形成脆弱性原理”相结合，可以形成一类技术方案性方法，使其在对抗过程中起重要作用。例如，对抗双方都意识到自己的措施串联链中的薄弱环节，最易因对方采取“反其道而行之相反相成”的方法而出现问题，应多加防范，这样便形成了通常意义上的“薄弱”环节、“不薄弱”环节的转移和不固定情况。

双方在对抗过程中选择对抗切入点时，需根据实际情况所涉及的多种因素，在双方都实施反其道而行之的前提下进行斗智的博弈选择。实际情况是对抗双方在反其道而行之的核心机理支配下，与其他原理相结合构成了更复杂的对抗环境，同时也是发挥人的主观能动性和智慧的场合。

5.4.3.4 “反其道而行之相反相成方法”及“变换、对称变换与不对称变换应用原理”相结合形成的方法

“对称变换”与“不对称变换”在直接含义下互为对方的否定，这是两者的对立性，从结合角度上它们是可结合的（对称变换结合不对称变换）、可转换的（有条件的转换），由此呈现统一性。“对立统一”，在辩证意义呈现的“相反相成”特性非常重要，如不对称变换与不

对称逆变换构成一个对称变换（压缩变换与解压变换、调制变换与解调变换、加密变换与解密变换等），以上内容可以用于对抗场合。例如，对抗一方将欲对对方隔离的某些事物特性，利用对称和不对称变换及“反其道而行之相反相成”就可以实现利用变换置对方于付出代价很大（耗损）的不对称位置，而己方则利用具有的条件，将该事物某性质处于变换对称位置，经变换“性质”不变而不受影响。这种对抗技术方案性方法有多种，如己方利用密码保护使通信内容不泄露，令对方因不知密钥而需花大量精力、时间破密，从而丧失了获得保密内容的时机，使得使用密码通信方内容保密成功。这时，对另一方因条件不同就构不成对称变换而承担不对称变换的损耗，这种损耗值可能很大。

一个较复杂事物常由其多层次、多剖面性质所组成。对于一个变换（或变换群），某个剖面对变换有对称性质（变换前后该剖面代表的性质不变），另外剖面性质对变换往往就不具对称性质。在对抗场合，这些特点可用于“对抗”，如经变换将对方行动属性置于变换后的“谷点”，己方某属性保持变换不变性，这样一种“变换”是一种有利于己方的对抗行动。利用阵控天线在空间将接收波束零点对准对方干扰方向，峰点匹配己方，便是一种应用（当对抗对方和己方所占空间有区别情况下），这是另一种对抗与不对称变换相结合用于“对抗”中的例子。由以上叙述可看出，“反其道而行之相反相成”与“对称、不对称变换”相结合是一种对抗技术方案方法，可以形成多种具体的对抗方法。

5.4.4　共其道而行之相成相反重要实用方法

在第 4 章中介绍了“共其道而行之相成相反”原理，根据这一原理，双方也可形成各种对抗性方法。本节就“对抗过程”的展开做进一步说明。

“对抗过程”是由下列多特征因素动态交织组成的：对抗双方、对抗特征、对抗展开空间、对抗延续过程展开（时间维）。

“相成相反”展开为：某方在某层次某过程对于某事相成，某方在某层次某过程对于某事相反，前后两个“某方”不一定为同一方。在实际对抗过程中，对抗双方都会应用“共其道而行之相成相反”方法。类同第 5.4.3 小节所叙述情况，应灵活有针对性地应用本方法与“反其道而行之相反相成”组合以对抗对方的“组合”，其中本方法可以对抗对方的“反其道”的方法，也可对抗“共其道”的方法。

例如，A、B 为对抗双方，A 方欲收集 B 方的重要“信息”，则 A 方必须设法进入 B 方信息系统，B 方可以阻挠其非法进入自己的信息系统，也可以再备一手，即针对重要信息，反向设置假信息以对抗 A 方。对 A 方而言，第一阶段第一层次的“成”，反而形成效果层次或第二阶段之败（反向结果），是“相成相反”；对 B 方而言，可利用第一阶段第一层次对自己的不利（反），反向取得第二阶段更深层次的获胜，可以认为这是一种“相反相成”。由上述论述可看出，信息安全对抗是复杂的多层次、多剖面，且由子片段、子过程、过程组成的，由于双方都竭力隐藏己方意图，而希望摸清对方意图，企图制胜，使得结局具有不确定性和意外性。信息对抗结局往往事关重大，信息对抗双方都在不遗余力地研究对抗制胜的规律、办法，从而使问题日益复杂地相互交织斗争，在交织状态中分析“反其道而行之相反相成”与“共其道而行之相成相反”具有相互交织与转变特性。这是在实际应用中很值得注意的特征，由交织转换特征容易得出以下认识：“共其道而行之相成相反”方法在信息安全对抗领域具有思维方法和方案性方法的性质特征，并可与第 4 章相关原理相结合，扩大发挥作用的范围。

5.4.5 针对复合式攻击的各个击破对抗方法

复合攻击指攻击方组织多层次、多剖面的时间、空间攻击的一种攻击模式，其特点是除在每一层次、剖面的攻击都产生信息系统安全问题外，实施中还在对对方所采取的对抗措施中形成新的附加攻击。这是一种自动形成、连环攻击的严重攻击，因为它使抗攻击方处在左右为难的困难境地，造成不采取反击措施不行、采取措施也不行的局面。

例如，攻击火控系统雷达时，采用干扰及反辐射导弹复合攻击模式，来干扰雷达的跟踪精度，当雷达增加发射功率以抗干扰时，用反辐射导弹攻击雷达就容易瞄准而较易攻击成功。又如，对计算机互联网进行复合攻击的一种模式为：先进行某种掩护性攻击（如发送佯攻信息包），吸引入侵检测系统 IDS 启动监控，如果 IDS 大部分能力用于监控佯攻，则主要攻击就较易突破 IDS 监控，如 IDS 不监控佯攻，不采取措施，则佯攻也起攻击效果。

对抗复合攻击的重要原理：加强对抗信息斗争优势，由对抗信息尽快正确理解攻击，即掌握攻击目的、攻击机理等攻击要素。采用反其道而行之的对抗措施，可利用对方攻击次序差异（时间、空间）各个击破，也可采取这样一种方法，使对抗攻击措施中不提供形成附加攻击的因素，这样使附加攻击无实施条件。如火控雷达利用快速反应性能先发制人攻击敌方飞机而并不增加功率，形不成或减少敌机反辐射导弹快速瞄准火控雷达的机会，以减少复合攻击的概率。有效对付复合攻击是件很复杂的事，在不可能避免攻击时，应选择损失相对小者。

5.5 信息安全与对抗的技术层次方法

5.5.1 信息隐藏及其现代密码技术

在信息系统工作过程中将信息进行隐藏是保证系统安全的重要方法之一，隐藏是对不遵守秩序对象非法获得信息者的防御性方法。本节将分析介绍各种原理方法，实际应用中尚需一系列配套关系，如相应协议、算法等。同时，根据实际情况可以采用几种方法配合叠套使用，以获得更好效果。

5.5.1.1 信息内容密码隐藏

基本概念为：通过使用密钥的加密变换，将信息内容变为密文而防止内容泄露。合法用户接受密文后，利用解密密钥将密文经解密并恢复为明文，其原理过程如图 5.10 所示。

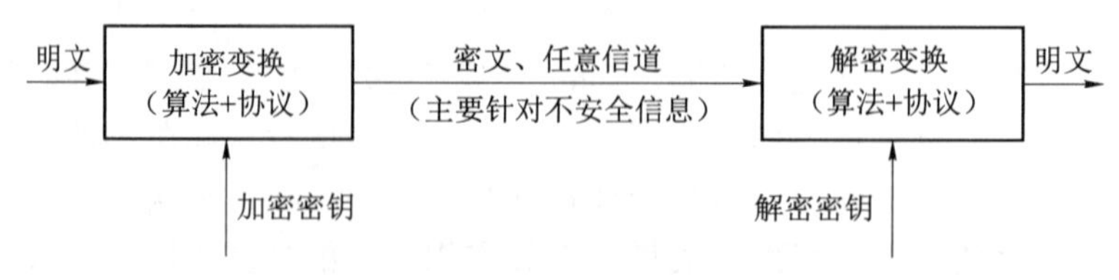

图 5.10 信息加密、解密基本原理

对于合法用户而言，利用对明文的对称变换（加密、解密变换对），可使明文无法变化，而违规用户因其得不到密钥而无法进行解密变换，得到不明文（处在非对称变换状态）。由此可明显看到，利用密码技术除了其本身的保密性，密钥的合理使用是不可回避的关键，这是第 4 章所提及的问题核心不断转移原理在应用中的体现（将在第 5.6 节中通过举例加以系统性叙述）。按密钥类型，密码体系可分为：公开密钥（加密密钥）系和对称密钥系（加解密用同一密钥）。密码技术的测度衡量可由两方面内容组成，即安全测度和其他功能及使用性能测度。关于密码体制，可分为序列密码体制和分组加密体制。

分组加密：加密方式是首先将明文序列以固定长度进行分组，每一组明文用相同的密钥和加密函数进行运算。一般为了减少存储量和提高运算速度，密钥的长度有限，因而加密函数的复杂性成为系统安全的关键。分组密钥常用 Shannon 所提出的迭代密钥体制，即把一个密钥技术强度较弱的函数经过多次迭代后获得强的密钥函数，每次迭代称为一轮，每一轮由上一轮的输出和本轮密钥经过替代盒进行加密。每一轮的子密钥都不同，由主密钥控制下的密钥编排算法得到。分组密码设计的核心是构造既具有可逆性又有很强的非线性的算法。加密函数重复地使用了代替和置换两种基本的加密变换，即 Shannon 于 1949 年发现隐蔽信息的两种技术：混乱和扩散。混乱是改变信息块使输出位和输入位无明显统计关系，扩散是将明文位和密钥的效应传播到密文的其他位。另外，在基本加密算法前后，还要进行移位和扩展。单密钥体 DES 密码算法，是一种典型的分组加密体制。

序列加密：另有一种密码体制为对明文每一比特进行密码变换，这种密码体制称为序列密码体制。例如，语音保密通信中就较多采用这种密码体制。其具体实现方法，可用硬件实现定静算法，再临时输入密钥与固定算法相结合，实现安全的秘密通信。密钥形成也可有多种方法，通常利用一组较长的随机序列，可用移位寄存器产生，再经各种非线性处理，如删节某些位数、压缩合并等，从而形成一个安全密钥。此密钥为对称的，加密解密共用（必须安全传递），其工作示意如图 5.11 所示。

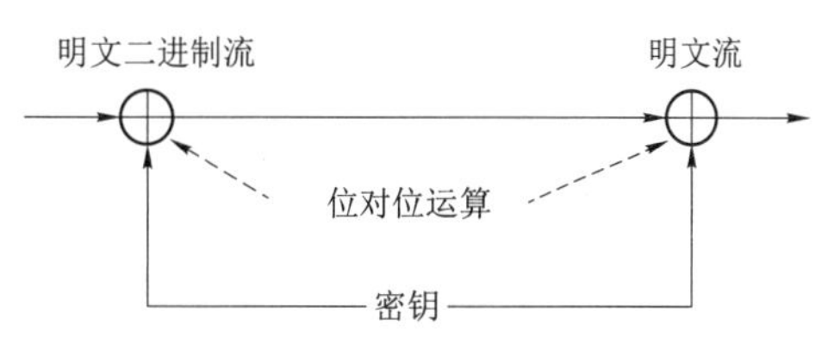

图 5.11　序列加密工作示意图

1. RSA 公开密钥密码

RSA 算法以三位发明人（Ron Rivest，Adi Shamir 和 Leonard Adleman）姓氏的首字母组成，它的理论基础是一种特殊的可逆幂模运算。它的安全性是基于数论中大整数的素因子分解的困难性，下面列出三条相关定理：

① 欧拉定理：对任意 a 和 n，若 $\gcd(a,n)=1$，则有 $a^{\varphi(n)}\equiv 1\ (\bmod\ n)$。

其中，$\gcd(a,n)$ 表示 a 和 n 的最大公约数；$\varphi(n)$ 称为欧拉函数，其值是比 n 小，但与 n 互素的正整数的个数。若 n 为素数，则 $\varphi(n)=n-1$；mod 为取模运算，$a \bmod m$ 表示 a 除以 m 的余数；如果两个数 a 和 b 之差能被 m 整除，那么我们就说 a 和 b 对模数 m 同余，记作 $a\equiv b\ (\bmod\ m)$。由同余的定义，可以把 $a \bmod m = b$ 记作 $a\equiv b\ (\bmod\ m)$。

② 若 $\gcd(m,n)=1$，则有 $\varphi(m\times n)=\varphi(m)\times\varphi(n)$。

③ 设 p 和 q 是两个不同的素数，$n=p\times q$，对任意的整数 x（$0\leqslant x\leqslant n$）及任意的非负整数 k，有 $x^{k\varphi(n)+1}\equiv x\ (\bmod\ n)$。

下面给出 RSA 的算法描述：

① 选择两个大素数 p 和 q；

② 计算 $n=p\times q$ 和 $\varphi(n)=(p-1)\times(q-1)$；

③ 选择一个加密密钥 e，使之满足 $0<e<\varphi(n)$，且 gcd（e，$\varphi(n)$）=1；

④ 解密密钥 d，使之满足 $0<d<\varphi(n)$，且 $d\times e=1$（mod $\varphi(n)$）；

⑤ 得出所需要的公开密钥和秘密密钥。

公开密钥：$P_k=\{e, n\}$。

秘密密钥：$S_k=\{d, n\}$。

在该算法中，p、q、$\varphi(n)$ 是不公开的。

基于 RSA 算法的加解密过程如下：

若用 m 表示明文，用 c 表示密文（m 和 c 均小于 n），则加密和解密运算为：

加密：$c=E_k(m)=m^{\mathrm{e}}$（mod n）；

解密：$m=D_k(c)=c^{\mathrm{e}}$（mod n）。

下面给出证明过程。

证明：对于任何 k 及任何 m（$m<n$），恒有 $m^{k\varphi(n)+1}\equiv m$（mod n）。若 gcd（m, n）= 1，则由欧拉定理可知：

$m^{\varphi(n)}\equiv 1$（mod n），若 gcd（m，n）>1，由于 $n=pq$，故 gcd（m，n）必含 p、q 之一。

设 gcd（m，n）= p，或 $m=cp$，$1\leqslant c<q$，由欧拉定理：$m^{\varphi(q)}\equiv 1$（mod q），因此，对任何 k，总有：

$m^{k(q-1)}\equiv 1$（mod q），

$m^{k(p-1)(q-1)}\equiv 1^{k(p-1)}$（mod q）$\equiv 1$（mod q），

$m^{k\varphi(n)}\equiv 1$（mod q），或 $1=m^{k\varphi(n)}+hp$，其中 h 是某个整数。

由假定 $m=cp$，所以 $m=m^{k\varphi(n)+1}+hcpq$，这就证明了 $m^{k\varphi(n)+1}\equiv m$（mod n）。

以 A 将信息加密传送给 B 为例：

① A 将要传送的明文 m 分块并数字化，每块数字化明文 m 的长度不大于$[\lg 2^n]$；

② A 分别对明文 m 用 B 的公开密钥$\{e, n\}$进行加密，即 $c=m^e$（mod n）；

③ A 将密文 c 分别传送给 B。

B 收到密文 c 后，用自己的私密钥$\{d, n\}$对 c 进行解密，得到明文 m，即 $m=c^d$（mod n）。

2. 应用分析

该原理的充要条件建立，是质数的选取以 n 越大越好，才可使因式分解困难，故 p 和 q 两数需很大才行，但现在没有大质数产生公式，只可根据当数很大时质数间差近似等于 $\lg p$，$\lg p$ 数字增长比 p 数字增长慢得多，故可依次搜寻直到找到大质数为止。紧接着便是质数如何验证难题，有人会问为什么试除法不行？在绝对意义上讲是可用的，但在现实的时空条件中行不通，例如 $2^{512}+1$ 这样的大数，用试除法确定质数，其所需时间大得惊人。利用费尔马小定理即 $\boldsymbol{X}^p=\boldsymbol{X} \bmod p$，当 p 是质数时一定满足，当 p 不是质数时，只有小概率满足费尔马小定理，当 p 数大时，概率更小。

运算方法分析：加密运算先算 X^a 后再求模，等同于 $\boldsymbol{X}(\bmod n)\bullet\boldsymbol{X}(\bmod n)\bullet\cdots\bullet\boldsymbol{X}(\bmod n)$，$a$ 个 $\boldsymbol{X}$ 相乘求模=模的乘积，故可先求模后求方以避免大数运算造成计算机溢出。解密计算 $[\boldsymbol{X}^a \bmod n]^b$，首先它等同于 $[\boldsymbol{X}^a]^b \bmod n$ 计算，在计算过程中，也按上述加密过程在 $\boldsymbol{X}^a \bmod n$ 基础上做一定方次计算后接着就求模运算，而不必做完 b 次方后再求模。即使这样简化加密解密过程，RSA 码在使用过程中仍嫌太烦琐而不方便。

3. 密码应用安全分析

密码安全度的分析有多种测度，对 RSA 算法推荐以下一种安全测度，即以在现实科技条件下破解密码所需时间为安全测度，如所需时间为不可实现的天文数字，则称这种密码为绝对安全的；若时间远远大于一个密钥运行时间（密钥可以更换），则称密码是安全的。

至于破解密码所需时间，又取决于有无专门的破解密码算法。由计算数学上分析，如果计算步骤数 S 是确定性的，可由输入量 x 的多项式表达计算，即 $\boldsymbol{S}=a_n x^n+a_{n-1}x^{n-1}+\cdots+a_0$，则称此计算问题为 P 类问题。P 类问题认为是可以计算的，不能用此类问题构成密码。不确定性多项式，即接续计算步骤是不确定的，即 nonidetenministic polynomial，相当于多个甚至无限个 P 问题的组合，称为 NP 问题。NP 问题中如能找到一条 Hamilton 回路，则一定可转化为 P 类问题，但求一个 NP 问题是否有 Hamiltion 回路就需要与输入量呈指数级的计算步骤。因此，破解密码算法是一个 NP 问题，这是密码安全的必要条件，如果破密算法步骤与输入量呈指数增长，在输入量很大时，计算步骤成天文数字，则该密码体制也可认为是安全的。第二个因素是计算机的计算速度，如计算速度大大提高（如设想的量子计算机能实现，则计算模式由现在的图灵机变为全并联式计算），计算时间大大缩短，则一种安全密码会由安全的变为不安全的。因此，某一种密码的安全是一个相对概念，利用以上内容具体分析 RSA 密码的安全性。

n、b 是公开的，a、p、q 是保密的。

知道 n 求解 p、q 这是大数分解问题，它是一个 NP 问题。目前已知最好的算法是有人分析得出所需次数为 $\mathrm{e}^{\sqrt{\ln n \cdot \ln(\ln n)}}$，当 n 很大时，用现代化高速大型计算机计算，如每秒运行万亿次，$n=10^{200}$（即 200 位十进制数），则需 3.8×10^3 年；如改为 1 024 位，则无论用何等先进的图灵计算机，其计算时间都是天文数字，计算次数达 2.8×10^{58}，计算时间达 10^{40} 年。

除了 p、q、a 要保密外，$\varphi(n)=(p-1)(q-1)$ 也要保密，因为

$$\varphi(n)=pq-(p+q)+1=n-(p+1)+1$$

所以

$$p+q=n+1-\varphi(n)$$

$$(p-q)^2=p^2-2pq+q^2=(p+q)^2-4pq$$

所以

$$p-q=\sqrt{(p+q)^2-4n}=\sqrt{(n+1)^2-2\varphi(n)(n+1)+\varphi^2(n)-4n}$$

如 n 公开，$\varphi(n)$ 已知，则由 $p+q$ 及 $p-q$ 两式便可解出 p、q，故 p、q 与 $\varphi(n)$ 对解密钥 a 是等价的。得到 p、q 便可由 $(p-1)(q-1)$ 求出 $\varphi(n)$，再由 $a\cdot b=1$ 模 $\varphi(n)$ 便可解出密钥 a 来，因此，$\varphi(n)=(p-1)(q-1)$ 也需保密。

4. DES 密码

DES（Data Encryption Standard）作为世界范围内的标准已经使用多年了，尽管它带有过去的时代特征，但它很好地抵抗住了多年的密码分析。它不像 RSA 密码算法那样简单，DES 密码算法较为复杂，首先应明确算法具有的本质属性。

① 算法必须提供较高的安全性；

② 算法必须完全确定且易于理解；

③ 算法的安全性必须依赖于密钥，而不依赖于算法；

④ 算法必须对所有的用户都有效；

⑤ 算法必须适用于各种应用；

⑥ 算法必须能验证。

DES是一个分组加密算法，而算法对所有的应用是固定的，加密算法步骤固定，解密过程是加密过程的逆过程（分步骤内容不变，但次序相反）。DES 是对称密钥码制，即加密解密用同一密码，因此，保密通信工作前通信双方必须在安全信道中传输并确定所用密钥，不同于公开密钥制中解密密钥不需传输，DES体制中密钥的安全传输是重要问题。

（1）算法描述

DES对64位的明文进行分组操作（每64位做一次算法运算），通过一个初始置换将明文分组为左半部和右半部（各32位长），然后进行16轮相同的运算，其运算用算子F代表。在运算过程中，数据与密钥进行异或运算，经过16轮运算后，左右两半数据合在一起进行一次初始变换的逆变换，就完成了算法，如图5.12、图5.13及表5.1～表5.3所示。

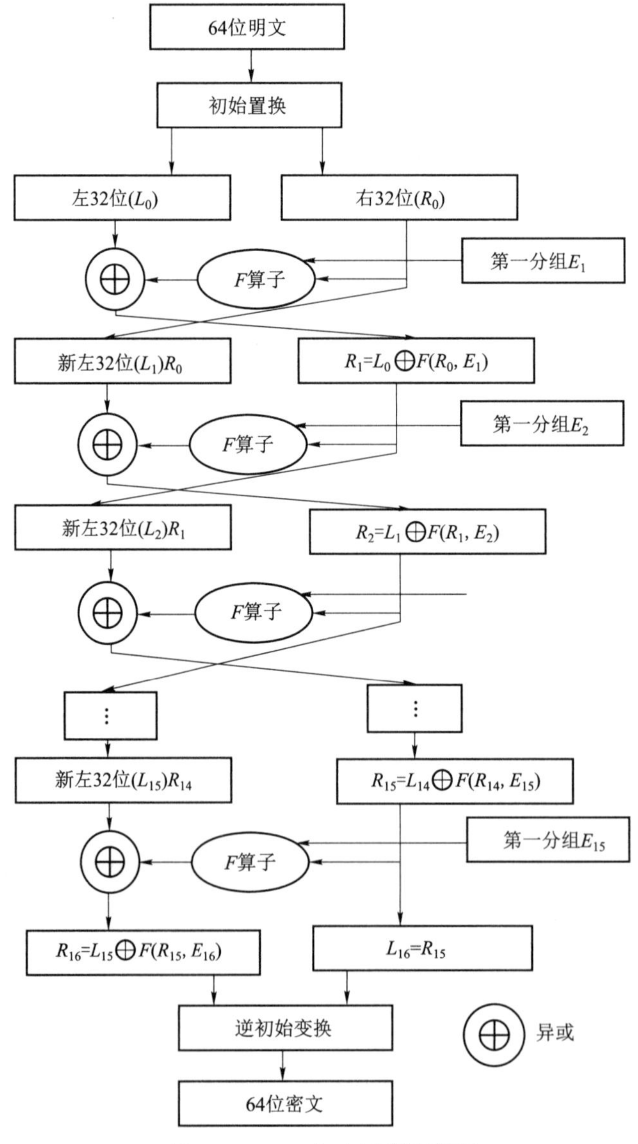

图5.12 DES加密过程流程图

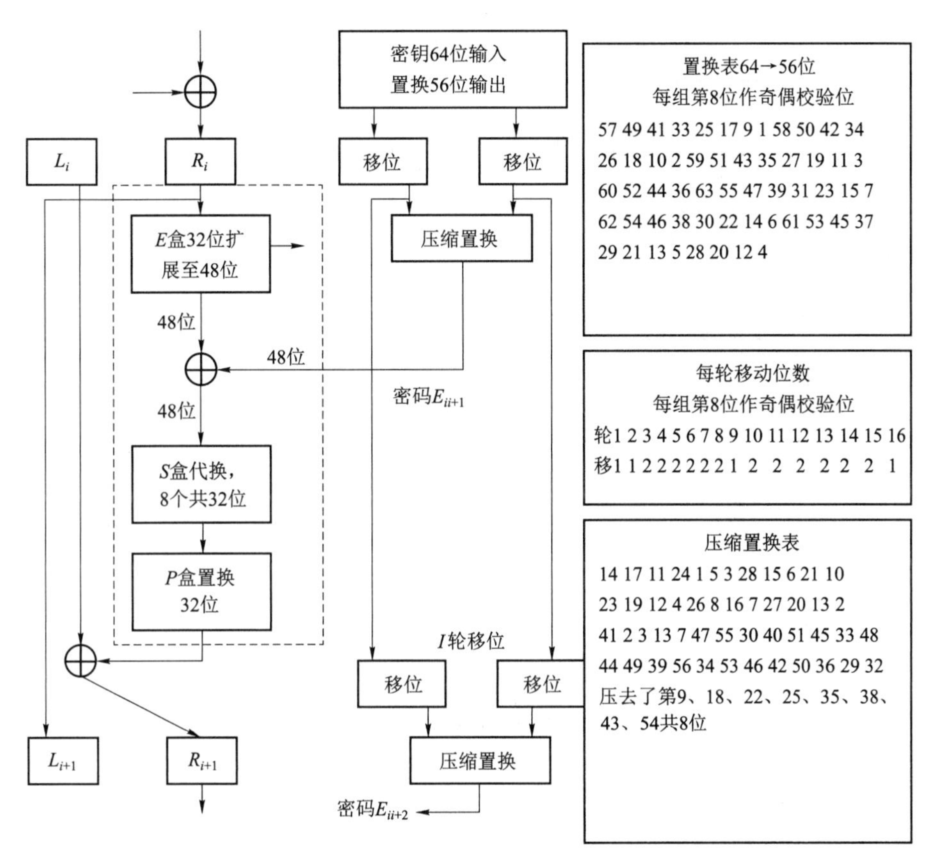

图 5.13 第 *i* 步加密过程详解

表 5.1 数据的初始置换

后组	位															
	1	2	3	4	5	6	7	8	9	10	11	12	13	14	15	16
1	58	50	42	34	26	18	10	2	60	52	44	36	28	20	12	4
2	62	54	46	38	30	22	14	6	64	56	48	40	32	24	16	8
3	57	49	41	33	25	17	9	1	59	51	43	35	27	19	11	3
4	61	53	45	37	29	21	13	5	63	55	47	39	31	23	15	7

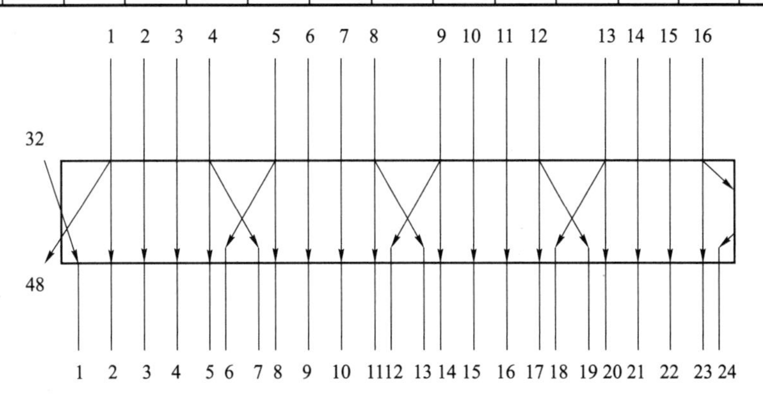

表 5.2　数据的扩展置换（从 32 位扩展至 48 位）

后组	位											
	1	2	3	4	5	6	7	8	9	10	11	12
1	32	1	2	3	4	5	4	5	6	7	8	9
2	8	9	10	11	12	13	12	13	14	15	16	17
3	16	17	18	19	20	21	20	21	22	23	24	25
4	24	25	26	27	28	29	28	29	30	31	32	1

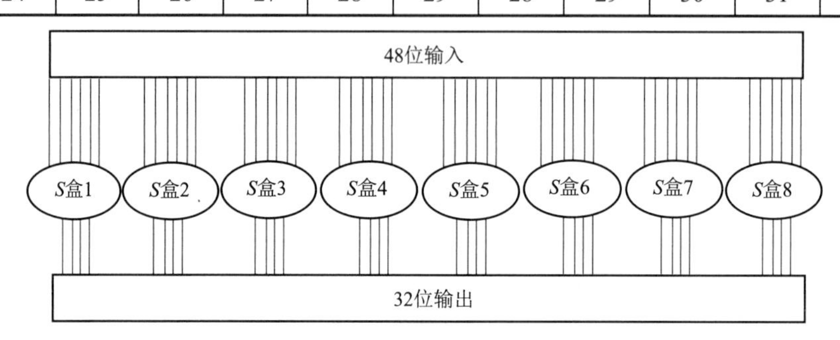

表 5.3　*S* 盒代换，共 8 个盒（为非线性代换）

后组	位															
	1	2	3	4	5	6	7	8	9	10	11	12	13	14	15	16
S_1																
1	14	4	13	1	2	15	11	8	3	10	6	12	5	9	0	7
2	0	15	7	4	14	2	13	1	10	6	12	11	9	5	3	8
3	4	1	14	8	13	6	2	11	15	12	9	7	3	10	5	0
4	15	12	8	2	4	9	1	7	5	11	3	14	10	0	6	13
S_2																
1	15	1	8	14	6	11	3	4	9	7	2	13	12	0	5	10
2	3	13	4	7	15	2	8	14	12	0	1	10	6	9	11	5
3	0	14	7	11	10	4	13	1	5	8	12	6	9	3	2	15
4	13	8	10	1	3	15	4	2	11	6	7	12	0	5	14	9
S_3																
1	10	0	9	14	6	3	15	5	1	13	12	7	11	4	2	8
2	13	7	0	9	3	4	6	10	2	8	5	14	12	11	15	1
3	13	6	4	9	8	15	3	0	11	1	2	12	5	10	14	7
4	1	10	13	0	6	9	8	7	4	15	14	3	11	5	2	12
S_4																
1	7	13	14	3	0	6	9	10	1	2	8	5	11	12	4	15
2	13	8	11	5	6	15	0	3	4	7	2	12	1	10	14	9
3	10	6	9	0	12	11	7	13	15	1	3	14	5	2	8	4
4	3	15	0	6	10	1	13	8	9	4	5	11	12	7	2	14

续表

后组	位															
	1	2	3	4	5	6	7	8	9	10	11	12	13	14	15	16
S_5																
1	2	12	4	1	7	10	11	6	8	5	3	15	13	0	14	9
2	14	11	2	12	4	7	13	1	5	0	15	10	3	9	8	6
3	4	2	1	11	10	13	7	8	15	9	12	5	6	3	0	14
4	11	8	12	7	1	14	2	13	6	15	0	9	10	4	5	3
S_6																
1	12	1	10	15	9	2	6	8	0	13	3	4	14	7	5	11
2	10	15	4	2	7	12	9	5	6	1	13	14	0	11	3	8
3	9	14	15	5	2	8	12	3	7	0	4	10	1	13	11	6
4	4	3	2	12	9	5	15	10	11	14	1	7	6	0	8	13
S_7																
1	4	11	2	14	15	0	8	13	3	12	9	7	5	10	6	1
2	13	0	11	7	4	9	1	10	14	3	5	12	2	15	8	6
3	1	4	11	13	12	3	7	14	10	15	6	8	0	5	9	2
4	6	11	13	8	1	4	10	7	9	5	0	15	14	2	3	12
S_8																
1	13	2	8	4	6	15	11	1	10	9	3	14	5	0	12	7
2	1	15	13	8	10	3	7	4	12	5	6	11	0	14	9	2
3	7	11	4	1	9	12	14	2	0	6	10	13	15	3	5	8
4	2	1	14	7	4	10	8	13	15	12	9	0	3	5	6	11

（2）DES 解密

在经过所有代换、置换、异或和循环移位后，加密方法有很强的混乱效果。加密和解密算法唯一的不同之处是密钥次序相反，加密密钥依次为 E_1，E_2，…，E_8，…，E_{16}，解密密钥使用次序正好相反，为 E_{16}，E_{15}，…，E_2，E_1，密钥向右移动次序为 0，1，2，2，2，2，2，2，1，2，2，2，2，2，2，1。

DES 密码的安全分析尚无数学证明，主要靠攻击试验。

5.5.1.2　信息附加义的隐藏

信息由于其宿主（运动）存在的众多关系（即关联特性），必然会有附加义，正如语言作品有附加义一样，这也是信息不可绝对隐藏原理的延伸应用。信息附加义有很多正面作用，也有增加信息安全保密隐藏难度的负面效应。

例如，茅台啤酒的广告语为“茅台啤酒，啤酒中的茅台”，可理解为众多啤酒中的一种为茅台啤酒，附加义为如白酒中的茅台酒，既没有构成侵权（如说明自己胜过谁），又明确表示自己是顶级者。

附加义起作用的因素一方面在于事物的关联性，另一因素为人所共有的类比、联想等思维能力。在形成信息作品时，防止附加义的泄露是一件很困难的事，对此没有系统性的有效方法，只有针对要隐藏的附加意义信息进行检查，如果发现有联想出附加义的可能，则修改其组成及表达形式，以切断由信息联系附加义的关系。

5.5.1.3　信息潜信息的隐藏

潜信息又称阈下信道，阈下信道概念首先由 Gustavus J. Simmons 引入，它可在普通的数字签名中嵌入秘密信息，而共享签名者、私钥的验证者可以从签名中恢复该秘密信息。阈下信道的基本概念可由 Simmons 的“犯人”问题加以描述：设有 Alice 和 Bob 被捕入狱，看守 Walter 愿意让 Alice 和 Bob 交换消息，但 Walter 认为他们可能会商讨一个逃跑计划，他想能够阅读他们通信的每个细节，因此不允许他们加密。Walter 也希望欺骗 Alice 和 Bob，他想让他们中的一个将一份欺诈消息当作来自另一个的真实消息。为了商讨出逃计划，Alice 和 Bob 必须想办法鉴别通信对方的身份，并在 Walter 认为“正常”的消息中隐藏他们的出逃信息。为了实现这个目的，他们不得不使用数字签名，并在双方的签名中隐藏信息，建立一个秘密信道。一般来说，阈下信道协议如下：

① Alice 产生一个无害消息，最好是个随机消息，用于与 Bob 共享秘密密钥，Alice 在这个无害消息签名中隐藏阈下信息；

② Alice 通过 Walter 发送签名消息给 Bob；

③ Walter 阅读这份无害消息并利用 Alice 的公钥检查签名的有效性，若没发现问题，则他将这份签名的消息传递给 Bob；

④ Bob 检查这份无害消息的签名，确认消息来自 Alice；

⑤ Bob 忽略无害的消息，而用他与 Alice 共享的秘密密钥，提取阈下信息。

显然，要使带阈下信道的数字签名安全，需要满足以下两个基本要求：

① 阈下信息的不可检测性。除了通信双方，其他人，包括 Walter，难以检测出是否存在阈下信道，更不能提取出该阈下信息。

② 不可冒充性。阈下信息只能由可鉴别的对方产生，其他人难以冒充签名人产生有效的阈下信息。

这里分析一个简单的、通过每个密文只传送一个阈下比特的阈下信道。假定存在一种具有特殊性的密码算法，对于每一明文可能存在两种密文，这两种密文均可使用同一密钥解密恢复成同一明文。同时，假定这些密文对可以由发送者和阈下接收者方便地分为两类：奇数类和偶数类，再利用弗纳姆（Vernam）加密法来掩饰阈下比特，就能建立一个安全无条件的 1 比特阈下信道。在使用该信道之前，发方和收方必须共享一组一次一密比特串，且遵守相同的编码和加密、解密规则。例如，用奇数类密码传递“1”，用偶数类密码传递“0”。阈下发方根据要传递的阈下比特 b_i 与 Vernam 密钥的第 i 比特 k_i 异或，通过值 $b_i \oplus k_i$ 是“1”还是“0”来决定发送奇数类密码还是偶数类密码；阈下接收方根据收到的密码种类是奇（“1”）还是偶“（0”），与 k_i 异或便可恢复出 b_i。

1 比特阈下传信过程图 5.14 所示。

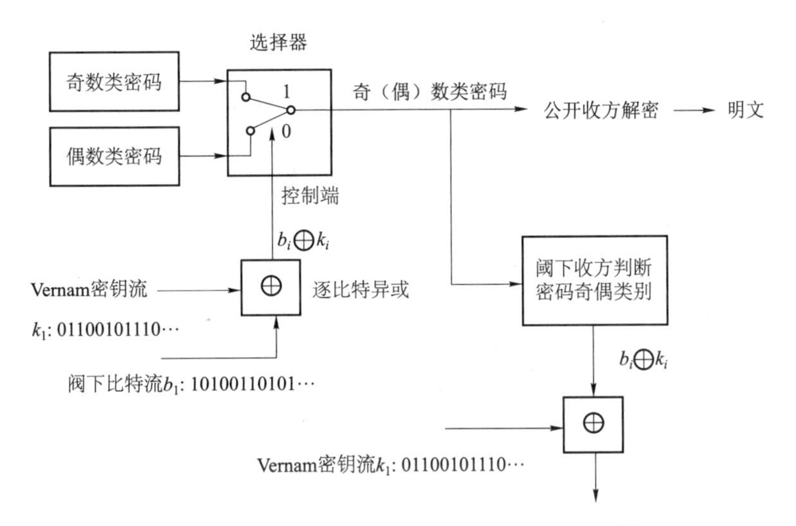

图 5.14　利用奇偶类密码建立的 1 比特阈下信道示意图

公开收方和阈下收方都能对收到的密文进行解密，然后恢复成明文，然而阈下收方额外收到 1 比特阈下信息。即使有人怀疑存在阈下信道正在通信，甚至掌握阈下比特 b_i，也无法检测出阈下信道是否正被利用。这个结论是根据 Vernam 算法的无条件安全性得出的，无条件保密的方法是使用一次一密加密。

可将 1 比特阈下信道推广至多比特阈下信道，若能构造出一种密码，可使任一明文有 k 种可能的密文，则可构造出 $\log_2 k$ 比特的阈下信道。由于带阈下信道的签名方案的难以检测性，因此利用阈下信道传递秘密信息具有多种用途，例如：可在护照的签名中嵌入有关护照持有人的某些秘密信息，则普通的签名验证仅能确定该护照的有效性；而法律强制机构，在获得授权后，可由普通的签名获得其中的秘密信息，这既可保护个人隐私，又可使法律强制机构预防犯罪。

5.5.1.4　信息存在形式隐藏

信息作为运动的一种表征与描述，在时间、空间维的信息特征必定是有限的，如空间、时间维占有位置、持续时间及它们的变化率等，它们的存在相对于时间、空间维全部内容都是一种特殊性。信息的空间、时间特征占位越小，发现这些特征的可能情况越多，在同等约束条件下越难发现。正如在海洋中搜索一条船，船越小越难发现，信息领域也同样。增加发现信息的维数，发现难度正比于维度数方次。在二维角度空间加上时间维搜索某特殊信息的难度是仅在时间维上搜索难度的立方。

为了隐藏信息，往往在信息存在形式的表征维度上压缩其所占测度值。例如，通信中用突发式工作模式，是在时间维上压缩信息存在的时间，增加可能的地址数，然后再选具有某种特征的地址，这是在地址空间增加隐藏性。若信息的两个维度之间有相互倒数关系，在一维中的测度值减少，则另一维的测度值相应增加。如信号宽度减少一半，则频谱宽度增加一倍，此时在某一维上压缩必须估计另一维扩张所带来的相对后果。

5.5.1.5 信息数字水印隐藏

数字水印是信息隐藏的一个重要学科分支，通过加入数字水印，可以有效保护数字信号的版权，从而进行文件的真伪鉴别以及隐含标注等。数字水印的基本原理是将某些标识性数据（具有个性化，如随机序列、数字标识、文本以及图像等）嵌入宿主数据中作为水印，使得水印在宿主数据中不可感知和足够安全。

数字水印算法包含两个方面：水印嵌入和水印提取或检测。此外，从鲁棒性和安全性考虑，还可对数字水印进行随机化和加密处理。数字水印可以嵌入到图像中，也可嵌入到音频和视频中。下面以图像数字水印为例进行分析。

图 5.15 为图像数字水印嵌入方法原理框图。

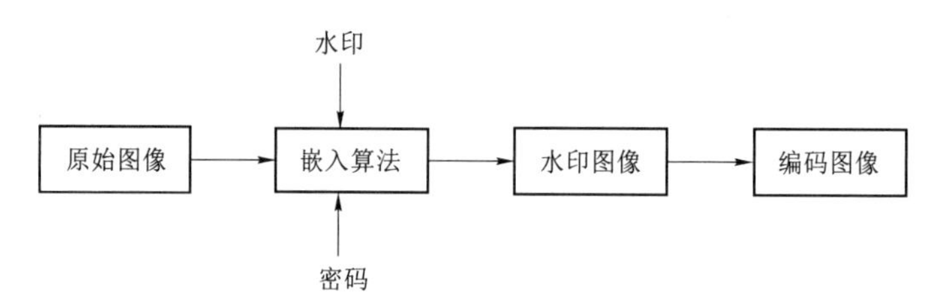

图 5.15　图像数字水印嵌入方法原理框图

设 I 为原始数字图像，W 为水印，K 为密码，那么处理后的水印 $\widetilde{W}$ 由函数 F 定义，如图 5.16 所示。

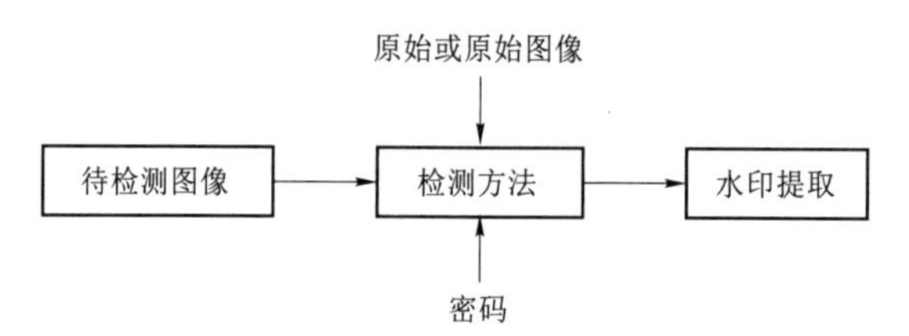

图 5.16　数字水印检测方法原理框图

一般函数 F 是非可逆的、单向的、非对称的，为了提高水印的可靠性、安全性，还要对水印图像进行编码。设编码函数 E，原始图像 I 和水印 $\widetilde{W}$，那么嵌入水印后的图像可表示如下：

$$I_W = E(I, \widetilde{W})$$

图 5.16 所示为图像数字水印提取或检测原理框图。图像数字水印提取是数字水印方法中最重要的步骤，将水印提取过程定义为解码 D 过程，则输出的或是一个判定水印是否存在的 0～1 决策，或是包含各种信息的数据流（如文本、图像等），设已知原始图像 I 和有版权疑问的图像 $\hat{I}_W$，则有：

$$W^* = D(\hat{I}_W, I) \text{ 或 } C(W, W^*, K, \delta) = \begin{cases} 1, & W\text{存在} \\ 0, & W\text{不存在} \end{cases}$$

其中，W^* 为提取出的水印；K 为密码，函数 C 做相关检测；δ 为决策阈值。

这种形式的检测函数是创建有效水印框架的一种最简便的方法，如假设检验或水印相似性检验。

方法安全特点分析：从技术角度讲，数字水印方法可以通过有效的水印提取或检测实现宿主数据的保护；必须保证水印检测过程和算法的公开性，保证数字水印算法对数据变换（滤波、图像压缩、几何失真等）、攻击（噪声攻击、检测失效攻击、迷惑攻击、删除攻击等）的鲁棒性；从理论上分析，数字水印方法是保证水印的特殊性和个性的信息隐藏的一种方法，且其隐藏是相对的，是一种非对称性变换，其核心技术问题转移至了水印的鲁棒性等方面。

5.5.2　个性信息及个性关系的利用

上节论述信息安全对抗问题，可概括为围绕个性（个性信息）及个性关系的保持、利用和破坏间的斗争。要保持和利用个性信息、个性关系，必然要反对和防止破坏，这两者（利用和破坏）是不相容的，应结合在一起对正、反面同时考虑，本节将在原理上讨论一些常用的方法。

5.5.2.1　个性信息的利用与攻击

1. 个性信息主要分类

① 主体物理、生理等个性信息变换及表征：主体物理个性是指主体物理特性中具有个性，当其利用信息进行表征（或经变换后表征）时，同样具有个性（特殊性）；当构成个性信息与主体物理之间的一一映射时，个体信息便能完全代表该主体的物理及生理等个性，如人的虹膜、指纹、掌纹、DNA 排列等。

② 在关系相互作用中形成主体个性信息表征：如比较中形成的排序、多因素“与”的结果、置换结果、竞争结果等信息表征。

③ 某些运动中个性的信息表征：如个人签名、化名等。

2. 利用个性信息进行攻击的主要类型

① 个性信息的冒名顶替：常发生在个性信息与原关联事物发生分离的前提下。

② 个性信息的非法窃取：常发生于非法窃取者用正常行为得不到的个性信息场合。

③ 个性信息的伪造：为某种目的伪造个性信息，为后续攻击和破坏奠定基础。

④ 个性信息的破坏：破坏原个性信息所起作用。

⑤ 个性信息的抵赖：可能借冒名顶替、伪造的名义进行抵赖。

⑥ 不可鉴定性：是破坏防抵赖、防伪造、保证可利用性，造成混乱的重要属性。

3. 个性信息防攻击的原理性方法

攻击方可以利用直接破坏个性信息的各种办法（反其道而行之），反攻击方则常采用各种反破坏方法（反反其道而行之）。在攻击方用较强的信号掩盖个性信息的方法进行攻击时，可以根据掩盖信号与个性信息的特征差别，利用变换突出差别，从掩盖信号中识别出个性信号。利用数字签名作为个性信息（可用公开密钥加密，用私有密钥解密等）的代表，利用密码将相关主体信息与数字签名紧密结合的防冒充顶替，利用时间标记及密码中心登记认定防止抵赖及不可鉴定性，利用公开密钥制（RSA 密码制）的安全性防止伪造或破坏，利用良好性能的算法（高分辨率、低错误率及快速性结合）与基准信息对比鉴定的方法形成物理特征个性信息的认证鉴定。例如，利用指纹、虹膜信息对伪装鉴定，并严格保证基准信息不被代替或冒充。

5.5.2.2　个性关系的利用与攻击

1. 个性关系的基本概念

有个性信息嵌入的关系，包括关系集群，称为个性关系。它们在信息系统运行、应用中具有重要意义，因为它是组成信息作品和信息系统运行秩序的重要因素。

2. 个性关系的主要攻击方法

具体攻击包括个性信息攻击及个性关系攻击，反攻击实际上是将反个性信息攻击及反个性关系攻击整合在一起实施反攻击。本小节侧重反个性关系攻击，各种具体方法也在不断发展变化，在此只讨论几种常用原理性方法（技术方案性方法）。在时间、空间维中以“反其道而行之”为核心形成一类技术方案性对抗方法。“反其道而行之”包括各种形式的反其道，目的为制服攻击（攻击也是“反其道而行之”），是攻击方与反攻击方互相反其道而行之。反其道而行之脱离不了关系。例如，攻击方破坏个性关系的支持关系，反其道而行之可以反破坏支持关系，也可以重建支持关系，但在时间上最好应在破坏效果产生前，这里体现了时间维中的重要性。又如，攻击方攻击运行控制权以实行破坏（如病毒攻击），反攻击方则应反击争夺控制权，这意味着包括多种具体方法，其核心机理是反其道而行之。

3. 个性关系的防攻击主要方法

防止攻击连续扩大，这看来似有被动色彩，但实际上是一种相反相成反其道而行之方法，而且往往很有效。大多数情况下，有的攻击开始效果对全局影响不太大，此时如切断攻击，或分离攻击是很有意义的。具体可再分为两种：一种为防止攻击效果直接连锁扩大，另一种为防止攻击效果连续扩大影响正常关系。例如，计算机网络中某局域网被垃圾邮件包阻断，则首先应从整个网络中剥离该局域网络（包括其入口，然后再解除局域网的阻断），如不采取措施，则整个网络的各种功能都可能受影响。

对重要关系（序）检测其重要状态是否存在异常，如异常，则修正状态，也可重新设置正确状态。首先，此方法的难度在于重要的界定；其次，关系往往是多种、多层次交织状态与过程（静态与动态），通过静态状态推测动态性能的完备性是困难的，需要高度技巧。

对重要动态关系（即关系间动态整合和运动）进行隔离状态下的模拟检查，若运行有误，则立即采取各种措施，如调用迂回路径、备用关系集群、改变算法等，其难度在于重要隔离的界定，检查所占资源是否承担得起（含时间资源）等。

在实际运行环境中实行监控，发现状态异常，立即溯源并消除病因。

实际情况中往往多种方法叠套交融地使用，将在后面的例子中说明。

5.5.2.3 信息作品的利用与攻击

1. 信息作品的基本概念

信息作品是由多个个性关系、信息和信息媒介合成的整体，它能表征描述事物运动的状态、过程等，当信息作品中某些重要信息消失或重要关系发生一些变化时，所描述状态或过程会发生非常重要的变化，例如数字小数点位移、单位变化、关系发生相反性质的变化，又如加减、出入、前进、后退、是、非、合成、分解等。

2. 信息作品的主要攻击方法

对信息作品的破坏类型有篡改、盗窃、冒充、重要内容泄漏等，信息运行秩序的破坏种类很多，可以概括为各种重要关系的破坏和其中特殊信息元及个性关系的破坏。

3. 信息作品的防攻击主要方法

利用数字水印对信息作品加以个性保护。

利用散列函数对信息作品摘要进行变换，同时采用数字签名技术，再利用密码对两者加密后传输，以检验传输中信息作品的篡改。一旦有篡改，则信息作品与其摘要会发生变化。

利用信息隔离技术，保证信息在防泄漏区内对外不泄漏，防止攻击者在防泄露区中，利用自己的优势获得重要信息。按其实施特征隔离封闭技术，可分为：

① 在广义空间封闭区域内切断个性信息的交互关联关系，广义空间包括：三维地理空间、多维物理空间、多维逻辑空间。广义空间内联合采用多种子空间中的隔离措施，如在地理空间和物理空间同时采取隔离措施。

② 物理隔离是指切断具有物理特征的一些交互关系，如传递电路隔离、电磁场隔离、声场隔离等；逻辑隔离是指切断逻辑关系等。常用的防止电磁辐射传输是地理空间与物理隔离同时采用的例子。物理隔离包括利用前沿技术使攻击方不具备攻击条件，是一种广义的物理隔离。

③ 时间隔离是指在时间维上切断与信息的交互关系。时间维关系切断的最基本形式是压缩信息的存在时间（包括快速变化），同时进行空间维的隐藏。信息时间维隔离具有相对性，其概念指对方获得信息的可能性降低，同时，还依靠信息所表征运动的存在时间。时间维隔断是一个在不断发展变化的复杂问题。

5.5.3　系统及服务群体的整体防护

信息与信息系统的安全保障体系，涉及其机密性、完整性、可用性、真实性、可控性五个信息安全的基本属性，建设其防御能力、发现能力、应急能力、对抗能力四项基本能力，依靠其管理、技术、资源三个基本要素，建设其管理体系和技术体系两个基本体系。

本节主要讨论将信息系统及其服务群体作为一个整体，来考虑其安全保护方法。从系统层面上讲，这个整体也具有其本身的特殊性，例如银行信息系统、税务信息系统、客票信息系统等。除作为服务工具的信息系统外，服务群体也是系统的服务主体，与信息系统是不可分割的一部分。整个信息系统为分布式结构，可以通过专网、公网或其他方法在广阔的区域中分布构成。服务功能离不开个性信息和个性关系、信息作品，也离不开信息系统。如何保护信息系统及其服务群体，要从整体上、系统层面进行综合考虑，全面构建安全保障体系，这不仅涉及技术方面，还涉及管理方面，尤其是复杂服务性信息系统往往具有开放特征，更增加了管理保证、安全服务的困难。只有根据不同的重点服务项所可能引发的安全风险威胁程度，结合技术进行动态考虑，才可以导引出具体有效方法。

5.5.3.1　整体按特殊性的防护需求

从整体上讲，信息系统及其服务群体的安全保护，同样要满足其基本安全属性的要求，即保护机密性、保护完整性、保证可用性、保证真实性、实现可控性。

① 保护机密性：是指信息不被非授权解析，信息系统不被非授权使用的特性。这一特性存在于物理安全、运行安全、数据安全层面上。它保证数据即便被捕获，也不会被解析，保证信息系统即便能够被访问，也不能够被越权访问与其身份不相符的信息，反映出信息及信息系统机密性的基本属性。

② 保护完整性：是指信息不被篡改的特性。这一特性存在于数据安全层面上。确保网络中所传播的信息不被篡改或任何被篡改了的信息都可以被发现，反映出信息完整性的基本属性。

③ 保证可用性：是指信息与信息系统在任何情况下都能够在满足基本需求的前提下被

使用的特性。这一特性存在于物理安全、运行安全层面上。这一特性确保基础信息系统的正常运行能力，包括保障信息的正常传递、保证信息系统正常提供服务等，反映出信息系统可用性的基本属性。

④ 保证真实性：是指信息系统在交互运行中确保并确认信息的来源，以及信息发布者的真实可信及不可否认的特性。这一特性存在于运行安全、数据安全层面上。这一特性保证交互双方身份的真实可信，以及交互信息及其来源的真实可信，反映出在信息处理、交互过程中信息与信息系统真实性的基本属性。

⑤ 实现可控性：是指在信息系统中具备对信息流的监测与控制特性。这一特性存在于运行安全、内容安全层面上。互联网上针对特定信息和信息流的主动监测、过滤、限制、阻断等控制能力，反映出信息及信息系统可控性的基本属性。

5.5.3.2 整体按特殊性的防护方法

1. 系统层面分析

图 5.17 所示为某一信息系统及其服务群体融入更大系统中的体现。最外的圈表示更大的系统，特定信息系统及其服务群体在大系统或更大系统中，是一个具有“特殊性”的系统。

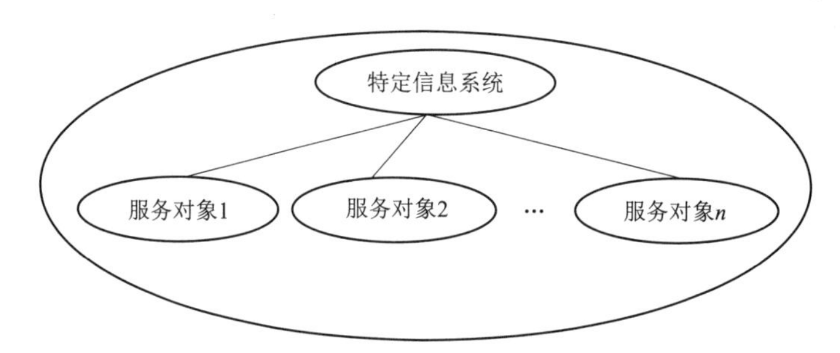

图 5.17 信息系统及其服务群体构成示意图

要保证信息与信息系统基本安全属性的要求，需要使信息系统具有如下基本能力：网络与信息系统对信息安全事件的防御能力、发现能力、应急能力和对抗能力等。防御能力：指采取手段与措施，使得信息系统具备防范、抵御各种先进的针对信息与信息系统攻击的能力。发现能力：指采取手段与措施，使得信息系统具备检测、发现各种已知或未知的、潜在与事实上的针对信息与信息系统攻击的能力，这与系统制对抗信息权能力密切相关。应急能力：是指采取手段与措施，使得信息系统针对所出现的各种突发事件，具备及时响应、处置信息系统所遭受的攻击，恢复信息系统基本服务的能力。对抗能力：是指采取手段与措施，实施反其道而行之、反反其道而行的能力以对抗攻击信息系统，达到获取信息、控制信息系统、中止信息系统的服务、追踪攻击源头的能力。

系统具有上述基本能力，就要综合运用管理方法、科学技术和信息、有关资源三个基本要素，通过合理配置各项资源，建立管理与技术相互协调的信息安全保障体系。

管理方面：实质上，安全风险源于不同社会主体所涉及的社会位置和不同的利益属性，需要由不同的法律来规范和调整，也需要由不同的政府职能部门来监督和管理。管理是解决信息安全问题的基本要素之一。

技术方面：各种法律、行政和社会的管理手段在系统中需要由特定的技术措施来支撑，包括各种技术手段、工具及其应用过程。同时，网络与系统的技术环境的有关特性，以及有关技术操作及技术过程所导致的安全问题，需要由相应的技术功能和技术规则来控制，从而使技术成为解决信息安全问题的基本要素之一。

资源：管理与技术的有效实施，最终都依赖于各种必需的资源，包括人才、资金、基础设施、场所等。人既可以是管理规则的制定者与执行者，也可以是管理规定的遵循者与制约者；资金既是建设管理体系的必要条件，也是建设技术体系的必要条件；基础设施既可以是技术成果的结晶，又可以是服务于管理及技术的资源；那些可以服务于信息安全的成型的、固有的、客观存在的规则、设施、机构，以及人才、资金、教育等，都可以看作是可调配的服务于信息安全保障体系的资源。因而，资源也是解决信息安全问题的基本要素之一。

综上，从信息系统及其服务群体整体考虑，其安全保护方法要从管理、技术和资源三个基本要素入手，实现整个系统的防御、发现、应急和对抗能力，从而保证系统正常运行的几个基本安全属性，即保护机密性、保护完整性、保证可用性、保证真实性、实现可控性等。

2. 技术方案

从整体上讲，其安全保护方法要从管理、技术和资源三个方面考虑，这里只讨论技术上的安全保护方法。根据技术上的不同特点，信息系统及其服务群体的安全保护方法可从不同角度加以综合考虑，如可从物理安全、运行安全、数据安全、内容安全四个层面考虑，也可从基础设施、网络边界、计算环境几个方面加以考虑。不同角度的考虑，其侧重点不同。无论从什么角度分析，均要建立一个系统的概念，将系统根据不同的安全需求划分成不同的域和层次，再根据具体的威胁和风险，制定针对性的安全保护措施，如图 5.18 所示。

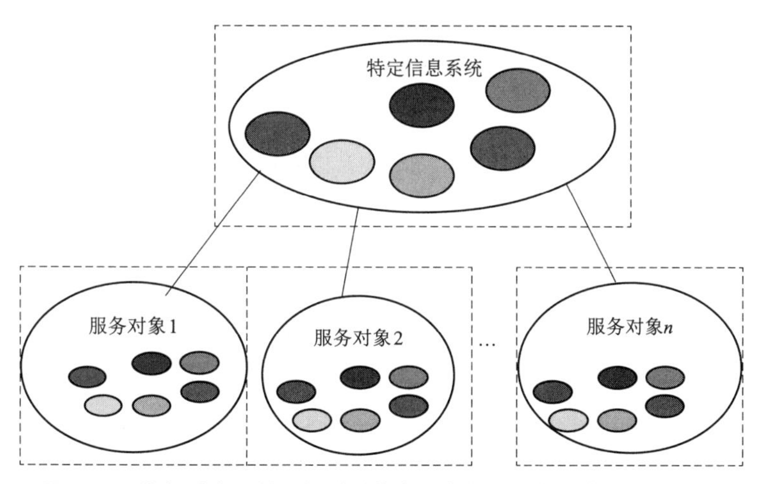

图 5.18　信息系统及其服务群体作为一个整体制定的安全技术方案

图 5.18 中的不同颜色的小圈代表系统内不同安全等级要求的域，可根据具体的风险和威胁制定、实施安全方案；图中方型虚框代表主信息系统及其服务群体的外部边界。显然，从图中可以得出，安全保护方法不仅涉及系统内部，更要注意外部的边界。如果一个系统与外界是断开的，则无须考虑这一点，随着网络发展，这种情况越来越少。如果将主信息系统与其服务群体作为整体，按“特殊性”来考虑，要着重进行边界的保护，保护其内部的“特殊性”以及个性信息、信息关系等。

从技术角度来讲，安全保障体系的建设涉及多项技术，如为了保护计算环境，可采用访问控制、身份认证技术；为了保护边界，可以采用加密、解密技术，采用虚拟专用网（VPN）技术；为了防止外部攻击，可以采用防火墙（FW）、入侵检测（IDS）、蜜罐技术等；为了防止病毒，可以采用杀毒软件和操作系统加固技术等。此外，还涉及实体安全技术、安全审计、灾难恢复、自动入侵响应技术等。下面简单介绍防火墙、入侵检测和虚拟专用网技术。

防火墙是一种逻辑隔离的方法，通过对到达数据流进行特性和行为的“规则分析”，根据分析结果给出是否允许数据流通过的判断。要注意的是，防火墙的规则是人为设定的，不仅要保证规则配置的合理性，还要不断地进行动态调整和升级。防火墙的体系结构主要包括：包过滤、双宿网关、屏蔽主机、屏蔽子网、合并外部路由器和堡垒主机结构、合并内部路由器和堡垒主机结构、合并外部路由器和内部路由器的结构、两个堡垒主机和两个“非军事区”结构、牺牲主机结构、使用多台外部路由器的结构等。防火墙涉及的主要关键技术包括：包过滤技术、代理技术、电路级网关技术、状态检查技术、地址翻译技术、加密技术、虚拟网技术、安全审计技术、安全内核技术、身份认证技术、负载平衡技术、内容安全技术等。

入侵检测技术是为保证计算机系统的安全而设计与配置的一种能够及时发现并报告系统中未授权或异常现象的技术，是一种用于检测计算机网络中违反安全策略行为的技术。它通过对网络中关键节点的信息收集、分析，来审计系统中的弱点，统计日常行为中的异常模式，评估系统中的数据、文件的完整性，检测是否有违反安全策略的事件发生或是否有攻击迹象，并通知系统安全管理员。根据入侵检测的时序，入侵检测可分为实时入侵检测和事后入侵检测；根据入侵检测系统所使用的技术的角度，可分为基于特征的检测和基于异常的检测；根据入侵检测的范围，可分为基于网络的入侵检测系统和基于主机的入侵检测系统。

虚拟专用网（VPN）是通过一个公用网络（通常是互联网）建立一个临时的、安全的连接，是一条穿过混乱的公用网络的安全、稳定的隧道。VPN 具有如下功能：加密数据，以保证通过公网传输的信息即使被他人截获，也不会泄露；信息认证和身份认证，保证信息的完整性、合法性，并能鉴别用户的身份；提供访问控制，不同的用户有不同的访问权限。根据 VPN 所起的作用，可以将 VPN 分为三类：VPDN，在公司总部和它的分支机构之间建立的虚拟专用网，称为“内部网虚拟专用网”；Intranet VPN，在公司总部和远地雇员或旅行之中的雇员之间建立的虚拟专用网，称为“远程访问虚拟专用网”；Extranet VPN，在公司与商业伙伴、顾客、供应商、投资者之间建立的虚拟专用网，称为“外联网虚拟专用网”。

5.6 信息安全与对抗原理性应用案例

5.6.1 高度安全保密通话

Bell Northern 实验室开发了 ISDN 系统以实施安全通话。以下将对安全通话工作原理加以介绍和分析。

1. 安全通话分析及符号表示

假设 Alice（A）主动呼叫被叫用户 Bob（B），Alice 用的电话为 T_A，Bob 用的电话为 T_B，密码管理中心为 K。通话过程可认为是事物 A、B、T_A、T_B、K 间互相联系以及联系传递的最终形成，保密情况下形成 $A \to T_A \to T_B \to B$ 及反向 $B \to T_B \to T_A \to A$，表示 A、B 经过电话机

形成 A、B 间的保密通话，5 个事物间双向联系有 5×5=25（种）单向排列，有 5 种为自己连接自己（自己的规定），在其余 20 种排列中，应选择相关单向联系从而构成安全通话（安全通话采用密码加密方式），如图 5.19 所示。

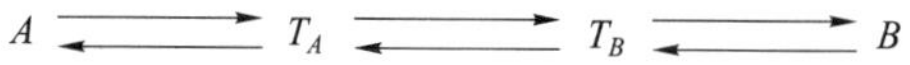

$$A \rightleftarrows T_A \rightleftarrows T_B \rightleftarrows B$$

图 5.19　安全通话分析及符号表示

$A \to K$（SM）表示 A 主动向 K 联系（SM）事件。

$A \to B$（SM）表示 A 主动向 B 联系（SM）事件。

规定：公开密钥用 E 代表，下标为所有者，如 E_A 为 A 的公开密钥；私钥用 D 代表，下标为所有者，D_A 为 A 的私钥。

事物间用 Diffie Hellman 密钥协议进行联系，以下先介绍该协议及其特征。

双方通话前必须互相验证身份以及授权资格，这些的依据是认证中心 K 的认证，“验证”要在安全保密的情况下进行，而且总要有一个开始，如何保证安全地“开始”建立双方共用密码是非常重要的。这个“开始”可以用 Diffie Hellman 密钥交换协议完成，按此协议可在不安全信道上相互通信，形成共用密码的密钥，且密钥是基于大素数分解原理形成的，故保证是安全的。

Diffie Hellman 算法：Alice 和 Bob 为当事人，他们协商一个大素数 n 和 g，这两个数可不保密，形成共同密钥过程如下：

① Alice 选取一个大的随机整数 x，并且计算 $X = g^x$，将 X 发送给 Bob。

② Bob 同样选取一个大的随机整数 y，并且计算 $Y = g^y$，将 Y 发送给 Alice。

③ Alice 计算出 $Y^x = k$，即 g^{xy} 作为双方共用密钥。

④ Bob 计算出 $X^y = g^{xy} = k$，作为双方共用密钥。

共用密钥最后是通过双方自己计算完成，不需要传送完成，故可在不安全通道进行建立密钥过程。

利用以上算法，用户可以和密钥管理中心建立密钥，用于密码通信，如作为 DES 密码的密钥等。

2. 准备工作

通话双方的电话机内共存有以下 4 种公钥、私钥密码对，作为互相识别之用。

① 电话机中嵌入一个自己的密码对，私钥存在电话中不可改变部分，公钥则用于对电话的识别。

② 电话中存有电话所有者的密钥对，用公钥来鉴定“所有者”有“所有者”的命令（可以通过所有者签发的指令而改变），使电话所有权可以转移。

③ 电话中存有鉴别来自网络密钥管理设备的指令的密码对，但这密码对可被电话所有者在变更使用网络公司的情况下改变。

④ 短期公钥、私钥对，它包装在一个由网络密钥管理中心签发的证书中，用作两电话准备通话时验证证书之用，即利用网络的公开密钥来鉴定。

建立个人到个人的保密通信，还需采用另外的措施和步骤；利用称为点火密钥的硬件卡，该卡由所有者插入电话中，卡中包括所有者的私人密钥（是用所有者自己才知道的口令加密），以及网络管理中心所签发的证书（其中包括所有者的公钥和某些识别信息如姓名、安全许可、职称、个人爱好（再做一次鉴别之用等））。然后所有者再键入口令密码打开点火卡，打开点火卡后，所有者的私钥暂时留在电话中留作后续通话时解密之用，而公开密钥则将传至对方用作加密之用，其他信息也可为对方鉴别之用，所有这些信息都是暂存的。当所有者拔出点火卡后，所有存入电话的信息将很快自动删除，点火卡还起 A 到电话、B 到电话、电话到电话所有者互认的作用（包括互认所需密码如电话公钥，所有者与电话互认的所有者私钥等）。

3. 呼叫过程

① $A\rightarrow T_A$（SM），SM 为插入点火卡及键入口令。

② T_A（SM）$\Leftrightarrow$ 点火卡（SM），SM 为双方互认及将点火卡内容输入电话。

③ $T_A\rightarrow A$（SM），为 SM 互认无误后，电话送拨号音给 A。

④ $A\rightarrow T_A$（SM），SM 为 A 输入欲呼叫电话号码，T_A 呼叫对方电话 T_B。

⑤ T_A（SM）$\Leftrightarrow$ T_B（SM），按 Diffic–Hellman 协议建立电话间一次通信密码。

⑥ $T_A\rightarrow T_B$（SM），SM 为 T_A 将 A 点火卡部分内容传送至电话 B。

⑦ T_B 用网络公开密钥验证有关内容。

⑧ $T_B\rightarrow T_A$（SM），SM 为 T_B 初始询问文件，要求 T_A 对一切内容的发出时间进行回答并进行签名，签名要用 T_A 及 A 的私钥两者同时签才有效。

⑨ $T_A\rightarrow T_B$（SM），T_A 按⑧询问要求进行回答，回答无误后如 Bob 没用 T_B，则进行下一步。

⑩ $T_B\rightarrow SM$，SM 为 T_B 振铃。

⑪ Bob 可以接电话，则将自己的点火卡插入 T_B，以后将重复①～⑨的动作，不过此时过程中所有的 T_A 换成了 T_B，A 换成 B，即 A、T_A 到 B 及 T_B 进行验证。

⑫ 如验证无误，则双方各自利用 A 及 B 的个人密钥和电话机 T_A、T_B 进行保密通话，通话中一方中断通话，则所建立的一切联系中断并自动删除所有暂存的内容，状态自动归零以保安全。

由此例中可见，协议算法以及协议用于确保 A、B、T_B、T_A 的“个性”无误地传递利用，以及建立“个性”间的个性关系（保密通话），密码的应用是利用 RSA 签名来辨认 Diffic Hellman，形成 DES 密码的密钥并交换 DES 密码来加密通话。显然，为了通话保密安全，需要付出一定代价（无论广义空间和时间维上都有所体现）。

5.6.2 网络安全保密通信

例如，图 5.20 所示为发生在互联网上 A 和 B 双方的一次保密通信过程。

假设 A 方要将秘密信息发送给 B，且只能由 B 收到；同时，B 方要求验证是否为 A 方发送的数据，如果 B 方收到了由 A 方发送的数据，则 B 方发送收到数据的返回信息。具体实现过程描述如下：

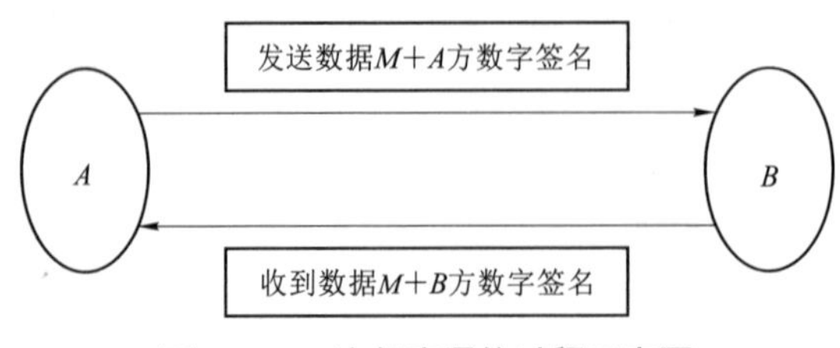

图 5.20 一次保密通信过程示意图

首先，A 方将待发送的秘密数据 M 加上数字签名 SA 后，利用 B 方的公钥加密得到数据 C，而后通过互联网将数据 C 发送给 B，同时将 SA 或 C 留底。B 接到数据 C

后，利用自己的私钥解密，如果得到正确的 *M*，则说明 *SA* 为 *A* 方签名，否则 *SA* 不是 *A* 方签名。*B* 将 *SA* 或 *C* 留底，同时将收到的数据 *M* 的信息加上自己的签名发送给 *A*。*A* 收到数据后，采用同样的方式验证 *B* 方的数字签名是否正确。

下面对互联网一次保密通信过程分析：

为了保证信息的机密性，运用了信息内容的隐藏技术即数据加密、解密技术，其中加密方法可根据不同的测度要求，采用单密钥体制也可用双密钥体制。为了保证信息的真实性，采用数字签名技术来证实数据的发送者和接收者。如果发送的数据需要保护版权，还可以采用数据水印技术，先在数据中加入水印信息，再签名传输。

通信中无论是数据加密、数据签名还是数据水印技术，都利用了 *A* 方和 *B* 方所特有信息（特殊性、个性信息），即私有密钥、私有签名和私有版权特征水印标识。如果任何一方或者第三方获得这些信息，都可以对数据、签名或水印实现获得、攻击或破坏。数据的传输还可以采用阀下信道技术，利用潜信息隐藏的方法。通过数字签名、版权水印、加密技术以及其他一些技术，还可以实现发送方和接收方的防否认、防伪造、仿冒充、防篡改和防抵赖等安全问题。

实例中，充分体现了特殊性存在和保持原理，技术核心措施转移构成串行链结构，从而形成脆弱性原理，变换、对称与不对称性变换应用原理，对抗过程多层次、多剖面动态组合对抗特性下间接对抗等价原理等。

5.6.3　物理隔离信息交流

我国《计算机信息系统国际联网保密管理规定》中第六条规定：“涉及国家秘密的计算机信息系统，不得直接或间接地与国际互联网或其他公共信息网络相连接，必须实行物理隔离。”对于信息空间链接的直接阻断，可以有效地解决信息及信息系统的安全，物理隔离技术是目前一种重要的信息安全与对抗措施（注：目前“物理隔离”的概念还存在一定的分歧，本文暂采用此称谓，旨在说明其是一种重要的安全防御方法）。

一般的安全措施（如防火墙、入侵检测、杀毒软件等）都是基于判定逻辑的安全技术，即采用形式化描述方法来描述和解决安全问题，把是否有安全问题的判定变成一种规则的搜索、匹配和判定过程，不可否认，这是描述安全问题的一种有效方法，也是一种比较标准的方法，如：病毒有病毒库描述病毒特征，扫描病毒就是对病毒库的匹配过程；防火墙有过滤规则，阻断非法链接的根据就是看是否违背这个规则；加密技术其实也不例外，加解密过程就是按照一个规则进行变换的过程。显然这些安全措施存在两个问题：一是人们对客观世界进行逻辑描述的不完备性，一是逻辑描述对新问题的滞后性。所谓不完备性，就是人们无法证明自己在一个问题上的逻辑模型是否正确，比如：无法证明一个操作系统是不是足够安全，是不是没有漏洞；无法证明一个规则库是不是完全正确，是不是无矛盾等。所谓滞后性，就是规则的描述总是针对现有的问题，而新问题总是在不断地出现，比如，层出不穷的各种新型网络攻击，各种新出现的病毒等，规则的修改总是在问题出现以后。正是这种不完备性和滞后性在用户心里隐隐地形成了一种不安全的感觉。

有效解决上述问题可以采用信息空间的阻断，即物理隔离方法。物理隔离就是将待保护的信息系统与其他系统从物理上隔离开来，具体地，在信息网络上一是将其物理链接隔离，二是将信息从物理空间上进行隔离。但如果这种隔离是绝对封闭的，则系统是没有意义的，

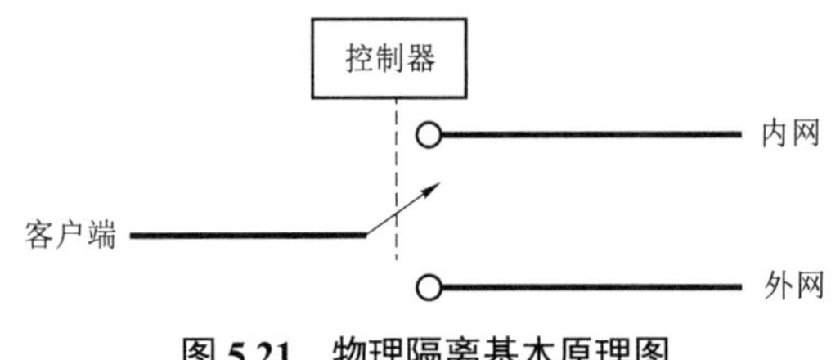

图 5.21　物理隔离基本原理图

故这种安全措施既有隔离又有链接，具体体现在计算机网络上，一是实现网线的物理隔离，一是实现存储介质上信息的物理隔离。图 5.21 为物理隔离方法的原理图。

如图 5.21 所示，物理隔离器就是让两个网络物理上互相不连接。既然没有连接，那么各种已有的和可能新出现的网络攻击自然就不存在了。于是有人会有疑问，都不连接了，还能叫网络？如果换个角度说，是在两个网络中各有一台机器互相不连接，各上各的网络，那么就好理解了。隔离技术只是把这种原理实现得更加简单、好用而已。隔离技术彻底避开了采用判定逻辑方法存在的问题，从硬件层面解决了网络的安全问题，而且更加简洁、更加安全，因此，是解决网络安全问题的全新思路。

此外，物理隔离方法还需要处理内网和外网的信息交流问题，目前一般采用信息交流服务器来解决。图 5.22 所示为信息交流服务器原理图。*A* 网和 *B* 网是通过信息交流系统来传递信息，交流系统与 *A* 网连接时，与 *B* 网完全断开；交流服务器与 *B* 网连接时，与 *A* 网完全断开。

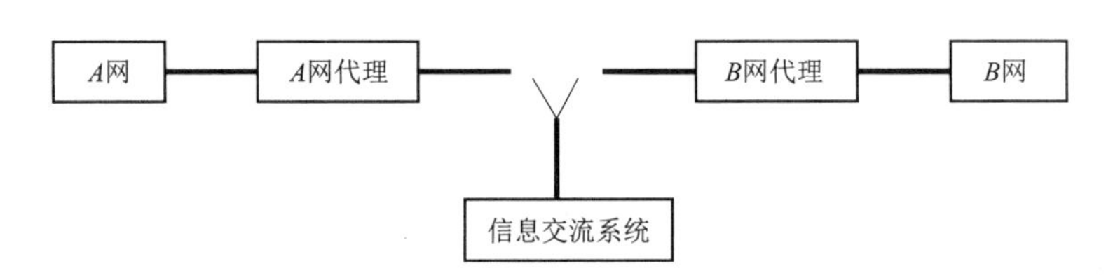

图 5.22　物理隔离信息交流系统原理图

对物理隔离方法做进一步分析：

从技术上讲，物理隔离方法解决了信息网络物理层面（通信链路）上和信息层面（信息存储介质）的空间阻断。这种基于物理链路层的通断控制方法，断绝了内网与外网的网络物理直接连接，使得一切攻击行为在物理隔离面前遇到一条鸿沟，无法通过其链接进入系统，这种方式较之软件方式保证网络更安全；较之防范性、检测性的安全策略更可靠，更值得信赖。这样的方式以不变应万变，从物理层空间上把攻击阻挡在外面，具有较高的安全性，较大限度地保证了内部信息网络的安全性。

从理论上讲，物理隔离方法实现了信息空间和时间的阻断，在信息安全与对抗核心链中达到了本身所具有的特殊性（个性），反其道而行之创造了与攻击行为的非对称性（外网链接中无法与内网建立信息连接），间接实现了自我信息的隐藏。

5.6.4　内网信息安全服务

例如，一个内部重要信息服务系统，可由一台服务器组成，也可由多台服务器组成。若要求该信息服务系统保存内部的各种重要信息，同时为内部不同人员服务，但对外部不提供任何服务，显然，从重要信息存储、保护的角度来讲，该系统要求具有极高级别的安全性能，要制定如下安全策略，并采取综合的、全方位的防护措施。

首先保证系统实体的安全，可采用固定机房，温度、湿度控制，防雷、防水、防盗等措施。

因对外部不提供服务，该信息服务系统对外部来讲，无论是逻辑上还是物理上，应是隔离的，拨号上网时也不能与该信息服务系统发生联系。与外部的完全隔离有效地防止了绝大多数的外部攻击行为(包括对信息和信息系统的攻击)。因要对内部人员提供不同级别的服务，要求对信息加以访问控制和身份验证，不同级别的人具有不同的访问权限控制。对于身份认证，主要是利用其个性信息或个性关系，可以采用指纹识别、掌纹识别、瞳孔识别、说话人识别、人脸识别等基于生物特征的技术，也可基于密码、身份认证卡等非生物特征技术。因是重要的信息，即使是在系统内部传输，也要尽可能地采用保密通信方式（信息隐藏），如加密或者建立阈下信道，或者建立安全 VPN 通道等。

此外，对各级人员所使用的各种密码要严格管理，并保证其特殊性和个性，不能多人共用一个密码；同时，为了防止信息在传输时被窃听和破坏，除了对信息要进行有效的加密外，重要终端或通信线路要采取屏蔽措施，防止电磁泄漏和电磁干扰等。

总之，要从技术、组织、管理等多个层次、多个剖面，综合利用多种措施，将信息系统及其服务群体作为一个整体来考虑。综合运筹，才能较为有效地保证重要信息、重要信息系统的安全。

5.7　本章小结

本章主要讨论了信息安全与对抗的原理性方法，内容包括：信息系统性能指标及其占位分析；系统层次的多种对抗原理方法；密码隐藏信息内容、潜信息、信息存在形式、数字水印等方法组成的信息隐藏方法；个性信息的关系保持、利用和攻击等。最后，给出一些原理方法应用的具体实例。本章所叙述内容间有密切关联性，在应用中应注意交叉融合、综合利用。

习　　题

1. 信息系统的一般性能指标构成要素是什么？
2. 信息安全与对抗性能在信息系统性能指标中的占位如何？
3. 简述影响信息系统安全的几种重要关系。
4. 系统层次的信息安全与对抗指导性方法主要有哪些？
5. 简述“反其道而行之相反相成方法”在信息安全对抗中的重要作用？
6. 什么是复合式攻击？如何对抗复合式攻击？
7. 用实例说明“共其道而行之相成相反方法”是一种重要的信息安全对抗方法。
8. 什么是信息隐藏？如何分类？其基本原理、特点是什么？
9. 什么是密码体制？如何进行密钥管理？
10. 简述 RSA 和 DES 加密算法原理，其安全性特点如何?
11. 什么是信息附加义隐藏？请举例说明。
12. 什么是数字水印？其目的和特点是什么？
13. 什么是潜信息隐藏？有什么特点？

14. 在信息安全对抗中如何利用个性信息和个性关系？如何利用个性信息和关系进行攻击？

15. 试举例说明信息安全与对抗过程中，保持个性信息和个性关系的重要性。

16. 讨论、分析对信息作品的攻击与对抗的主要方法。

17. 为什么将信息系统及其服务群体作为一个整体按“特殊性”加以安全保护？

18. 简述物理隔离技术的原理，其信息安全特点是什么？

第 6 章
信息安全与对抗应用举例

6.1 引言

信息系统安全对抗基础层面和系统层面的规律、原理及方法具有广泛的、顶层上的指导意义，在信息系统的安全对抗过程中，需要更充分地理解、掌握和运用这些规律、原理及方法，避免“只见树木不见森林”，更要注重从整体上、顶层上构建、实施和评估信息系统的安全保障体系。本章主要基于典型信息系统来讨论信息安全与对抗基础原理、基础方法和技术的应用，典型信息系统包括移动通信信息系统、广播电视信息系统、军用雷达信息系统和信息网络系统。

6.2 移动通信系统的安全与对抗

在此类系统中，需将信息安全对抗性能置于系统顶层优先考虑的地位，采取多种措施，对系统进行多层次、多剖面、无漏洞的信息安全与对抗考虑。

6.2.1 系统知识基础

通信系统（Communication Systems）是用以完成信息传输过程的技术系统的总称。现代通信系统主要借助电磁波在自由空间的传播或在导引媒体中的传输机理来实现，前者称为无线通信系统，后者称为有线通信系统。当电磁波的波长达到光波范围时，这样的电信系统称为光通信系统，其他电磁波范围的通信系统则称为电磁通信系统，简称为电信系统。

基本通信系统一般由信源（发端设备）、信宿（收端设备）和信道（传输媒介）等组成，它们被称为通信的三要素。将来自信源的消息（语言、文字、图像或数据）在发信端先由末端设备（如电话机、电传打字机、传真机或数据末端设备等）变换成电信号，然后经发端设备编码、调制、放大或发射后，把基带信号变换成适合在传输媒介中传输的形式；经传输媒介传输，在收信端经收端设备进行反变换后恢复成消息提供给收信者。这种点对点的通信大都是双向传输的。因此，在通信对象所在的两端均备有发端和收端设备。

通信系统按所用传输媒介的不同可分为两类：利用金属导体作传输媒介，如常用的通信线缆等，这种以线缆为传输媒介的通信系统称为有线电通信系统；利用无线电波在大气、空间、水或岩、土等传输媒介中传播而进行通信，这种通信系统称为无线电通信系统。光通信系统也有“有线”和“无线”之分，它们所用的传输媒介分别为光学纤维和大气、空间或水。

通信系统按通信业务（即所传输的信息种类）的不同可分为电话、电报、传真、数据通信系统等。信号在时间上是连续变化的，则称为模拟信号（如电话）；在时间上离散，其幅度取值也是离散的信号，称为数字信号（如电报）。模拟信号通过模拟–数字变换（包括采样、量化和编码过程）也可变成数字信号。通信系统中传输的基带信号为模拟信号时，这种系统称为模拟通信系统；传输的基带信号为数字信号的通信系统，称为数字通信系统。

6.2.2 信息安全问题

移动通信系统主要的信息安全问题包括：

① 通信过程中的信息泄露问题。

② 通信系统正常运行的秩序保护问题，主要有：入网用户身份确认问题、密码管理问题、密码中心管理问题、专用系统管理运行维护等。

③ 通信系统本身层次抗攻击安全问题：特殊安全评估、多层次安全防范工作、防止系统被破坏（硬件破坏、软件破坏）等。

特别是对于移动通信系统，信息安全问题还包括：

① 认证是单向的，只有网络对用户的认证，而没有用户对网络的认证，因此，存在安全漏洞，非法的设备（如基站）可以伪装成合法的网络成员，从而欺骗用户，窃取用户的信息。

② 没有考虑数据完整性保护的问题，即使数据在传输的过程中被篡改，也难以发现。

③ 加密不是端到端的，只是在无线信道部分加密，在固定网中没有加密，或采用明文，这给攻击者提供了机会。

④ 密钥长度不足，可以在较短时间内被破解。

⑤ 加密算法是不公开的，这些密码算法的安全性不能得到客观的评价，而且加密算法是固定不变的，没有更多的密钥算法可供选择，缺乏算法协商和加密密钥协商的过程等。

6.2.3 信息对抗措施

这类安全级别很高的通信系统，在运行使用中不允许发生安全事故，本身也具有这种能力，没有必要在本系统层次设立安全入侵检测，这与高安全性能在逻辑上相悖。更高系统层次特殊的安全评估和安全对抗的研究都是不能间断的，安全对抗的矛盾不会停止。在哪个更高层次以及安全对抗模型、具体技术方向等有关问题上，应根据使用环境的状态及发展动向具体确定。这类高安全要求的信息系统安全问题的科技发展研究，不局限于自然科学与数学领域，还应包括社会、人文科学领域，如垃圾、欺诈、骚扰短信的治理。

通信过程防信息泄露的主要措施有：

① 采用有线传输方式，防止电磁泄漏而造成信息泄露，用高安全性密码体制对信息内容采用密码加以隐藏，并不断更换密钥来保证其安全性。

② 形成独立信息系统，其中最严格者采用完全独立隔离结构，即传输媒介、交换机构、用户管理及密码管理中心等核心部分都单独设立，与其他通信系统无交织关系。

③ 对进入高安全要求通信系统的用户进行严格认证，将用户数目尽量控制在最小。

信息安全指标估计：这类通信系统的高安全性要求不允许有任何安全问题发生，其系统安全结构模式应采用自主预置型，即以出现安全问题概率非常小（难以估计和统计的小概率事件）

构成多重叠套安全措施，使攻击方在一般情况下需要串联突破多个安全攻击环节才能达到攻击目的。例如，单独铺设通信线缆，它不与普通线缆置于同一槽沟中，而是单独埋于地下，就可以具有极低的泄漏概率；通信中利用密码技术加密信息，并使密钥快速更换（甚至达到一次一密钥）；单独设置隐蔽的自动交换系统，严格按规范使用并具有完备的使用记录。一般情况下，信息安全测度可用发生信息泄漏概率（$1-P_0 \times P_1 \times P_2 \times \cdots \times P_n$）表示，其中 P_0，P_1，…，P_n 表示 n 种安全措施中每种出现安全问题的概率。n 种措施同时失败发生安全问题的概率很小，但存在极少的特殊情况，应加以注意，如密钥管理中心发生问题，泄密密钥形成了非常大的失密概率；被秘密埋于地下的通信线缆用特殊技术检测出电磁信号（20 世纪 80 年代，在柏林的军用有线通信系统，被对方在电缆附近设置了高灵敏度信号侦察设备，记录下军用通信信息）等。

6.2.4　无缝广域通信

这类通信系统是一类重要通信系统，其中一些子系统本身就具有复杂结构。例如，一个军在野战时的通信系统由成百上千个单元构成，具有层次间及多单元间互相通信的系统结构，同时还应具有高性能的抗攻击性、安全性及可靠性。军级、师级等野战通信系统是一种重要的复杂通信系统，功能复杂，需要对很多科技问题进行不断研究发展才能持续满足要求，在此仅就其安全对抗性能剖面进行讨论。

6.2.4.1　野战移动通信的相关问题讨论

就野战移动特点而言，必定使用无线通信模式。就电磁频率结合通信、安全等剖面考虑，现在有短波、超高频、微波、毫米波可选择，无线光波通信也逐渐进入应用。

短波：借助电离层反射可达远距离通信（但有近距离盲区），信号不能进行高速大容量通信，且有来自空间辐射及工业的较强干扰。就安全性能而言，天线方向性差，通信速率低，难以利用信息。在时空维中利用很小占位而进行隐藏和隔离，可使用密码。

超短波以上频率：辐射穿透电离层，可远距离通信。利用接力方式，可进行大容量高速通信，工业干扰较弱等。在安全性能方面，天线可有方向性，利用压缩技术使信号时空维中有较小占位，从而具有一定时空隔离及隐蔽性能，可与密码技术结合使用。光波在大气层内损耗较大，尤其是恶劣气象条件下更为突出。

综合比较性能后，现在野战通信系统多选择超高频微波、毫米波段作为主要无线通信频率，短波通信只作为辅助手段。

6.2.4.2　远距离无线通信安全问题讨论

如果选定 UHF 以上频率进行无线通信，则其远距离无线通信的安全问题分析如下：

① 利用中转接力设备进行通信接力，实现远距离通信。接力通信在地面固定通信中可解决远距离问题，但在距离 50 km 处应设置接力点。若中间有山，则接力站地点选择应满足电波传播条件，在移动状态下，要在全通信覆盖区设置接力点，商用移动通信系统中称之为基站。在野战条件下，很难在战区内快速设置多个接力站。实际上，移动通信系统如无固定有线电信骨干网支持，就不能完成廉价、大容量、多用户的移动通信业务。

② 利用卫星做通信接力。利用卫星进行通信接力具有覆盖区域广的特点。随着卫星技术的发展，通信卫星已成为高性能接力设备，包括：

① 同步轨道卫星，空间位置固定不变，距离达 36 000 km，延时达毫秒级，时延较长；同步卫星波束对地面的覆盖地域较大，一颗同步卫星便能覆盖我国国土地域。

② 非同步轨道卫星，其优、缺点与同步卫星的优、缺点正好相对立，如果要用非同步卫星保证全时域通信，则在空间应由多颗卫星组成星座，并事前编制星历供给合法用户使用。利用非同步轨道卫星进行通信，应建立更复杂的通信网络管理控制系统。

当利用低轨道卫星星座组成野战移动通信信息系统时，其安全对抗要点分析见表 6.1。

表 6.1　隐藏内容及方式

数据内容隐藏	利用密码进行信息内容隐藏，密钥可控制和变更
信息存在形式（信息媒介特性）隐藏	信号频率随机变化，对攻击者是一种隐藏 信号发射时间随机 信源信宿地址及标识经加密处理，建立过程保密
信道存在形式隐藏	对经卫星转发的通信链路进行一定的保密，临时建立的通信信道用完即撤销，并具有一定的随机性

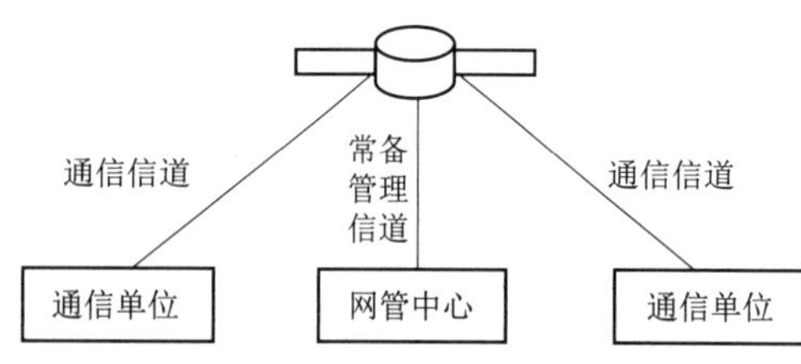

图 6.1　卫星通信及管理部分示意图

卫星通信的核心是通过网管中心所属的密钥管理中心制定信息安全工作协议，以及密钥的变更和使用管理等，如图 6.1 所示。

主叫单位应根据安全通信规范和协议工作，经管理信道向网络管理中心申请与被叫单位建立互联信道，网管中心审查认定资格后，通知被叫单位并审查被叫单位资格，通知双方有关信道参数、编号、密钥等（也可由双方协商建立密钥），双方互相确认身份后再建立通信联系，通信完成后通知网管中心撤销信道及密钥。

6.3　广播电视系统的安全与对抗

6.3.1　系统知识基础

通过无线电波或通过导线向广大地区播送音响、图像节目的传播媒介，统称为广播。广播按传输方式分为无线广播和有线广播，只播送声音的，称为声音广播；播送图像和声音的，称为电视广播。狭义上讲，广播是利用无线电波和导线，只用声音传播内容；广义上讲，广播包括人们平常认为的单有声音的广播及声音与图像并存的电视。

广播电视使人类信息传播的广度和深度得到了空前的扩展。无线电广播发明于 1906 年，世界上第一座正式电台是 1920 年 11 月开始播音的美国匹兹堡 KDKA 电台。中国的无线电广播始于 1923 年；1940 年 12 月 30 日，延安新华广播电台正式播出，标志着中国人民广播的诞生。电视发明于 20 世纪 20 年代。1936 年，英国广播公司建立了第一座电视台，正式播出节目。我国第一座电视台是 1958 年 5 月 1 日试播的北京电视台，同年 9 月正式播出，1978 年改称为中央电视台。

广播电视系统的主要功能包括：第一，宣传功能，即利用广播电视这一现代化的大众传播媒介，及时地宣传党的路线、方针和政策，以及人民群众在党的路线、方针、政策指引下所取得的成就；第二，教育功能，即利用广播电视向受众传播知识，特别是现代科学技术知识，不断提高全民族的科学文化素质；第三，监督功能，即利用广播电视这种大众传媒对社会经济活动进行监督，对舆论进行监督，以便树立正气，纠正一切不正之风。

广播电视系统的主要特点包括：形象化，以声音和图像的形式来传递信息；及时性，以电磁波的速度来传送信息；广泛性，覆盖范围最广泛的一种传播媒介。

6.3.1.1　地基广播电视系统

无线广播及电视网是一个重要的信息系统，集多种功能于一体，如传播、弘扬优秀文化、时事宣传、生活娱乐、商务活动信息交流等。作为现代化社会生存发展不可缺少的重要组成部分，其安全问题自然十分重要。个人及一般群体都无法影响无线电广播及电视网的正常工作。在发生战争的情况下，重要广播电台和电视台往往是敌对方攻击的重要目标之一，中断广播和电视节目将起到重要的心理攻击作用，并有可能造成社会混乱。

有线广播电视网络在城市中所需发射功率远比无线广播辐射小，由于网络中可加接力放大器，且不受城市工业电气噪声干扰、大型建筑物对电波传播的遮蔽及多路径效应的影响，因此，信号质量可能达到良好水平；另外，线缆多隐蔽埋入地下，可调整形成分布式独立子网，战争时有较高的生存能力。总体而言，线缆一次性投入成本较大，尚需加入一定运营成本，对分散式独立住宅，如果要求宽带接入，则成本更高；在集中式高层公寓式住宅区域，成本较低。有线广播电视网络已经是大、中型城市的基础设施之一。

6.3.1.2　卫星广播电视系统

卫星通信系统由于具有三维无缝覆盖能力、独特灵活的普遍服务能力、覆盖区域的可移动性、广域复杂网络构成能力、广域 Internet 交互连接能力，以及特有的广域广播与多播能力、对应急救灾的快速灵活与安全可靠的支持能力等，已经成为实现全球通信不可或缺的通信手段之一。卫星通信实际上也是一种微波通信，它将卫星作为中继站来转发微波信号，实现在多个地面站之间的通信。卫星通信的主要目的是实现对地面的“无缝隙”覆盖，但要求地面设备具有较大的发射功率。

卫星通信系统由卫星端、地面端、用户端三部分组成。卫星端在空中起中继站的作用，即把地面站发上来的电磁波放大后再返送回另一地面站，卫星星体又包括两大子系统：星载设备和卫星母体。地面站则是卫星系统与地面公众网的接口，地面用户也可以通过地面站出入卫星系统形成链路，地面站还包括地面卫星控制中心，以及其跟踪、遥测和指令站。用户端即是各种用户终端。

按照通信范围来区分，卫星通信系统可以分为国际通信卫星、区域性通信卫星、国内通信卫星。按照用途区分，卫星通信系统可以分为综合业务通信卫星、军事通信卫星、海事通信卫星、电视直播卫星等。按照转发能力区分，卫星通信系统可以分为无星上处理能力卫星、有星上处理能力卫星。

卫星通信的主要特点包括：

① 下行广播，覆盖范围广：对地面的情况如高山海洋等不敏感，适用于对业务量比较稀

少的地区提供大范围的覆盖，在覆盖区内的任意点均可以进行通信，而且成本与距离无关。

② 工作频带宽：可用频段为 150 MHz～30 GHz。目前已经开始开发 0、υ 波段（40～50 GHz）。ka 波段甚至可以支持 155 Mb 可视的数据业务。

③ 通信质量好：卫星通信中电磁波主要在大气层以外传播，电波传播非常稳定。虽然在大气层内的传播会受到天气的影响，但仍然是一种可靠性很高的通信系统。

④ 控制复杂：由于卫星通信系统中所有链路均是无线链路，而且卫星的位置还可能处于不断变化中，因此控制系统也较为复杂。控制方式有星间协商和地面集中控制两种等。

卫星通信系统将卫星作为转发器，向广大地区转发广播电视信号，接收后编辑进入本地电台网，具有信号质量好且稳定的优点，同时可节省多站传播管理费，是国际文化传播交流及国内交流所不可缺少的信息系统。一般情况下，按国际惯例，这些用于文化交流、社会进步的民用信息系统是不得侵犯的，但也有罕见的冒天下之大不韪而干扰卫星电视系统的事件，我国鑫诺卫星转播电视节目曾数次被严重干扰而无法正常播出，说明信息安全对抗措施具有非常重要的意义。

6.3.2 信息安全问题

① 按国际惯例，这些促进民用文化交流、社会进步的信息系统是不得侵犯的。

② 受法律保护，个人及一般群体都不能阻挠无线电广播及电视网的正常工作。

③ 对无意和有意干扰，有线通信系统抗干扰能力强。

④ 重要广播电台和电视台往往是敌对方攻击的重要目标之一，中断广播和电视台的战时工作，常引起重要的心理攻击作用并造成社会混乱。

⑤ 无意干扰包括：地面干扰，如地球站设备的杂波干扰、电磁干扰、互调干扰、交叉极化干扰等；空间干扰，如邻星干扰、相邻信道干扰、个别用户不规范操作误发信号干扰等；自然干扰，如雨衰、日凌、电离层闪烁、卫星蚀、恶意干扰等。

⑥ 有意干扰包括：对卫星通信上行链路的干扰、对卫星通信下行链路的干扰、干扰遥控遥测指令分系统。

⑦ 其他方面的威胁还有核威胁、反卫星武器的“硬摧毁”等。

6.3.3 信息对抗措施

下面主要讨论卫星式广播电视系统的抗干扰对抗措施。图 6.2 所示为卫星广播系统信号传输示意图。

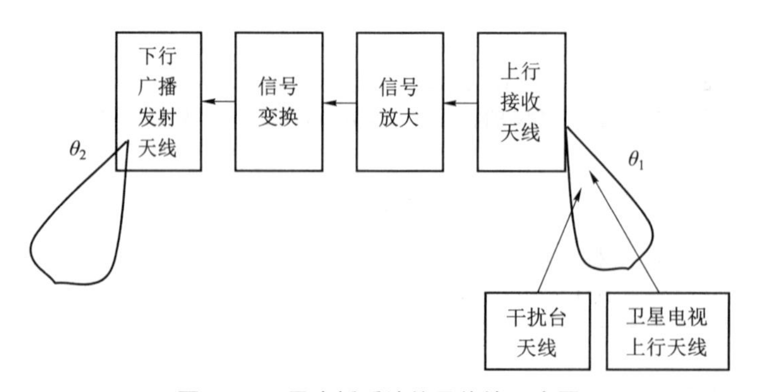

图 6.2 卫星广播系统信号传输示意图

卫星发射广播天线的波束宽度一般主要取决于覆盖地区，配合以足够的转发功率，使得地面使用不太大的天线便能有良好的清晰度。卫星天线由于受卫星体积、质量、成本等限制，一般波束宽度在 C 波段，波束宽度为 1°～5°，直径为 1～6 m，而在距地面 36 000 km 的同步轨道上，对应地面覆盖直径内达 480 km（如波束宽度为 5°，则达 2 400 km）。在覆盖范围内，除了接收信号外，也可向卫星发送干扰信号，而鑫诺卫星的设计不具备监测和辨识干扰信号能力，对干扰信号同样接收并向地面转播，因而形成干扰效果。

在这种情况下，对抗干扰的一种有效方法，是在上行信道中增加密码信号，由卫星接收部分进行密码信号识别，如再结合利用扩谱技术，则可进一步提高信号抗干扰能力。为了防密码破译，密钥需不断更换，因此需增加上行密钥控制信道。注意，此信道也应加密，对密钥信息可再加密一次，也可利用密钥代号而不暴露具体密钥等措施，以达到更安全的状态，其框图如图 6.3 所示。

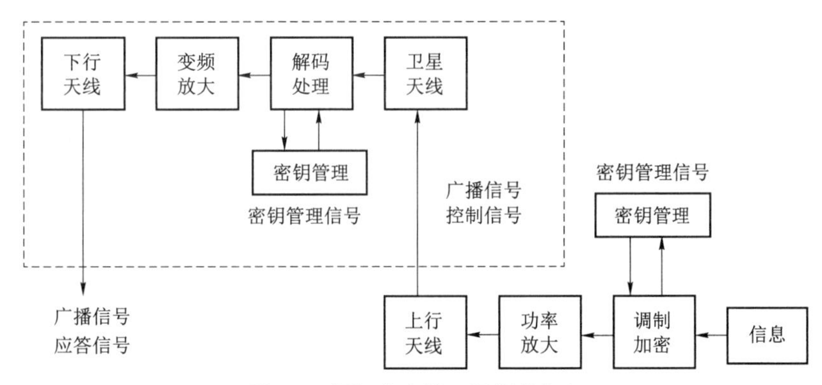

图 6.3 保证安全的卫星通信框架

加密方法有多种，如对信息可用分组加密和序列密码方式加密，也可在同步信号中加密，只有卫星解密得出同步信号后，才进行信号转播，这样便可抑制干扰信号进入卫星接收系统以致干扰转播。此外，加大地面发射信号功率强度也是一种常用的抗干扰办法，也可联合运用加密及加大信号发射功率的方法。

6.3.4 鑫诺卫星干扰

6.3.4.1 鑫诺卫星干扰事件

鑫诺主要覆盖国内及周边国家和地区，服务于国家教育和科研计算机网络、新华社全球卫星数据广播网、国家广电总局“村村通”工程，以及中国海上石油、国家气象局、中国吉通、中国联通和中国教育电视台等数十家用户。

2002 年从 9 月 8 日起，“法轮功”邪教组织的非法电视信号先后攻击了鑫诺卫星 KU 段的 2A、3A、6A 转发器，干扰了中央电视台、中国教育电视台和部分省级电视台的节目传输，致使一些边远农村、山区和教育节目的观众不能正常收看到电视节目。这是继 2002 年 6 月 23 日“法轮功”邪教组织的非法电视信号对我国鑫诺卫星攻击之后的又一次违法犯罪行为。

国家无线电监测中心负责人 2002 年 9 月 29 日表示，对鑫诺卫星干扰源位置的测定，采用的是目前国际业内人士公认的最先进的卫星干扰源定位技术和测试仪器。对干扰信号进行了实时测试，测试结果显示，干扰源位于台湾省台北市地区，位置为东经121° 30′33″，北纬24° 51′04″周围。

人类社会是靠公认的规则来维持有序、和谐的生存和发展。但是，“法轮功”邪教组织为了达到不可告人的目的，肆无忌惮，任意践踏国际规则，如果任这种倒行逆施的行为发展下去，对人类社会、对全世界都将是一场灾难。整个人类社会都有责任制止“法轮功”邪教组织这种干扰卫星通信的违法犯罪行为。

节目播出后，世界上一些国家和组织纷纷谴责“法轮功”邪教组织这种肆意践踏国际准则、扰乱公共秩序的行为。国务院台湾事务办公室和我业务主管部门已向台湾当局及台湾业务主管部门明确指出，在台湾的“法轮功”邪教组织在台北市地区发射非法电视信号，干扰我卫星电视节目传输，是严重的违法犯罪活动，是对公认准则的肆意践踏，严重侵犯了广大民众的合法权益，迫使干扰行为中断。

6.3.4.2 安全对抗过程分析

下面基于“共道”、“逆道”模型分析鑫诺卫星干扰事件的信息安全对抗过程。

共道之处：干扰信号利用卫星在接收波束内接收所有信号而不分辨的特点，将干扰信息发送到卫星转发器上，即利用卫星对接收信号“一视同仁”加以转发的“共道”规律进行信号干扰。

逆道之处：按法律规定和国际惯例，不允许干扰卫星广播，现在却在地面上对准卫星转发器天线上传干扰信号，再经卫星接收及转发，在输出端形成干扰信号。对抗过程中，“对抗信息”融于共道和逆道环节，故在干扰准备阶段很难获得逆道对抗信息，直至出现了干扰效果。防守方处于被动状态，所以对抗的第一阶段攻击方获胜。由这个过程看，“共道—逆道”交织在一起，上传干扰信号到卫星转发器，在法律层次是逆道行为而在卫星工作技术原理层次是“共道”行为，形成了“共道”原理和“逆道”效果，这是一种辩证的“相反相成”现象，这也说明鑫诺卫星的电视广播系统本征上存在信息安全漏洞，而且这个漏洞多次被攻击方利用了。

干扰正常卫星广播是不允许的，在后续对抗行动中反反其道而制胜。进行思路仍是由对抗信息着手，即第一步找出干扰源所在地点，然后由行政、政治、公众舆论等方面进行反击，这是高层次措施。在直接技术层次，采用了加大上行信号功率以压制干扰信号的办法，这种应急对抗方法取得对抗干扰攻击的效果，压制了干扰。当然，在技术层次的先进方法应在卫星接收端鉴别出干扰信号并加以阻断，这就是上行信号加密码（含同步信号）标志上行信号个性，而卫星识别信号排除干扰，即前面图6.3所提抗干扰方案。

6.4 军用雷达系统的安全与对抗

6.4.1 系统知识基础

雷达系统是利用电磁波探测目标的电子设备，发射电磁波对目标进行照射并接收其回波，由此获得目标至电磁波发射点的距离、距离变化率（径向速度）、方位、高度等信息。各种雷达的具体用途和结构不尽相同，但基本形式是一致的，包括：发射机、发射天线、接收机、接收天线、处理部分以及显示器，还有电源设备、数据录取设备、抗干扰设备等辅助设备。测量距离实际是测量发射脉冲与回波脉冲之间的时间差，因电磁波以光速传播，据此就能换算成目标的精确距离。目标方位是利用天线的尖锐方位波束测量。仰角靠窄的仰角波束测量。根据仰角和距离就能计算出目标高度。速度则是雷达根据自身和目标之间有相对运动产生的频率多普勒效应原理测量所得。

雷达接收到的目标回波频率与雷达发射频率不同，两者的差值称为多普勒频率。从多普勒频率中可提取的主要信息之一是雷达与目标之间的距离变化率。当目标与干扰杂波同时存在于雷达的同一空间分辨单元内时，雷达能利用它们之间多普勒频率的不同，从干扰杂波中检测和跟踪目标。

雷达的优点是白天黑夜均能探测远距离的目标，且不受雾、云和雨的阻挡，具有全天候、全天时的特点，并有一定的穿透能力。因此，它不仅成为军事上必不可少的电子装备，而且广泛应用于社会经济发展（如气象预报、资源探测、环境监测等）和科学研究（天体研究、大气物理、电离层结构研究等）。星载和机载合成孔径雷达已经成为遥感中十分重要的传感器。以地面为目标的雷达可以探测地面的精确形状，其空间分辨力可达几米到几十米，且与距离无关。在洪水监测、土壤湿度调查、森林资源清查、地质调查等方面，雷达也显示出了很好的应用潜力。

雷达的种类繁多，分类的方法也非常复杂。通常可以按照雷达的用途分类，如预警雷达、搜索警戒雷达、引导指挥雷达、炮瞄雷达、测高雷达、战场监视雷达、机载雷达、无线电测高雷达、雷达引信、气象雷达、航行管制雷达、导航雷达以及防撞和敌我识别雷达等。按照雷达信号形式分类，有脉冲雷达、连续波雷达、脉部压缩雷达和频率捷变雷达等。按照角跟踪方式分类，有单脉冲雷达、圆锥扫描雷达和隐蔽圆锥扫描雷达等。按照目标测量的参数分类，有测高雷达、二坐标雷达、三坐标雷达和敌我识别雷达、多站雷达等。按照雷达采用的技术和信号处理的方式有相参积累和非相参积累、动目标显示、动目标检测、脉冲多普勒雷达、合成孔径雷达、边扫描边跟踪雷达等。按照天线扫描方式分类，分为机械扫描雷达、相控阵雷达等。按雷达频段分，可分为超视距雷达、微波雷达、毫米波雷达以及激光雷达等。

6.4.2　信息安全问题

由于雷达功能的重要性和工作的不可缺少性，以及利用发射信号对物体反射信号来探测物体的工作原理，因此，雷达一旦工作，对方就必然获得信息，也就是雷达自己的工作方式的暴露给对方提供了基本的对抗信息，导致雷达系统的安全对抗问题十分严峻，需在严格保密下动态发展。有的措施一旦应用，就会暴露，因此，雷达的使用时机是一个非常重要的问题，对方也往往千方百计获得雷达的对抗信息，包括采取佯攻手法诱使雷达露出对抗的技术底牌，然后再采取攻击措施。表 6.2 简要说明了围绕雷达工作形成的对抗信息斗争。

表 6.2　围绕雷达工作形成的对抗信息斗争

雷达方	对抗攻击方
雷达运用组成网络层次	是对方所欲获得的基本信息，往往通过成像、侦察、接收信号、定位等多种手段综合判断确定

续表

雷达方	对抗攻击方
雷达部署的地理坐标（含高度坐标）信息，雷达的网络拓扑结构，包括：雷达类型及系统功能信息。本类信息往往是由雷达系统功能及其技术层次各项具体参数综合所形成	利用侦察截获雷达信息形成对抗信息： ● 雷达类型：如战略预警、中远程警戒、指挥引导、区域防御火控、点防御火控等； ● 雷达工作应用类型：经常值班、预备值班、机动布置等
雷达系统技术层次 ● 雷达工作频段； ● 信号形式及特征：连续波映射、信号调制、信号重用周期、功率电平、天线转速、波束宽度形状、天线控制方式、雷达抗干扰措施	推测雷达集成更大规模武器系统的信息。 例如，由区域内雷达可推测出区域防御武器系统的存在；由指挥引导雷达推测空军战斗部队的存在等

总体而言，对抗信息的形成是复杂动态变化的，又是相互渗透相反相成的，采用一种对抗措施的同时，又附带会提供一种对抗信息给对方，从而形成了一个双方激烈对抗的过程。

6.4.3 信息对抗措施

由于雷达对抗内容的敏感性，在此只做一般性原理说明。雷达系统的安全对抗可从三个层次分析，第一层次是围绕“信息—信号”展开的对抗斗争，第二层次是针对雷达进一步功能展开的对抗斗争，第三层次是围绕雷达生存发展的。每一个层次再可细分若干层次，其对抗内容也不断发展变化。

雷达是通过接收和检测回波信号实现其功能，即目标信息的获得。围绕回波信号的斗争是一个基本环节，见表6.3。

表6.3 围绕信息—信号的斗争说明

雷达方	攻击方
展宽频带，增加工作频率点，快速变频增加发射功率及照射功率密度	掌握雷达工作频率频段是前提，接续利用雷达回波强度比例于 $1/R^4$、干扰强度比例于 $1/R^2$ 的先天优势，对雷达进行干扰，因此应准备对雷达工作频域进行干扰，也可快速跟随雷达频率干扰以压制雷达回波，破坏雷达回波检测以破坏获得目标信息
多种方式设计低截获概率信号或隐藏雷达发射信号	加强信号检测分析能力
雷达架高（包括利用空中平台）及提高在地海强回波背景下检测运动目标回波的能力	进入雷达探测区域后低空和超低空飞行，利用地球曲率遮挡及地物回波淹没、避开雷达探测
利用较长波长信号及回波谐振现象等以对抗隐身目标	目标进行隐身设计包括形状布局及材料涂层设计，减小反射回波强度以压缩雷达控测距离，是现时重要方法
其他包括利用空间滤波、极化滤波在内的多维滤波技术滤除干扰，以助回波信号检测	加大干扰功率密度，增强干扰效果

围绕雷达后续作战功能的对抗斗争：雷达后续作战功能对双方更加重要，故对抗更为激烈，情况更为复杂和多样化，扼要讨论见表6.4和表6.5。

表 6.4　针对雷达后续功能的对抗斗争

对于敌我目标属性鉴别问题，在技术上进行快速、全面、准确鉴别难度很大，只能部分解决，现采用我方目标利用密码应答形成我雷达对目标的专门问询，同时，在敌我识别应答系统中不断采取各种先进对抗安全技术，以保证正确的询问应答不被对方利用，以便伪装为我机雷达的目标回波成像，可对雷达后续功能的发挥起重要作用（现在正大力研究）	主要攻击询问应答系统，制造假应答或干扰应答使对方敌我不分 研究各种破坏雷达回波成像的科技方法
雷达跟踪目标（含多批目标）是完成后续功能的重要特性 雷达利用各种干扰与目标回波特性的区别，采用各种反其道而行之方法保持雷达跟踪性能	对抗雷达的目标跟踪功能，制造伪信号引诱雷达错误地跟踪施放的干扰（包括铂条干扰丝等）以破坏雷达跟踪
采用复合制导，提高快速反应能力，提高制导信号及通信链传输信号的各种抗干扰能力	破坏雷达的制导信号 破坏雷达与指挥系统间的信息链

表 6.5　对雷达站进行毁伤性攻击，以图摧毁雷达

利用可机动雷达快速机动布置，以破坏 GPS 预先装的地理坐标	利用巡航导弹及反辐射导弹攻击
利用对攻击雷达目标进行快速认定，采取击毁误导等针锋相对措施	提高攻击导弹的低空飞行速度，使对方来不及反应

总之，雷达系统的攻击对抗是一个复杂动态系统的对抗问题，没有终结答案，所有对抗手段只具有相对有效性，并且是在矛盾中不断发展的，这也充分体现了对立统一发展的规律。

6.5　信息网络空间的安全与对抗

本节将运用信息安全与对抗的基本原理、基本方法具体讨论计算机信息网络系统的信息安全与对抗问题，主要从以下几个方面来讨论：计算机信息网络的系统组成、不安全因素分析、网络攻击和防御行为分析、网络攻击与对抗过程分析以及目前存在问题的分析等。

6.5.1　系统知识基础

网络是由具有无结构性质的节点与相互作用关系构成的体系。计算机网络即互联网，是由局域网络及其之间的连接通过传输系统和 TCP/IP 协议连接在一起而构成的。局域网的基本元素为用户终端、服务器、打印机、扫描仪、交换机、集线器、路由器等硬件部件，以及操作系统、应用软件等软件系统。

计算机网络的基本技术规律包括：

1. 网络空间的幂结构规律

核心节点调控。基于已有的经验和理论成果可知，互联网是一种可扩展网络（scale-free network），如果定义 $P(k)$作为网络中一个节点与其他 k 个节点连通的概率，则互联网的连通性分布 $P(k)$呈幂数分布（power law）。互联网主要特征是网络中大多数节点的连接度都不高，而少数节点的连接度很高，可以将这些少数节点看成中心节点。这类网络连通性和可扩展性很好，而且非常健壮和可靠，即使有部分节点失效，也不会对整个网络造成过大的影响。

但是，它的抗攻击性并不好。攻击者只需对连接度很高的少数节点进行攻击，就能造成网络的瘫痪。我们将连接度高的节点定义为核心节点，其能够影响、控制全网的内容传播和各种行为。例如，核心路由器承载着全网、全国和国际的传输量，知名网站吸引着全国、全球用户的“眼球”，重要邮件服务器拥有着大部分邮件用户，计费服务器几乎连接所有的网络用户等。而那些连接度低的节点则在互联网世界中显得微不足道。

2. 网络空间的自主参与规律

开放与自治的辩证统一。互联网是一个开放的空间，用户可以自由进入，在这里没有集中管理或控制，而任何信息系统都可以自主参与其中。网络空间的物理形态由一系列具有不同拓扑结构的技术系统表现，而将这些结构各异的技术系统结合在一起的是统一的通信协议，以及符合开放互联协议的操作系统、数据库等基础软件。在此基础上，反映人类社会各种活动的各类应用系统都可以参与到这个网络空间之中。全球数以亿计的个人或机构用户分属不同层次的利益主体，但都可以通过这个网络空间来使用相应的应用系统。开放性是信息化发展的特征，由于不同的利益主体在开放空间中形成了安全利益的冲突，使得网络空间的开放性成为信息安全风险的客观来源。因此，不同的社会主体要求具有相应的封闭性、自治性，这使得社会的封闭性与技术的开放性产生了冲突。一个典型的例子是企业既希望享受网络空间所带来的可共享资源，又必须建立封闭的企业网络以保障企业的自身利益，这就是开放与自治之间的辩证统一。

3. 网络空间的冲突规律

攻防兼顾。互联网中的安全利益的侵害与保护本身就是一个攻防统一体。从社会角度看，只有掌握有效的攻击能力，才能更好地保护自己，而任何有效的保护都是建立在充分了解攻击方式和手段的基础之上。从技术角度看，安全技术是在攻与防的交替中不断发展的，如密码技术的应用与发展就是在编码加密和分析破译的攻防统一中实现的，信息系统漏洞技术的应用与发展也是在漏洞的发现、利用和修补的攻防统一中提升的。

4. 网络空间安全的弱优先规律

整体保障。众所周知，信息安全符合木桶原理，即系统中最薄弱的环节决定了整个系统的安全性，从而体现出弱优先规律。信息安全涉及的是社会与技术的不同层面，任何层面的安全因素都不能偏废，必须同步整体发展，并且注重发现并解决信息安全的薄弱环节，形成整体的信息安全保障体系，以防止因某个局部薄弱环节的存在而使得系统整体的安全能力降低。

对于计算机网络的安全性，应从系统角度进行多层次、多剖面的分析，但攻击行为最终针对具体的信息系统，所以大多数情况下以具体的信息系统（如某单位的信息系统）作为防护对象。对于国家基础设施、计算环境和网络边界的信息安全对抗，由国家统一考虑实施。

6.5.2 信息安全问题

6.5.2.1 网络空间的不安全因素

对于网络系统，无论是其信息处理的各个环节，还是信息系统结构上，都存在不同程度的漏洞或者本身的脆弱性，这些缺陷导致系统面临不同程度的威胁和攻击。除了由于网络系统本身存在的缺陷构成的威胁和攻击外，还存在其他方面的威胁和攻击，如自然灾害、信息战等。系统、有效地分析系统的不安全因素和评估其产生的风险，就可以依据等级保护的策略来指导系统安全保障体系的建设。

1. 面临的威胁

系统面临的威胁和攻击主要来自自然灾害、人为或偶然事故、计算机犯罪、计算机病毒以及信息战等几个方面，下面分别对其做简单介绍。

① 自然灾害。自然灾害主要指火灾、水灾、风暴、地震等破坏，以及环境（温度、湿度、振动、冲击、污染）的影响。据有关方面调查，我国不少计算机房没有防震、防火、防水、避雷、防电磁泄漏或干扰等措施，接地系统疏于考虑，抵御自然灾害和意外事故的能力较差，以致事故不断，因断电而造成设备损坏、数据丢失的现象屡见不鲜。

② 人为或偶然事故。常见的事故有：硬、软件的故障引起安全策略失效；工作人员的误操作使系统出错，使信息严重破坏或无意地让别人看到了机密信息；自然灾害的破坏，如洪水、地震、风暴、泥石流，使计算机系统受到严重破坏；环境因素的突然变化，如高温或低温、各种污染破坏了空气洁净度，突然掉电或冲击造成系统信息出错、丢失或破坏等。

③ 计算机犯罪。计算机犯罪是指利用暴力和非暴力形式，故意泄漏或破坏系统中的机密信息，以及危害系统实体和信息安全的不法行为。暴力形式是对计算机设备和设施进行物理破坏，如使用武器摧毁计算机设备、炸毁计算机中心建筑等；非暴力形式是利用计算机技术知识及其他技术进行犯罪活动。1997 年 3 月 14 日，我国颁布的《中华人民共和国刑法》对计算机犯罪做了明确的规定，涉及计算机犯罪有两类形式：一类是破坏计算机信息系统罪，另一类是入侵计算机信息系统罪（见《刑法》第 285，286，287 条）。

④ 计算机病毒。计算机病毒，是指编制或者在计算机程序中插入的破坏计算机功能或者毁坏数据，影响计算机使用，并能自我复制的一组计算机指令或者程序代码。因为这些程序的很多特征类似于疾病病毒，所以人们使用“病毒”一词。这些特征包括潜伏与自我复制能力、传播能力，会对系统或网络造成破坏，轻则使系统运行效率下降，部分文件丢失；重则造成系统死机和网络瘫痪。正是因为计算机病毒有如此大的危害性，恐怖主义者用计算机病毒破坏一些国家的军事和国家安全部门，将计算机病毒作为重要的信息战武器来研究。可以说，计算机病毒是最常见的危害信息系统的手段，防不胜防。

⑤ 信息战。信息战是指为了国家的军事战略而取得信息优势，干扰敌方的信息和信息系统，同时保卫自己的信息和信息系统所采取的行动。这种对抗形式的目标在于，不是集中打击敌方的人员或战斗技术装备，而是集中打击敌方的信息系统，使其神经中枢——指挥系统瘫痪。信息技术将从根本上改变战争的方法，就像坦克的运用引起了第一次世界大战的变革一样。继原子武器、生物武器、化学武器之后，信息武器已被列为第四类战略武器。在海湾战争中，信息武器首次被用于实战，在伊拉克购买的智能打印机中，由于被植入一片带有病毒的集成电路，加上其他因素，最终导致伊拉克指挥系统的崩溃。

2. 系统的安全缺陷

本书将网络系统的安全缺陷定义为与系统相关的漏洞或脆弱性，它们可以导致系统抵御攻击的能力减弱。下面从几个方面对此加以分析。

（1）数据处理环节上的安全缺陷

数据处理的各个环节都有可能存在脆弱性，如：

① 数据输入：数据通过输入设备进入系统，输入的数据容易被篡改或造假。

② 数据处理：数据处理部分的硬件容易被破坏或盗窃，并且容易受电磁干扰或由于电磁辐射而造成信息泄露。

③ 数据传输：通信线路上的信息容易被截获，线路容易被破坏或盗窃。

④ 数据输出：输出信息的设备容易造成信息泄漏或被窃取。

⑤ 管理控制：系统的安全管理和控制方面的能力还比较弱，问题较多。

⑥ 软件：操作系统、数据库系统和应用程序容易被修改或破坏。

（2）软件上的安全缺陷

由于软件程序的复杂性和编程的多样性，在网络信息系统的软件中很容易有意或无意地留下一些不易被发现的安全漏洞，软件漏洞显然会影响信息系统的安全。

① 陷门：所谓的陷门，是一个程序模块的秘密的、未写入相关文档的入口。一般情况下，陷门是在程序开发时插入的一小段程序，用于测试这个模块或升级程序，或是为了发生故障后为程序员提供方便。通常，程序开发后期会去掉这些陷门，但由于有意或无意的原因，陷门也可能被保留下来。陷门一旦被原来的程序员利用，或者被无意或有意的人发现，将会带来严重的安全后果。比如，可能利用陷门在程序中建立隐蔽通道，甚至植入一些隐蔽的病毒程序等。利用陷门可以非法访问网络，达到窃取、更改、伪造和破坏的目的，甚至有可能造成信息系统的大面积瘫痪。常见的陷门有：逻辑炸弹、遥控旁路、贪婪程序等。

② 操作系统的安全漏洞：操作系统不安全的首要原因在于操作系统结构体制，操作系统的程序是可以动态连接的，包括 I/O 的驱动程序与系统服务，都可以用打补丁的方式进行动态连接。许多 UNIX 操作系统的版本进化与开发，都是采用打补丁的方式进行的。这种方法厂商可用，“黑客”也可用，这种动态连接也是计算机病毒产生的环境。一个靠渗透与打补丁开发的操作系统是不可能从根本上解决安全问题的。然而，操作系统支持程序动态连接与数据动态交换是现代系统集成和系统扩展的需要，显然，系统集成与系统安全是矛盾的。操作系统不安全的原因还在于可以创建进程，甚至支持在网络的节点上进行远程进程的创建与激活，更为重要的是，被创建的进程还继承创建进程的权力。此外，操作系统还有隐蔽信道等。

③ 数据库的安全漏洞：数据库是从操作系统的文件系统基础上派生出来的，用于管理大量数据的系统。数据库的全部数据都记录在存储媒体上，并由数据库管理系统（DBMS）统一管理。DBMS 为用户及应用程序提供一种访问数据的方法，并且对数据库进行组织和管理，对数据库进行维护和恢复。数据库系统的安全策略，部分由操作系统来完成，部分由强化 DBMS 自身的安全措施来完成。数据库系统存放的数据往往比计算机系统本身的价值大得多，因此必须加以特别保护。

④ TCP/IP 协议的安全漏洞：TCP/IP 通信协议在设计初期并没有考虑到安全性问题，而且用户和网络管理员没有足够的精力专注于网络安全控制，加上操作系统和应用程序越来越复杂，开发人员不可能测试出所有的安全漏洞，因此，连接到网络上的计算机系统就可能受到外界的恶意攻击和窃取。

（3）硬件结构隐患

拓扑逻辑是构成网络的结构方式，是连接地理位置上分散的各个节点的几何逻辑方式。拓扑逻辑决定了网络的工作原理及信息的传输方法。一旦网络的拓扑逻辑被选定，必定要选择一种适合这种拓扑逻辑的工作方式和信息传输方式。事实上，网络的拓扑结构本身就有可能给网络的安全带来问题，如总线型拓扑结构故障诊断困难、容易被窃听；星型拓扑结构扩展困难、对中央节点的依赖性太强等。

（4）其他方面的安全缺陷

信息系统中除了软件、硬件外，还包括许多其他要素，其中也存在不同程度上的安全缺陷。存储密度高：在一张磁盘或一条磁带中可以存储大量信息，很容易放在口袋中带出去，容易受到意外损坏或丢失，造成大量信息的丢失。信息聚生性：当信息以分离的小块形式出现时，它的价值往往不大，但将大量信息聚集在一起时，信息之间的相关特性将极大地显示出这些信息的重要价值，信息的这种聚生性与其安全密切相关。介质的剩磁效应：存储介质中的信息有时是擦除不干净或不能完全擦除掉的，会留下可读信息的痕迹，这些痕迹一旦被利用，就会导致泄密，如许多信息系统中的所谓删除文件仅仅是删除了该文件在目录中的文件名，其内容并没有真正的删除，因此很容易被恢复；甚至是格式化后的磁盘，其信息也可能被恢复。电磁泄漏：计算机设备在工作时能够辐射出电磁波，任何人都可以借助仪器设备在一定的范围内接收它，甚至利用高灵敏度仪器就可以清晰地看到计算机正在处理的机密信息。电磁泄漏是计算机信息系统的一大隐患。此外，电磁泄漏还可能干扰其他电磁设备的正常工作等。

（5）中国特色的安全缺陷

鉴于我国目前的情况，系统除了具有上述普遍存在的安全缺陷以外，还有其他一些独具特色的安全缺陷。比如，由技术被动性引起的安全缺陷。首先，芯片基本依赖于进口，即使是自己开发的芯片，也需要到国外加工，只有当我国的半导体和微电子技术取得突破性进展之后，才能从根本上摆脱这种受制于人的状态。其次，为了缩小与世界先进水平的差距，我国引进了不少外国设备，但这同时也带来了不可轻视的安全缺陷，如大部分引进设备都不转让知识产权，因此很难获得完整的技术档案。可怕的是，有些引进设备在出厂时可能就隐藏了恶意的“定时炸弹”或者“陷门”。又如由于人员素质问题引起的安全缺陷，法律靠人去执行，管理靠人去实现，技术靠人去掌握。人是各个安全环节中最重要的因素。全面提高人员的道德品质和技术水平是网络信息安全的最重要保证。当前，系统规模在不断扩大，技术在不断更新，新业务在不断涌现，这就要求人去不断地学习，从而不断地提高其技术和业务水平。另外，思想品德的教育也是十分重要的，许多安全事件都是由思想素质有问题的内部人员引起的。还有缺乏系统的安全标准所引起的安全缺陷。目前，我国信息安全标准数量远少于现有产品品种，尚未形成较为完整的信息安全标准体系。已颁布的国家标准，绝大多数为框架性基础标准，具有方法论的指导作用，而不是可操作的标准。有限的产品标准和技术上的滞后，事实上不具有标准的指导作用。缺乏安全标准不但会造成管理上的混乱，使安全技术和产品的研发缺乏指导，而且也会使攻击者更容易得手。总之，各种不安全因素使得计算机信息系统存在种种漏洞，表现出种种脆弱性。

6.5.2.2　信息安全主要表现形式

综合考虑信息系统及相关因素，从信息安全所产生的威胁和外在表现形式来看，网络空间中的信息安全中影响大的主要有五种。

① 蠕虫或病毒的扩散：其核心特点是针对特定的操作系统，但没有明确的攻击目标，攻击发生后攻击者就无法控制。

② 垃圾邮件的泛滥：其核心特点是以广播的方式鲸吞网络资源，影响网络用户的正

常生活。

③ 黑客行为：其核心特点是利用网络用户的失误或系统的脆弱性，针对特定目标进行拒绝服务攻击或侵占。

④ 信息系统脆弱性：其核心特点是系统自身所存在的隐患可能在某个特定的条件下被激活，从而导致系统出现不可预计的崩溃现象。

⑤ 有害信息的恶意传播：其核心特点是以广泛传播有害言论的方式，来控制、影响社会的舆论。

6.5.3　信息攻击方法

6.5.3.1　信息攻击行为分类

1. 按被攻击的对象划分

可将系统的攻击分为两类：一类是针对信息系统实体的，一类是针对信息的。

（1）对实体的攻击

这种攻击主要指对系统设备、网络及其环境的攻击，如各种自然灾害与人为的破坏、设备故障、场地和环境因素的影响、电磁场的干扰或电磁泄漏、战争的破坏、各种媒体的被盗和散失等。对信息系统实体的攻击，不仅会造成国家财产的重大损失，而且会使信息系统的机密信息严重泄漏和破坏。因此，对系统实体的保护是防止信息系统攻击的首要一步，也是防止信息攻击的天然屏障。

（2）对信息的攻击

这类攻击主要有两种：一种是信息的泄漏，另一种是信息的破坏。信息泄漏就是偶然地或故意地获得（侦收、截获、窃取或分析破译）目标系统中的信息，特别是敏感信息，进而造成泄漏事件。信息破坏是指由于偶然事故或人为破坏，使信息的正确性、完整性和可用性受到破坏，使得系统的信息被修改、删除、添加、伪造或非法复制，造成大量信息的破坏、修改或丢失。

2. 根据攻击的方式进行分类

可将攻击行为分为被动攻击和主动攻击两类。

（1）被动攻击

被动攻击是指一切窃密的攻击，它是在不干扰系统正常工作的情况下进行系统信息的侦收、截获、窃取。它利用观察、控制信息的内容来获得目标系统的设置、身份，利用研究机密信息的长度和传递的频度获得信息的性质。被动攻击不容易被用户察觉出来，它的攻击持续性和危害性都很大。被动攻击的主要方法有：

① 直接侦听。利用电磁传感器或隐藏的收发信息设备，直接侦收或搭线侦收信息系统的中央处理机、外围设备、终端设备、通信设备或线路上的信息。

② 截获信息。系统及设备在运行时，散射的寄生信号容易被截获，如离计算机显示终端（CRT）百米左右，辐射信息强度可达 30 dB（μV）以上，因此可以在那里接收到稳定、清晰可辨的图像信息。此外，短波、超短波、微波和卫星等无线电通信设备有相当大的辐射面，市话线路、长途架空明线等电磁辐射也相当严重，因此，可利用系统设备的电磁辐射截获信息。

③ 合法窃取。利用合法的用户身份，设法窃取未授权的信息。例如，在统计数据库中，

利用多次查询数据的合法操作，推导出不该了解的机密信息。

④ 破译分析。对于已经加密的机要信息，利用各种破译、分析手段获得机密信息。

⑤ 从遗弃的媒体中分析获取信息，如从信息中心遗弃的打印纸、各种记录和统计报表、窃取或丢失的信息存储媒介来获得有用信息。

（2）主动攻击

主动攻击是指篡改信息的攻击，它不仅是窃密，而且威胁到信息的完整性和可靠性。它是以各种各样的方式，有选择地修改、删除、添加、伪造和复制信息内容，从而造成信息破坏。主动攻击的主要方法有：

① 窃取并干扰通信线中的信息。

② 返回渗透，即有选择地截取系统中央处理机的通信，然后将伪信息返回给系统用户。

③ 线间插入，即当合法用户已占用信道而终端设备还没有动作时，插入信道进行窃听或信息破坏活动。

④ 非法冒充，即采取非常规的方法和手段，窃取合法用户的标识符，然后冒充合法用户进行窃取或信息破坏。

⑤ 系统人员的窃密和毁坏系统数据、信息的行为等。

6.5.3.2　攻击行为过程分析

主要的计算机网络攻击技术和方法有：网络数据侦听、计算机病毒、特洛伊木马、IP 欺骗、WEB 欺骗、拒绝服务攻击、缓冲区溢出攻击等。

图 6.4 所示为一般攻击行为过程示意图，一个攻击行为的发生一般有三个阶段，即攻击准备、攻击实施和攻击后处理。当然，这种攻击行为有可能对攻击目标未造成任何损伤，或者说攻击未成功。下面简介各阶段的主要内容及特点。

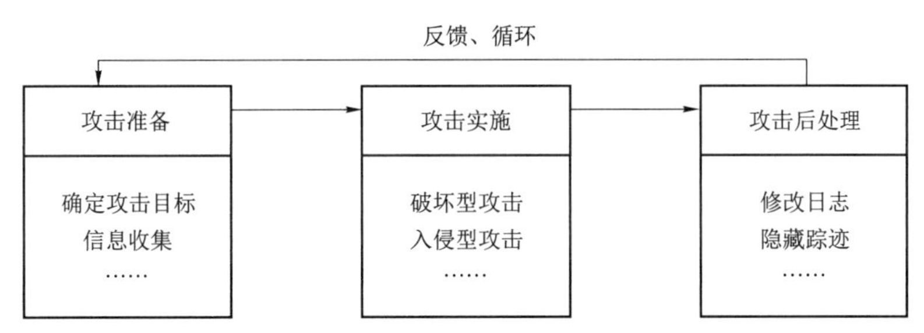

图 6.4　攻击行为过程示意图

1. 攻击准备

攻击的准备阶段可分为确定攻击目标和信息收集两个子过程。攻击前首先确定攻击目标，而后确定要达到什么样的攻击目的，即给对方造成什么样的后果，常见的攻击目的有破坏型和入侵型两种。破坏型攻击指破坏目标，使其不能正常工作，而不是控制目标系统的运行；另一类是入侵型攻击，这种攻击是要获得一定的权限，达到控制攻击目标或窃取信息的目的。入侵型攻击较为普遍，并且威胁性大，因为一旦获得攻击目标的管理员权限，就可以对此服务器做任意动作，包括破坏性质的攻击。此类攻击一般利用服务器操作系统、应用软件或者网络协议等系统中存在的漏洞进行。在确定攻击目标后，最重要的是收集尽可能多的关于攻击目标的信息，以便实施攻击。这些信息主要包括：目标的操作系统类型及版本，目标提供的服务类型，各服务器程序的类型、版本及各种相关的信息等。

2. 攻击实施

当收集到足够的信息后，攻击者就可以实施攻击了。对于破坏型攻击，只需利用必要的工具即可发动攻击；对于入侵型攻击，往往要利用收集到的信息找到系统漏洞，然后利用该漏洞获得一定的权限，有时获得一般用户的权限就足以达到攻击的目的。一般攻击者都想尽办法获得系统最高权限，这不仅为了达到入侵的目的，在某种程度上也是为了显示攻击者的实力。系统漏洞一般分为远程和本地漏洞两种。远程漏洞是指可以在别的机器上直接利用该漏洞进行攻击并获得一定的权限，这种漏洞的威胁性相当大，而攻击行为也一般是从远程漏洞开始。利用远程漏洞不一定能获得最高权限，往往获得的是一般用户的权限。只有获得了较高的权限（如管理员的权限），才可以进行入侵行为（如放置木马程序）。

3. 攻击后处理

如果攻击者完成攻击后，立刻离开系统而不做任何后续工作，那么他的行踪将很快被系统管理员发现，因为所有的网络操作系统都提供日志记录功能，会把系统上发生的事件记录下来，所以攻击者发动完攻击后，一般要做一些后续工作。对于破坏型攻击，攻击者隐匿踪迹是为了不被发现，而且还有可能再次收集信息以此来评估攻击后的效果。对于入侵型攻击，最重要的是隐匿踪迹，攻击者可以利用系统最高管理员身份随意修改系统上文件。隐匿踪迹最简单的方法是删除日志，这样做虽然避免了系统管理员根据日志的追踪，但也明确地告诉管理员系统已经被入侵了，一般采用的方法是修改日志中与攻击行为相关的那一部分日志，而不是删除日志。只修改日志仍不够，有时还会留下蛛丝马迹，高级攻击者可以通过替换一些系统程序的方法进一步隐藏踪迹。此外，攻击者在入侵系统后还有可能再次入侵该系统，所以，为了下次进入的方便，攻击者往往给自己留下后门，如给自己添加一个账号、增加一个网络监听的端口、放置木马等。还有一种方法，即通过修改系统内核的方法使管理员无法发现攻击行为的发生，这种方法需要较强的编程技巧，一般的攻击者较难完成。

6.5.3.3 信息攻击技术简介

信息系统安全攻击和检测技术涉及的内容很多，包括网络安全扫描技术、网络数据获取技术、计算机病毒技术、特洛伊木马技术、IP/WEB/DNS 欺骗攻击技术、ASP/CGI 安全性分析、缓冲区溢出攻击、拒绝服务攻击、信息战和信息武器等。下面简介其中的几项主要技术。

1. 安全扫描技术

安全扫描技术是在攻击进行前的主动检测，与防火墙、安全监控系统互相配合就能够为网络提供较高的安全性。安全扫描技术按扫描的方式主要分为两类：基于主机的安全扫描技术和基于网络的安全扫描技术。基于主机的安全扫描技术主要针对系统主机的脆弱性、弱口令，以及其他与安全规则、策略相抵触对象的检查等。基于网络的安全扫描技术是一种基于网络的远程检测目标网络或本地主机安全性脆弱点的技术，通过执行一些脚本文件模拟对系统进行攻击的行为并记录系统的反应，从而发现其中的漏洞。

2. 网络数据获取技术

无论从攻击及检测的角度，还是从防御和对抗的角度，网络数据获取都是不可缺少的步骤。如，通过网络监听可以侦听到网上传输的口令等信息；通过截获网络数据可以获取秘密或重要信息；入侵检测系统必须通过获取网络数据达到攻击检测的目的等。网络数据获取可以通过多种方式实现，如利用以太网的广播特性，或通过设置网络设备的监听端口，或通过分光技术来实现等。随着网络带宽的不断增加，网络数据获取的技术要求也越来越高，要很好地解决丢包和海量数据的存储等问题。网络数据获取只是安全对抗的第一步，关键是获取数据的后处理能力和处理结果的有效性。

3. 计算机病毒技术

《中华人民共和国计算机信息系统安全保护条例》第 28 条指出："计算机病毒，是指编制或者在计算机程序中插入的破坏计算机功能或者毁坏数据，影响计算机使用，并能自我复制的一组计算机指令或者程序代码。"计算机病毒一般具有以下特性：程序性（可执行性）、传染性、寄生性（依附性）、隐蔽性、潜伏性、触发性、破坏性、变种性（衍生性）等。计算机病毒按攻击的系统分类，有：DOS 系统病毒、Windows 系统病毒、UNIX 系统病毒。按链接方式，可将计算机病毒分为以下几类：源码型病毒、嵌入型病毒、外壳型病毒、操作系统型病毒等。按寄生部位或传染对象，可将计算机病毒分为以下几类：磁盘引导区型、操作系统型、可执行程序型病毒等。计算机病毒会破坏计算机系统数据、抢占系统资源、影响计算机运行速度，以及造成不可预见的危害，如给用户造成严重的心理压力。计算机病毒的检测有手工检测和自动检测两种，具体方法包括比较法、搜索法、分析法、感染实验法、软件模拟法、行为检测法等，其消除也有手工消毒和自动消毒两种方法。

4. 特洛伊木马技术

特洛伊木马（Trojan Horse）是隐蔽在计算机程序里面，并具有伪装功能的一段程序代码，实质上是一个网络客户/服务程序。木马被激活并运行后，潜伏在后台监视系统的运行，能实现合法软件的功能，包括拷贝和删除文件、格式化硬盘、发电子邮件、释放病毒等。根据破坏、侵入目的的不同，木马可分为以下几种：远程访问型、密码发送型、键盘记录型、毁坏型、FTP 型等。木马一般具有以下特征：自动执行性、隐蔽性、非授权性、难清除性等。木马攻击的过程一般分为三个阶段：传播木马、运行木马和建立链接。

5. 缓冲区溢出攻击技术

缓冲区溢出攻击是一种利用目标程序的缓冲区溢出漏洞，通过操作目标程序堆栈并暴力改写其返回地址，从而获得目标控制权的攻击手段。自 1988 年的莫里斯蠕虫事件以来，缓冲区溢出攻击一直是网络上最普遍、危害最大的一种网络攻击手段。缓冲区溢出漏洞是由程序本身的不安全因素引起的，随着软件内存动态分配的复杂性提高及软件模块的增加，尽可能穷尽软件中的错误或漏洞更加困难，因此，软件设计之初、之中、之后均要考虑其安全问题。

6. 拒绝服务攻击

拒绝服务（Denial of Service，DoS）攻击是一种简单的破坏型攻击行为，广义上可以指任何导致网络设备不能正常提供服务的攻击。确切地说，DoS 攻击是指故意攻击网络协议实现的缺陷或直接通过各种手段耗尽被攻击对象的资源，以达到让目标设备或网络无法提供正常服务的目的，使目标系统停止响应甚至崩溃。根据 DoS 攻击产生的原因，可将其分为利用协议中的漏洞、利用软件实现的缺陷、发送大量无用突发数据耗尽资源以及欺骗型攻击等类型。

7. 信息战与信息武器

信息战实际上是在信息领域进行的战斗，是己方为夺取战场信息的获取、传输、处理和使用信息的控制权，即夺取“制信息权”，同时干扰和破坏敌方信息的获取、传输、处理和使用信息的能力所进行的斗争。争夺制信息权的斗争，如同以往争夺制空权、制海权一样，成为现代战争在各个战场上争夺的焦点；掌握了制信息权，也就掌握了战争的主动权。信息战是获得信息优势的保障，是决定战争中战略及战术主动权乃至胜利的主要因素之一，具有强烈的威慑作用。其威慑作用是通过信息及信息攻击的实力给敌方的人员心理以打击，影响敌方指挥者的决策、指挥和控制，使敌方产生畏惧、恐慌心理，从而削弱敌方的战斗意志及战斗力，实现“不战而屈人之兵”的目的。防御性信息战应包括以下内容：电子战防卫、计算机/通信和网络安全防护、反情报、防御性的军事欺骗及反欺骗、防御性心理战、防物理摧毁等。此外，不断有新的技术应用于信息战中，如虚拟现实技术、定向能武器等。所有用于信息战的武器都可以称为信息战武器，信息武器是信息战武器的一部分，是在攻击时能够影响目标信息系统或计算机网络的特殊信息和材料。广义上的信息武器有硬件和软件两种形式，硬件形式的信息武器主要有：捣鬼芯片、微波炸弹、纳米机器人和生物炸弹等；软件形式的信息武器主要有：计算机病毒、特洛伊木马、后门等。

6.5.4 信息对抗方法

计算机网络的信息安全对抗，同样要保证系统的机密性、完整性、可用性、真实性、可控性；具有防御、发现、应急、对抗能力；涉及技术、管理和人才三个基本要素。计算机网络信息系统的安全保护可以从技术和管理两大方面来考虑，从管理角度注重信息系统的安全管理（包括人员、设备、日常等多方面的管理活动）；从技术角度来讲，包括信息实体、信息、信息系统等多方面的安全保护。

6.5.4.1 防御行为过程分析

一般情况下，被攻击方几乎始终处于被动局面，他不知道攻击行为在什么时候、以什么方式、以什么样的强度来出现，因而被攻击方只有沉着应战，才有可能获取最佳效果，把损失降到最低。单就防御来讲，相应于攻击行为过程，防御过程也可分为三个阶段，如图 6.5 所示，即确认攻击、对抗攻击、补救和预防。防御方首先要尽可能早地发现并确定攻击行为、攻击者，所以信息系统平时要一直保持警惕，收集各种有关攻击行为的信息，并不间断地进行分析、判定。系统一旦确定攻击行为的发生，无论是否具有严重的破坏性，防御方都要立即、果断地采取行动来阻断攻击，有可能的情况下以主动出击的方式进行反击（如对攻击者进行定位跟踪）。此外，尽快修复攻击行为所产生的破坏，修补漏洞和缺陷来加强相关方面的预防，对于造成严重后果的，还要充分运用法律武器。

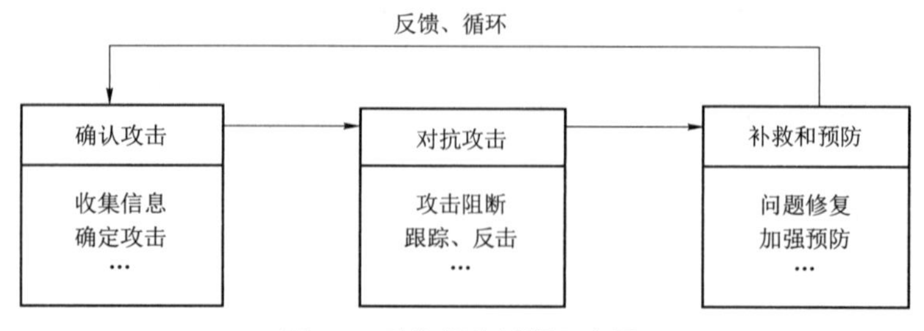

图 6.5 防御行为过程示意图

1. 确认攻击

攻击行为一般会产生某些迹象或者留下踪迹，因此，可根据系统的异常现象发现攻击行为，如异常的访问日志、突然增大的网络流量；非授权访问（如非法访问系统配置文件）、正常服务的中止、出现可疑的进程或非法服务、系统文件或用户数据被更改、出现可疑的数据等。发现异常行为后，要进一步根据攻击的行为特征，分析、核实入侵者入侵的步骤，分析入侵的具体手段和入侵目的。一旦确认出现攻击行为，即可进行有效的反击和补救。总的来说，确认攻击是防御、对抗的首要环节。

2. 对抗攻击

一旦发现攻击行为，就要立即采取措施，以免造成更大的损失，同时，在有可能的情况下给予迎头痛击，追踪入侵者并绳之以法。具体地，可根据获知的攻击行为手段或方式采取相应的措施，比如针对后门攻击，及时堵住后门；针对病毒攻击，可利用杀毒软件杀毒或暂时关闭系统以免扩大受害面积等。还可采取反守为攻的方法，追查攻击者、复制入侵行为的所有影像并将其作为法律追查分析、证明的材料，必要时直接通过法律武器解决或报案。

3. 补救和预防

一次攻击和对抗过程结束后，防御方应吸取教训，及时分析和总结问题所在，对于未造成损失的攻击，要修补漏洞或系统缺陷；对于已造成损失的攻击行为，被攻击方应尽快修复，尽早使系统工作正常，同时修补漏洞和缺陷，关闭不用的端口，必要的情况下运用法律武器追究攻击方的责任。总之，无论是否造成损失，防御方均要尽可能地找出原因，并适时进行系统修补（亡羊补牢），而且要进一步采取措施（管理和技术）加固系统和加强预防。

6.5.4.2　信息对抗技术简介

系统防御与对抗技术包括实体安全技术、信息加密技术、信息隐藏技术、身份验证技术、访问控制、防火墙理论与技术、入侵检测理论与技术、安全物理隔离技术、虚拟专用网技术、无线网络安全技术、网络安全协议等。下面简介其中的几项主要技术。

1. 实体安全技术

对于信息系统的威胁和攻击，按其对象可分为两类：一类是信息系统实体的威胁和攻击，另一类是对系统信息的威胁和攻击。一般来说，对实体的威胁和攻击主要是指对系统本身及其外部设备、场地环境和网络通信线路的威胁和攻击，可致使场地环境遭受破坏、设备损坏、电磁场的干扰或电磁泄漏、通信中断、各种媒体的被盗和失散等。信息系统的设备安全保护主要包括设备的防盗和防毁、防雷、防止电磁信息泄漏、防止线路截获、抗电磁干扰及电源保护等方面。

2. 防火墙技术

防火墙技术是建立在现代通信网络技术和信息安全技术基础上的应用型安全技术。它是一个系统，位于被保护网络和其他网络之间，可进行访问控制和管理，一般防火墙应具有如下基本功能：过滤进出网络的数据包、管理进出网络的访问行为、封堵某些禁止的访问行为、记录通过防火墙的信息内容和活动、对网络攻击进行检测和告警等。防火墙的体系结构包括：包过滤、双宿网关、屏蔽主机、屏蔽子网、合并外部路由器和堡垒主机结构等。防火墙所涉及的关键技术包括：包过滤技术、代理技术、电路级网关技术、状态检查技术、地址翻译技术、加密技术、虚拟网技术、安全审计技术等。

3. 入侵检测技术

入侵检测系统（Intrusion Detection System，IDS）是对计算机网络和计算机系统关键节点的信息进行收集和分析，以检测其中是否有违反安全策略的事件发生或是否有攻击迹象，并通知系统安全管理员。入侵检测系统功能主要有：识别常见入侵与攻击、监控网络异常通信、鉴别对系统漏洞及后门的利用、完善网络安全管理。入侵检测能在入侵的攻击对系统产生危害前将其检测出来，并通过报警与防护系统阻断入侵攻击；在入侵攻击过程中，能减少入侵攻击所造成的损失；在被入侵攻击后，收集入侵攻击的相关信息并将其作为防范系统的知识，添加到知识库内以增强系统的防范能力。根据入侵检测的时序，可将入侵检测技术分为实时入侵检测和事后入侵检测两种；从使用的技术角度，可将入侵检测分为基于特征的检测和基于异常的检测两种；从入侵检测的范围角度，可将入侵检测系统分为基于网络的入侵检测系统和基于主机的入侵检测系统；从使用的检测方法，可将入侵检测系统分为基于特征的检测、基于统计的检测和基于专家系统的检测。也常综合利用上述方法进行入侵检测。

4. 蜜罐技术

蜜罐是一种专门为吸引并“诱骗”那些试图非法闯入他人计算机系统的人而设计的。蜜罐系统是一个包含漏洞的诱骗系统，它通过模拟一个或多个易受攻击的主机，给攻击者提供一个容易攻击的目标。由于蜜罐并没有向外界提供真正有价值的服务，因此所有链接的尝试都将被视为是可疑的。蜜罐的另一个用途是拖延攻击者对真正目标的攻击，让攻击者在蜜罐上浪费时间，这样，最初的攻击目标得到了保护，而真正有价值的内容并没有受到侵犯。此外，蜜罐也可以为追踪攻击者提供有用的线索，为起诉攻击者搜集有力的证据。可以说，蜜罐就是“诱捕”攻击者的一个陷阱。根据设计目的不同，可以将蜜罐分为产品型蜜罐和研究型蜜罐两类。蜜罐有四种不同的配置方式：诱骗服务、弱化系统、强化系统和用户模式服务器。密网是专门为研究蜜罐设计的高交互型蜜罐，不同于传统的蜜罐，其工作实质是在各种网络迹象中获取所需的信息，而不是对攻击进行诱骗或检测。

5. 计算机取证技术

计算机取证是指对能够为法庭接受的、足够可靠和有说服力的、存在于计算机和相关外设中的电子证据的确认、保护、提取和归档的过程，它能推动或促进犯罪事件的重构，或者帮助预见有害的未经授权的行为。从动态的观点来看，计算机取证可归结为以下几点：在犯罪进行过程中或之后收集证据、重构犯罪行为、为起诉提供证据等。其中，电子证据是指在计算机或计算机系统运行过程中产生的以其记录的内容来证明案件事实的电磁记录物。

6. 身份认证技术

身份认证是证明某人就是他自己声称的那个人的过程，是安全保障体系中的一个重要组成部分。身份认证的方法有用户 ID 和口令字、数字证书、SecurID、Kerberos 协议、智能卡和电子纽扣等。基于生物特征的身份认证又名生物特征识别，是指通过计算机利用人体固有的生理特征或行为特征鉴别个人身份。常用的生物特征包括脸像、虹膜、指纹、掌纹、声音、笔迹、步态、颅骨、击键等，此外，还有耳朵识别、气味识别、血管识别、步态识别、DNA 识别或基因识别等。随着模式识别、图像处理和传感等技术的不断发展，生物特征识别技术显示出广阔的应用前景。

7. 信息加密与解密

现代密码学作为一门科学，把密码的设计建立在解某个已知数学难题的基础上。密码体制的加密、解密算法是公开的，算法的可变参数（密码）是保密的。密码系统的安全性依赖于密钥的安全性，密钥的安全性由攻击者破译时所耗费的资源所决定。密码按应用技术或历史发展阶段划分为手工密码、机械密码、计算机密码等；按保密程度划分为理论上保密的密码、实际上保密的密码、不保密的密码；按密钥方式划分为对称式密码（单密钥密码）、非对称式密码（双密钥密码）；按明文形态划分为模拟型密码、数字型密码；按加密范围分为分组密码、序列密码。信息加密方式主要有链路加密、点对点加密和端对端加密方式。

8. 数字水印技术

提起水印，人们马上会联想到纸币上的水印，这些传统的水印用来证明纸币或纸张上内容的合法性。同样，数字水印也是用于证明一个数字产品的拥有权、真实性，已成为分辨真伪的一种手段。数字水印（Digital Watermarking）是在多媒体数据（如图像、声音、视频信号等）中添加某些数字信息以达到版权保护、信息隐藏等作用，在绝大多数情况下添加的信息应是不可察觉的（某些使用可见数字水印的特定场合，版权保护标志不要求被隐藏，并且希望攻击者在不破坏数据本身质量的情况下无法将水印去掉）。此外，数据水印还有数字文件真伪鉴别、秘密通信和隐含标注等作用。

9. 物理隔离技术

我国《计算机信息系统国际联网保密管理规定》中第六条规定“涉及国家秘密的计算机信息系统，不得直接或间接地与国际互联网或其他公共信息网络相连接，必须实行物理隔离”，从而对于政府等国家部门明确地提出了物理上隔离互联网的要求。物理隔离技术是信息安全领域中的一种重要的安全措施，隔离技术彻底避开了判定逻辑方法存在的问题，从硬件层面来解决网络的安全问题，因此，是解决网络安全问题的全新思路。隔离技术的研究目标是在保证隔离的前提条件下解决两个问题：一个是如何能够让内网用户安全地访问外网，一个是如何让两个网络之间进行必要的信息交换。

10. 虚拟专用网技术

虚拟专用网（VPN）被定义为通过一个公用网络（通常是因特网）建立一个临时的、安全的连接，是一条穿过混乱的公用网络的安全、稳定的隧道。VPN 采用安全隧道（Secure Tunnel）技术实现安全的端到端的连接服务，以确保信息资源的安全；VPN 还可以利用虚拟专用网络技术方便地重构企业专用网络，实现异地业务人员的远程接入。同时，VPN 也提供信息传输、路由等方面的智能特性及其与其他网络设备相独立的特性，也便于用户进行网络管理。根据 VPN 所起的作用，可以将 VPN 分为三类：VPDN、Intranet VPN 和 Extranet VPN。

11. 灾难恢复技术

灾难恢复技术是一种减灾技术，目的是在网络系统遭到攻击后能够快速和最大化地恢复系统运行，将系统损失降低到最低程度。网络攻击将会导致数据破坏或系统崩溃，产生与系统软、硬件故障相同的后果，使系统呈现失效状态，并带来极为严重的后果。因此，可以采用相同的灾难恢复技术来解决系统遭到攻击后的灾难恢复问题。灾难恢复技术主要包括数据备份、磁盘容错、集群系统、NAS、SAN 恢复技术等。

12. 自动入侵响应技术

所谓自动响应，就是响应系统不需要管理员手工干预，检测到入侵行为后，系统自动进行响应决策，自动执行响应措施，从而大大缩短了响应时间。同时，响应系统的自动化也使得应对大量的网络安全事件成为可能。根据自动入侵响应的目的和技术要求，自动入侵响应应该具备以下基本特性：有效性，针对具体入侵行为，自动响应措施应该能够有效阻止入侵的延续并最大限度降低系统损失，这是入侵响应的目的所在；及时性，要求系统能够及时地采取有效响应措施，尽最大可能缩短响应时间，但要求支持响应决策和响应执行算法的时间复杂度不能太高；合理性，在技术可行的前提下，应该综合考虑法律、道德、制度、代价、资源约束等因素，采用合理可行的响应措施；安全性，自动入侵响应系统的作用在于保护网络及主机免遭非法入侵，显然它自身的安全性是最基本的要求。

6.5.5 对抗过程模型

图6.6所示为根据第4章所讲的抽象“共道–逆道”模型建立的计算机网络的系统对抗过程的“共道–逆道”模型。

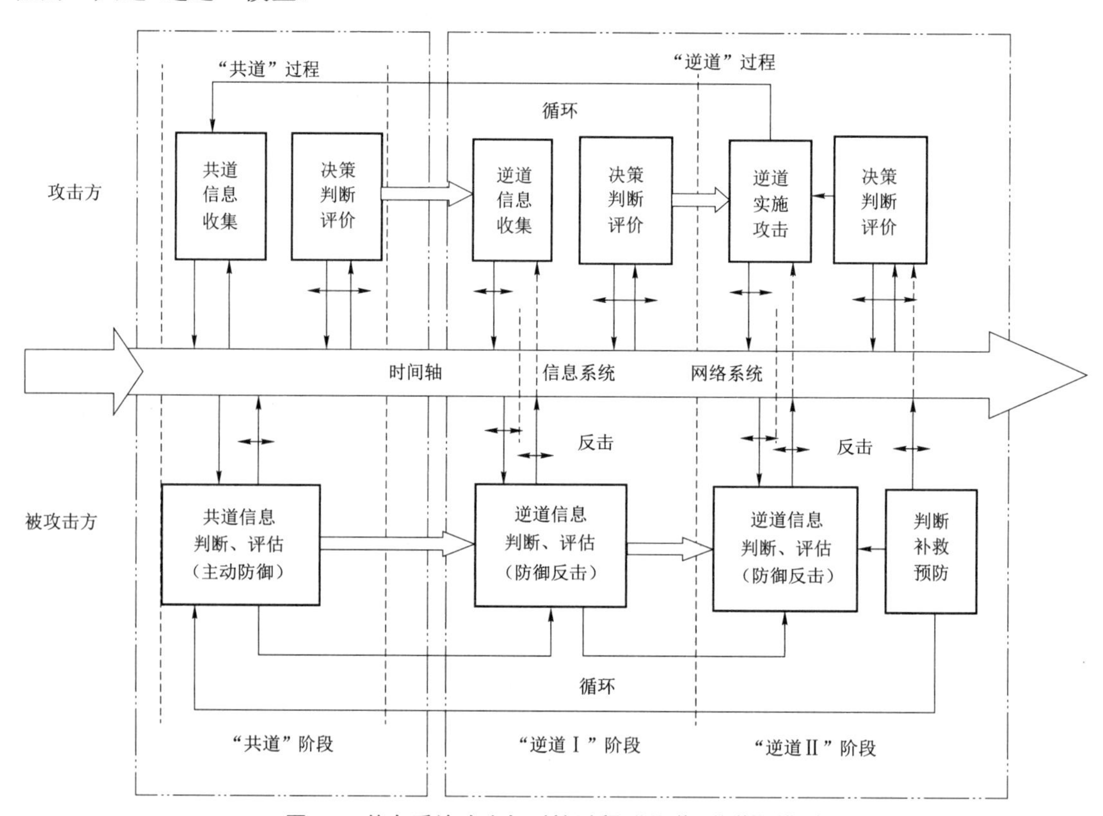

图6.6 信息系统攻击与对抗过程“共道–逆道”模型

攻击与对抗首先是一个过程，对于整个系统以及时间轴来讲，这个过程随着人类社会的发展而不断连续，即攻击与对抗过程贯穿于人类社会发展的整个过程。过程是相对于时间而言的，网络攻击与对抗过程模型应以时间轴为基准，把整个攻击和对抗行为映射到相对位置的时间轴上。其时间关系对于双方在不透明情况下的对抗斗争以及获得对抗信息很重要，即获得信息越及时、越早越好，行动也要尽早、尽快，要力争在对方来不及反应前动手，即“攻其不备”；时间拖得越长，信息越容易暴露，行动就越易于失败，同时也会丧失主动权，这些均是攻守双方都力求避免的局面。

综合考虑时间因素、过程因素以及“道”的因素，便形成了具有串联结构的网络系统对抗过程的“共道–逆道”抽象模型（图 6.6）。从图中可以明显看出，总体上讲，一次对抗过程可分为三个阶段，即“共道”阶段、“逆道Ⅰ”阶段和“逆道Ⅱ”阶段。前面分析中，攻击方和被攻击方行为也分为三个阶段，但这与对抗过程模型中的三个阶段的划分有所不同，即对抗过程模型不是攻击和防御过程三阶段的简单堆砌或拼凑。模型以时间轴为基准，攻击方和被攻击方的行为有较严格的时间对照关系。很明显，被攻击方一般情况下处于被动局面，虽然能提供主动防御措施，但很难预测得出攻击行为的发生（虽然通过统计可以发现某些类型的攻击，但大多数据情况下这种方法并不能起作用）；攻击方始终处于主动局面，能在任何时间、任意地点、以任何方式实施攻击（注：图中的横向双箭头是指该“行为”在时间轴上的移动）。

下面对对抗过程模型进行具体分析、运用：

“共道”阶段：对于攻击方而言，在“共道”阶段将主要利用共有的信息（如 TCP/IP 协议、操作系统类型、应用软件、防火墙类型、杀毒软件类型、CPU 类型等）进行信息收集，当收集到足够信息后便可做出决策，如是否需要进一步收集“逆道”信息（如操作系统的漏洞、系统开放的端号、应用软件的漏洞、防火墙的缺陷等）或实施攻击。如果欲立即实施攻击，其过程便可直接转至“逆道Ⅱ”阶段，即实施攻击阶段（如拒绝服务攻击，它并不需要收集逆道信息便可直接实施攻击），这种情况下整个攻击与对抗过程就分为两个阶段，即“共道”和“逆道Ⅱ”阶段。对于被攻击方而言，在“共道”阶段很难获得攻击行为所表现的信息，这主要是因为“共道”阶段攻击行为无显著特征（攻击方在收集信息的过程中可能会不留下任何踪迹，如在端口或漏洞扫描时采用不同的策略，使被攻击方很难感觉到扫描事件的发生），故很难采取必要的反击措施，但这个阶段被攻击方可以采取必要的措施进行主动防御（如更新操作系统、更新杀毒软件、关闭不用的端口、使用物理隔离技术、使用入侵检测系统、使用蜜罐技术、定期查看和分析日志等），尽可能消除系统的缺陷和漏洞。同时，加强管理手段和措施，以使攻击方无机可乘。“共道”阶段，对于被攻击方而言，只是对后续的攻击产生信息积累作用，为反击提供支持，该阶段很难实施对抗反击行为。

“逆道”过程总体上分为两个阶段，即“逆道Ⅰ”和“逆道Ⅱ”阶段。这两个阶段对于一次具体的攻击和对抗过程，也有可能只存在“逆道Ⅱ”阶段，而不存在“逆道Ⅰ”阶段。这种情况下，攻击方通过“逆道Ⅱ”阶段便达到了攻击的目的，而不需要实施“逆道Ⅰ”阶段的信息收集，这种攻击行为一般属于破坏型攻击（如前面提到的拒绝服务攻击）。大多数情况下，对于攻击者来说，必须通过“逆道Ⅰ”收集信息才有可能达到攻击目的；没有通过“逆道Ⅰ”过程收集到足够的“逆”信息，则无法实施具体的攻击，因此不能达到最终的攻击目的（如木马攻击），这种情况下“逆道”两个阶段都需要，缺一不可。对于被攻击方而言，如果在“逆道Ⅰ”阶段确认了攻击行为或实施了有效的反击，则是对攻击方的沉重打击，攻击方有可能就此停止攻击行为，被攻击方也不会造成大的损失；若被攻击方对“逆道Ⅰ”阶段未引起足够的重视，则于“逆道Ⅱ”阶段的反击将会受到很大影响，有可能造成很大的损失。此外，“逆道Ⅰ”阶段也许是被攻击方采取主动的机会，被攻击方可以采取诱骗和陷阱技术给攻击者以致命的打击。总之，攻防双方谁在时间上占有优势，谁就有可能占有主动。

一次攻击与对抗过程完成后，便循环进入下一轮对抗。对于被攻击方来讲，要充分总结经验、亡羊补牢，加强预防措施（进一步加固系统），或变被动为主动，主动追击攻击者（如迅速跟踪定位，通过法律手段惩戒攻击方）；对于攻击方来讲，要对攻击行为产生的后果进行评估，判断是否达到了攻击目的，是否隐藏了自己的踪迹，是否需要进入下一轮的攻击，等等。

关于对抗过程的进一步说明：

① 就共性和本质而言，“共道–逆道”模型是攻击与对抗过程的一种基础模型，在攻击与对抗过程中，“共道”和“逆道”环节是必然的环节，缺一不可，否则不能称为对抗过程，这也正是矛盾对立统一规律的体现。

② 对于信息网络系统，其功能越多、应用越广，则越重要，可能遇到的攻击种类和次数越多，这就是信息系统的“道”，同样，反其“道”也就越多、越广。从这一角度来讲，单项或单元攻击与对抗的研究是必要的，但远远不够，应从系统的角度，综合地、整体地分析、讨论，既要考虑到它的特殊性，又要考虑到它的普适性。

③ 防御反击既可以采用单项技术，又可以采用综合性技术（技术、组织、管理、法律等）。针对单项技术攻击，采用相应单项或综合性反击措施；针对综合性攻击，只有采用综合性反击措施。

④ 信息攻击与对抗的系统性研究极为必要。攻击即是防御，防御也可为攻击，二者辩证统一，但攻击行为可以以任意时间、任意地点、任意方式进行，特别是随着当前信息系统、信息网络的快速发展，全球已逐渐形成一个整体，其安全与对抗问题的研究就更为重要，系统地研究攻击与对抗行为过程可以实现更为有效的攻击和防御。

尽管目前计算机网络系统的安全技术很多，但都是针对性较强的技术，如果能从系统的角度来对信息及信息系统的安全技术做整体上的统一考虑，根据信息安全与对抗的基础层次、系统层次定理、原理、方法与技术，研究、设计安全的综合计算机网络信息系统将会更有效。

6.6 本章小结

本章以通信、广播电视、雷达和计算机网络四种典型信息系统为例，说明信息安全与对抗基本原理、方法、技术的应用，分析了通信信息系统抗攻击的安全考虑内容、安全措施和特点，同时讨论了高安全要求的移动无缝隙广域通信系统的对抗问题；分析了地基和卫星广播电视系统的安全性；详细分析了计算机网络信息系统的不安全因素、系统本身的脆弱性，以及对攻击和防御对抗行为和过程的分析。

习　题

1. 通信系统的主要信息安全问题有哪些？

2. 论述通信系统的安全与对抗体系，说明其中所涉及的信息安全对抗的基础理论和基础方法。

3. 广播电视系统的主要信息安全问题有哪些？

4. 论述广播电视系统的安全与对抗体系，说明其中所涉及的信息安全对抗的基础理论和基础方法。

5. 以鑫诺卫星干扰事件的对抗措施为例，详细分析如何运用“对抗过程多层次、多剖面动态组合对抗特性下间接对抗等价原理”。

6. 雷达系统的主要信息安全问题有哪些？

7. 分析和讨论雷达系统的安全与对抗体系，说明其中所涉及的信息安全对抗的基础理论和基础方法。

8. 计算机网络主要涉及的不安全因素有哪些？

9. 以计算机网络为例简述信息攻击的过程。

10. 以计算机网络为例简述信息防御的过程。

11. 以“共道–逆道”博弈模型分析计算机网络系统的信息对抗过程，说明其中所涉及的信息安全对抗的基础理论和基础方法。

12. 以某信息安全事件为例，讨论说明所涉及的信息安全对抗基础性原理和方法。

第 7 章
量子信息学及其应用技术

7.1 引言

量子信息学是量子物理与信息科学的交叉融合，是信息领域快速发展的新型学科。它的诞生与发展体现了在信息社会发展中，遇到必然矛盾而利用传统原理和技术无法解决时，人类就会努力依靠基础原理创新性地发展出新机理。这也是人类进化的必然路径。信息领域发展中存在的挑战众多，例如大型信息系统节能。控制系统时空域大幅度提升能力、信息安全问题严重影响到国家社会正常运行秩序等问题。

在量子物理（研究分子、原子、原子核、基本粒子运动规律）微观领域，通过研究掌握和利用其微妙的微观规律，逐步发展形成了量子信息学科，并且有些成果已开始实验试用。量子信息学大体有以下几个热点研发领域（分学科）：量子通信、量子计算、量子模拟、量子度量、量子密码以及量子信息物理基础等。其中，量子密码技术已接近实用，而作为量子信息基础的量子力学尚有很多科学问题有待研究，量子信息的实际应用还需要解决很多实际约束条件的限制。

为了使广大信息领域及信息安全领域大学生及研究生对量子信息领域有初步认识，本书增加此章节，更详细内容请阅读相关参考文献，其中 7.2 节量子信息学基础知识的大部分内容从《量子力学教程》（周世勋编，高等教育出版社出版）摘录，7.3 节量子信息的技术应用主要摘自《科学通报》2012 年第 57 卷 17 期《量子信息技术纵览》，这里再次表示感谢！

7.2 量子信息学基础知识

本部分为量子力学基本概念和原理简介。

7.2.1 量子力学诞生的哲学原理导引

量子力学是反映微观世界中基本单元——微观粒子（分子、原子、原子核、基本粒子）运动规律的理论，微观世界是人类不易直接感觉的运动空间（例如原子大小为10^{-9} m，原子核为10^{-13} m，最小细胞为10^{-16} m），是人类在 19 世纪以前生存活动很少接触、研究的领域，也是人类掌握的科学规律很少触及、缺乏系统性掌握的领域，例如以牛顿第三定律为基础的物理动力学只适用于宏观尺度，但人类生存发展的实践活动从不停止，各门学问也在发展（很多只限于传统基本框架内发展）。当人类发展不可避免触及微观世界时，人们发现了很多新现象，人们习惯地利用原已掌握的原理、规律去理解和认识，但总是有矛盾而不“自洽”。实际上，辩证哲理指出，人类认识客观规律只是相对性认识，而所有规律都是在一定条件前提下的真理（相对真理），就“认识”角度而言，需不断破除旧约束建立对新规律的认识（向对立面的新发展——“反者道之动”）。物理学领域经过长期的矛盾斗争，终于建立起了量子力学的理论框架，当然，其内容仍有待完善和补充，但量子信息学毋庸置疑将广泛服务人类社会！在此需要着重说明的是，量子力学基本概念和规律很多是出乎我们平时熟悉的概念和规律，让我们觉得不可思议，但它们是久经争论和实验验证的客观存在，因此我们应遵从“客观存在第一性”原则，承认理解这些概念和原理，并尽力运用它们，以促进人类发展进化。本节中将择要进行介绍。

7.2.2　量子力学领域波粒二象性原理

7.2.2.1　光波粒二象性原理

1. 光的波动性及其在实践中的矛盾

光的波动性早在 17 世纪就已被发现，光的干涉和衍射现象和光的电磁理论从实验及理论两方面充分肯定了光的波动性。常以著名的双缝实验证明。在图 7.1 中 A 是垂直于纸面的屏，屏上有两条相互平行的狭缝 S_1 和 S_2，其间距为 d，B 是和 A 平行的另一个屏。A、B 间距离为 $D \gg d$，同一光源发出的光线穿过狭缝在 B 上产生衍射图样。

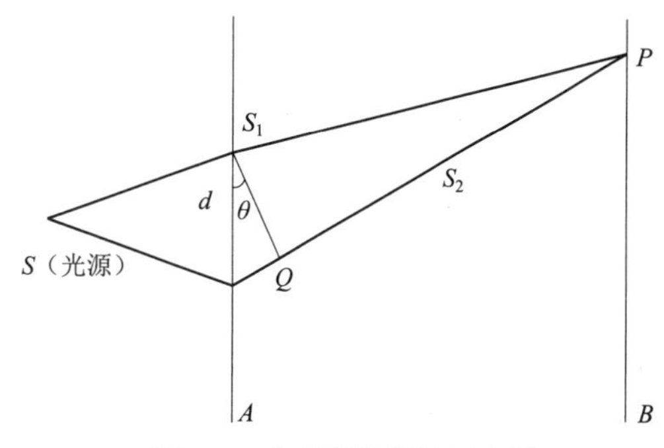

图 7.1　光的双缝衍射示意图

以 E_1、E_2 分别表示穿过狭缝 S_1 和 S_2 到达 P 点的光波振动。

$$E_1 = E_0 \cos \omega t, \quad E_2 = E_0 \cos\left(\omega t + \frac{2\pi d}{\lambda}\sin\theta\right)$$

上式中的相位差 $\frac{2\pi d}{\lambda}\sin\theta$ 是这样得出的：在 S_2P 上取 Q 点，使 $S_1P = QP$，使光线 S_1P 和 S_2P 的光程差是 $S_2Q = d\sin\theta$，θ 是衍射角（如图 7.1 所示）。因为光程差为一个波长时，相位差正好是 2π，所以 E_1 和 E_2 的相位差是 $\frac{2\pi d}{\lambda}\sin\theta$，在 P 点光波振动是：

$$E_1 + E_2 = 2E_0 \cos\left(\frac{\pi d}{\lambda}\sin\theta\right) \cdot \cos\left(\omega t + \frac{\pi d}{\lambda}\sin\theta\right)$$

因而，P 点的光波强度是：$I = 4E_0^2 \cos^2\left(\frac{\pi d}{\lambda}\sin\theta\right)$。

当 P 点位置满足 $\sin\theta = \frac{n\lambda}{d}$ 时 $(n = 0,1,2,\cdots)$，光波强度最大；

当 $\sin\theta = \frac{2n+1}{2} \cdot \frac{\lambda}{d} (n = 0,1,2,\cdots)$ 时，光波强度为零。

光的波动特性虽然有大量实验加以证明，但仍有很多涉及光的物理现象是用光的电磁波动理论无法解释的，这说明光的波动原理并不完备。下面举例说明并引导光的另一基本特性——粒子特性。

实例：黑体辐射实验。

所有的物体都会辐射一定范围波长的电磁能，物体对来自外部的辐射有反射与吸收作用。如果某物体只吸收辐射而不反射外部辐射，则称它为黑体。一个空腔可看作黑体，当空腔处于辐射平衡时，腔壁单位面积可发射出的辐射能量与它吸收的能量相等，可由实验得出平衡时辐射能量密度按波长分布曲线的形状和位置只与黑体的绝对温度有关，与空腔形状及组成物质无关。很多人企图用经典物理学来说明这种能量分布的规律，推导与实验结果符合的能量公式，但都不成功；有的分析表达式波长范围符合，但波的长短不符合，另外方法验证结果则相反……黑体辐射问题是普兰克（Planck）在 1900 年引进量子（粒子）概念后才得以解决的。普兰克假设黑体以 $h\nu$ 为能量单位辐射和吸收频率为 ν 的辐射，而不是经典理论所指明的辐射能量。$h\nu$（普兰克常数 h=6.625 59×10^{-34} J • s）称为能量子（能量粒子）。普兰克依据新的原理性假设推导出的黑体辐射公式很好地与实验结果吻合：$\rho \mathrm{d}\nu = \dfrac{8\pi h\nu^3}{c^3} \cdot \dfrac{1}{\mathrm{e}^{\frac{h\nu}{hT}}-1}\mathrm{d}\nu$，$\rho \mathrm{d}\nu$ 表频率为 ν 至 $\mathrm{d}\nu$ 之间的辐射密度，c 为光速，k 为波兹曼常数，T 为黑体绝对温度。这是第一次将粒子概念引入电磁辐射问题并得到良好验证的历史实例。

2. 光的波粒二象性提出及其表达式

首先，发现及验证光的粒子特性的是爱因斯坦教授，他通过光电效应得到了这一特性。“光电效应”是指光照射到金属上后有电子从金属逸出的效应。实验中得知：只有当光的频率超过一定数值后，才会有电子从金属表面逸出，这个现象是传统光电理论无法解释的！爱因斯坦教授认为光有粒子特性，表现为光子的能量由频率决定，而与光的强度（单位时间内光子个数）无关。当光照射金属表面，光粒子能量（$h\nu$）被电子吸收，只有光子能量（频率）足够高，使电子吸收后能克服金属表面对电子吸力所形成吸引能量（逃逸功）时，电子才能脱离金属形成辐射，可用下述表达式：

$$\frac{1}{2}\mu\bar{v}_m^2 = h\nu - \omega_0$$

式中，μ 为电子能量；$\bar{v}_m$ 为电子逃逸后速度；$h\nu$ 为照射光的光子能量；ω_0 为该种金属的电子逃逸功。

上式是以颗粒形式说明电子由光子获得能量的，只有当能量超过逸出功时，才能形成电子逸出后的动能，世界公认爱因斯坦教授首先证明了光的粒子性质。

由相对论可知以速度 v 运动的粒子的能量是

$$E = \frac{\mu_0 c^2}{\sqrt{1-\dfrac{v^2}{c^2}}}$$

式中，μ_0 是粒子静止质量。对于光子，$v=c$。

由上式可看出光子 μ_0 为零，即光子无静止质量。再由相对论中可知，粒子除有动能外，还有动量，由下式表达式：

$$E^2=\mu_0^2c^2+c^2P^2 \qquad \text{光子 } \mu_0=0$$

得　$E=cP$（光子能量与动量关系式，“动量”突出了粒子性）。

再由　$E=h\nu=h\omega$（突出光子的波特性，ω 为其角频率）

可得出：$P=\dfrac{h\nu}{c}\boldsymbol{n}$，$\boldsymbol{n}$ 表示光子沿运动方向的单位矢量

将 $\nu\lambda=c$ 带入得

$$P=\frac{h}{\lambda}\boldsymbol{n}=hk$$

$h=1.054\,5\times10^{-34}$ J • s 是量子力学中常用符号

请注意

$$E=h\nu$$

$$P=\frac{h\nu}{c}\boldsymbol{n}$$

两式将光的波粒二象性、波动性和粒子特性联系起来，等式左边动量和动能是描述粒子特性的，而等式右边波长频率是描述光的波动特性的，以上推导表征了光的波粒二象性。

3. 康普顿效应及光粒子特性定量验证

X 射线（频率比可见光的还高得多）入射轻元素材料后，材料中的电子散射后，其波长随散射角的增加而增加，按经典电动力学，电磁波被散射后波长不变，与实验结果产生矛盾。如果将这个过程看作光子与电子以粒子性质相撞，就可完满解释。

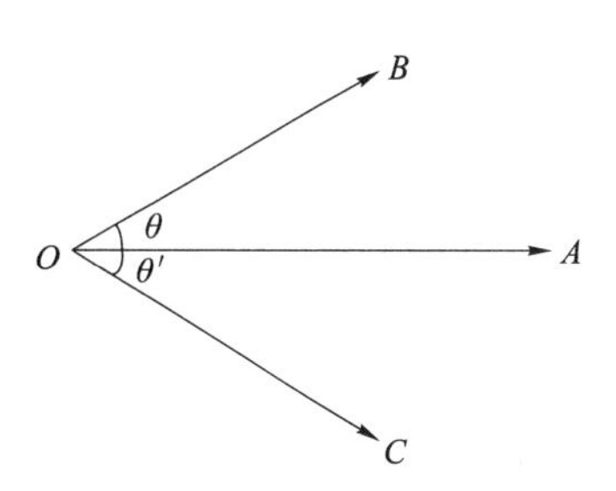

图 7.2　康普顿散射图

以 $\hbar\omega$ 及 $\hbar\omega'$ 表示光子在碰撞先后能量，μ_0 表示电子静止质量，如图 7.2 所示。

设碰撞前光子沿 OA 方向运动，动量为 $\hbar\omega/c$；碰撞后沿 OB 方向运动，动量为 $h\omega'/c$。碰撞前电子静止于 O 点，动量为零，碰后电子沿 OC 方向以速度 v 运动。根据相对论，电子在碰撞后动能为 $\dfrac{\mu_0c^2}{\sqrt{1-v^2/c^2}}-\mu_0c^2$，动量为 $\dfrac{\mu v}{\sqrt{1-v^2\sqrt{c^2}}}$。由于碰撞前后能量守恒，因而有

$$\hbar\omega=\hbar\omega'+\mu_0c^2\left(\frac{1}{\sqrt{1-v^2/c^2}}-1\right) \tag{7.2.2–1}$$

再由动量守恒原理沿 OA 方向与垂直于 OA 方向表示，可得：

$$\frac{\hbar\omega}{c}=\frac{\hbar\omega'}{c}\cos\theta+\frac{\mu_0v}{\sqrt{1-v^2/c^2}}\cos\theta' \tag{7.2.2–2}$$

$$0=\frac{\hbar\omega'}{c}\sin\theta-\frac{\mu_0v}{\sqrt{1-v^2/c^2}}\sin\theta' \tag{7.2.2–3}$$

其中，θ 为 OB 与 OA 的夹角；θ' 为 OC 与 OA 的夹角。

式（7.2.2–3）经平方变换可得$\cos^2\theta'$表达式，将其带入式（7.2.2–2），取平方之后的式子消去$\cos\theta'$可得：$\frac{\hbar^2\omega^2}{c^2}+\frac{\hbar^2\omega'^2}{c^2}-\frac{2\hbar^2\omega\omega'}{c^2}\cos\theta=\frac{{\mu_0}^2\omega^2c^2}{c^2-v^2}$，把左式与式（7.2.2–1）平方后联立，消去$v$就得到$w-\omega'=\frac{2\hbar}{\mu_0c^2}\omega\omega'\sin^2\frac{\theta}{2}$，将角频率换成波长得$\Delta\lambda=\lambda'-\lambda=\frac{4\pi\hbar}{\mu_0c}\sin^2\frac{\theta}{2}$。左式由康普顿首先得出，并和吴有训共用实验证明光有粒子特性，但因h与其他物理量相比很小，在宏观范围很不易察觉，因此本实验是高分辨率、高精度实验。

7.2.2.2 微粒的波粒二象性

1. 德布罗意提出微观粒子的波粒二象性原理

波尔理论中虽提出了量子化条件：角动量必须为h的整数倍，但仍将粒子看作经典力学质点，因此理论推导结果与实验结果很多场合不符合，形成了不可调和的矛盾。直到1924年，德布罗意（de Broglie）揭示出微观粒子具有根本不同于物理中质点性质的波粒二象性后，一个较完整描述微观粒子运动规律的量子力学才逐步建立。

德布罗意在光有波粒二象性的启示下，提出微观粒子也具有波粒二象性的假说：他参照光的波粒二象性表达式提出粒子波粒二象性的表达式同样为：

$$E=h\nu=\hbar\omega \tag{7.2.2–4}$$

$$p=\frac{h}{\lambda}n=\hbar\kappa \tag{7.2.2–5}$$

上两式经实验证明后被称为德布罗意公式。

当粒子的能量和动量是常量时（为变量时将在后续内容讨论），根据上述德布罗意表达式可知，该粒子的波的频率和波长都不变，是个平面波（用φ表示），$\varphi=A\cos\left[2\pi\left(\frac{x}{\lambda}-\nu t\right)\right]$，设沿$x$方向传播，同样，

$$\varphi=A\cos(\kappa\cdot\gamma-\omega t) \tag{7.2.2–6}$$

沿单位矢量$\boldsymbol{n}$方向$\kappa=2\pi\boldsymbol{n}$，再写作以后用的复数形式（不用余弦形式后叙）

$$\varphi=Ae^{i(\kappa\cdot\gamma-\omega t)} \tag{7.2.2–7}$$

如自由粒子的运动速度远小于光速，则其动能$E=\frac{P^2}{2\mu}$，计算其德布罗意波长$\lambda=\frac{h}{p}=\frac{h}{\sqrt{2\mu E}}$，如果电子被$V$伏的电势加速$E=eV$（$e$为电子电荷量，$h$、$\mu$、$e$可查表带入），可得

$$\lambda=\frac{h}{\sqrt{2\mu eV}}=\frac{12.25}{\sqrt{V}}\ \text{Å} \tag{7.2.2–8}$$

如被150 V的电势差加速的电子，其德布罗意波长为1 Å；当用10 000 V时，$\lambda=0.122$ Å，此波长很短，比可见光波段短得多（7 800～3 800 Å），这也是电子的波动特性长期未被发现原因之一。

2. 德布罗意假说的正确性证明（电子衍射实验）

德布罗意假说的正确性，在1927年被戴维孙（Davisson）和革末（Germer）所做的电子衍射实验所证实。戴维孙和革末把电子注正入射到镍单晶上，观察散射电子束的强度和散射

角之间的关系。所用的实验装置如图 7.3 所示。

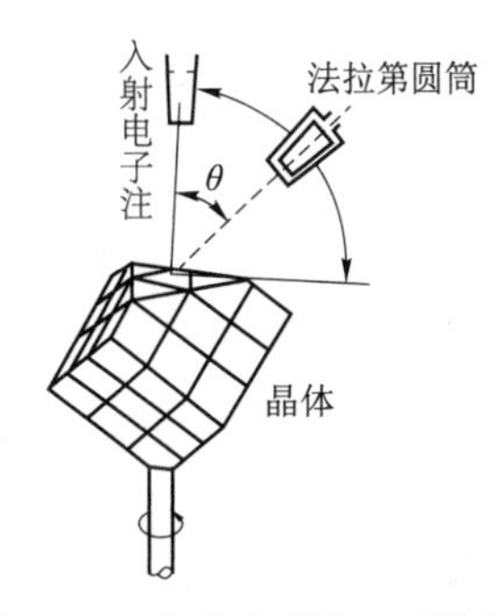

图 7.3　电子在晶体表面衍射

电子注由电子枪发出，在晶体表面上被散射；散射电子束由法拉第圆筒收集，法拉第圆筒可以转动以调节散射角 θ。散射电子束的强度由与法拉第圆筒相连接的电流计读出。戴维孙和革末发现，散射电子束的强度随散射角 θ 而改变，当 θ 取某些确定值时，强度有最大值。这现象与 X 射线的衍射现象相同，充分说明电子具有波动性。根据衍射理论，衍射最大值由公式 $n\lambda = d\sin\theta$ 确定，n 是衍射最大值的序数，λ 是衍射射线的波长，d 是晶体平面栅常数。戴维孙和革末用这公式计算电子的德布罗意波长，得到与式（7.2.2–5）一致的结果。

电子束在穿过细晶体粉末或薄金属片后，也会像 X 射线一样产生衍射现象（图 7.4），这种实验也证明了式（7.2.2–5）的正确性。电子的波动性还可以用与光的双狭缝衍射相当的实验来显示。设想在图 7.1 中把光源换成电子源（图 7.5），让电子束通过 A 屏上的双狭缝，用计数器在 B 屏上各点接收电子。如果电子具有波动性，那么按照以前光的双狭缝衍射相同的讨论，可得出在 P 点电子流的强度是

$$I = 4I_0\cos^2\left(\frac{\pi d}{\lambda}\sin\theta\right) \tag{7.2.2–9}$$

图 7.4　电子被有序合金 Cu_3Au 衍射的像

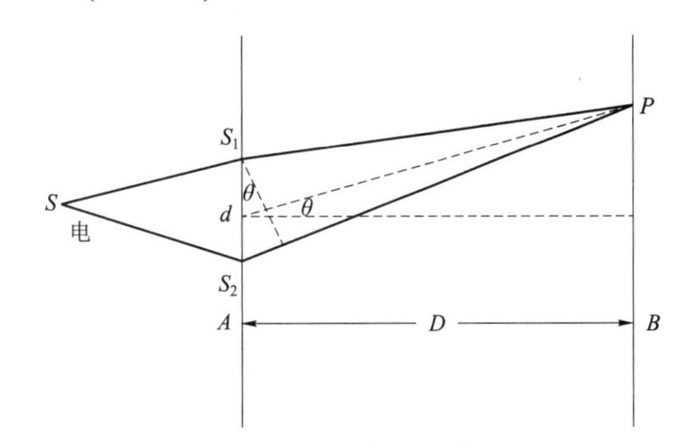

图 7.5　电子的双窄缝衍射

在

$$\sin\theta = \frac{n\lambda}{d}, n = 0,1,2,\cdots$$

处，电子流强度为极大。与这个过分简化的实验完全类似的实验已有人做过，结果证实了公式（7.2.2–6），其中的 λ 由德布罗意公式给出。

此外，也观察到原子、分子和中子等微观粒子的衍射现象，实验数据的分析都肯定衍射波长和粒子动量间存在着德布罗意关系。

7.2.3　波函数叠加原理及薛定谔方程

在本小节中，将以实验所揭示的微观粒子的波粒二象性为根据，引进描述微观粒子状态的波函数，讨论波函数的性质，建立非相对论量子力学的基本方程——薛定谔（Schrodinger）方程。

7.2.3.1 波函数概念导出及统计解释

由上小节中可以看到，为了表示微观粒子（以后简称粒子）的波粒二象性，可以用平面波来描述自由粒子，平面波的频率和波长与自由粒子的能量和动量由德布罗意关系（式（7.2.2–4）、式（7.2.2–5））联系起来。平面波的频率和波矢都是不随时间或位置改变的，这和自由粒子的能量和动量不随时间或位置改变相对应。如果粒子受到随时间或位置变化的力场的作用，它的动量和能量不再是常量，这时粒子就不能用平面波来描写，而必须用较复杂的波来描写。在一般情况下，用一个函数表示描述粒子的波，并称这个函数为波函数。它是一个复数。描写自由粒子的德布罗意平面波是波函数的一个特例。

究竟怎样理解波函数和它所描述的粒子之间的关系呢？

对这个问题曾经有过各种不同的看法。例如，有人认为波是由它所描述的粒子组成的。这种看法是不正确的。我们知道，衍射现象是由波的干涉产生的，如果波真是由它所描述的粒子所组成，那粒子流的衍射现象应当是由组成波的这些粒子相互作用而形成的。但事实证明，在粒子流衍射实验中，相片上所显示出来的衍射图样和入射粒子流强度无关，也就是说，和单位体积中粒子的数目无关。如果减小入射粒子流强度，同时延长实验的时间，使投射到相片上粒子的总数保持不变，则得到的衍射图样将完全相同。即使把粒子流强度减小到使得粒子一个一个地被衍射，只要经过足够长的时间，得到的衍射图样也还是一样。这说明每一个粒子被衍射的现象和其他粒子无关，衍射图样不是由粒子之间的相互作用而产生的。

除了上面这个看法外，还有其他一些试图解释波函数的尝试，但都因与实验事实不符而被否定。

为人们所普遍接受的对于波函数的解释，是由玻恩（Born）首先提出的。为了说明玻恩的解释，我们仍考察上述粒子衍射实验。如果入射电子流的强度很大，即单位时间内有许多电子被晶体反射，则照片上很快就出现衍射图样；如果入射电子流强度很小，电子一个一个地从晶体表面上反射，这时照片上就出现一个一个的点，显示出电子的微粒性。这些点在照片上的位置并不都是重合在一起的。开始时，它们看起来似乎是毫无规则地散布着，随着时间的延长，点数目逐渐增多，它们在照片上的分布就形成了衍射图样，显示出电子的波动性。由此可见，实验所显示的电子的波动性是许多电子在同一实验中的统计结果，或者是一个电子在许多次相同实验中的统计结果。波函数正是为描述粒子的这种行为而引进的。玻恩就是在这个基础上，提出了波函数的统计解释，即，波函数在空间中某一点的强度（振幅绝对值的平方）和在该点找到粒子的概率成比例。按照这种解释，描述粒子的波乃是概率波。

现在根据对波函数的这种统计解释再来看看衍射实验。粒子被晶体反射后，描述粒子的波发生衍射，在照片的衍射图样中，有许多衍射极大和衍射极小。在衍射极大的地方，波的强度大，每个粒子投射到这里的概率也大，因而投射到这里的粒子多；在衍射极小的地方，波的强度很小或等于零，粒子投射到这里的概率也很小或等于零，因而投射到这里粒子很少或者没有。（以上解释中衍射中没有波干涉作用，因电子波特性的波长很短，观察干涉波纹所要求的尺度分辨率很高，需特殊试验才能显示。）

知道了描述微观体系（如在晶体上反射后的电子）的波函数后，由波函数振幅绝对值的平方，就可以得出粒子在空间任意一点出现的概率。以后将看到，由波函数还可以得出体系的各种性质，称为波函数描述体系的量子状态（简称状态或态）。

这种描述状态的方式和经典力学中描述质点状态的方式完全不一样。在经典力学中，通常是用质点的坐标和动量（或速度）的值来描述质点的状态。质点的其他的力学量，如能量等，是坐标和动量的函数，当坐标和动量确定后，其他力学量也就随之确定了。但是，在量子力学中，不可能同时用粒子坐标和动量的确定值来描写粒子的量子状态，因为粒子具有波粒二象性，粒子的坐标和动量不可能同时具有确定值。在以后内容中将看到，当粒子处于某一量子状态时，它的力学量（如坐标、动量等）一般有许多可能值，这些可能值各自以一定的概率出现，这些概率都可以由波函数得出。

由于粒子必定要在空间中的某一点出现，所以粒子在空间各点出现的概率总和等于 1，因而粒子在空间各点出现的概率只取决于波函数在空间各点的相对强度，而不取决于强度的绝对大小。如果把波函数在空间各点的振幅同时加大一倍，并不影响粒子在空间各点的概率，换句话说，将波函数乘上一个常数后，所描写的粒子的状态并不改变。量子力学中的波函数的这种性质是其他波动过程（如声波、光波等）所没有的。对于声波、光波等，体系的状态随振幅的大小而改变，如果把各处的振幅同时扩大两倍，那么声或光的强度到处都加大四倍，这就完全是另一个状态了。

下面说明波函数的性质。设波函数 $\phi(x,y,z,t)$ 描写粒子的状态，在空间一点 (x,y,z) 和时刻 t，波的强度是 $|\phi|^2=\phi\bullet\phi^*$，$\phi^*$ 表示 ϕ 的共轭复数。

以下进一步推演 ϕ 波函数的概率意义：以 $\mathrm{d}W(x,y,z,t)$ 表示在时刻 t 在坐标 x 到 $x+\mathrm{d}x$、y 到 $y+\mathrm{d}y$、z 到 $z+\mathrm{d}z$ 的无限小区域内找到粒子的概率，则 $\mathrm{d}W$ 除了和这个区域的体积 $\mathrm{d}\tau=\mathrm{d}x\mathrm{d}y\mathrm{d}z$ 成比例外，也和在这个区域内每一个点找到粒子的概率成比例。按照波函数的统计解释，在这个区域内一点找到粒子的概率与 $|\phi(x,y,z,t)|^2$ 成比例，所以

$$\mathrm{d}W(x,y,z,t)=C\,|\phi(x,y,z,t)|^2\,\mathrm{d}\tau \tag{7.2.3–1}$$

式中，C 是比例常数。以体积 $\mathrm{d}\tau$ 除以概率 $\mathrm{d}W$，得到在时刻 t、在点 (x,y,z) 附近单位体积内找到粒子的概率，我们称这个概率为概率密度，并以 $w(x,y,z,t)$ 表示：

$$w(x,y,z,t)=\frac{\mathrm{d}W(x,y,z,t)}{\mathrm{d}\tau}=C\,|\phi(x,y,z,t)|^2 \tag{7.2.3–2}$$

将式（7.2.3–1）对整个空间积分，得到粒子在整个空间中出现的概率。由于粒子存在于空间中，这个概率等于 1，所以有

$$C\int_{\infty}|\phi(x,y,z,t)|^2=1 \tag{7.2.3–3}$$

式中积分号下的无限大符号表示对整个空间积分，由式（7.2.3–3），有

$$C=\frac{1}{\int_{\infty}|\phi|^2\,\mathrm{d}\tau} \tag{7.2.3–4}$$

前面曾提到，波函数乘上一个常数后，并不改变在空间各点找到粒子的概率，即不改变波函数所描写的状态。现在把式（7.2.3–4）所确定的 C 开方后乘 ϕ，并以 ψ 表示所得出的函数：

$$\psi(x,y,z,t)=\sqrt{C}\phi(x,y,z,t)$$

则波函数ψ和ϕ所描写的是同一个状态。于是，由式（7.2.3–1），在t时刻、在(x,y,z)点附近体积元$\mathrm{d}\tau$内找到粒子的概率是

$$\mathrm{d}W(x,y,z,t)=|\psi(x,y,z,t)|^2\,\mathrm{d}\tau \tag{7.2.3–5}$$

概率密度是

$$w(x,y,z,t)=|\psi(x,y,z,t)|^2 \tag{7.2.3–6}$$

而式（7.2.3–3）改写为

$$\int_\infty |\psi(x,y,z,t)|^2=1 \tag{7.2.3–7}$$

满足式（7.2.3–7）的波函数称为归一化波函数，式（7.2.3–7）称为归一化条件，把ϕ换成ψ的步骤称为归一化，使ϕ换成ψ的常数$\sqrt{C}$称为归一化常数。

波函数在归一化后也还不是完全确定的，可以用一个常数$\mathrm{e}^{\mathrm{i}\delta}$（$\delta$是实常数）去乘波函数，这样既不影响空间各点找到粒子的概率，也不影响波函数的归一化；因为$|\mathrm{e}^{\mathrm{i}\delta}|^2=1$，如果$|\psi|^2$对整个空间积分等于 1，则$|\mathrm{e}^{\mathrm{i}\delta}\psi|^2$对整个空间积分也等于 1。$\mathrm{e}^{\mathrm{i}\delta}$称为相因子。归一化波函数可以含有一任意相因子。

7.2.3.2　态函数表达遵从叠加原理

由上一小节可知，量子力学中用波函数描述微观粒子的量子状态。当一粒子处于以波函数ψ所描述的量子状态时，粒子的力学量如坐标、动量等一般可以有许多可能值，每个可能值各自以一定的概率出现，例如粒子处于小体积元 $\mathrm{d}V$（点(x,y,z)在 $\mathrm{d}V$ 内）的概率是$\psi^*(x,y,z)\psi(x,y,z)\mathrm{d}V$，同样，粒子的动量为$p$的概率也可由波函数给出。这就是波函数的统计解释。

量子力学中，这样描述微观粒子量子状态的方式和经典力学中同时用坐标和动量的确定值来描述质点的状态完全不同。这种差别来源于微观粒子的波粒二象性。波函数的统计解释是波粒二象性的一个表现，微观粒子的波粒二象性还可通过量子力学中关于状态的一个基本原理——态叠加原理表现出来。

在经典物理中，声波和光波都遵从叠加原理：两个可能的波动过程ϕ_1和ϕ_2线性叠加的结果$a\phi_1+b\phi_2$，也是一个可能的波动过程。光学中惠更斯原理就是这样的一个原理，它告诉我们：在空间任意一点P的光波强度可以由前一时刻波上所有各点传播出来的光波在P点线性叠加起来而得出。在声学和光学中，利用这个原理可以解释声和光的干涉、衍射现象。

现在来介绍量子力学中的态叠加原理。以粒子的双狭缝衍射实验为例，在这个实验中（图 7.5），用ψ_1表示粒子穿过上面狭缝到达屏B的状态，用ψ_2表示粒子穿过下面狭缝到达屏B的状态，用ψ表示粒子穿过两个狭缝到达屏B的状态。那么ψ可以写成ψ_1和ψ_2的线性叠加，即$\psi=c_1\psi_1+c_2\psi_2$，式中c_1和c_2是复数。

对于一般的情况，如果ψ_1和ψ_2是体系的可能状态，那么它们的线性叠加

$$\psi=c_1\psi_1+c_2\psi_2\quad（c_1,\ c_2\text{ 是复数}） \tag{7.2.3–8}$$

也是这个体系的一个可能状态，这就是量子力学中的态叠加原理。

态叠加原理还有下面含义：当粒子处于态ψ_1和态ψ_2的线性叠加态ψ时，粒子既处在态ψ_1，又处在态ψ_2。

按照态叠加原理，粒子在屏 B 上一点 P 出现的概率密度是

$$\begin{aligned}|\psi|=|c_1\psi_1+c_2\psi_2|^2&=(c_1^*\psi_1^*+c_2^*\psi_2^*)(c_1\psi_1+c_2\psi_2)\\&=|c_1\psi_1|^2+|c_2\psi_2|^2+c_1^*c_2\psi_1^*\psi_2+c_1c_2^*\psi_1\psi_2^*\end{aligned} \tag{7.2.3–9}$$

上式右边第一项是粒子穿过上狭缝出现在 P 点的概率密度，第二项是粒子穿过下狭缝出现在 P 点的概率密度，第三、第四项是 ψ_1 和 ψ_2 的干涉项。式（7.2.3–9）告诉我们：粒子穿过双狭缝后在 P 点出现的概率密度 $|\psi|^2$ 一般不等于粒子穿过上狭缝到达 P 点的概率密度 $|c_1\psi_1|^2$ 与穿过下狭缝到达 P 点的概率密度 $|c_2\psi_2|^2$ 之和，而是等于 $|c_1\psi_1|^2+|c_2\psi_2|^2$ 再加上干涉项。衍射图样的产生证实了干涉项的存在。

在式（7.2.3–8）中，ψ 表示为两个态 ψ_1 和 ψ_2 的线性叠加，推广到更一般的情况，态 ψ 可以表示许多态 $\psi_1,\psi_2,\cdots,\psi_n,\cdots$ 线性叠加，即

$$\psi=c_1\psi_1+c_2\psi_2+\cdots+c_n\psi_n+\cdots=\sum_n c_n\psi_n \tag{7.2.3–10}$$

$c_1,c_2,\cdots,c_n,\cdots$ 为复数。这时态叠加原理表述如下：当 $\psi_1,\psi_2,\cdots,\psi_n,\cdots$ 是体系的可能状态时，它们的线性叠加 ψ 式(7.2.3–10)也是体系的一个可能状态；也可以说，当体系处于 ψ 式(7.2.3–10)时，体系部分地处于态 $\psi_1,\psi_2,\cdots,\psi_n,\cdots$ 中。

例如，在前面叙述的电子在晶体表面衍射的实验中，粒子在晶体表面上反射后，可能以各种不同的动量 p 运动。以一个确定的动量 p 运动的状态用波函数描述：

$$\psi_p(r,t)=A\mathrm{e}^{-\frac{\mathrm{i}}{k}(E\mathrm{i}-p\cdot r)} \tag{7.2.3–11}$$

按照态叠加原理，在晶体表面上反射后，粒子的状态 Ψ 可以表示为 p，取各种可能值的平面波的线性叠加：

$$\Psi(r,t)=\sum_p c(p)\Psi_p(r,t) \tag{7.2.3–12}$$

粒子经过晶体表面反射后所产生的衍射现象，就是许多平面波 Ψ_p 相互干涉的结果。由于 p 可以连续变化，式（7.2.3–12）中对 p 求和应该以对 p_x,p_y,p_z 积分来代替。

现在来证明：任何一个波函数 $\Psi(r,t)$ 都可以看作是各种不同动量的平面波的叠加。换句话说，任何波函数 $\Psi(r,t)$ 都可以写成如下形式：

$$\Psi(r,t)=\iiint_{-\infty}^{+\infty}c(p,t)\Psi_p(r)\mathrm{d}p_x\mathrm{d}p_y\mathrm{d}p_z \tag{7.2.3–13}$$

式中

$$\Psi_p(r)\equiv\frac{1}{(2\pi\hbar)^{3/2}}\mathrm{e}^{\frac{\mathrm{i}}{\hbar}p\cdot r} \tag{7.2.3–14}$$

这里已经取式（7.2.3–11）中平面波的归一化常数 A 等于 $(2\pi\hbar)^{-\frac{3}{2}}$，这一点将在动量算符中详细讨论。式（7.2.3–13）中的函数 $c(p,t)$ 由下式给出：

$$c(p,t)=\frac{1}{(2\pi\hbar)^{3/2}}\iiint_{-\infty}^{+\infty}\Psi(r,t)\,\mathrm{e}^{\frac{\mathrm{i}}{\hbar}p\cdot r}\mathrm{d}x\mathrm{d}y\mathrm{d}z \tag{7.2.3–15}$$

这个结论的证明是简单的：把式（7.2.3–14）带入式（7.2.3–13）中得到

$$\Psi(r,t)=\frac{1}{(2\pi\hbar)^{3/2}}\iiint_{-\infty}^{+\infty}c(p,t)\,\mathrm{e}^{\frac{\mathrm{i}}{\hbar}p\cdot r}\mathrm{d}p_x\mathrm{d}p_y\mathrm{d}p_z \tag{7.2.3–16}$$

式（7.2.3–16）和式（7.2.3–15）说明$\Psi(r,t)$和$c(p,t)$互为傅里叶变换式，因而在一般情况下，它们总是成立的。

从式（7.2.3–15）和式（7.2.3–16）可以看出，$\Psi(r,t)$给定后，$c(p,t)$就可以由式（7.2.3–15）完全确定；同样，$c(p,t)$给定后，$\Psi(r,t)$就可以由式（7.2.3–16）完全确定。由此可见，$\Psi(r,t)$和$c(p,t)$是同一个状态的两种不同的描述方式，$\Psi(r,t)$是以坐标为自变量的波函数；在 7.2.5.2 节中将看到$c(p,t)$是以动量为自变量的波函数，它们描写同一个状态。

在一维的情况下，式（7.2.3–15）和式（7.2.3–16）写为

$$\Psi(x,t)=\frac{1}{(2\pi\hbar)^{1/2}}\int_{-\infty}^{+\infty}c(p,t)\,\mathrm{e}^{\frac{\mathrm{i}}{\hbar}px}\mathrm{d}p \tag{7.2.3–17}$$

$$c(p,t)=\frac{1}{(2\pi\hbar)^{1/2}}\int_{-\infty}^{+\infty}\Psi(x,t)\,\mathrm{e}^{\frac{\mathrm{i}}{\hbar}px}\mathrm{d}x \tag{7.2.3–18}$$

7.2.3.3 薛定谔方程

在前节中，讨论了微观粒子在某一个时刻 t 的状态，以及描述这个状态的波函数$\Psi(x,t)$的性质，但未涉及当时间改变时粒子的状态将怎样随着变化的问题。本节中来讨论粒子状态随时间变化所遵从的规律。

在经典力学中，当质点在某一时刻的状态为已知时，由质点的运动方程就可以求出以后任一时刻质点的状态。在量子力学中情况也是这样，当微观粒子在某一个时刻的状态为已知时，以后时刻粒子所处的状态也要由一个方程来决定。所不同的是，在经典力学中，质点的状态用质点的坐标和速度来描写，质点的运动方程就是我们所熟知的牛顿运动方程；在量子力学中，微观粒子的状态则用波函数来描写，决定粒子状态变化的方程不再是牛顿运动方程，而是下面要建立的薛定谔方程。

由于要建立的是描述波函数随时间变化的方程，因此，它必须是波函数应该满足的含有对时间微商的微分方程，此外，这方程还应满足下面两个条件：

① 方程是线性的，即如果Ψ_1和Ψ_2都是这个方程的解，那么Ψ_1和Ψ_2的线性叠加$a\Psi_1+b\Psi_2$也是方程的解，这是因为根据态叠加原理，如果Ψ_1和Ψ_2都是粒子可能的状态，那么$a\Psi_1+b\Psi_2$也应是粒子可能的状态；

② 这个方程的系数不应包含状态参量，如动能、能量等，因为方程的系数如含有状态参量，则方程只能被粒子的部分状态满足，而不能被各种可能的状态所满足。

现在来建立满足上述条件的方程。采取的步骤是先对波函数已知的自由粒子得出这种方程，然后把它推广到一般情况中去。自由粒子的波函数是平面波

$$\Psi(r,t)=A\mathrm{e}^{\frac{\mathrm{i}}{\hbar}(p\cdot r-Et)} \tag{7.2.3–19}$$

它是所要建立的方程的解。将式（7.2.3–19）对时间求偏微商，得到

$$\frac{\partial\Psi}{\partial t}=-\frac{\mathrm{i}}{\hbar}E\Psi \tag{7.2.3–20}$$

但这还不是所要求的方程，因为它的系数中还含有能量 E。再把式（7.2.3–19）对坐标求二次偏微商，得到

$$\begin{aligned}\frac{\partial^2\Psi}{\partial x^2}&=-\frac{Ap_x^2}{\hbar^2}\mathrm{e}^{\frac{\mathrm{i}}{\hbar}(p_x x+p_y y+p_z z-Et)}\\&=-\frac{p_x^2}{\hbar^2}\Psi\end{aligned}$$

同理，有

$$\frac{\partial^2\Psi}{\partial y^2}=-\frac{p_y^2}{\hbar^2}\Psi$$

$$\frac{\partial^2\Psi}{\partial z^2}=-\frac{p_z^2}{\hbar^2}\Psi$$

将以上三式相加，得

$$\frac{\partial^2\Psi}{\partial x^2}+\frac{\partial^2\Psi}{\partial y^2}+\frac{\partial^2\Psi}{\partial z^2}=\nabla^2\Psi=-\frac{p^2}{\hbar^2}\Psi \tag{7.2.3–21}$$

利用自由粒子的能量和动量关系式

$$E=\frac{p^2}{2\mu} \tag{7.2.3–22}$$

式中，μ 是粒子的质量。比较式（7.2.3–20）和式（7.2.3–21），得到自由粒子波函数所满足的微分方程：

$$\mathrm{i}\hbar\frac{\partial\Psi}{\partial t}=-\frac{\hbar^2}{2\mu}\nabla^2\Psi \tag{7.2.3–23}$$

它满足前面所述的条件。

式（7.2.3–20）和式（7.2.3–21）可改写为如下形式：

$$E\Psi=\mathrm{i}\hbar\frac{\partial\Psi}{\partial t} \tag{7.2.3–24}$$

$$(p\cdot p)\Psi=\left(-\mathrm{i}\hbar\nabla\right)\cdot\left(-\mathrm{i}\hbar\nabla\right)\Psi \tag{7.2.3–25}$$

式中 ∇ 是劈形算符

$$\nabla=\boldsymbol{i}\frac{\partial}{\partial x}+\boldsymbol{j}\frac{\partial}{\partial y}+\boldsymbol{k}\frac{\partial}{\partial z}$$

由式（7.2.3–24）和式（7.2.3–25）可以看出，粒子能量 E 和动量 p 各与下列作用在波函数上的算符相当

$$E\rightarrow\mathrm{i}\hbar\frac{\partial}{\partial t},\quad p\rightarrow-\mathrm{i}\hbar\nabla \tag{7.2.3–26}$$

这两个算符依次称为能量算符和动量算符。把式(7.2.3–22)两边乘 Ψ，再以式(7.2.3–26)代入，即得微分方程（7.2.3–23）。

现在利用关系式（7.2.3–26）来建立在力场中粒子波函数所满足的微分方程。设粒子在力场中势能为 $U(r)$。在这种情况下，粒子的能量和动量的关系式是

$$E=\frac{p^2}{2\mu}+U(r) \tag{7.2.3–27}$$

上式两边乘以波函数$\varPsi(r,t)$，并以式（7.2.3–26）代入，便得到$\varPsi(r,t)$所满足的微分方程

$$\mathrm{i}\hbar\frac{\partial\varPsi}{\partial t}=-\frac{\hbar^2}{2\mu}\nabla^2\varPsi+U(r)\varPsi \tag{7.2.3–28}$$

这个方程即为薛定谔波动方程，或者薛定谔方程，也常简称为波动方程，它描写势场$U(r)$中粒子状态随时间的变化。必须注意，上面只是建立了薛定谔方程，而不是从数学上将它推导出来。这个方程的建立是从描述自由粒子的平面波出发的。如果不从这个复数表达式出发而从平面波的实数表示式（7.2.2–6）出发，得不到薛定谔方程。读者很容易验证$A\cos\frac{1}{h}(p^*r-Et)$不是方程（7.2.3–23）的解。这就是用式（7.2.2–7）而不用式（7.2.2–6）作为自由粒子波函数的原因。薛定谔方程反映了微观粒子的运动规律，它的正确性是由在各种具体情况下从方程得出的结论和实验结果相比较来验证的。

上面讨论的是一个粒子的情况，可以把它推广到多粒子的情况。

如果所讨论的体系不止含一个粒子，而是 N 个粒子（$N>1$），就称这个体系为多粒子体系。以$r_1,r_2,\cdots,r_N$表示这 N 个粒子的坐标，那么描述体系状态的波函数$\varPsi$ 是$r_1,r_2,\cdots,r_N$的函数。体系的能量写成

$$E=\sum_{i=1}^{N}\frac{p_i^{\ 2}}{2\mu_i}+U(r_1,r_2,\cdots r_N) \tag{7.2.3–29}$$

式中，μ_i是第 i 个粒子的质量；p_i是第 i 个粒子的动量；$u(r_1,r_2,\cdots,r_N)$是体系的势能，它包括体系在外场中的能量和粒子之间相互作用的能量。将式（7.2.3–29）两边乘波函数$\varPsi(r_1,r_2,\cdots,r_N,t)$并做代换

$$E\to\mathrm{i}\hbar\frac{\partial}{\partial t},\ p_i\to-\mathrm{i}\hbar\nabla_i$$

∇_i是对第 i 个粒子坐标微商的劈形运算符

$$\nabla_i=\boldsymbol{i}\frac{\partial}{\partial x_i}+\boldsymbol{j}\frac{\partial}{\partial y_i}+\boldsymbol{k}\frac{\partial}{\partial z_i}$$

于是得到

$$\mathrm{i}\hbar\frac{\partial\Psi}{\partial t}=-\sum_{i=1}^{N}\frac{\hbar^2}{2\mu_i}\nabla_i^2\varPsi+U\varPsi \tag{7.2.3–30}$$

7.2.4 力学量算符表达及测不准关系

由上节已经看到，由于微观粒子具有波粒二象性，微观粒子状态的描述方式和经典粒子不同，它需要用波函数来描写。量子力学中微观粒子力学量（如坐标、动量、角动量、能量等）的性质也不同于经典粒子的力学量。经典粒子在任何状态下的力学量都有确定值，微观粒子由于它的波粒二象性，首先是坐标和动量就不能同时有确定值。这种差别的存在，使得我们不得不用和经典力学不同的方式，即用算符来表示微观粒子的力学量。本章将讨论力学量怎样用算符来表示，以及引进算符后量子力学中的一般规律所取的形式。

7.2.4.1　表示力学量的算符

算符是指作用在一个函数上的得出另一个函数的运算符号。设某种运算把函数 μ 变成 ν，用符号表示为

$$\hat{F}\mu=\nu \tag{7.2.4–1}$$

则表示这种运算的符号 $\hat{F}$ 就称为算符。例如 $\frac{\mathrm{d}\mu}{\mathrm{d}x}=\nu$，$\frac{\mathrm{d}}{\mathrm{d}x}$ 是微商算符；又如 $x\mu=\nu$，x 也是算符，它的作用是与 μ 相乘。

如果算符 $\hat{F}$ 作用于一个函数 ψ，结果等于 ψ 乘上一个常数 λ

$$\hat{F}\psi=\lambda\psi \tag{7.2.4–2}$$

则称 λ 为 $\hat{F}$ 的本征值，ψ 为属于 λ 的本征函数，方程（7.2.4–2）称为算符 $\hat{F}$ 的本征值方程。

在 7.2.3.3 节中，我们曾说过，当波函数 ψ 表示为坐标（x，y，z）的函数时，动量 p 和动量算符 $-\mathrm{i}\hbar\nabla$ 相对应。引入动量算符的符号 $\hat{p}$

$$\hat{p}=-\mathrm{i}\hbar\nabla \tag{7.2.4–3}$$

在直角笛卡儿坐标中，其三个分量是

$$\widehat{p_x}=-\mathrm{i}\hbar\frac{\partial}{\partial x},\widehat{p_y}=-\mathrm{i}\hbar\frac{\partial}{\partial y},\widehat{p_z}=-\mathrm{i}\hbar\frac{\partial}{\partial z}$$

我们把动量和动量算符的对应关系说成是：动量算符表示动量这一力学量。

表示坐标的算符就是坐标本身

$$\hat{\boldsymbol{r}}=\boldsymbol{r} \tag{7.2.4–4}$$

由定态薛定谔方程，我们知道体系的能量和哈密顿算法相对应。引入哈密顿算符的符号 $\hat{H}$

$$\hat{H}=-\frac{\hbar^2}{2\mu}\nabla^2+U(\boldsymbol{r}) \tag{7.2.4–5}$$

我们知道，哈密顿算符 $\hat{H}$ 是在哈密顿函数中将动量 $\boldsymbol{p}$ 换成动量算符 β 而得出的。这反映了从力学量的经典表示式得出量子力学中表示该力学量的算符的规则。

如果量子力学中的力学量 F 在经典力学中有相应的力学量，则表示这个力学量的算符 $\hat{F}$ 是由经典表示式 $F(\boldsymbol{r},\boldsymbol{p})$ 中将 $\boldsymbol{p}$ 换为算符 $\hat{\boldsymbol{p}}$ 而得出的，即

$$\hat{F}=\hat{F}(\hat{\boldsymbol{r}},\hat{\boldsymbol{p}})=\hat{F}(\boldsymbol{r},-\mathrm{i}\hbar\nabla) \tag{7.2.4–6}$$

例如，在经典力学中，动量为 $\boldsymbol{p}$、对 O 点的位置矢量为 $\boldsymbol{r}$ 的粒子，它绕 O 点的角动量是

$$\boldsymbol{L}=\boldsymbol{r}\bullet\boldsymbol{p}$$

因而，量子力学中，角动量算符是

$$\hat{\boldsymbol{L}}=\hat{\boldsymbol{r}}\bullet\hat{\boldsymbol{p}}=-\mathrm{i}\hbar\boldsymbol{r}\bullet\nabla \tag{7.2.4–7}$$

至于那些只有量子力学中才有的而在经典力学中所没有的力学量（例如自旋），它们的算符如何引进将另行讨论。

得出表示力学量的算符的一般规则后，很自然地要提出如下的问题：算符和它所表示的力学量之间的关系应当如何理解呢？阐明这个问题就是本章的中心内容。下面开始这方面的讨论。

同样在定态薛定谔方程中，体系处于哈密顿算符 $\hat{H}$ 的本征态 ψ 时，能量有确定值，这个值就是 $\hat{H}$ 在 ψ 态中的本征值。下一节中将看到，体系处于动量算符 $\hat{\boldsymbol{p}}$ 中的本征态 ψ_p 时，动量有确定值，这个值就是 $\hat{\boldsymbol{p}}$ 在 ψ_p 态中的本征值。把这些结果推广到一般的算符，我们提出一个基本假定：

如果算符 $\hat{F}$ 表示力学量 F，那么当体系处于 $\hat{F}$ 的本征态 ϕ 中时，力学量 F 有确定值，这个值就是 $\hat{F}$ 在 ϕ 态中的本征值。

我们知道，所有力学量的数值都是实数。既然表示力学量的算符的本征值是这个力学量的可能值，那么表示力学量的算符，它的本征值必须是实数。下面要介绍的厄密算符就具有这个性质，因而量子力学中表示力学量的算符都是厄密算符。

如果对于两任意函数 ψ 和 ϕ，算符 $\hat{F}$ 满足下列等式

$$\int \psi^* \hat{F} \phi \mathrm{d}x = \int (\hat{F}\phi)^* \phi \mathrm{d}x \tag{7.2.4–8}$$

则称 $\hat{F}$ 为厄密算符。式中 x 代表所有的变量，积分范围是所有变量变化的整个区域。

由式（7.2.4–8）很容易证明厄密算符的本征值是实数。以 λ 表示 $\hat{F}$ 的本征值，ψ 表示所属的本征函数，则 $\hat{F}\psi = \lambda\psi$ 。在式（7.2.4–8）中，若取 $\phi = \psi$ ，于是有

$$\lambda \int \psi^* \psi \mathrm{d}x = \lambda^* \int \psi^* \psi \mathrm{d}x$$

由此得 $\lambda = \lambda^*$，即 λ 为实数。

用式（7.2.4–8）可以直接验证：坐标算符和动量算符都是厄密算符。因为 x 是实数，有

$$\int_{-\infty}^{+\infty} \psi^* x \phi \mathrm{d}x = \int_{-\infty}^{+\infty} (x\psi)^* \phi \mathrm{d}x$$

对于动量算符的一个分量 $\hat{p}_x$ ，有

$$\int_{-\infty}^{+\infty} \psi^* \hat{p}_x \phi \mathrm{d}x = -\mathrm{i}\hbar \int_{-\infty}^{+\infty} \psi^* \frac{\partial}{\partial x} \phi \mathrm{d}x$$

$$= -\mathrm{i}\hbar \psi^* \phi \Big|_{-\infty}^{+\infty} + \mathrm{i}\hbar \int_{-\infty}^{+\infty} \frac{\partial \psi^*}{\partial x} \phi \mathrm{d}x = \int_{-\infty}^{+\infty} (\hat{p}_x \psi)^* \phi \mathrm{d}x$$

最后一步是假设 ψ 和 ϕ 在 $x \to \pm\infty$ 时等于零。

7.2.4.2　动量算符和角动量算符

本节中，将具体讨论动量算符和角动量算符的本征值方程。

1. 动量算符

动量算符的本征值方程是

$$\frac{\hbar}{\mathrm{i}} \nabla \psi_p(\boldsymbol{r}) = \boldsymbol{p} \psi_p(\boldsymbol{r}) \tag{7.2.4–9}$$

式中，$\boldsymbol{p}$ 是动量算符的本征值；$\psi_p(\boldsymbol{r})$ 是属于这个本征值的本征函数。式（7.2.4–9）的三个分量方程是

$$\left.\begin{aligned}\frac{\hbar}{\mathrm{i}}\frac{\partial}{\partial x}\psi_p(r)=p_x\psi_p(r)\\ \frac{\hbar}{\mathrm{i}}\frac{\partial}{\partial y}\psi_p(r)=p_y\psi_p(r)\\ \frac{\hbar}{\mathrm{i}}\frac{\partial}{\partial z}\psi_p(r)=p_z\psi_p(r)\end{aligned}\right\}\tag{7.2.4–10}$$

它们的解是

$$\psi_p(\boldsymbol{r})=C\exp\left(\frac{\mathrm{i}}{\hbar}\boldsymbol{p}\cdot\boldsymbol{r}\right)\tag{7.2.4–11}$$

式中，C 是归一化常数。为了确定 C 的数值，计算积分

$$\int_\infty\psi_p^*(\boldsymbol{r})\psi_p(\boldsymbol{r})\mathrm{d}\tau=C^2\int_{-\infty}^{+\infty}\int_{-\infty}^{+\infty}\int_{-\infty}^{+\infty}\exp\frac{\mathrm{i}}{\hbar}[(p_x-p_x')x+(p_y-p_y')y+(p_z-p_z')z]\mathrm{d}x\mathrm{d}y\mathrm{d}z$$

因为

$$\int_{-\infty}^{+\infty}\exp\frac{\mathrm{i}}{\hbar}[(p_x-p_x')x]\mathrm{d}x=2\pi\hbar\delta(p_x-p_x')$$

式中，$\delta(p_x-p_x')$ 是以 p_x-p_x' 为宗量的 δ 函数，所以有

$$\int_\infty\psi_p^*(\boldsymbol{r})\psi_p(\boldsymbol{r})\mathrm{d}\tau=C^2(2\pi\hbar)^2\delta(p_x-p_x')(p_y-p_y')y\times(p_z-p_z')z\equiv C^2\left(2\pi\hbar\right)^2\delta(\boldsymbol{p}-\boldsymbol{p}')$$

因此，如果取 $C=(2\pi\hbar)^{-\frac{3}{2}}$，则 $\psi_p(\boldsymbol{r})$ 归一化为 δ 函数

$$\int_\infty\psi_p^*(\boldsymbol{r})\psi_p(\boldsymbol{r})\mathrm{d}\tau=\delta(p_x-p_x')\tag{7.2.4–12}$$

$$\psi_p(\boldsymbol{r})=\frac{1}{(2\pi\hbar)^{\frac{3}{2}}}\exp\left(\frac{\mathrm{i}}{\hbar}\boldsymbol{p}\cdot\boldsymbol{r}\right)\tag{7.2.4–13}$$

$\psi_p(\boldsymbol{r})$ 不是像式（7.2.3–7）所要求的归一化为 1，而是归一化δ函数，这是由于 $\psi_p(\boldsymbol{r})$ 所属的本征值 $\boldsymbol{p}$ 可以取任意值，动量的本征值组成连续谱。

在一些具体问题中，遇到动量的本征值问题时，常常需要把动量的连续本征值变为分立本征值进行计算，最后再把分立本征值变回到连续本征值。具体的方法在本小节中不讨论，如需要，可参看相关参考文献。

2. 角动量算符

角动量算符 $\hat{\boldsymbol{L}}=\hat{\boldsymbol{r}}\times\hat{\boldsymbol{p}}$ 在直角笛卡儿坐标中的三个分量是

$$\left.\begin{aligned}\hat{L}_x=y\hat{p}_z-z\hat{p}_y=\frac{\hbar}{\mathrm{i}}\left(y\frac{\partial}{\partial z}-z\frac{\partial}{\partial y}\right)\\ \hat{L}_y=x\hat{p}_z-z\hat{p}_x=\frac{\hbar}{\mathrm{i}}\left(z\frac{\partial}{\partial x}-x\frac{\partial}{\partial z}\right)\\ \hat{L}_z=x\hat{p}_y-y\hat{p}_z=\frac{\hbar}{\mathrm{i}}\left(x\frac{\partial}{\partial y}-y\frac{\partial}{\partial x}\right)\end{aligned}\right\}\tag{7.2.4–14}$$

角动量平方算符是

$$\hat{L}^2=\hat{L}_x^2+\hat{L}_y^2+\hat{L}_z^2=-\hbar^2\left[\left(y\frac{\partial}{\partial z}-z\frac{\partial}{\partial y}\right)^2+\left(z\frac{\partial}{\partial x}-x\frac{\partial}{\partial z}\right)^2+\left(x\frac{\partial}{\partial y}-y\frac{\partial}{\partial x}\right)^2\right] \quad (7.2.4–15)$$

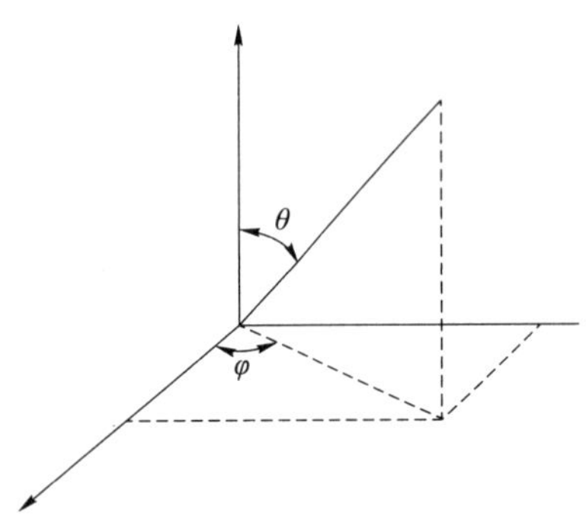

图 7.6　球极坐标

为了讨论角动量算符的本征值方程，把这些算符用球坐标来表示（见图 7.6）。注意到笛卡儿坐标（x, y, z）和球极坐标（r,θ,φ）之间的关系：

$$\left.\begin{aligned}&x=r\sin\theta\cos\varphi,\ y=r\sin\theta\sin\varphi,\ z=r\cos\theta\\&r^2=x^2+y^2+z^2,\cos\theta=\frac{z}{r},\tan\varphi=\frac{y}{x}\end{aligned}\right\} \quad (7.2.4–16)$$

将 $r^2=x^2+y^2+z^2$ 两边对 x 求偏导数，得

$$\frac{\partial r}{\partial x}=\frac{x}{r}=\sin\theta\cos\varphi$$

同样可求出 $\frac{\partial r}{\partial y}$、$\frac{\partial r}{\partial z}$，将 $\cos\theta=\frac{z}{r}$ 两边对 x 求偏导数，得

$$\frac{\partial\theta}{\partial x}=\frac{1}{\sin\theta}\frac{z}{r^2}\frac{\partial r}{\partial x}=\frac{1}{r}\cos\theta\cos\varphi$$

同样可求出 $\frac{\partial\theta}{\partial y}$、$\frac{\partial\theta}{\partial z}$，再将 $\tan\varphi=\frac{y}{x}$ 两边对 x 求偏导数，得

$$\frac{\partial\varphi}{\partial x}=-\frac{1}{\sec^2\varphi}\frac{y}{x^2}=-\frac{\sin\varphi}{r\sin\theta}$$

同样可求出 $\frac{\partial\varphi}{\partial y}$、$\frac{\partial\varphi}{\partial z}$。利用这些关系式可以求得

$$\left.\begin{aligned}&\frac{\partial}{\partial x}=\frac{\partial r}{\partial x}\frac{\partial}{\partial r}+\frac{\partial\theta}{\partial x}\frac{\partial}{\partial\theta}+\frac{\partial\varphi}{\partial x}\frac{\partial}{\partial\varphi}=\sin\theta\cos\varphi\frac{\partial}{\partial r}+\frac{1}{r}\cos\theta\cos\varphi\frac{\partial}{\partial\theta}-\frac{1}{r}\frac{\sin\varphi}{\sin\theta}\frac{\partial}{\partial\varphi}\\&\frac{\partial}{\partial y}=\frac{\partial r}{\partial y}\frac{\partial}{\partial r}+\frac{\partial\theta}{\partial y}\frac{\partial}{\partial\theta}+\frac{\partial\varphi}{\partial y}\frac{\partial}{\partial\varphi}=\sin\theta\sin\varphi\frac{\partial}{\partial r}+\frac{1}{r}\cos\theta\sin\varphi\frac{\partial}{\partial\theta}+\frac{1}{r}\frac{\cos\varphi}{\sin\theta}\frac{\partial}{\partial\varphi}\\&\frac{\partial}{\partial z}=\frac{\partial r}{\partial z}\frac{\partial}{\partial r}+\frac{\partial\theta}{\partial z}\frac{\partial}{\partial\theta}+\frac{\partial\varphi}{\partial z}\frac{\partial}{\partial\varphi}=\cos\theta\frac{\partial}{\partial r}-\frac{1}{r}\sin\theta\frac{\partial}{\partial\theta}\end{aligned}\right\} \quad (7.2.4–17)$$

将式（7.2.4–17）代入式（7.2.4–14）和式（7.2.4–15）中，得到用球极坐标表示的 $\hat{L}_x$、$\hat{L}_y$、$\hat{L}_z$ 的式子：

$$\left.\begin{aligned}&\hat{L}_x=\mathrm{i}\hbar\left(\sin\varphi\frac{\partial}{\partial\theta}+\cot\theta\cos\varphi\frac{\partial}{\partial\varphi}\right)\\&\hat{L}_y=-\mathrm{i}\hbar\left(\cos\varphi\frac{\partial}{\partial\theta}+\cot\theta\sin\varphi\frac{\partial}{\partial\varphi}\right)\\&\hat{L}_z=-\mathrm{i}\hbar\frac{\partial}{\partial\varphi}\end{aligned}\right\} \quad (7.2.4–18)$$

由此可得

$$\hat{L}_x^2 = -\hbar^2\left[\sin^2\varphi\frac{\partial^2}{\partial\theta^2} + 2\cot\theta\sin\varphi\cos\varphi\frac{\partial^2}{\partial\theta\partial\varphi} + \cot^2\theta\cos^2\varphi\frac{\partial^2}{\partial\varphi^2} + \right.$$
$$\left.\cot\theta\cos^2\varphi\frac{\partial}{\partial\theta} - (\cot^2\theta + \csc^2\theta)\sin\varphi\cos\varphi\frac{\partial}{\partial\varphi}\right]$$

$$\hat{L}_y^2 = -\hbar^2\left[\cos^2\varphi\frac{\partial^2}{\partial\theta^2} - 2\cot\theta\sin\varphi\cos\varphi\frac{\partial^2}{\partial\theta\partial\varphi} + \cot^2\theta\sin^2\varphi\frac{\partial^2}{\partial\varphi^2} + \right.$$
$$\left.\cot\theta\sin^2\varphi\frac{\partial}{\partial\theta} + (\cot^2\theta + \csc^2\theta)\sin\varphi\cos\varphi\frac{\partial}{\partial\varphi}\right]$$

$$\hat{L}_z^2 = -\hbar^2\frac{\partial^2}{\partial\varphi^2}$$

$$\hat{L}^2 = -\hbar^2\left[\frac{1}{\sin\theta}\frac{\partial}{\partial\theta}\left(\frac{1}{\sin\theta}\frac{\partial}{\partial\theta}\right) + \frac{1}{\sin^2\theta}\frac{\partial^2}{\partial\varphi^2}\right] \qquad (7.2.4–19)$$

由式（7.2.4–19），$\hat{L}^2$ 的本征值方程可写为

$$\hbar^2\left[\frac{1}{\sin\theta}\frac{\partial}{\partial\theta}\left(\frac{1}{\sin\theta}\frac{\partial}{\partial\theta}\right) + \frac{1}{\sin^2\theta}\frac{\partial^2}{\partial\varphi^2}\right]Y(\theta,\varphi) = \lambda\hbar^2 Y(\theta,\varphi) \qquad (7.2.4–20)$$

或

$$\left[\frac{1}{\sin\theta}\frac{\partial}{\partial\theta}\left(\frac{1}{\sin\theta}\frac{\partial}{\partial\theta}\right) + \frac{1}{\sin^2\theta}\frac{\partial^2}{\partial\varphi^2}\right]Y(\theta,\varphi) = \lambda Y(\theta,\varphi) \qquad (7.2.4–21)$$

$Y(\theta,\varphi)$ 是 $\hat{L}^2$ 算符的本征函数，属于本征值 $\lambda\hbar^2$。

7.2.4.3　厄密算符本征函数的正交性

前面讨论了动量、角动量的本征值、本征函数，现在进一步讨论这些厄密算符本征函数的一个基本性质——正交性。

从式（7.2.4–12）可以看到，当 $p \neq p'$ 时，

$$\int\psi_{p'}^*(\boldsymbol{r})\,\psi_p(\boldsymbol{r})\,\mathrm{d}\tau = 0$$

我们说：属于动量算符不同本征值的两个本征函数 $\psi_{p'}$ 和 ψ_p 相互正交。一般地，如果两函数 ψ_1 和 ψ_2 满足关系式

$$\int\psi_1^*\psi_2\mathrm{d}\tau = 0 \qquad (7.2.4–22)$$

式中积分是对变量变化的全部区域进行的，则称 ψ_1 和 ψ_2 相互正交。

属于不同本征值的两个本征函数相互正交这种性质，不是动量本征函数所独有的，而是厄密算符的本征函数所共有的。也就是说，厄密算符属于不同本征值的两个本征函数相互正交。现在来证明这个定理。

设 $\phi_1,\phi_2,\cdots,\phi_n,\cdots$ 是厄密算符 $\hat{F}$ 的本征函数，它们所属的本征值 $\lambda_1,\lambda_2,\cdots,\lambda_n,\cdots$ 都不相等，我们要证明当 $k \neq 1$ 时，有

$$\int\phi_k^*\phi_l\mathrm{d}\tau = 0 \qquad (7.2.4–23)$$

证明如下：已知

$$\hat{F}\phi_k = \lambda\phi_k \tag{7.2.4–24}$$

$$\hat{F}\phi_l = \lambda\phi_l \tag{7.2.4–25}$$

且当 $k \neq 1$ 时，

$$\lambda_k \neq \lambda_l \tag{7.2.4–26}$$

因为 $\hat{F}$ 是厄密算符，它的本征值都是实数，即 $\lambda_k \neq \lambda_k^*$，所以式（7.2.4–24）的共轭复式可写为

$$(\hat{F}\phi_k)^* = \lambda_k\phi_k^*$$

以 ϕ_l 右乘上式两边，并对变量的整个区域积分，得

$$\int(\hat{F}\phi_k)^*\phi_l\mathrm{d}\tau = \lambda_k\int\phi_k^*\phi_l\mathrm{d}\tau \tag{7.2.4–27}$$

以 ϕ_k^* 左乘式（7.2.4–25）两边，并对变量的整个区域积分，得

$$\int\phi_k^*(\hat{F}\phi_l)\mathrm{d}\tau = \lambda_l\int\phi_k^*\phi_l\mathrm{d}\tau \tag{7.2.4–28}$$

由厄密算符定义（7.2.4–1），有

$$\int\phi_k^*(\hat{F}\phi_l)\,\mathrm{d}\tau = \int(\hat{F}\phi_k)^*\phi_l\mathrm{d}\tau$$

即式（7.2.4–27）和式（7.2.4–28）的左边相等，因而这两等式的右边也相等

$$\lambda_k\int\phi_k^*\phi_l\mathrm{d}\tau = \lambda_l\int\phi_k^*\phi_l\mathrm{d}\tau$$

或

$$(\lambda_k - \lambda_l)\int\phi_k^*\phi_l\mathrm{d}\tau = 0 \tag{7.2.4–29}$$

由式（7.2.4–26），$\lambda_k - \lambda_l \neq 0$，所以，由式（7.2.3–29）得，$\int\phi_k^*\phi_l\mathrm{d}\tau = 0$。

这就是所要证明的公式，无论 $\hat{F}$ 的本征值组成分立谱还是连续谱，这个定理及其证明都成立。

在 $\hat{F}$ 的本征值 λ_k 组成分立谱的情况下，假定本征函数 ϕ_k 已归一化

$$\int\phi_k^*\phi_k\mathrm{d}\tau = 1 \tag{7.2.4–30}$$

则式（7.2.4–23）和式（7.2.4–30）两式可以合并写为：

$$\int\phi_k^*\phi_l\mathrm{d}\tau = \delta_{kl} \tag{7.2.4–31}$$

式中的符号 δ_{kl} 具有下面的性质：

$$\delta_{kl} = \begin{cases} 1, & \text{当}k = 1\text{时} \\ 0, & \text{当}k \neq 1\text{时} \end{cases}$$

如果 $\hat{F}$ 的本征值 λ 组成连续谱，则本征函数 ϕ_λ 可以归一化为 δ 函数，代替式（7.2.4–31），有

$$\int\phi_\lambda^*\phi_\lambda\mathrm{d}\tau = \delta(\lambda - \lambda') \tag{7.2.4–32}$$

满足条件式（7.2.4–31）或式（7.2.4–32）的函数系 ϕ_k 和 ϕ_λ，称为正交归一系。

在上面证明厄密算符本征函数的正交性时，我们曾假设这些本征函数所属的本征值互不相等。如果 $\hat{F}$ 的一个本征值 λ_n 是 f 度简并的，那么属于它的本征函数不止一个，而是 f 个：

$\phi_{n1},\phi_{n2},\cdots,\phi_{nf}$，

$$\hat{F}\phi_{ni}=\lambda_n\phi_{ni},\quad i=1,2,\cdots,f$$

则上面的证明对这些函数不能适用。一般来说，这些函数并不一定相互正交。但是，我们总可以用 f^2 个常数 A_{ji} 把这 f 个函数线性组合成 f 个新函数 ψ_{nj}：

$$\psi_{nj}=\sum_{i=1}^{f}A_{ji}\psi_{nj},\ j=1,2,\cdots,f \tag{7.2.4–33}$$

使得这些新函数 ψ_{nj} 是相互正交的，这是因为 ψ_{nj} 的正交归一化条件

$$\int\psi_{nj}^{*}\psi_{nj}\,\mathrm{d}\tau=\sum_{i=1}^{f}\sum_{i'=1}^{f}A_{ji}^{*}A_{j'i'}\int\phi_{ni}^{*}\phi_{ni'}\,\mathrm{d}\tau=\delta_{jj'},\ j$$

$$f'=1,2,\cdots,f \tag{7.2.4–34}$$

共有 $\dfrac{f(f+1)}{2}$ 个方程(其中 $j=j'$ 的归一化条件有 f 个，当 $j\neq j'$ 时，正交条件有 $\dfrac{f(f-1)}{2}$ 个)，而待定系数 A_{ji} 有 f^2 个。当 $f>1$ 时，$f^2>\dfrac{f(f+1)}{2}$，即待定系数 A_{ji} 的数目大于 A_{ji} 所应满足的方程的数目，故可以有许多种方法选择 A_{ji}，使函数 ψ_{nj} 仍是 $\hat{F}$ 属于本征值 λ_n 的本征函数：

$$\hat{F}\psi_{nj}=\sum A_{ji}\hat{F}\phi_{ni}=\lambda\sum A_{ji}\phi_{ni}=\lambda_n\phi_{ni}$$

7.2.4.4　算符与力学量关系

我们回到算符和它所表示的力学量之间的关系问题。为了建立这个关系，在 7.2.4.1 节中曾引进一个基本假定。不过这个基本假定还不能完全解决这个问题，因为它只说明当体系处于算符 $\hat{F}$ 的本征态 ϕ 时，算符所表示的力学量有确定的数值，这个数值是算符在 ϕ 态中的本特值。如果体系不处于 $\hat{F}$ 的本特征，而处于任一个态 ψ，这时算符 $\hat{F}$ 和它所表示的力学量之间的关系如何，在 7.2.4.1 节的假定中并未提到。因此，有必要引进新的假定，使它能适用于一般的情况。当然，新的假定应当把 7.2.4.1 节中的假定包含在内，而不应与它抵触。

为了这个目的，我们注意到在数学中已证明：如果 $\hat{F}$ 是满足一定条件的厄密算符，它的正交归一本征函数是 $\phi_n(x)$，对应的本征值是 λ_n，则任一函数 $\psi(x)$ 可以按 $\phi_n(x)$ 展开为级数：

$$\psi(x)=\sum_{n}c_n\phi_n(x) \tag{7.2.4–1a}$$

式中 c_n 与 x 无关。本征函数 $\phi_n(x)$ 的这种性质称为完全性，或者说 $\phi_n(x)$ 组成完全系。式（7.2.4–1a）中的系数 c_n 可以由 $\psi(x)$ 和 $\phi_n(x)$ 求得。以 $\phi_m^{*}(x)$ 乘这个等式两边，并对 x 的整个区域积分，由 $\phi_n(x)$ 的正交归一性式（7.2.4–31），有

$$\int\phi_m^{*}(x)\,\psi(x)\,\mathrm{d}x=\sum_{n}c_n\int\phi_m^{*}(x)\,\phi_n(x)\,\mathrm{d}x$$

$$=\sum_{n}c_n\delta_{mn}=c_m$$

$$c_n=\int\phi_n^{*}(x)\,\psi(x)\,\mathrm{d}x \tag{7.2.4–2a}$$

我们假定量子力学中表示力学量的厄密算符，它们的本征函数组成完全系。以 $\varphi(x)$ 表示

体系的状态波函数，则 $\varphi(x)$ 可以用式（7.2.4–1a）按算符 $\hat{F}$ 的全部本征函数展开。设 $\phi(x)$ 已归一化，用 $\phi_n(x)$ 的正交归一性式（7.2.4–35），可以得出 c_n 的绝对值平方和等于 1：

$$\begin{aligned}1&=\int\psi^*(x)\,\psi(x)\,\mathrm{d}x\\&=\sum_n c_m^* c_n\int\phi_m^*(x)\,\phi_n(x)\,\mathrm{d}x\\&=\sum_{mn}^{*} c_m^* c_n\delta_{mn}\\&=\sum_n |c_n|^2\end{aligned}\tag{7.2.4–3a}$$

如果 $\phi(x)$ 是算符 $\hat{F}$ 的某一个本征函数，例如 $\phi_i(x)$，则式（7.2.4–1a）中的系数除 $c_i=1$ 外，其余都等于零。根据 7.2.4.1 的假定，在这种情况下测量力学量 F，必定得到 $F=\lambda_i$ 的结果。由这个特例和式（7.2.4–1a），可以看到 $|c_n|^2$ 具有概率的意义，它表示在 $\phi(x)$ 态中测量力学量 F 得到的结果是 $\hat{F}$ 的本征值 λ_n 的概率。由于这个原因，c_n 常被称为概率振幅。式（7.2.4–1a）说明总的概率等于 1。

归纳上面的讨论，我们引进量子力学中关于力学量与算符的关系的一个基本假定：

量子力学中表示力学量的算符都是厄密算符，它们的本征函数组成完全系。当体系处于波函数 $\phi(x)$（式（7.2.4–1a））所描述的状态时，测量力学量 F 所得的数值，必定是算符的 $\hat{F}$ 的本征值之一，测得 λ_n 的概率是 $|c_n|^2$。

这个假定的正确性，如同薛定谔方程一样，由整个理论与实验结果符合而得到验证。

根据这个假定，力学量在一般的状态中没有确定的数值，而有一系列的可能值，这些可能值就是表示这个力学量的算符的本征值，每个可能值都以确定的概率出现。在电子被晶体衍射的实验中，电子离开晶体后可能沿着各种方向运动，因为沿着这些方向的动量都是动量算符的本征值。电子具有某一动量的概率是确定的。

按照由概率求平均值的法则，可以求得力学量 F 在 ψ 态中的平均值是

$$F=\sum_n\lambda_n|c_n|^2\tag{7.2.4–4a}$$

这个式子可以改写为

$$\bar{F}=\int\psi^*(x)\hat{F}\psi(x)\mathrm{d}x\tag{7.2.4–5a}$$

这两个式子相等，可以用式（7.2.4–1a）以及 $\phi_n(x)$ 的正交归一性式（7.2.4–3a）来证明，即

$$\begin{aligned}\int\psi^*(x)\hat{F}\psi(x)\mathrm{d}x&=\sum_{mn}^{*}c_m^*c_n\int\phi_m^*(x)\hat{F}\,\phi_n(x)\mathrm{d}x\\&=\sum_{mn}c_m^*c_n\lambda_n\int\phi_m^*(x)\phi_n(x)\mathrm{d}x\\&=\sum_{mn}c_m^*c_n\lambda_n\delta_{mn}\\&=\sum_n|c_n|^2\end{aligned}$$

式（7.2.4–5a）是求力学量平均值的一般公式，用它可以直接从表示力学量的算符和体系所处的状态得出力学量在这个状态中的平均值。在这个公式中，$\psi(x)$ 是归一化的波函数。对于没有归一化的波函数，乘以归一化因子（具波函数概念导出及统计解释）后，式（7.2.4–5a）

改写为

$$\overline{F}=\frac{\int\psi^*(x)\hat{F}\psi(x)\mathrm{d}x}{\int\psi^*(x)\psi(x)\mathrm{d}x} \tag{7.2.4–6a}$$

上面只讨论了 $\hat{F}$ 的本征值组成分立谱的情况，对于 $\hat{F}$ 的本征值组成连续谱的情况，或者部分本征值 λ_n 组成分立谱，部分本征值 λ 组成连续谱的情况，可以进行同样的讨论。为避免重复，下面只列出后一种情况的一些结果。

$\hat{F}$ 的全部本征函数 $\phi_n(x)$ 和 $\varphi_\lambda(x)$ 组成完全系，代替式（7.2.4–1a），$\psi(x)$ 的展开是

$$\psi(x)=\sum_n c_n\phi_n(x)+\int c_\lambda\phi_\lambda(x)\mathrm{d}\lambda \tag{7.2.4–7a}$$

其中 c_n 由式（7.2.4–2a）给出，c_λ 则由下式给出：

$$c_\lambda=\int\psi_\lambda^*(x)\,\phi(x)\mathrm{d}x \tag{7.2.4–8a}$$

代替式（7.2.4–3a），有

$$\sum_n|c_n|^2+\int|c_\lambda|^2\mathrm{d}\lambda=1 \tag{7.2.4–9a}$$

$|c_n|^2$ 是在 $\psi(x)$ 态中测量 F 得到 λ_n 的概率，$|c_i|^2\,\mathrm{d}\lambda$ 则是所得结果在 $\lambda\to\lambda+\mathrm{d}\lambda$ 范围内的概率，代替式（7.2.4–4a），有

$$\overline{F}=\sum_n\lambda_n|c_n|^2+\int\lambda|c_\lambda|^2\mathrm{d}\lambda \tag{7.2.4–10a}$$

式（7.2.4–5a）和式（7.2.4–6a）无改变。

例：求氢原子处于基态时，电子动量的概率分布。

因为要求的是动量的概率分布，首先将氢原子基态波函数 ψ_{100} 按动量算符的本征函数 ψ_p 展开。动量算符的本征值组成连续谱，因而展式可写为

$$\varphi_{100}(\boldsymbol{r})=\int c_p\varphi_p(\boldsymbol{r})\mathrm{d}\boldsymbol{p}$$

由式（7.2.4–8a），概率振幅为

$$c_p=\int\varphi_p^*(\boldsymbol{r})\varphi_{100}(\boldsymbol{r})\mathrm{d}\tau$$

将 $\varphi_{100}(\boldsymbol{r})=\frac{1}{\sqrt{\pi a_0^3}}\mathrm{e}^{-\frac{r}{a_0}}$，$\varphi_p^*(\boldsymbol{r})=\frac{1}{(2\pi\hbar)^{\frac{3}{2}}}\mathrm{e}^{-\frac{\mathrm{i}}{\hbar}\boldsymbol{p}\cdot\boldsymbol{r}}$ 代入上式，得

$$c_p=\frac{1}{\pi^2(2a_0\hbar)^{\frac{3}{2}}}\int_0^{+\infty}\int_{-1}^{1}\int_0^{2\pi}\mathrm{e}^{-\frac{r}{a_0}}\mathrm{e}^{-\frac{i}{\hbar}pr\cos\theta}r^2\mathrm{d}r\mathrm{d}\cos\theta\mathrm{d}\varphi$$

先对 φ 积分，再对 $\cos\theta$ 积分，最后用分部积分法对 r 积分，即可求得

$$\begin{aligned}c_p&=\frac{2}{\pi(2a_0\hbar)^{\frac{3}{2}}}\int_0^{+\infty}\int_{-1}^{1}\mathrm{e}^{-\frac{r}{a_0}}\mathrm{e}^{-\frac{\mathrm{i}}{\hbar}pr\cos\theta}r^2\mathrm{d}r\mathrm{d}\cos\theta\\&=\frac{2\mathrm{i}\hbar}{\pi p(2a_0\hbar)^{\frac{3}{2}}}\int_0^{+\infty}r\mathrm{e}^{-\frac{r}{a_0}}[\mathrm{e}^{-\frac{\mathrm{i}}{\hbar}pr}-\mathrm{e}^{\frac{\mathrm{i}}{\hbar}pr}]\mathrm{d}r\end{aligned}$$

$$=\frac{(2a_0\hbar)^{\frac{3}{2}}\hbar}{\pi[a_0^2p^2+\hbar^2]^2}$$

这式子仅与 $\boldsymbol{p}$ 的绝对值有关，与 $\boldsymbol{p}$ 的方向无关，由此得到动量的概率密度为

$$|c_p|^2=\frac{8a_0^3\hbar^5}{\pi^2[a_0^2p^2+\hbar^2]^4}$$

当氢原子处于基态时，电子动量的绝对值在 $p\to p+\mathrm{d}p$ 范围内的概率，等于 $|c_p|^2$ 乘以动量空间的体积元 $4\pi p^2\,\mathrm{d}p$，即

$$w(p)\mathrm{d}p=\frac{32}{\pi}\left(\frac{\hbar}{a_0}\right)^5\frac{p^2\mathrm{d}p}{\left(\frac{\hbar^2}{a_0^2}+p^2\right)^4}$$

利用公式 $\int_0^{+\infty}\frac{x^2\mathrm{d}x}{(1+x^2)^4}=\frac{\pi}{32}$，可以证明各种可能的概率之和等于

$$\int w(p)\mathrm{d}p=1$$

7.2.4.5 算符的对易关系（两力学量同时有确定值的条件测不准关系）

现在转到算符间的关系及其物理意义的问题上来。先讨论坐标 $\hat{x}$ 和动量算符 $\hat{p}_x$，$\hat{p}_x$ 是个微分算符，$\hat{x}$ 对波函数的作用是相乘，如果把这两个算符作用于同一个波函数，则所得结果取决于这两个算符作用的顺序，即对于任一波函数 ψ，有

$$\hat{x}\hat{p}_x\phi=\frac{\hbar}{\mathrm{i}}x\frac{\partial\psi}{\partial x},$$

$$\hat{p}_x\hat{x}\psi=\frac{\hbar}{\mathrm{i}}x\frac{\partial}{\partial x}(x\psi)=\frac{\hbar}{\mathrm{i}}x\frac{\partial\psi}{\partial x}+\frac{\hbar}{\mathrm{i}}\psi,$$

这两个结果并不相同，且

$$\hat{x}\hat{p}_x\psi-\hat{p}_x\hat{x}\psi=\mathrm{i}\hbar\psi \tag{7.2.4–1b}$$

由于 ψ 是任意的波函数，把上式写为

$$[\hat{x},\hat{p}_x]\equiv\hat{x}\hat{p}_x-\hat{p}_x\hat{x}=\mathrm{i}\hbar \tag{7.2.4–2b}$$

式（7.2.4–2b）称为 $\hat{x}$ 和 $\hat{p}_x$ 的对易关系；等式的右边不等于零，$\hat{x}$ 和 $\hat{p}_x$ 是不对易的。同样的讨论可以得到

$$\left.\begin{aligned}\left[\hat{y},\hat{p}_y\right]\equiv\hat{y}\hat{p}_y-\hat{p}_y\hat{y}=\mathrm{i}\hbar\\ \left[\hat{z},\hat{p}_z\right]\equiv\hat{z}\hat{p}_z-\hat{p}_z\hat{z}=\mathrm{i}\hbar\end{aligned}\right\} \tag{7.2.4–3b}$$

以及

$$\left.\begin{aligned}[\hat{x},\hat{p}_y]\equiv\hat{x}\hat{p}_y-\hat{p}_y\hat{x}=0\\ [\hat{x},\hat{p}_z]\equiv\hat{x}\hat{p}_z-\hat{p}_z\hat{x}=0\\ [\hat{p}_x,\hat{p}_y]\equiv\hat{p}_x\hat{p}_y-\hat{p}_y\hat{p}_x=0\end{aligned}\right\} \tag{7.2.4–4b}$$

等式（7.2.4–4b）的右边都是零，我们称 $\hat{x}$ 和 $\hat{p}_y$， $\hat{x}$ 和 $\hat{p}_z$， $\hat{p}_x$ 和 $\hat{p}_y$ 是对易的。

式（7.2.4–2a）和式（7.2.4–4b）说明，动量分量和它所对应的坐标（如 $\hat{p}_x$ 和 $\hat{x}$， $\hat{p}_y$ 和 $\hat{y}$， $\hat{p}_z$ 和 $\hat{z}$）是不对易的，而和它不对应的坐标（如 $\hat{p}_x$ 和 $\hat{y}$， $\hat{p}_y$ 和 $\hat{z}$ 等）是对易的；动量各分量之间是不对易的。

力学量都是坐标和动量的函数，知道了坐标和动量之间的对易关系后，就可以得出其他力学量之间的对易关系。例如，角动量算符 $\hat{L}_x$ 、 $\hat{L}_y$、 $\hat{L}_z$ 之间的对易关系是

$$
\begin{aligned}
[\hat{\boldsymbol{L}}_x,\hat{\boldsymbol{L}}_y] &= \hat{L}_x\hat{L}_y-\hat{L}_y\hat{L}_x=(\hat{y}\hat{p}_z-\hat{z}\hat{p}_y)(\hat{z}\hat{p}_x-\hat{x}\hat{p}_z)- \\
&\quad (\hat{z}\hat{p}_x-\hat{x}\hat{p}_z)(\hat{y}\hat{p}_z-\hat{z}\hat{p}_y) \\
&= \hat{y}\hat{p}_z\hat{z}\hat{p}_x-\hat{y}\hat{p}_z\hat{x}\hat{p}_z-\hat{z}\hat{p}_y\hat{z}\hat{p}_x+\hat{z}\hat{p}_y\hat{x}\hat{p}_z- \\
&\quad \hat{z}\hat{p}_x\hat{y}\hat{p}_z+\hat{z}\hat{p}_x\hat{z}\hat{p}_y+\hat{x}\hat{p}_z\hat{y}\hat{p}_z-\hat{x}\hat{p}_z\hat{z}\hat{p}_y \\
&= \hat{p}_z\hat{z}\hat{y}\hat{p}_x+\hat{z}\hat{p}_z\hat{x}\hat{p}_y-\hat{z}\hat{p}_z\hat{y}\hat{p}_x-\hat{p}_z\hat{z}\hat{x}\hat{p}_y \\
&= (\hat{z}\hat{p}_z-\hat{p}_z\hat{z})(\hat{x}\hat{p}_y-\hat{y}\hat{p}_x)=\mathrm{i}\hbar\hat{L}_z
\end{aligned} \tag{7.2.4–5b}
$$

同理可得

$$
\left.\begin{aligned}
[\hat{\boldsymbol{L}}_y,\hat{\boldsymbol{L}}_z]=\hat{L}_y\hat{L}_z-\hat{L}_z\hat{L}_y=\mathrm{i}\hbar\hat{L}_x \\
[\hat{\boldsymbol{L}}_z,\hat{\boldsymbol{L}}_x]=\hat{L}_z\hat{L}_x-\hat{L}_x\hat{L}_z=\mathrm{i}\hbar\hat{L}_y
\end{aligned}\right\} \tag{7.2.4–6b}
$$

式（7.2.4–5b）和式（7.2.4–6b）可以合写为一个矢量公式

$$
\hat{\boldsymbol{L}}\times\hat{\boldsymbol{L}}=\mathrm{i}\hbar\hat{\boldsymbol{L}} \tag{7.2.4–7b}
$$

这个式子可以看作是角动量算符的定义，它比式（7.2.4–7）更普遍。式（7.2.4–7）只定义了轨道角动量算符，式（7.2.4–7a）则包括了自旋角动量算符。

$\hat{\boldsymbol{L}}^2$ 和 $\hat{\boldsymbol{L}}_x$， $\hat{\boldsymbol{L}}_y$， $\hat{\boldsymbol{L}}_z$ 都是对易的

$$
\left.\begin{aligned}
\left[\hat{\boldsymbol{L}}_x,\hat{\boldsymbol{L}}^2\right]=0 \\
\left[\hat{\boldsymbol{L}}_y,\hat{\boldsymbol{L}}^2\right]=0 \\
\left[\hat{\boldsymbol{L}}_z,\hat{\boldsymbol{L}}^2\right]=0
\end{aligned}\right\} \tag{7.2.4–8b}
$$

这三个等式读者可自己证明。

上面讨论了算符间的对易关系。我们看到，这类关系可以分为两种：一种是相互对易的，一种是不对易的。现在再进一步分析算符间这两种对易关系的含义。

在什么情况下两个算符相互对易呢？如果两个算符 $\hat{F}$ 和 $\hat{G}$ 有一组共同本征函数 ϕ_n，而且 ϕ_n 组成完全系，则算符 $\hat{F}$ 和 $\hat{G}$ 对易。下面证明这个定理。

因为

$$
\hat{F}\phi_n=\lambda_n\phi_n
$$

$$
\hat{G}\phi_n=\mu_n\phi_n
$$

λ_n 、 μ_n 依次是 $\hat{F}$ 和 $\hat{G}$ 的本征值，所以

$$
(\hat{F}\hat{G}-\hat{G}\hat{F})\phi_n=\lambda_n\mu_n\phi_n-\mu_n\lambda_n\phi_n=0
$$

设 ψ 是任意波函数，由于 ϕ_n 组成完全系，可以将 ψ 按 ϕ_n 展为级数

$$\psi = \sum_n a_n \phi_n$$

于是有

$$(\hat{F}\hat{G} - \hat{G}\hat{F})\psi = \sum_n a_n (\hat{F}\hat{G} - \hat{G}\hat{F})\phi_n = 0$$

ψ 既然是任意波函数，所以

$$\hat{F}\hat{G} - \hat{G}\hat{F} = 0$$

即定理得证。

这个定理的逆定理也成立，即,如果两个算符对易，则这两个算符有组成完全系的共同的本征函数。这个逆定理就不在这里证明了。

这些定理可以推广到两个以上算符的情况。如果一组算符有共同的本征函数，而且这些共同本征函数组成完全系，则这组算符中的任何一个和其余的算符对易。这个定理的逆定理也成立。

在一些算符的共同本征函数所描写的态中，这些算符所表示的力学量同时有确定值。

动量算符 $\hat{p}_x$、$\hat{p}_y$、$\hat{p}_z$ 相互对易，所以它们有共同本征函数 ψ_p，并且 ψ_p 组成完全系。在态 ψ_p 中，这三个算符同时具有确定值 p_x、p_y、p_z。

氢原子中电子的哈密顿算符 $\hat{H}$、角动量平方算符 $\hat{L}^2$ 和角动量算符 $\hat{L}_z$ 相互对易，它们有共同本征函数——氢原子的定态波函数 ψ_{nlm}；在这些态中，$\hat{H}$、$\hat{L}^2$ 和 $\hat{L}_z$ 依次有确定值 E_n、$l(l+1)\hbar^2$ 和 $m\hbar$。

要完全确定体系所处的状态，需要有一组相互对易的力学量（通过它们的本征值），这一组完全确定体系状态的力学量，称为力学量的完全集合。在完全集合中，力学量的数目一般与体系自由度的数目相等。例如，三维空间中自由粒子的自由度是 3（不考虑自旋），完全确定它的状态需要三个力学量 $\hat{p}_x$、$\hat{p}_y$、$\hat{p}_z$。氢原子中电子的自由度也是 3，完全确定它的状态需要三个相互对易的力学量 $\hat{H}$、$\hat{L}^2$ 和 $\hat{L}_z$，或三个量子数 n、l、m。

由本节所列出的一些对易关系可以看出：普朗克常数 h 在力学量的对易关系中占有重要的地位，它标志着微观规律性和宏观规律性之间的差异。如果 h 在所讨论的问题中可以略去，则坐标和动量、角动量各分量之间都是对易的，这些力学量都同时有确定值，这样，微观规律性就过渡到宏观规律性。

现在讨论两个算符不对易的情况。从上面的讨论可知，当两个算符 $\hat{F}$ 和 $\hat{G}$ 不对易时，一般地讲，它们不能同时有确定值。我们直接从对易关系来肯定这一结论，并估计在同一个态 ψ 中，两个不对易算符 $\hat{F}$ 和 $\hat{G}$ 不确定程度之间的关系。

设 $\hat{F}$ 和 $\hat{G}$ 的对易关系为

$$\hat{F}\hat{G} - \hat{G}\hat{F} = \mathrm{i}\hat{k} \qquad (7.2.4\text{–}9b)$$

k 是一个算符或普通的数。以 $\overline{F}$、$\overline{G}$ 和 $\overline{k}$ 依次表示 $\hat{F}$、$\hat{G}$ 和 $\hat{k}$ 在态 ψ 中的平均值，令

$$\Delta\hat{F} = \hat{F} - \overline{F}，\quad \Delta\hat{G} = \hat{G} - \overline{G} \qquad (7.2.4\text{–}10b)$$

考虑积分

$$I(\xi)=\int|(\xi\Delta\hat{F}-\mathrm{i}\Delta\hat{G})\psi|^2\,\mathrm{d}\tau\geqslant 0 \qquad (7.2.4\text{–}11\mathrm{b})$$

式中，ξ 是实参数；积分区域是变量变化的整个空间。因被积函数是绝对值的平方，所以积分 $I(\xi)$ 恒不小于零。将积分中的平方项展开，得到

$$\begin{aligned}I(\xi)&=\int(\xi\Delta\hat{F}\psi-\mathrm{i}\Delta\hat{G}\psi)[\xi(\Delta\hat{F}\psi)^*+\mathrm{i}(\Delta\hat{G}\psi)^*]\mathrm{d}\tau\\&=\xi^2\int(\Delta\hat{F}\psi)(\Delta\hat{F}\psi)^*\mathrm{d}\tau-\mathrm{i}\xi\int[(\Delta\hat{G}\psi)(\Delta\hat{F}\psi)^*-(\Delta\hat{F}\psi)(\Delta\hat{G}\psi)^*]\mathrm{d}\tau+\\&\quad\int(\Delta\hat{G}\psi)(\Delta\hat{G}\psi)^*\mathrm{d}\tau\end{aligned}$$

注意到 $\Delta\hat{F}$ 和 $\Delta\hat{G}$ 都是厄密算符，利用式（7.2.4–8），得到

$$\begin{aligned}I(\xi)&=\xi^2\int\psi^*(\Delta\hat{F})^2\psi\mathrm{d}\tau-\mathrm{i}\xi\int\psi^*(\Delta\hat{F}\Delta\hat{G}-\Delta\hat{G}\Delta\hat{F})\psi\mathrm{d}\tau+\\&\quad\int\psi^*(\Delta\hat{G})^2\psi\mathrm{d}\tau\end{aligned}$$

因为

$$\Delta\hat{F}\Delta\hat{G}-\Delta\hat{G}\Delta\hat{F}=(\hat{F}-\overline{F})(\hat{G}-\overline{G})-(\hat{G}-\overline{G})(\hat{F}-\overline{F})=\hat{F}\hat{G}-\hat{G}\hat{F}=\mathrm{i}\hat{k}$$

于是，式（7.2.4–11b）最后写为

$$I(\xi)=\overline{(\Delta\hat{F})^2}\xi^2+k\xi+\overline{(\Delta\hat{G})^2}\geqslant 0$$

由代数中二次式理论可知，这个不等式成立的条件是算符必须满足下列关系：

$$\overline{(\Delta\hat{F})-(\Delta\hat{G})}\geqslant\overline{k}^2/4$$

如果不为零，则 $\hat{F}$ 和 $\hat{G}$ 的均方偏差不会同时为零，它们的乘积要大于一个正数，上式称为测不准关系。

7.2.5 量子系统要素表征及按需变换

7.2.5.1 概述

在 7.2.4 节，为量子系统表征进行其要素及要素间（力学量及其称符）的内涵研究讨论延伸到量子系统进行表征，是量子系统研究应用的重要内容，具有普适重要性。

到现在为止，我们都是用坐标（x，y，z）的函数来表示体系的状态的，也就是说，描述状态的波函数是坐标的函数，而力学量则用作用于这种坐标函数的算符来表示。现在我们要说明这种表示方法在量子力学中并不是唯一的，正如几何学中选用坐标系不是唯一的一样。波函数也可以选用其他变量的函数，力学量则相应的表示为作用在这种波函数的算符。

量子力学中态和力学量的具体表示方式称为表象。以前所采用的表象是坐标表象，在本节中将讨论其他表象（包括态的表象及力学量的表象）、态表象转换及文献常用表征量子系统的狄克拉符号，现分别介绍。

7.2.5.2 态的表象（内含与力学量部分交联）

假设体系的状态在坐标表象中用波函数 $\Psi(x,t)$ 描写，我们来讨论这样一个状态如何用以动量为变量的波函数来描写。

我们知道动量的本征函数

$$\psi_p(x)=\frac{1}{(2\pi\hbar)^{1/2}}e^{\frac{i}{\hbar}px} \tag{7.2.5–1}$$

组成完全系，由叠加原理及算符与力学关系，得知$\Psi(x,t)$可以按$\psi_p(x)$展开：

$$\Psi(x,t)=\int c(p,t)\psi_p(x)dp \tag{7.2.5–2}$$

系数$c(p,t)$由下式给出：

$$c(p,t)=\int \Psi(x,t)\psi_p^*(x)dx \tag{7.2.5–3}$$

设$\Psi(x,t)$是归一化的波函数，则由归一化条件，很容易证明

$$\int |\Psi(x,t)|^2 dx=\int |c(p,t)|^2 dp=1 \tag{7.2.5–4}$$

$|\Psi(x,t)|^2 dx$是在$\Psi(x,t)$所描述的态中测量粒子位置所得结果在$x\to x+dx$范围内的概率。由式（7.2.4–9a）下面的讨论，我们知道$|c(p,t)|^2 dp$是在$\Psi(x,t)$所描述的态中测量粒子动量所得结果在$p\to p+dp$范围内的概率。

由式（7.2.5–2）可以看出，当$\Psi(x,t)$已知时，$c(p,t)$就完全确定了，并可由式（7.2.5–3）求出；反之，当$c(p,t)$已知时，$\Psi(x,t)$就完全确定并可由式（7.2.5–2）求出。所以，根据上面的讨论，我们说$c(p,t)$和$\Psi(x,t)$描述同一个状态，$\Psi(x,t)$是这个状态在坐标表象中的波函数，$c(p,t)$是同一个状态在动量表象中的波函数。

如果$\Psi(x,t)$所描述的状态是具有动量p'的自由粒子的状态，即

$$\Psi(x,t)=\psi_{p'}(x)e^{-\frac{i}{\hbar}E_{p'}t}$$

则由式（7.2.5–3）得到：

$$c(p,t)=\int \psi_{p'}(x)e^{-\frac{i}{\hbar}E_{p'}t}\psi_p^*(x)dx=\delta(p'-p)e^{-\frac{i}{\hbar}E_{p'}t} \tag{7.2.5–5}$$

所以，在动量表象中，粒子具有确定的动量p'的波函数是以动量p为变量的δ函数。

同样，x在坐标表象中的对应于确定值x'的本征函数是$\delta(x-x')$，这可由下列本征值方程看出

$$x\delta(x-x')=x'\delta(x-x') \tag{7.2.5–6}$$

我们可以把上面的讨论加以推广，来讨论在任一力学量Q的表象中，$\Psi(x,t)$所描述的状态如何表示。先设Q具有分立的本征值$Q_1,Q_2,Q_3,\cdots,Q_n,\cdots$，对应的本征函数是$u_1(x),u_2(x),\cdots,u_n(x),\cdots$，将$\Psi(x,t)$按$Q$的本征函数展开，代替式（7.2.5–2），有

$$\psi(x,t)=\sum_n a_n(t)u_n(x) \tag{7.2.5–7}$$

式中

$$a_n(t)=\int \psi(x,t)u_n^*(x)dx \tag{7.2.5–8}$$

设$\psi(x,t)$和$u_n(x)$都是归一化的，那么就有

$$\int |\psi(x,t)|^2 dx=\sum_{nm} a_m^*(t)a_n(t)\int u_n^*(x)u_n(x)dx$$

$$=\sum_{nm}a_m^*(t)a_n(t)\delta_{nm}$$
$$=\sum_n a_m^*(t)a_n(t)$$

因为

$$\int|\psi(x,\mathrm{t})|^2\,\mathrm{d}x=1$$

所以

$$\sum_n a_m^*(t)a_n(t)=1 \tag{7.2.5–9}$$

由此可知，$|a_n|^2$ 是在 $\psi(x,t)$ 所描述的态中测量力学量 Q 所得结果为 Q_n 的概率，而数列

$$a_1(t),a_2(t),\cdots,a_n(t),\cdots \tag{7.2.5–10}$$

就是 $\psi(x,t)$ 所描写的态在 Q 表象中的表示。

可以把式（7.2.5–10）写成一列矩阵的形式，并用 $\boldsymbol{\psi}$ 标记（可参考有关矩阵知识）：

$$\boldsymbol{\psi}=\begin{pmatrix}a_1(t)\\a_2(t)\\\vdots\\a_n(t)\\\vdots\end{pmatrix} \tag{7.2.5–11}$$

$\boldsymbol{\psi}$ 的共轭矩阵是一个行矩阵，用 $\boldsymbol{\psi}^\dagger$ 标记：

$$\boldsymbol{\psi}^\dagger=(a_1^*(t),a_2^*(t),\cdots,a_n^*(t),\cdots) \tag{7.2.5–12}$$

采用这些记号后，式（7.2.5–9）可写成

$$\boldsymbol{\psi}^\dagger\boldsymbol{\psi}=1 \tag{7.2.5–13}$$

如果力学量 Q 除具有分立本征值 $Q_1,Q_2,\cdots,Q_n,\cdots$ 外，还具有连续本征值 q（q 在一定范围内连续变化），对应的归一化本征函数是 $u_1(x),u_2(x),\cdots,u_n(x),\cdots,u_q(x)$（例如，氢原子的能量就是这样一个力学量），那么式（7.2.5–7）应写为：

$$\psi(x,t)=\sum_n a_n(t)u_n(x)+\int a_q(t)a_q(t)\mathrm{d}x \tag{7.2.5–14}$$

式中

$$a_n(t)=\int\psi(x,t)u_n^*(x)\mathrm{d}x$$
$$a_q(t)=\int\psi(x,t)u_q^*(x)\mathrm{d}x$$

式（7.2.5–9）则写为：

$$\sum_n a_n^*(t)a_n(x)+\int a_q^*(t)a_q(t)\mathrm{d}q=1 \tag{7.2.5–15}$$

$|a_n(t)|^2$ 是在 $\psi(x,t)$ 所描写的态中测量力学量 Q 所得结果为 Q_n 的概率；$|a_q(t)|^2\,\mathrm{d}q$ 是在 q 到 $q+\mathrm{d}q$ 之间的概率。

在现在的情况下，在 Q 表象中 $\psi(x,t)$ 仍然可用一个列矩阵表示，这个矩阵除了有可数的元 $a_1(t),a_2(t),\cdots,a_n(t),\cdots$ 外，还有连续元 $a_q(t)$：

$$\boldsymbol{\psi}=\begin{pmatrix}a_1(t)\\a_2(t)\\\vdots\\a_n(t)\\\vdots\\a_q(t)\end{pmatrix},\quad \boldsymbol{\psi}^{\dagger}=(a_1^*(t),a_2^*(t),\cdots,a_n^*(t),\cdots a_q^*(t))$$

式（7.2.5–15）仍有：

$$\boldsymbol{\psi}^{\dagger}\boldsymbol{\psi}=1 \tag{7.2.5–16}$$

的形式。

根据上面的讨论，同一个态可以在不同的表象中用波函数来描写。所取得表象不同，波函数的形式也不同，但它们描写同一个态。例如，式（7.2.5–1）和式（7.2.5–5）都是描述动量为 p 的自由粒子的状态；式（7.2.5–1）是在坐标表象中的描述，而式（7.2.5–5）则是在动量表象中的描述。这和几何中一个矢量可以在不同的坐标系中描写相似。矢量 $\boldsymbol{A}$ 可以在直角笛卡儿坐标中用三个分量 (A_x,A_y,A_z) 来描写，也可以在球极坐标中用三个分量 (A_r,A_θ,A_φ) 来描写等。在量子力学中，我们可以把状态 ψ 看成是一个矢量——态矢量。选取一个特定 Q 表象，就相当于选取了一个特定的坐标系，Q 的本征函数 $u_1(x),u_2(x),\cdots,u_n(x),\cdots$ 是这个表象中的基矢，这相当于坐标系中的单位矢量 $\boldsymbol{i}$、$\boldsymbol{j}$、$\boldsymbol{k}$。波函数（$a_1(t),a_2(t),\cdots,a_n(t),\cdots$）是态矢量 $\boldsymbol{\psi}$ 在 Q 表象中沿各基矢方向的“分量”，正如 $\boldsymbol{A}$ 沿 $\boldsymbol{i}$、$\boldsymbol{j}$、$\boldsymbol{k}$ 三个方向的分量是 (A_x,A_y,A_z) 一样。$\boldsymbol{i}$、$\boldsymbol{j}$、$\boldsymbol{k}$ 是三个相互独立的方向，说明 $\boldsymbol{A}$ 所在空间是普通的三维空间。量子力学中 Q 的本征函数 $u_1(x),u_2(x),\cdots,u_n(x),\cdots$ 有无限多，所以态矢量所在的空间是无限维的函数空间，这种空间在数学上称为希尔伯特（Hilbert）空间。

常用的表象中除坐标表象、动量表象外，还有能量表象和角动量表象。

7.2.5.3 标符在各种表象中的表达方式

上小节中，我们讨论了态在各种表象中的表述方式，下面讨论算符在各种表象中的表述方式。

设算符 $F(x,\hat{p})$ 作用于函数 $\psi(x,t)$ 后，得出另一函数 $\varPhi(x,t)$，在坐标表象中记为：

$$\varPhi(x,t)=F\left(x,\frac{\hbar}{\mathrm{i}}\frac{\partial}{\partial x}\right)\varPsi(x,t) \tag{7.2.5–1a}$$

我们来看这个方程在 Q 表象中的表达方式。先设 Q 只有分立的本征值 $Q_1,Q_2,\cdots,Q_n,\cdots$，对应的本征函数是 $u_1(x),u_2(x),\cdots,u_n(x),\cdots$，将 $\psi(x,t)$ 和 $\varPhi(x,t)$ 分别按 $u_n(x)$ 展开：

$$\varPsi(x,t)=\sum_m a_m(t)u_m(x)$$

$$\varPhi(x,t)=\sum_m b_m(t)u_m(x)$$

代入式（7.2.5–1a）中，得：

$$\sum_m b_m(t)u_m(x)=F\left(x,\frac{\hbar}{\mathrm{i}}\frac{\partial}{\partial x}\right)\sum_m a_m(t)u_m(x)$$

以 $u_n^*(x)$ 乘上式两边再对 x 积分，积分范围是 x 变化的整个区域，得

$$\sum_m b_m(t)\int u_n^*(x)u_m(x)=\sum_m \int u_n^*(x)F\left(x,\frac{\hbar}{\mathrm{i}}\frac{\partial}{\partial x}\right)u_m(x)\mathrm{d}x a_m(t) \tag{7.2.5–2a}$$

利用 $u_n(x)$ 的正交归一性：

$$\int u_n^* u_m(x)\mathrm{d}x=\delta_{nm}$$

式（7.2.5–2a）简化为：

$$b_n(t)=\sum_m \int u_n^*(x)F\left(x,\frac{\hbar}{\mathrm{i}}\frac{\partial}{\partial x}\right)u_m(x)\mathrm{d}x a_m(t) \tag{7.2.5–3a}$$

引进记号：

$$F_{nm}\equiv\int u_n^*(x)F\left(x,\frac{\hbar}{\mathrm{i}}\frac{\partial}{\partial x}\right)u_m(x)\mathrm{d}x \tag{7.2.5–4a}$$

式（7.2.5–3a）写为：

$$b_n(t)=\sum_m F_{nm}a_m(t) \tag{7.2.5–5a}$$

式（7.2.5–5a）就是式（7.2.5–1a）在 Q 表象中的表述方式。$\{b_n(t)\}$ 和 $\{a_m(t)\}$ 分别是 $\varPhi(x,t)$ 和 $\varPsi(x,t)$ 在 Q 表象中的表示；F_{nm} 是运算符 $\hat{F}$ 在 Q 表象中的表示。因为 $n=1,2,\cdots$，所以式（7.2.5–5a）是一组方程，这一组方程可以用矩阵的形式写出：

$$\begin{pmatrix} b_1(t) \\ b_2(t) \\ \vdots \\ b_n(t) \\ \vdots \end{pmatrix}=\begin{pmatrix} F_{11} & F_{12} & \cdots & F_{1m} & \cdots \\ F_{21} & F_{22} & \cdots & F_{2m} & \cdots \\ \vdots & \vdots & & \vdots & \vdots \\ F_{n1} & F_{n2} & \cdots & F_{nm} & \cdots \\ \vdots & \vdots & \vdots & \vdots & \vdots \end{pmatrix}\begin{pmatrix} a_1(t) \\ a_2(t) \\ \vdots \\ a_m(t) \\ \vdots \end{pmatrix} \tag{7.2.5–6a}$$

所以算符 $\hat{F}$ 在 Q 表象中是一个矩阵，它的矩阵元是 F_{nm}。用 $\boldsymbol{F}$ 表示这个矩阵，用 $\boldsymbol{\varPhi}$ 表示式（7.2.5–6a）左边的一列矩阵，$\boldsymbol{\varPsi}$ 表示式（7.2.5–6a）右边的一列矩阵，那么式（7.2.5–6a）就可以简单地写成：

$$\boldsymbol{\varPhi}=\boldsymbol{F}\boldsymbol{\varPsi} \tag{7.2.5–7a}$$

在上节中讲过，量子力学中表示力学量的算符都是厄密算符，它们满足公式（7.2.4–8）。现在来看厄密算符在 Q 表象中的矩阵表示有什么特点，为此我们讨论式(7.2.4–4a)的共轭复数：

$$F_{nm}^*=\int u_n(x)\{\hat{F}u_m(x)\}^*\mathrm{d}x$$

根据公式（7.2.4–8），得：

$$F_{nm}^*=\int u_m^*(x)\hat{F}u_n(x)\mathrm{d}x \tag{7.2.5–8a}$$

即

$$F_{nm}^*=F_{mn}$$

这个公式说明 $\boldsymbol{F}$ 矩阵的第 $\boldsymbol{m}$ 列 $\boldsymbol{n}$ 行的矩阵元等于它第 $\boldsymbol{n}$ 列第 $\boldsymbol{m}$ 行矩阵元的共轭复数，满足式（7.2.5–8a）的矩阵称为厄密矩阵，所以厄密算符的矩阵是厄密矩阵。

用 $\boldsymbol{F}^\dagger$ 表示矩阵 $\boldsymbol{F}$ 的共轭矩阵，按照共轭矩阵的定义，有

$$F_{mn}^\dagger=F_{nm}^*$$

所以式（7.2.5–8a）可写为：

$$F_{mn}=F_{mn}^{\dagger}$$

或

$$\boldsymbol{F}=\boldsymbol{F}^{\dagger}$$

算符在自身表象中的矩阵表示又取什么形式呢？由式（7.2.5–4a），Q在自身表象中的矩阵元是：

$$\begin{aligned}Q_{nm}&=\int u_m^*(x)Q\left(x,\frac{\hbar}{\mathrm{i}}\frac{\partial}{\partial x}\right)u_m(x)\mathrm{d}x\\&=\int u_m^*(x)Q_m u_m(x)\mathrm{d}x\\&=Q_m\delta_{nm}\end{aligned}\qquad(7.2.5\text{–}9\mathrm{a})$$

由此得到一个重要结论：算符在其自身表象是一个对角矩阵。

上面曾假定Q只具有分立的本征值，如果Q只具有连续分布的本征值q，上面的讨论仍然成立，只是u、a、b的脚标要由可数的n、m换为连续变化的q，所有的求和要换成为q的积分。算符$\hat{F}$在Q表象中仍旧是一个矩阵：

$$F_{qq'}=\int u_q^*(x)\hat{F}\left(x,\frac{\hbar}{\mathrm{i}}\frac{\partial}{\partial x}\right)u_{q'}(x)\mathrm{d}x\qquad(7.2.5\text{–}10\mathrm{a})$$

不过这个矩阵的行列不再是可数的，而是用连续变化的下标来表示。例如，在坐标表象中，$\boldsymbol{F}$的矩阵元是：

$$\begin{aligned}F_{xx'}&=\int\delta(x-x'')\hat{F}\left(x'',\frac{\hbar}{\mathrm{i}}\frac{\partial}{\partial x''}\right)\delta(x'-x'')\mathrm{d}x''\\&=\hat{F}\left(x,\frac{\hbar}{\mathrm{i}}\frac{\partial}{\partial x}\right)\delta(x-x')\end{aligned}\qquad(7.2.5\text{–}11\mathrm{a})$$

在动量表象中，$\boldsymbol{F}$的矩阵元是：

$$F_{pp'}=\int\varphi_p^*(x)\hat{F}\left(x,\frac{\hbar}{\mathrm{i}}\frac{\partial}{\partial x}\right)\varphi_{p'}(x)\mathrm{d}x\qquad(7.2.5\text{–}12\mathrm{a})$$

如果Q既具有分立的本征值，又具有连续分布的本征值，那么在Q表象中表示算符的矩阵既具有可数的行和列（列应于本征值的分立部分），又具有用连续变化的下标来表示的行和列（对应于Q本征值的连续分布部分）。

7.2.5.4 量子力学规律用任何力学量表象的描述（矩阵描述）

在本章的开头中，我们曾说过，前几节都是用坐标表象叙述量子力学规律的，现在可以用任何一力学量Q的表象来叙述这些规律。为简单起见，就Q只具有分立本征值的情况进行讨论，读者很容易把它们推广到一般的情况中去。

1. 平均值公式

先将波函数$\varPsi(x,t)$按Q的本征函数展开，并写出它的共轭表示：

$$\begin{aligned}\varPsi(x,t)&=\sum_n a_n(t)u_n(t)\\\varPsi^*(x,t)&=\sum_m a_m^*(t)u_m^*(x)\end{aligned}\qquad(7.2.5\text{–}1\mathrm{b})$$

然后代入算符平均值公式

$$\bar{F}=\int \Psi^*(x,t)\hat{F}\left(x,\frac{\hbar}{\mathrm{i}}\frac{\partial}{\partial x}\right)\Psi(x,\chi)\mathrm{d}x$$

得出

$$\begin{aligned}\bar{F}&=\int\sum_{mn}a_m^*(t)u_m^*(x)\hat{F}\left(x,\frac{\hbar}{\mathrm{i}}\frac{\partial}{\partial x}\right)a_n(t)u_n(t)\mathrm{d}x\\&=\sum_{mn}a_m^*(t)\int u_m^*(x)\hat{F}\left(x,\frac{\hbar}{\mathrm{i}}\frac{\partial}{\partial x}\right)u_n(\chi)\mathrm{d}x a_n(t)\end{aligned}$$

再由式（7.2.5–4a），有

$$\bar{F}=\sum_{mn}a_m^*(t)F_{mn}a_n(t) \tag{7.2.5–2b}$$

上式右边可以写成矩阵相乘的形式

$$\bar{F}=(a_1^*(t),a_2^*(t),\cdots,a_m^*(t)\cdots)\begin{pmatrix}F_{11} & F_{12} & \cdots & F_{1n} & \cdots\\ F_{21} & F_{22} & \cdots & F_{2n} & \cdots\\ \vdots & \vdots & & \vdots & \\ F_{m1} & F_{m2} & \cdots & F_{mn} & \cdots\\ \vdots & \vdots & \vdots & \vdots & \vdots\end{pmatrix}\begin{pmatrix}a_1(\mathrm{t})\\ a_2(\mathrm{t})\\ \vdots\\ a_m(\mathrm{t})\\ \vdots\end{pmatrix}$$

或简写为

$$\bar{F}=\Psi^{\dagger}F\Psi \tag{7.2.5–3b}$$

2. 本征值方程

本征值方程

$$\hat{F}\left(x,\frac{\hbar}{\mathrm{i}}\frac{\partial}{\partial x}\right)\Psi(x,t)=\lambda\Psi(x,t)$$

的矩阵形式可由式（7.2.5–7a），令 $\boldsymbol{\Phi}=\lambda\boldsymbol{\Psi}$ 得出

$$F\Psi=\lambda\Psi \tag{7.2.5–4b}$$

把矩阵明显地写出，上式为

$$\begin{pmatrix}F_{11} & F_{12} & \cdots & F_{1n} & \cdots\\ F_{21} & F_{22} & \cdots & F_{2n} & \cdots\\ \vdots & \vdots & & \vdots & \vdots\\ F_{n1} & F_{n2} & \cdots & F_{nn} & \cdots\\ \vdots & \vdots & \vdots & \vdots & \vdots\end{pmatrix}\begin{pmatrix}a_1(t)\\ a_2(t)\\ \vdots\\ a_n(t)\\ \vdots\end{pmatrix}=\lambda\begin{pmatrix}a_1(t)\\ a_2(t)\\ \vdots\\ a_n(t)\\ \vdots\end{pmatrix}.$$

将等号右边部分移至左边，得

$$\begin{pmatrix}F_{11}-\lambda & F_{12} & \cdots & F_{1n} & \cdots\\ F_{21} & F_{22}-\lambda & \cdots & F_{2n} & \cdots\\ \vdots & \vdots & & \vdots & \vdots\\ F_{n1} & F_{n2} & \cdots & F_{nn}-\lambda & \cdots\\ \vdots & \vdots & \cdots & \vdots & \vdots\end{pmatrix}\begin{pmatrix}a_1(\mathrm{t})\\ a_2(\mathrm{t})\\ \vdots\\ a_n(\mathrm{t})\\ \vdots\end{pmatrix}=0 \tag{7.2.5–5b}$$

方程（7.2.5–5b）是一个线性齐次代数方程组：

$$\sum_n (F_{mn} - \lambda\delta_{mn}) a_n(t) = 0, m = 1,2,\cdots.$$

这个方程组有非零解的条件是系数行列式等于零，即

$$\begin{vmatrix} F_{11}-\lambda & F_{12} & \cdots & F_{1n} & \cdots \\ F_{21} & F_{22}-\lambda & \cdots & F_{2n} & \cdots \\ \vdots & \vdots & & \vdots & \vdots \\ F_{n1} & F_{n2} & \cdots & F_{nn} & \cdots \\ \vdots & \vdots & \vdots & \vdots & \vdots \end{vmatrix} = 0 \tag{7.2.5–6b}$$

方程式（7.2.5–6b）称为久期方程。求解久期方程可以得到一组 λ 值：$\lambda_1, \lambda_2, \cdots, \lambda_n, \cdots$ 它们就是 $\boldsymbol{F}$ 的本征值。把求得的 λ_i 分别代入式（7.2.5–5b）中，就可以求得与 λ_i 对应的本征矢（$ai_1(t), ai_2(t), \cdots, ai_n(t), \cdots$），其中 $i = 1,2,\cdots,n,\cdots$，这样就把解微分方程求本征值的问题变为求解方程（7.2.5–6b）的根的问题。

3. 薛定谔方程

将式（7.2.5–1b）代入薛定谔方程

$$\hat{H}\mathrm{i}\hbar\frac{\partial}{\partial t}\psi(x,t) = \hat{H}\left(x, \frac{\hbar}{\mathrm{i}}, \frac{\partial}{\partial x}\right)\psi(x,t)$$

并以 $u_m^*(x)$ 左乘等式两边，再对 x 变化的整个空间积分，得

$$\mathrm{i}\hbar\frac{\mathrm{d}a_m(t)}{\mathrm{d}t} = \sum_n H_{mn} a_n(t), \quad n = 1,2,\cdots \tag{7.2.5–7b}$$

式中

$$H_{mn} = \int u_m^*(x)\hat{H}\left(x, \frac{\hbar}{\mathrm{i}}, \frac{\partial}{\partial x}\right)u_n(x)\mathrm{d}x$$

是哈密顿算符 $\hat{H}$ 在 Q 表象中的矩阵元。式（7.2.5–7）的矩阵形式是

$$\mathrm{i}\hbar\frac{\mathrm{d}}{\mathrm{d}t}\begin{bmatrix} a_1(t) \\ a_2(t) \\ \vdots \\ a_m(t) \\ \vdots \end{bmatrix} = \begin{bmatrix} H_{11} & H_{12} & \cdots & H_{1n} & \cdots \\ H_{21} & H_{22} & \cdots & H_{2n} & \cdots \\ \vdots & \vdots & & \vdots & \vdots \\ H_{m1} & H_{m2} & \cdots & H_{mn} & \cdots \\ \vdots & \vdots & \cdots & \vdots & \vdots \end{bmatrix}\begin{bmatrix} a_1(t) \\ a_2(t) \\ \cdots \\ a_n(t) \\ \cdots \end{bmatrix}$$

或简写成

$$\mathrm{i}\hbar\frac{\mathrm{d}}{\mathrm{d}t}\boldsymbol{\psi} = \boldsymbol{H}\boldsymbol{\psi} \tag{7.2.5–8b}$$

式中，$\boldsymbol{\Psi}$ 和 $\boldsymbol{H}$ 都是矩阵。

7.2.5.5 波函数和力学量在表象间的变换（幺正变换）

量子力学中表象的选取取决于所讨论的问题。表象选取得适当可以使问题的讨论大为简化，这正如几何学或经典力学中选取坐标系一样。力学规律用矩阵描述小节中，我们讨论了

波函数与坐标、动量等力学量从坐标表象变换到动量表象的情况，本节中再讨论波函数和力学量从一个表象到另一个表象的一般情况。

设算符 $\overline{A}$ 的正交归一本征函数系为 $\psi_1(x),\psi_2(x),\cdots$，算符 $\overline{B}$ 的正交归一本征函数系为 $\varphi_1(x),\varphi_2(x),\cdots$，则算符 $\hat{F}$ 在 A 表象中的矩阵元为

$$F_{mn}=\int\psi_\alpha^*(x)\hat{F}\psi_n(x)\mathrm{d}x,\quad m,n=1,2,\cdots \tag{7.2.5–1c}$$

在 B 表象中的矩阵元为

$$F'_{\alpha\beta}=\int\varphi_\alpha^*(x)\hat{F}\varphi_\beta(x)\mathrm{d}x,\ \ \alpha,\beta=1,2,\cdots \tag{7.2.5–2c}$$

为了得出 $\hat{F}$ 在两个表象中矩阵元的联系，将 $\varphi(x)$ 按完全系 $\psi_1(x),\psi_2(x)\cdots$ 展开：

$$\left.\begin{aligned}\varphi_\beta(x)&=\sum_n S_{n\beta}\psi_n(x)\\ \varphi_\alpha^*(x)&=\sum_m\psi_m^*(x)S_{m\alpha}^*\end{aligned}\right\} \tag{7.2.5–3c}$$

式中，展开系数 $S_{n\beta}$ 及 $S_{m\alpha}^*$ 由下式给出

$$\left.\begin{aligned}S_{n\beta}&=\int\psi_n^*(x)\varphi_\beta(x)\mathrm{d}x\\ S_{m\alpha}^*&=\int\psi_m^*(x)\varphi_\alpha^*(x)\mathrm{d}x\end{aligned}\right\} \tag{7.2.5–4c}$$

以 $S_{n\beta}$ 为矩阵元的矩阵 $\boldsymbol{S}$ 称为变换矩阵，通过式（7.2.5–3c）这个矩阵把 A 表象的基矢 ψ_n 变换为 B 表象的基矢 φ_β。下面讨论变化矩阵 $\boldsymbol{S}$ 的一个基本性质。将式（7.2.5–3c）代入 $\varphi_\alpha(x)$ 的正交归一条件，并注意波函数 $\psi_m(x)$ 的正交归一性，得到

$$\begin{aligned}\delta_{\alpha\beta}&=\int\varphi_\alpha^*(x)\varphi_\beta(x)\mathrm{d}x\\ &=\sum_{mn}\int\psi_m^*(x)S_{m\alpha}^*\psi_n(x)S_{n\beta}\mathrm{d}x\\ &=\sum_{mn}S_{m\alpha}^*S_{n\beta}\int\psi_m^*(x)\psi_n(x)\mathrm{d}x\\ &=\sum_{mn}S_{m\alpha}^*S_{n\beta}\delta_{mn}\\ &=\sum_m(S^\dagger)_{\alpha m}S_{m\beta}\\ &=(\boldsymbol{S}^\dagger\boldsymbol{S})_{\alpha\beta}\end{aligned}$$

即

$$\boldsymbol{S}^\dagger\boldsymbol{S}=\boldsymbol{I} \tag{7.2.5–5c}$$

式中，$\boldsymbol{S}^\dagger$ 是矩阵 $\boldsymbol{S}$ 的共轭矩阵；$\boldsymbol{I}$ 是单位矩阵（对角矩阵的对角元都是 1 的矩阵称为单位矩阵）。再由式（7.2.5–4c）得

$$\begin{aligned}\sum_\alpha S_{n\alpha}S_{m\alpha}^*&=\sum_\alpha S_{n\alpha}(S^*)_{\alpha\beta}\\ &=\sum_\alpha\int\psi_n^*(x)\varphi_\alpha(x)\mathrm{d}x\int\psi_m(x')\varphi_\alpha^*(x')\mathrm{d}x'\end{aligned} \tag{7.2.5–6c}$$

为简化上式右边，我们注意到如将 $\psi_m(x')$ 按 $\varphi_\alpha(x)$ 展开，有

$$\psi_m(x')=\sum_\alpha c_\alpha\varphi_\alpha(x')$$

$$c_\alpha=\int\varphi_\alpha^*(x')\psi_m(x')\mathrm{d}x'$$

代入式（7.2.5–6c），得

$$\begin{aligned}\sum_{\alpha} S_{n\alpha} S_{\alpha m}^{\dagger} &= \sum_{\alpha} \int \psi_n^*(x) c_\alpha \varphi_\alpha(x) \mathrm{d}x \\ &= \int \psi_n^*(x) \sum_{\alpha} c_\alpha \varphi_\alpha(x) \mathrm{d}x \\ &= \int \psi_n^*(x) \psi_m(x) \mathrm{d}x \\ &= \delta_{mn}\end{aligned}$$

即

$$\boldsymbol{S}^{\dagger}\boldsymbol{S} = \boldsymbol{I} \tag{7.2.5–7c}$$

由 S 的性质式（7.2.5–5c）及式（7.2.5–7c），根据逆矩阵的定义可得

$$\boldsymbol{S}^{\dagger} = \boldsymbol{S}^{-1} \tag{7.2.5–8c}$$

满足式(7.2.5–8c)的矩阵称为幺正矩阵，由幺正矩阵所表示的变换称为幺正变换。所以，由一个表象到另一个表象的变换是幺正变换。由于幺正矩阵的条件 $\boldsymbol{S}^{\dagger} = \boldsymbol{S}^{-1}$ 与厄密矩阵的条件 $\boldsymbol{A}^{\dagger} = \boldsymbol{A}$ 不相同，所以幺正矩阵不是厄密矩阵。

现在讨论如何用变换矩阵 $\boldsymbol{S}$ 将力学在 A 表象中的表示变换为 B 表象中的表示，为此，将式（7.2.5–3c）代入式（7.2.5–2c），得

$$\begin{aligned}F'_{\alpha\beta} &= \sum_{mn} \int \psi_m^*(x) S_{m\alpha}^* \hat{F} S_{n\beta} \psi_n(x) \mathrm{d}x \\ &= \sum_{mn} S_{m\alpha}^* \int \psi_m^*(x) \hat{F} \psi_n(x) \mathrm{d}x S_{n\beta} \\ &= \sum_{mn} S_{m\alpha}^* F_{mn} S_{n\beta} \\ &= \sum_{mn} S_{\alpha m}^{\dagger} F_{mn} S_{n\beta}\end{aligned} \tag{7.2.5–9c}$$

以 $\boldsymbol{F}'$ 表示算符 $\hat{F}$ 在 B 表象中的矩阵，$\boldsymbol{F}$ 表示 $\hat{F}$ 在 A 表象中的矩阵，那么式（7.2.5–9c）可以写为

$$\boldsymbol{F}' = \boldsymbol{S}^{\dagger}\boldsymbol{F}\boldsymbol{S}$$

利用式（7.2.5–8c），上式又可写为

$$\boldsymbol{F}' = \boldsymbol{S}^{-1}\boldsymbol{F}\boldsymbol{S} \tag{7.2.5–10c}$$

这就是力学量 $\hat{F}$ 由 A 表象变换到 B 表象的变换公式。

现在讨论一个态矢量 $u(x,t)$ 在 A 表象到 B 表象的变换。

设

$$u(x,t) = \sum_{n} a_n(t) \psi_n(x) \tag{7.2.5–11c}$$

$$u(x,t) = \sum_{\alpha} b_\alpha(t) \varphi_\alpha(x) \tag{7.2.5–12c}$$

那么状态 $u(x,t)$ 在 A 表象和 B 表象中分别用

$$\boldsymbol{a} = \begin{bmatrix} a_1(t) \\ a_2(t) \\ \vdots \\ a_n(t) \\ \vdots \end{bmatrix} \text{及} \ \boldsymbol{b} = \begin{bmatrix} b_1(t) \\ b_2(t) \\ \vdots \\ b_n(t) \\ \vdots \end{bmatrix}$$

描述。以 $\varphi_\alpha^*(x)$ 左乘式（7.2.5–12c）两边，并对 x 变化的整个区域积分，再利用式（7.2.5–3c）和式（7.2.5–11c），得

$$
\begin{aligned}
b_\alpha(t) &= \int \varphi_\alpha^*(x) u(x,t) \mathrm{d}x \\
&= \sum_m \int \varphi_m^*(x) S_{m\alpha}^* u(x,t) \mathrm{d}x \\
&= \sum_m S_{m\alpha}^* a_m(t) \\
&= \sum_m (\boldsymbol{S}^\dagger)_{\alpha m} a_m(t)
\end{aligned}
$$

即

$$\boldsymbol{b} = \boldsymbol{S}^\dagger \boldsymbol{a}$$

或

$$\boldsymbol{b} = \boldsymbol{S}^{-1} \boldsymbol{a} \tag{7.2.5–13c}$$

这就是态矢量从 A 表象到 B 表象的变换式。

下面证明幺正变换的两个重要性质。

（1）幺正变换不改变运算符的本征值

设 $\hat{F}$ 在 A 表象中的本征值方程为

$$\boldsymbol{F}\boldsymbol{a} = \lambda \boldsymbol{a}$$

λ 为本征值，$\boldsymbol{a}$ 为本征矢，现在通过上述幺正变换，将 $\boldsymbol{F}$ 和 $\boldsymbol{a}$ 从 A 表象变换到 B 表象，那么由式（7.2.5–10c）及式（7.2.5–13c）得

$$\boldsymbol{F}' = \boldsymbol{S}^{-1} \boldsymbol{F} \boldsymbol{S}$$

或

$$\boldsymbol{b} = \boldsymbol{S}^{-1} \boldsymbol{a}$$

在 B 表象中，有

$$
\begin{aligned}
\boldsymbol{F}'\boldsymbol{b} &= (\boldsymbol{S}^{-1}\boldsymbol{F}\boldsymbol{S})\boldsymbol{S}^{-1}\boldsymbol{a} \\
&= \boldsymbol{S}^{-1}\boldsymbol{F}\boldsymbol{a} \\
&= \boldsymbol{S}^{-1}\lambda\boldsymbol{a} \\
&= \lambda\boldsymbol{S}^{-1}\boldsymbol{a}
\end{aligned}
$$

即

$$\boldsymbol{F}'\boldsymbol{b} = \lambda \boldsymbol{b}$$

这个本征值方程说明运算符 $\hat{F}$ 在 B 表象中的本征值仍为 λ，也就是说，幺正变换不改变运算符的本征值。

如果 $\boldsymbol{F}'$ 是对角矩阵，即 B 表象是 $\hat{F}$ 自身的表象，那么 $\boldsymbol{F}'$ 的对角元就是 $\hat{F}$ 的本征值（见式（7.25–9a））。于是，求算符本征值的问题归结为寻找一个幺正变换把算符 $\hat{F}$ 从原来的表象变换到 $\hat{F}$ 自身的表象，使 $\hat{F}$ 的矩阵表示对角化。解定态薛定谔方程求定态能级的问题也就是把坐标表象中的哈密顿算符对角化，即由 x 表象变换到能量表象。

（2）幺正变换不改变矩阵 $\boldsymbol{F}$ 的迹

设经过幺正变换后，矩阵 $\boldsymbol{F}$ 变为 $\boldsymbol{F}'$，由式（7.2.5–10c）

$$\boldsymbol{F}' = \boldsymbol{S}^{-1} \boldsymbol{F} \boldsymbol{S}$$

根据几个矩阵乘积的迹满足关系式，有

$$
\begin{aligned}
\boldsymbol{SpF'} &= \boldsymbol{Sp}(\boldsymbol{S}^{-1}\boldsymbol{FS}) \\
&= \boldsymbol{Sp}(\boldsymbol{SS}^{-1}\boldsymbol{F}) \\
&= \boldsymbol{SpF}
\end{aligned}
$$

即 $\boldsymbol{F'}$ 的迹等于 $\boldsymbol{F}$ 的迹，也就是说，矩阵的迹不因幺正变换而改变。

7.2.5.6 量子力学态和力学量的狄拉克符号描述

在前面的内容中，用坐标表象中的波函数来描写状态，用作用于这种波函数的算符来表示力学量。由前几小节中可以看到，态和力学量同样可以在其他表象中表示出来，这正如几何学中一个矢量 $\boldsymbol{A}$ 不仅可以用它在某一个坐标系的分量来表示，也可以用其他坐标系中的分量来表示一样。几何学或经典力学的规律与所用的坐标系无关，选用什么坐标系取决于在所讨论的具体问题中计算的方便。同样，量子力学的规律也和所选用的表象无关，选择用什么表象也是看哪种表象便于问题的讨论。

在几何学或经典力学中，常用矢量形式讨论问题而不指明坐标系。同样，量子力学中描写态和力学量，也可以不用具体表象。这种描写的方式是狄拉克最先引用的，这样的一套符号就称为狄拉克符号。下面就来介绍这种符号。

微观体系的状态可以用一种矢量来表示，它的符号是$|\rangle$，称为刃矢，简称为刃，表示某一确定的刃矢 $\boldsymbol{A}$，可以用符号$|A\rangle$表示。微观体系的状态也可以用另一种矢量来表示，这种矢量符号是$\langle|$，称为刁矢，简称为刁，表示某一确定的刁矢 $\boldsymbol{B}$ 可以用符号$\langle B|$表示。刃和刁是两种性质不同的矢量，两者不能相加，它们在同一种表象中的相应分量互为共轭复数。$|A\rangle$在 Q 表象中的分量为$\{a_1,a_2,\cdots,a_n,\cdots\}$，那么$\langle A|$在 Q 表象的分量分别为$\{a_1^*,a_2^*,\cdots,a_n^*,\cdots\}$。$|A\rangle$和$\langle B|$在同一表象中相应分量的乘积之和称为$|A\rangle$和$\langle B|$的标积，用符号$\langle B|A\rangle$表示。以$\{b_1^*,b_2^*,\cdots,b_n^*,\cdots\}$表示$\langle B|$在 Q 表象中的分量，那么

$$\langle B|A\rangle = a_1b_1^* + a_2b_2^* + \cdots a_nb_n^* + \cdots = \sum_n a_nb_n^* \qquad (7.2.5\text{–}1\text{d})$$

显然$\langle B|A\rangle$和$\langle A|B\rangle$互为共轭复数，即

$$\langle B|A\rangle = \langle A|B\rangle^* \qquad (7.2.5\text{–}2\text{d})$$

如果一个状态是算符 $\hat{F}$ （或一组互相对易的算符）的本征态，对应的本征值是 F_i ，而且属于这个（或这组）本征值的本征态只有这样一个，则把表示这个本征态的刃和刁写为$|F_i\rangle$和$\langle F_i|$。$|F_i\rangle$和$\langle F_j|$的正交归一条件可写为

$$\langle F_i|F_j\rangle = \delta_{ij} \qquad (7.2.5\text{–}3\text{d})$$

如果 $\hat{F}$ 的本征值组成连续谱 F_λ ，则式（7.2.5–3d）右边应以狄拉克 δ 函数代替，即

$$\langle F_\lambda|F_{\lambda}\rangle = \delta(\lambda-\lambda') \qquad (7.2.5\text{–}4\text{d})$$

例如，坐标 $\boldsymbol{x}$ 的本征矢正交归一条件是

$$\langle \boldsymbol{x}|\boldsymbol{x}'\rangle = \delta(\boldsymbol{x}-\boldsymbol{x}') \qquad (7.2.5\text{–}5\text{d})$$

动量 $\boldsymbol{p}$ 的本征矢正交归一条件是

$$\langle \boldsymbol{p}|\boldsymbol{p}'\rangle = \delta(\boldsymbol{p}-\boldsymbol{p}') \qquad (7.2.5\text{–}6\text{d})$$

我们已知道任何一个力学量 $\hat{F}$ 的全部本征函数组成一个完全系，因此，表示这些本征态

的刃（或刁）也组成一个完全系。所以任何一个刃（或刁）可以用这组完全系来展开，我们称这组完全系的刃（或刁）为F表象中的基刃（或基刁）。

设$|A\rangle$为表示某一状态的刃，这个态在x表象中以波函数$\psi(x,t)$描写，$\psi(x,t)$就是刃$|A\rangle$在x表象中的分量，由于基刃$|x\rangle$组成一完全系，所以$|A\rangle$可以按$|x'\rangle$展开：

$$|A\rangle=\int|x'\rangle\mathrm{d}x'\psi(x',t) \tag{7.2.5–7d}$$

以$\langle x|$左乘（从左面乘）上式两边，利用式（7.2.5–5d），得

$$\langle x|A\rangle=\Psi(x,t) \tag{7.2.5–8d}$$

代入式（7.2.5–7d），有

$$|A\rangle=\int|x'\rangle\,\mathrm{d}x'\langle x'|A\rangle \tag{7.2.5–9d}$$

由式（7.2.5–2d）和式（7.2.5–2d），有

$$\langle A|x\rangle=\Psi^*(x,t) \tag{7.2.5–10d}$$

以一任意$\langle a|$左乘式（7.2.5–d）两边，得

$$\langle a|A\rangle=\int\langle a|x'\rangle\;\mathrm{d}x'\langle x'|A\rangle$$

两边取共轭复数并利用式（7.2.5–2d），有

$$\langle A|a\rangle=\int\langle A|x'\rangle\;\mathrm{d}x'\langle x'|a\rangle$$

因为$|a\rangle$是任意的，所以得

$$\langle A|=\int\langle A|x'\rangle\;\mathrm{d}x'\langle x'| \tag{7.2.5–11d}$$

由式（7.2.5–2d）和式（7.2.5–11d），都可得到

$$\int|x'\rangle\;\mathrm{d}x'\langle x'|=1 \tag{7.2.5–12d}$$

式（7.2.5–12d）表示坐标本征矢$|x\rangle$的封闭性。如果将$|A\rangle$按$\hat{Q}$的本征矢展开，$\hat{Q}$的本征值$Q_n(n=1,2,\cdots)$组成一分立谱，对应的本征刃是$|n\rangle$，则代替式（7.2.5–9d）和式（7.2.5–11d），有

$$|A\rangle=\sum_n|n\rangle\langle n|A\rangle \tag{7.2.5–13d}$$

$$\langle A|=\sum_n\langle A|n\rangle\langle n| \tag{7.2.5–14d}$$

式中，$\langle n|A\rangle$和$\langle A|n\rangle$分别是$|A\rangle$和$\langle A|$在Q表象中的分量，由此有

$$\sum_n|n\rangle\langle n|=1 \tag{7.2.5–15d}$$

式（7.2.5–15d）所表示的性质称为本征矢$|n\rangle$的封闭性。要把这个性质在坐标表象中表示出来，只需用$\langle x|$左乘、用$|x'\rangle$右乘式（7.2.5–15d）的两边，可得

$$\sum_n\langle x|n\rangle\langle n|x'\rangle=\delta(x-x')$$

或

$$\sum_n u_n^*(x')u_n(x)=\delta(x-x') \tag{7.2.5–16d}$$

如果$\hat{Q}$的本征值既有分立谱又有连续谱，以$|q\rangle$表示对应于连续本征值q的本征矢，那么

$\hat{Q}$ 本征矢的封闭性表示为

$$\sum_n |n\rangle\langle n| + \int |q\rangle \mathrm{d}q\langle q| = 1 \tag{7.2.5-17d}$$

现在讨论算符如何用狄拉克符号表示。设算符 F 作用在刃 $|A\rangle$ 上得到刃 $|B\rangle$，则可写为

$$|B\rangle = \hat{F}|A\rangle \tag{7.2.5-18d}$$

设 $\hat{Q}$ 有分立的本征值谱，将 $|A\rangle$ 和 $|B\rangle$ 按 $\hat{Q}$ 的基刃 $|n\rangle$ 展开，则有式（7.2.5–13d），即

$$|B\rangle = \sum_n |n\rangle\langle n|B\rangle \tag{7.2.5-19d}$$

将式（7.2.5–13d）和式（7.2.5–19d）代入式（7.2.5–18d），得

$$\sum_n |n\rangle\langle n|B\rangle = \sum_n \hat{F}|n\rangle\langle n|A\rangle$$

以基刁 $\langle m|$ 左乘上式两边，并利用 $\langle m|n\rangle = \delta_{mn}$，得

$$\langle m|B\rangle = \sum_n \langle m|\boldsymbol{F}|n\rangle\langle n|A\rangle \tag{7.2.5-20d}$$

式中 $\langle m|\boldsymbol{F}|n\rangle$ 是算符 $\hat{F}$ 在 Q 表象中的矩阵元。

由式（7.2.5–9d）和式（7.2.5–11d），有

$$|n\rangle = \int |x\rangle\ \mathrm{d}x\langle x|n\rangle$$

$$\langle m| = \int \langle m|x'\rangle \mathrm{d}x'\langle x'|$$

代入 $\langle m|\boldsymbol{F}|n\rangle$ 得

$$\langle m|\boldsymbol{F}|n\rangle = \iint \langle m|x'\rangle\ \mathrm{d}x'\langle x'|\boldsymbol{F}|x\rangle\ \mathrm{d}x\langle x|n\rangle \tag{7.2.5-21d}$$

由式（7.2.5–11a），算符在 x 表象中的矩阵元可写为

$$\langle x'|\boldsymbol{F}|x\rangle = \hat{F}\left(x', \frac{\hbar}{\mathrm{i}}, \frac{\partial}{\partial'_x}\right)\delta(x-x) \tag{7.2.5-22d}$$

代入式（7.2.5–21d），得

$$\langle m|\boldsymbol{F}|n\rangle = \int \langle m|x\rangle \hat{F}\left(x, \frac{\hbar}{\mathrm{i}}, \frac{\partial}{\partial_x}\right)\mathrm{d}x\langle x|n\rangle$$

这个式子就是式（7.2.5–4a）用狄拉克符号的写法。

再求式（7.2.5–18d）的共轭式。设 $|m\rangle$ 是任意的刃，则

$$\begin{aligned}\langle B|m\rangle &= \langle m|B\rangle^* = \langle m|\boldsymbol{F}|A\rangle^* \\ &= \sum_n \langle m|\boldsymbol{F}|n\rangle^*\langle n|A\rangle^* \\ &= \sum_n \langle A|n\rangle\langle n|\boldsymbol{F}^+|m\rangle\end{aligned}$$

上式中 $\boldsymbol{F}^+$ 是 $\boldsymbol{F}$ 的共轭矩阵，$\boldsymbol{F}^+$ 第 n 行第 m 列矩阵元就等于 $\boldsymbol{F}$ 第 m 行第 n 列矩阵元的共轭复数，因为 $|m\rangle$ 是任意的，所以有

$$\langle B| = \sum_n \langle A|n\rangle\langle n|\boldsymbol{F}^+$$

即

$$\langle B| = \langle A|\boldsymbol{F}^{+} \quad (7.2.5\text{–}23\text{d})$$

式（7.2.5–23d）就是式（7.2.5–18d）的共轭式，当 $\boldsymbol{F}$ 是厄密算符时，$\boldsymbol{F}=\boldsymbol{F}^{+}$，上式写为

$$\langle B| = \langle A|\boldsymbol{F} \quad (7.2.5\text{–}24\text{d})$$

现将一些公式的通常写法与用狄拉克符号的写法对照如下：

$$\hat{F}\left(x,\frac{\hbar}{\mathrm{i}},\frac{\partial}{\partial_x}\right)\Psi(x,t)=\Phi(x,t)\rightarrow\langle x|\boldsymbol{F}|\Psi\rangle=\langle x|\Phi\rangle$$

或

$$\boldsymbol{F}|\Psi\rangle=|\Phi\rangle$$

$$\mathrm{i}\hbar\frac{\partial}{\partial_t}\Psi(x,t)=\hat{H}\left(x,\frac{\hbar}{\mathrm{i}},\frac{\partial}{\partial_x}\right)\Psi(x,t)\rightarrow\mathrm{i}\hbar\frac{\partial}{\partial_t}\langle x|\Psi\rangle=\langle x|H|\Psi\rangle$$

或

$$\mathrm{i}\hbar\frac{\mathrm{d}}{\mathrm{d}t}|\Psi\rangle=H|\Psi\rangle$$

$$\hat{H}\left(x,\frac{\hbar}{\mathrm{i}}\frac{\partial}{\partial_x}\right)u_n(x)=E_n u_n(x)\rightarrow H|n\rangle=E_n|n\rangle$$

$$\int u_n^*(x)u_m(x)\mathrm{d}x=\delta_{nm}\rightarrow\langle n|m\rangle=\delta_{nm}$$

$$\psi(x)=\sum_n a_n u_n(x)\rightarrow|\psi\rangle=\sum_n |n\rangle\ \langle n|\psi\rangle$$

$$a_n=\int u_n^*(x)\psi(x)\mathrm{d}x\rightarrow\langle n|\psi\rangle=\int\langle n|x\rangle\,\mathrm{d}x\,\langle x|\psi\rangle$$

7.2.6　量子纠缠和量子不可克隆原理

随着量子信息学技术研究应用的发展，如量子通信、量子密码安全等分支需求，反馈至量子力学中，使量子纠缠、量子不可克隆原理分支的基础性研究不断加强加速，现择要简单介绍。

7.2.6.1　量子交缠（纠缠）

1. 量子态的直积与交缠

量子态可以用一个波函数（如轨道波函数 $\psi(\boldsymbol{r})$ ）或一个态矢（如自旋态失 $|\uparrow\rangle$ ）表示。当一个量子系统有多个自由度时，其量子态往往是各自由度波函数或态矢的乘积，或者叫直积(direct product)。例如，氢原子中电子在三维空间中运动，有三个自由度，它的轨道波函数可以写成

$$\psi(r,\theta,\varphi)=R_{nl}(r)\Theta_{lm}(\theta)\Phi_m(\varphi) \quad (7.2.6\text{–}1)$$

即它等于 r 、θ 、φ 三个自由度波函数的乘积。其实电子还有一个内禀自由度——自旋，自旋的态矢可表示为矩阵

$$|\uparrow\rangle\ \underline{\Omega}\begin{pmatrix}1\\0\end{pmatrix},\ |\downarrow\rangle\ \underline{\Omega}\begin{pmatrix}1\\0\end{pmatrix} \quad (7.2.6\text{–}2)$$

完整的电子量子态用轨道态和自旋态的直积表示。譬如电子的轨道量子态为 1s 态（ $n=1,l=0,m=0$ ），自旋向上，则它的完整量子态为

$$|1s\uparrow\rangle \equiv |\psi_{1s}(r)\rangle \otimes |\uparrow\rangle \, \underline{\Omega} \begin{Bmatrix} \psi(r) \\ 0 \end{Bmatrix} = \begin{Bmatrix} R_{10}(r)\Theta_{00}(\theta)\Phi_0(\varphi) \\ 0 \end{Bmatrix} \quad (7.2.6\text{–}3)$$

式中，$\otimes$ 代表直乘。当然，也可以考虑自旋不处在 $\hat{s}_z$ 的一个本征态上，而处在它们的叠加态上：

$$a|\uparrow\rangle + b|\downarrow\rangle \, \underline{\Omega} \begin{pmatrix} a \\ b \end{pmatrix}$$

式中，a 与 b 为任意复数，不过归一化条件要求 $a\times a + b\times b = 1$，这时

$$|\psi_{1s}(r)\rangle \otimes [a|\uparrow\rangle + b|\uparrow\rangle] \underline{\Omega} \begin{Bmatrix} a\psi_{1s}(r) \\ b\psi_{1s}(r) \end{Bmatrix} \quad (7.2.6\text{–}4)$$

现在考虑稍复杂一点的情况——氦原子基态上的两个电子，它们的轨道量子态都是 $1s$ 态，只有唯一的一种组合方式，即它们的直积

$$|\psi_{1s}(\boldsymbol{r}_1)\rangle \otimes |\psi_{1s}(\boldsymbol{r}_2)\rangle \equiv |1s(1)1s(2)\rangle \quad (7.2.6\text{–}5)$$

两电子的自旋态各有↑、↓两个，共四种可能性：

（a）
$$|\uparrow(1)\uparrow(2)\rangle \equiv |\uparrow(1)\rangle \otimes |\uparrow(2)\rangle \underline{\Omega} \begin{pmatrix} 1 \\ 0 \end{pmatrix} \otimes \begin{pmatrix} 1 \\ 0 \end{pmatrix} = \begin{pmatrix} 1\times\begin{pmatrix} 1 \\ 0 \end{pmatrix} \\ 0\times\begin{pmatrix} 1 \\ 0 \end{pmatrix} \end{pmatrix} = \begin{pmatrix} 1 \\ 0 \\ 0 \\ 0 \end{pmatrix} \quad (7.2.6\text{–}6a)$$

（b）
$$|\uparrow(1)\downarrow(2)\rangle \equiv |\uparrow(1)\rangle \otimes |\downarrow(2)\rangle \underline{\Omega} \begin{pmatrix} 1 \\ 0 \end{pmatrix} \otimes \begin{pmatrix} 0 \\ 1 \end{pmatrix} = \begin{pmatrix} 1\times\begin{pmatrix} 0 \\ 1 \end{pmatrix} \\ 0\times\begin{pmatrix} 0 \\ 1 \end{pmatrix} \end{pmatrix} = \begin{pmatrix} 0 \\ 1 \\ 0 \\ 0 \end{pmatrix} \quad (7.2.6\text{–}6b)$$

（c）
$$|\downarrow(1)\uparrow(2)\rangle \equiv |\downarrow(1)\rangle \otimes |\uparrow(2)\rangle \underline{\Omega} \begin{pmatrix} 0 \\ 1 \end{pmatrix} \otimes \begin{pmatrix} 1 \\ 0 \end{pmatrix} = \begin{pmatrix} 0\times\begin{pmatrix} 1 \\ 0 \end{pmatrix} \\ 1\times\begin{pmatrix} 1 \\ 0 \end{pmatrix} \end{pmatrix} = \begin{pmatrix} 0 \\ 0 \\ 1 \\ 0 \end{pmatrix} \quad (7.2.6\text{–}6c)$$

（d）
$$|\downarrow(1)\downarrow(2)\rangle \equiv |\downarrow(1)\rangle \otimes |\downarrow(2)\rangle \underline{\Omega} \begin{pmatrix} 0 \\ 1 \end{pmatrix} \otimes \begin{pmatrix} 0 \\ 1 \end{pmatrix} = \begin{pmatrix} 0\times\begin{pmatrix} 0 \\ 1 \end{pmatrix} \\ 1\times\begin{pmatrix} 0 \\ 1 \end{pmatrix} \end{pmatrix} = \begin{pmatrix} 0 \\ 0 \\ 0 \\ 1 \end{pmatrix} \quad (7.2.6\text{–}6d)$$

但是从全同费米子的要求看，这四个态矢都不合格。因为两个电子是全同粒子，绝对不可分辨，它们彼此交换后的量子态是同一量子态，归一化态矢只能差一个相因子 $e^{i\delta}$。由于再次交换后一切状态复原，所以 $(e^{i\delta})^2=1$，故 $e^{i\delta}=\pm1$，它对于玻色子等于+1，对于费米子等于–1。轨道波函数式（7.2.6–5）对两电子是对称的，相因子等于+1，这就要求自旋部分是反对称的，即相因子等于–1。然而交换电子时，式（7.2.6–6）中（a）、（d）不变，（b）变为（c），（c）变为（b），都不符合反对称要求，唯一符合反对称要求的是下列组合：

$$\frac{1}{\sqrt{2}}[|\uparrow(1)\downarrow(2)\rangle-|\downarrow(1)\uparrow(2)\rangle]=$$
$$\frac{1}{\sqrt{2}}[|\uparrow(1)\rangle\otimes|\downarrow(2)\rangle-|\downarrow(1)\rangle\otimes|\uparrow(2)\rangle] \tag{7.2.6–7}$$

不难看出，当电子 1、2 交换时，此态矢反号，即出现为–1 的相因子，所以式（7.2.6–7）是氦原子基态正确的自旋态矢。它告诉我们：占据同一轨道量子态的两个电子，它们的自旋必须一个向上一个向下，但又不能明确指出哪个向上哪个向下，否则将违反全同粒子的不可分辨性。

到式（7.2.6–6）为止，所有的波函数或态矢都以直积的形式出现，但式（7.2.6–7）却不能表达为两因子的直积。不能写成量子系统中各子系统或各自由度波函数或态矢直积的状态，称为交缠态（entangled state）。式（7.2.6–1）～式（(7.2.6–6）都不是交缠态，式（7.2.6–7）所表达的则是一种交缠态（是内部一定约束机理形成的关联关系）。

交缠态的例子很多，读者也可举出。

2. 量子交缠（纠缠）与叠加原理

量子纠缠是态叠加原理一个由两个（或两个以上的）子系统构成的符合系统中附加子系统间约束关系的体现，这里的子系统就是一个粒子。我们来看看这两个粒子发生纠缠是怎么一回事。假如粒子 1 处于 A 和 C 两种状态之一，A 和 C 代表两种相抵触（不可并存）的状态，比如说两个不同的位置。同时，粒子 2 可能处于 B 和 D 两种状态之一，B 和 D 同样代表两种相矛盾的属性，如两个不同的位置。状态 AB 称为生成态（a product state）。当整个系统处于状态 AB 时，我们知道粒子 1 处于状态 A，而粒子 2 处于状态 B。类似地，整个系统若处于状态 CD，则粒子 1 处于状态 C，而粒子 2 处于状态 D。现在来考虑 $AB+CD$ 的状态。这种状态是在整个双粒子体系中借助态叠加原理得到的，态叠加原理使该体系可以处于这样一种复合状态，$AB+CD$ 的状态即为纠缠态。生成态 AB（CD 亦同）赋予粒子 1 和粒子 2 确定的属性（比如说，粒子 1 处于位置 A，而粒子 2 处于位置 B），而纠缠态则不然，因为纠缠态是一种叠加态。纠缠态只能说明粒子 1 和粒子 2 有相关联的概率，也就是说，假如对两个粒子进行观测，若粒子 1 处于状态 A，则粒子 2 必定处于状态 B；同理，若粒子 1 处于状态 C，则粒子 2 必定处于状态 D。大体的意思就是：当粒子 1 和粒子 2 发生纠缠时，它们之间存在着相互关联的约束关系，无法撇开一方来孤立地描述其中一个粒子的状态。尽管当两个粒子处于生成态 AB 或 CD 时，我们可以说出其中某个粒子的状态，但是如果它们是处于叠加态 $AB+CD$，就不能孤立地观测到其中一方的状态。正是由于两种生成态的叠加，才产生了纠缠态。

最后要强调指出的是：量子纠缠存在并不受几何微观尺度限制，只存在很小距离间。正是纠缠关联尺度可以很大，在量子信息领域才有巨大应用吸引力。

7.2.6.2　量子不可克隆原理

量子不可克隆原理是量子力学固有特性，不可逾越，但保持克隆前后一定差异的复制，以及中国科技大学郭光灿院士等教授研究提出通过幺正坍缩过程进行精确克隆的概率克隆机，是量子不可克隆原理的细致补充和发展。总之，随着量子信息科技的发展，“量子克隆”问题正在热烈研究中。

1. 量子不可克隆定理

以二态量子系统为例，其基矢选为$|0\rangle$和$|1\rangle$，设$|s\rangle$代表此二维空间任意量子态，量子克隆过程可以表示为

$$|s\rangle|Q\rangle_x \rightarrow |s\rangle|s\rangle|\tilde{Q}_s\rangle_x \tag{1}$$

式中，右端$|s\rangle|s\rangle$表示初始模和复制模均处于直积态；$|Q\rangle_x$和$|\tilde{Q}_s\rangle_x$分别为装置在复制前后的量子态，复制后装置的量子态$|\tilde{Q}_s\rangle_x$可能依赖于输入态$|s\rangle$。加入式（1）的变换，那么对基矢$|0\rangle$和$|1\rangle$应该分别有

$$|0\rangle|Q\rangle_x \rightarrow |0\rangle|0\rangle|\tilde{Q}_0\rangle_x \tag{2a}$$

$$|1\rangle|Q\rangle_x \rightarrow |1\rangle|1\rangle|\tilde{Q}_1\rangle_x \tag{2b}$$

现假定$|s\rangle$是一个任意的叠加态，即

$$|s\rangle = \alpha|0\rangle + \beta|1\rangle，\ |\alpha|^2 + |\beta|^2 = 1 \tag{3}$$

由式（2）及量子操作的线性特征，不难得到在操作后，$|s\rangle$将演变为

$$|s\rangle|Q\rangle_x = (\alpha|0\rangle + \beta|1\rangle)|Q\rangle_x \rightarrow \alpha|0\rangle|0\rangle|\tilde{Q}_0\rangle_x + \beta|1\rangle|1\rangle|\tilde{Q}_1\rangle_x \tag{4}$$

如果复制机的态$|\tilde{Q}_0\rangle_x$与$|\tilde{Q}_1\rangle_x$不恒等，那么上式给出的初始模和复制模均处于$|0\rangle$与$|1\rangle$的混合态；如果态$|\tilde{Q}_0\rangle_x$与$|\tilde{Q}_1\rangle_x$恒等，则初始模和复制模将处于纠结态$\alpha|0\rangle|0\rangle + \beta|1\rangle|1\rangle$。无论哪种情况，初始模和复制模都不可能处于直积态$|s\rangle|s\rangle$。因此，如果一个量子复制机能精确复制态$|0\rangle$和$|1\rangle$，则它不可克隆复制两态的叠加态$|s\rangle$，此即量子不可克隆定理的内容。

量子态不可克隆是量子力学的固有特性，它设置了一个不可逾越的界限。量子不可克隆定理是量子信息科学的重要理论基础之一。量子信息是以量子态为信息载体（信息单元）。量子态不可精确复制是量子密码术的重要前提，它确保了量子密码的安全性，使得窃听者不可能采取克隆技术来获得合法的用户的信息。鉴于这个定理的重要性，近年来人们对它做了进一步研究，揭示出更丰富的物理内涵。

在 *W–Z* 的证明中，假设输入态是完全未知的。但在实际情况中，我们往往知道输入态属于一个确定的态集合。例如，在基于非正交态的量子密码术中，输入态是两个非正交态的其中之一。*W–Z* 的证明基于量子叠加原理，该证明行之有效至少需要 3 种可能的输入态，如上面的$|0\rangle$，$|1\rangle$及$\alpha|0\rangle + \beta|1\rangle$，因此，它没有排除克隆两个量子态的可能性。有文献推广了量子不可克隆定理，使之适用于两态情况，指出如果过程可以表示为一幺正演化，则幺正性要求两个态可以被相同的物理过程克隆，当且仅当它们相互正交，亦即非正交态不可以克隆。该结果的证明很简单。假设两个态$|\Psi_0\rangle$和$|\Psi_1\rangle$同时被一幺正过程U所克隆，即

$$U(|\Psi_0\rangle|Q\rangle_x) = |\Psi_0\rangle|\Psi_0\rangle|\tilde{Q}_0\rangle_x \tag{5a}$$

$$U(|\Psi_1\rangle|Q\rangle_x) = |\Psi_1\rangle|\Psi_1\rangle|\tilde{Q}_1\rangle_x \tag{5b}$$

其中，$|Q\rangle_x$、$|\tilde{Q}_0\rangle_x$、$|\tilde{Q}_1\rangle_x$均为归一化的量子态，式（5a）和式（5b）的内积给出

$$|\langle\Psi_0|\Psi_1\rangle = |\langle\Psi_0|\Psi_1\rangle|^2 \cdot |_x\langle\tilde{Q}_0|\tilde{Q}_1\rangle_x|^2 \leqslant |\langle\Psi_0|\Psi_1\rangle|^2 \tag{6}$$

当且仅当$|\Psi_0\rangle$和$|\Psi_1\rangle$相互正交时，上式成立，此即推广的量子不可克隆定理。该结果在量子密码术中有重要应用，我们知道，一个简单的量子密码方案就是随机地传递两个非正交的量子态，正因为非正交态不可克隆，所以窃听者无法窃取信息。

适用于两态的量子不可克隆定理被文献进一步推广到混合态情况，并证明了一个更强的定理，文献中称为量子不可播送定理。设系统 A 是处于两个可能的混合态 $\{\rho_0,\rho_1\}$ 中的一个，ρ_0、ρ_1 为密度算符，如果将系统 A 的态克隆到系统 B 上，则演化后的系统 AB 的态应为 $\rho_s \otimes \rho_s$，其中 s=0、1。但量子播送的要求更弱，记演化后系统 AB 的态为 $\tilde{\rho}_s$，量子播送只要求

$$\mathrm{tr}_A(\tilde{\rho}_s)=\rho_s,\quad \mathrm{tr}_B(\tilde{\rho}_s)=\rho_s \tag{7}$$

其中，tr_A、tr_B 表示对系统 A、B 求迹。因此，量子播送只要求系统 AB 的约化态与演化前系统 A 的态一致。量子不可播送定理指出，两个混合态经过幺正演化可以被量子播送，当且仅当它们相互对易。该定理是量子不可克隆定理的强化，当 ρ_0、ρ_1 表示纯态时，显然量子不可播送定理回到两态的量子不可克隆定理。

2. 量子复制机

量子不可克隆定理断言，非正交态不可以克隆，但它并没有排除非精确克隆，即复制量子态的可能性。现在文献大多同时用到术语量子克隆和量子复制，两者含义的差别为：一般前者指精确复制，而后者允许输出态与输入态有一定偏差。最近，量子复制引起人们很大兴趣，研究的中心问题是寻找最佳的量子复制机，尽可能精确地复制所有输入态。

为了表征量子复制机的性能，必须引入描述输入态和输出态接近程度的物理量。有许多物理量能满足这个要求，其中最简单的有两个：一个施密特距离（Schmit distance），另一个是态的保真度（fidelity）。两个态之间的施密特距离 D 定义为：

$$D=\mathrm{tr}[(\rho_a-\rho_b)^2]$$

其中，ρ_a、ρ_b 为两态对应的密度算符，该距离的性质在相关文献中有详细描述。近期文献中更常用的是态的保真度，设输入态为 $|\Psi_0\rangle$，输出态为 ρ，则保真度 F 定义为：

$$F=\langle\Psi_0|\rho_0|\Psi_0\rangle$$

$W-Z$ 证明中描述的物理过程显然也可以当作一种量子复制机，该复制机精确复制态 $|0\rangle$ 和 $|\Psi_0\rangle$，但对于它们的叠加态，复制效果则很差。现在的研究目标多为寻找一种通用量子复制态，其复制效果不依赖于输入态的形式。

二维空间一般的量子变换可以写为：

$$|0\rangle|Q\rangle_x \to \sum_{k,l=0}^{1}|k\rangle|l\rangle|\tilde{Q}_{kl}\rangle_x$$

$$|1\rangle|Q\rangle_x \to \sum_{m,n=0}^{1}|m\rangle|n\rangle|\tilde{Q}_{mn}\rangle_x$$

式中左边的 $|0\rangle$ 和 $|1\rangle$ 表示输入模的态，右边的 $|k\rangle|l\rangle$ 和 $|m\rangle|n\rangle$ 表示输出模的态，复印机的 $|\tilde{Q}_{mn}\rangle_x$ 不一定要求正交归一。一般地讲，这个复制变换是相当复杂的，它包含许多可供自由选择的参数 $\langle\tilde{Q}_{kl}|\tilde{Q}_{mn}\rangle_x$，这些参数决定了该复制机的性能。换句话讲，通过选取不同的参数，可以设计出性能不同的量子复制机。相关文献选择了一组合适的参数，使得量子复制机的性能与输入模的态无关，且两个输出模的态完全相同，但不等于输入模的态。这表明输入态在复制过程中不可避免地遭到破坏。该文选择的一组最佳参数使得这种破坏达到最低程度，并证明输入、输出态之间的保真度最高可以达到 5/6。

以上考虑的是一个输入模、两个输出模的复制机，考虑了更一般的量子复制机，它具有

N 个处于相同态的输入模和 M 个（$M>N$）处于相同态的输出模，输入、输出模之间的态的保真度定义了该复制机的性能。该文构造了 N 输入、M 输出的普适量子复制机，并证明其保真度最高可达到

$$F_{N,M}=\frac{M(N+1)+N}{M(N+2)}$$

显然，当 N=1、M=2 时，上式给出了单输入双输出的量子复制机的最佳保真度 5/6。

3. 概率量子克隆机

前面已指出，量子不可克隆定理的 W–Z 证明基于量子力学中的叠加原理，至少需要 3 个以上的量子态，该证明才能行之有效。两个非正交态不可克隆是由量子演化的幺正性决定的。但是在量子力学中，并非所有的过程都能用幺正算符来表示，测量就是一个典型的非幺正演化。于是一个很有意义的问题是，把幺正演化和测量过程结合起来，是否可以提高量子机器的克隆能力？更具体一点，两个非正交态是否可以通过一个幺正坍缩过程来精确克隆呢？

中国科技大学郭光灿教授、段路明教授为正副主任领导的量子重点实验室 1998 年在《Phys.LeHA》上发表论文，原理上证明可行！有兴趣者可参阅。

7.2.7 量子信息学基础知识部分总结

7.2.7.1 量子力学原理中引入的五种基本假定

本节结束之际，简单回顾一下为叙述量子力学原理曾经引进的基本假定，这些基本假定归纳起来有下列五个：

① 微观体系的状态被一个波函数完全描述，从这个波函数可以得出体系的所有性质。波函数一般应满足连续性、有限性和单值性三个条件。

② 力学量用厄密算符表示。如果在经典力学中有相应的力学量，则在量子力学中表示这个力学量的算符，由经典表示式中将动量 $\boldsymbol{p}$ 换为算符 $-\mathrm{i}\hbar\nabla$ 得出，表示力学量的算符组成完全系的本征函数。

③ 将体系的状态波函数 ψ 用算符 $\hat{F}$ 的本征函数 ϕ 展开（$\hat{F}\phi_n=\lambda_n\phi_n$，$\hat{F}\phi_\lambda=\lambda\phi_\lambda$）：

$$\psi=\sum_n c_n\phi_n+\int c_\lambda\phi_\lambda \mathrm{d}\lambda$$

则在 ψ 态中测量力学量 F 得到结果为 λ_n 的概率是 $|c_n|^2$，得到结果在 $\lambda\to\lambda+\mathrm{d}\lambda$ 范围内的概率是 $|c_\lambda|^2\,\mathrm{d}\lambda$。

④ 体系的状态波函数满足薛定谔方程：

$$\mathrm{i}\hbar\frac{\partial\psi}{\partial t}=\hat{H}\psi$$

式中，$\hat{H}$ 是体系的哈密顿算符。

⑤ 在全同粒子所组成的体系中，两全同粒子相互调换不改变。

在上面的基本假定中，没有列出波函数的统计解释，因为它已包含在基本假定③内。这可由以下的讨论看出，坐标 $\boldsymbol{r}$ 的本征值方程是：

$$\boldsymbol{r}\delta(\boldsymbol{r}-\boldsymbol{r}')=\boldsymbol{r}'\delta(\boldsymbol{r}-\boldsymbol{r}')$$

将ψ按$\boldsymbol{r}$的本征函数展开，得

$$\psi(\boldsymbol{r})=\int\psi(\boldsymbol{r}')\delta(\boldsymbol{r}-\boldsymbol{r}')\mathrm{d}\tau'$$

由此可见，$|\psi(\boldsymbol{r}')|^2$是概率密度，这就是波函数的统计解释。

除了上面五个基本假定之外，在我们所讨论的非相对论量子力学中，电子的自旋也是作为假定引进的。但是，自旋作为一个假定，是由于忽略了相对论效应；在相对论量子力学中，自旋像粒子的其他性质一样包含在波动方程中，不需另做假定。

7.2.7.2　量子力学系统复杂性问题的近似解法

量子力学中动力学问题依靠解薛定谔方程得到，但对于具体物理问题的薛定谔方程，像这样可以准确求解的问题是很少的。在经常遇到的许多问题中，由于体系的哈密顿算符比较复杂，往往不能求得精确的解，而只能求近似解。因此，量子力学中用来求问题的近似解的方法（简称近似方法）就显得非常重要。近似方法通常是从简单问题的精确解出发来求较复杂问题的近似解，一般可以分为两大类：一类用于体系的哈密顿算符不是时间的显函数的情况，讨论的是定态问题，定态微扰理论、第 5.4～5.5 节的变分法都属于这一类；另一类用于体系的哈密顿算符是时间的显函数的情况，讨论的是体系状态之间的跃迁问题，与时间有关的微扰理论就属于这一类问题的近似解法，有关近似解法研究请查有关文献。

7.2.7.3　粒子速度远小于光速运动的多体问题，粒子接近光速的量子场论等

在非相对论量子力学中，多体问题是当前研究的中心问题之一。仅仅由两个粒子所组成的体系，考虑了粒子间相互作用后，薛定谔方程的求解问题已变得十分复杂，只能用近似方法求解。随着粒子数增加，问题的复杂程度也自然要加大。在这种情况下，选用适当的近似方法具有重要的意义。在讨论原子、分子、固体和原子核的结构中，所谓“自洽场法”被广泛地应用，并取得一些成功。这个方法的要点在于，把一个粒子受到其他粒子的作用，用一个平均场来代替。即使采用了近似方法，计算上的困难也是很大的。近年来，由于计算技术的发展，大大促进了物质结构的理论研究。

电子的相对论波动方程，在非相对论量子力学建立后不久（1928 年）就被提出来了。这个理论适用于电子速度接近于光速的情况，并且，值得提到的是，它把电子的自旋包含在理论中，这是它比非相对论量子力学理论优越的地方；然而，这个理论只能处理一个电子在外场中的运动，而不能处理多电子体系的问题。在宇宙射线和高能粒子的实验中发现，在相对论情况下（$E \geqslant mc^2$），当粒子能量的改变与粒子的静止能量可相比拟时，粒子就转化为别种粒子，例如电子、正电子（电子对）能够转化为光子，光子也能转化为电子对，等等。因此，在高能的情况下，不可能像在非相对论情况中那样来区分粒子和场，所有的基本粒子（光子、电子、介子、核子等）必须用统一的方式处理，这样才能把粒子之间的相互转化反映到理论中去。为满足这个要求，在量子力学的基础上，又进一步发展了场的量子理论（或称量子场论）。在量子场论中，每一个基本粒子都可以用一个场$\boldsymbol{\varPsi}$来描写，$\boldsymbol{\varPsi}$在保持洛伦兹协变性的条件下，通过量子化后变为能描写粒子产生和湮灭的算符。

虽然量子场论在反映基本粒子的运动规律上取得了很大的成就，但是，目前它还存在着一些困难，例如对于基本粒子之间的强相互作用，还未能建立起完整的理论；对于核力的性

质，也还不能很好地加以阐明。当前关于基本粒子性质的实验研究越来越多，正推动着这方面的理论进一步向前发展。

除了上述量子力学基本规律领域有众多问题有待研究外，结合量子信息技术研究发展，反馈至量子力学领域形成量子技术科学分支的形成和发展（如量子纠缠、量子概率克隆等）——量子力学有待发展，也必然会发展！

7.3 量子信息的技术应用

量子信息技术经过近几年突飞猛进的发展，在理论和技术方面已获得瞩目的成就，其内容已涉及量子密码、量子函数、量子计算、量子模拟、量子度量学、量子信息物理基础等各个领域。通过对量子信息技术的研究和积累，人们调控微观世界的能力获得显著的提高。量子密码技术已经接近实用化，长程量子通信的原理性验证也不存在原理上障碍，量子模拟技术的快速发展已接近经典计算机模拟的极限，量子度量学及技术也有快速发展。在世界非常关注量子信息科技发展，并大力投入人力、物力进行研究试验应用，而发达国家不断取得瞩目成绩之际，中国科技界于 20 世纪 90 年代初期开始了量子信息科技的研究工作。科研人员经二十余年艰苦奋斗，取得一些前沿性科研成绩，已成为世界量子信息领域不可或缺的重要力量。由于量子信息科研、试验、应用涉及国家社会诸多重要领域的安全、经济发展、运行秩序、民众生活、国防安全等敏感及保密问题，本章只就量子信息领域少数分支进行原理性介绍。

7.3.1 量子密码技术

7.3.1.1 量子密码的安全性及发展现状

量子密码技术是一种可以通过公开量子信道完成安全密钥分发的技术，是量子信息技术的一个重要分支。双方在进行保密通信之前，首先使用量子光源，通过公开的量子信道，依照量子密钥分配协议在通信双方间建立对称密钥；再使用建立起的对称密钥进行保密通信。这种保密通信的安全性首先建立在密钥传输的安全性上，而传输安全性在基础机理层次是由量子力学的测不准原理、不可克隆定律保证：当有窃听者对信道中传输的光子进行窃听时，会被合法的收发双方通过一定的校验步骤发现。由于其物理安全保障机制不依赖于密钥分发算法的计算复杂度，因此，可以达到密码学意义上的无条件安全。将量子密码技术安全分发的密钥用于一次一密加密，可以实现无条件安全的保密通信。图 7.7 给出了采用量子密码进行安全通信的基本过程。

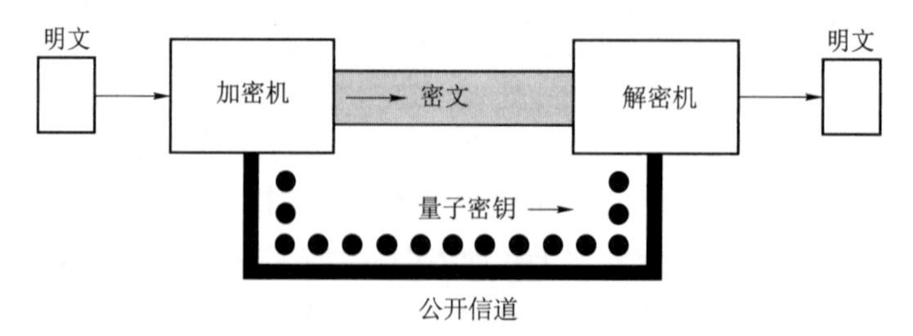

图 7.7 采用量子密码进行安全通信的示意图

量子密码的原始概念由美国人 Wiesner 于 20 世纪 70 年代提出。1984 年，IBM 公司的 Bennett 和加拿大的 Brassard 共同提出了量子密钥分配的概念，以及第一个量子密钥分配协议——BB64 协议，奠定了量子密码学发展的基础。鉴于量子密码技术在下一代安全通信领域具有巨大的战略意义，美国 DARPA 于 2002—2007 年在波士顿建立了一个 10 节点的量子密码网络，欧洲于 2009 年在维也纳建立了一个 8 节点的量子密码网络。2010 年，日本 NICT 在东京建立了一个 4 节点的量子密码演示网络，使用了 6 种量子密钥分配系统。

中国研究组在量子密码实用化研究领域走在了世界前列。2004 年，中国科学技术大学的韩正甫研究组分析了光纤量子系统工作不稳定的根本原因，并发明了“法拉第–迈克尔逊”编解码器，用于自适应补偿光纤量子信道受到的扰动，大大提升了光纤量子密码系统的实际传输距离和稳定工作时间。该小组利用这一方案，在北京和天津之间的 125 km 商用光纤中演示了量子密钥分配，创造了当时世界最长的商用光纤量子密码实验记录。该小组随后发明了基于波分复用技术的“全时全通”型“量子路由器”，实现了量子密码网络中光量子信号的自动寻址，并使用这一方案分别在北京（2007 年）和芜湖（2009 年）的商用光纤通信网中组建了 4 节点和 7 节点的城域量子密码演示网络。北京大学、华东师范大学、上海交通大学、华南师范大学、山西大学、国防科技大学等单位的研究组也在量子密码技术的研究上取得了出色的研究成果。

量子密码的安全性是其核心价值，安全性分为协议安全性和实际系统安全性两个层面。量子密码概念提出至今，研究者已设计了多种量子密钥分配协议，并围绕这些通信协议的无条件安全证明进行了大量的理论工作。迄今为止，一些主要协议的安全性已经获得严格的证明：差分相位量子密码通信协议在无误码条件下的绝对安全性已获得证明，但在有误码条件下的普遍安全性尚未获得安全的证明；基于离散调制连续变量量子密钥分发协议的安全性已获得证明。

7.3.1.2　基于量子力学的量子密钥安全

假定把一个光子制备到某个确定的偏振态上，这种态的制备等同于进行一次完全精确的测量。设想光子被制备在圆偏振态（左旋或右旋）上，由于圆偏振态与线偏振态之间有不确定关系，与电子的位置和动量的不确定关系类似，我们若精确地将光子制备在圆偏振态上，就意味着完全不能精确地了解其线偏振态，光子处于任意线偏振态的概率完全相同。换句话讲，对处于圆偏振态的光子进行一次精确的线偏振（在水平和垂直两个方向上）测量，如果光子是可分割的，则有半个光子为垂直偏振，半个光子是水平偏振，但理论和实验均已证实，单个光子作为整体是不可分割的，因此，这种测量结果绝不会出现。按照量子力学的规律，在测量之前，可以预计测量结果有 50%概率的垂直偏振，有 50%概率为水平偏振，但无法预言，一次测量的结果应是垂直偏振还是水平偏振。在经典世界中，只要给出初始条件，由物理规律所预言的结果是完全确定的。但在量子世界中，人们能给出的预言是统计性的，无法预测单次测量的结果，除非被测体系事先已经处在特殊态上（例如，光子若事先处于水平偏振态，且采用线偏振装置测量，测量结果必定是水平偏振）。

量子力学对测量结果的预言是统计性的，但每次测量的结果却是单一的，对上述圆偏振态的光子测量其线偏振状态，一次测量的结果只能是垂直和水平偏振当中的一个。我们知道，圆偏振可以看成水平偏振和垂直偏振的相干叠加。因此，测量过程实质上实现了将这个叠加态投影到其中一个单值态。反过来看，若一次测量的结果是水平偏振，而事先并不知道光子在测量前处在什么样的偏振状态，那么由一次测量的结果无法知道被测体系在测量之前的状态。换句话讲，单靠一次测量无法获得关于被测体系的信息，而一次测量又会使体系原来的信息消失掉。量子力学的这种概率性特征正是量子密码术的物理基础。

现在以 BB84 方案为例，来阐述量子密钥是如何在公开的信道中传输的。设想爱丽丝和巴伯事先约定：右旋圆偏振和垂直线偏振代表数字码的“1”，左旋圆偏振和水平线偏振代表数字码“0”。假定爱丽丝发出一个右旋圆偏振光子给巴伯（即她发出“1”），当然巴伯并不知道爱丽丝选择了光子的这个偏振态，他将随意地选择测量圆偏振或者线偏振的装置。假设这次正好用检偏器来测量光子的圆偏振态，于是他能确切地知道光子处于右旋圆偏振态（即他读出“1”），正确地得到爱丽丝传送来的比特。现在假定有位窃听者想窃取爱丽丝所发出的光子的偏振态，为了获得编制在光子偏振态中的信息，他必须选择某一种测量偏振的装置——或者圆偏振，或者线偏振，但这两者不能同时测量。假定窃听者选择错了装置，他决定测量线偏振，于是他有 50%的概率测到垂直线偏振（即 50%概率督导正确码“1”），另 50%的概率测到水平偏振（50%概率读到误码“0”）。当然，窃听者并不知道自己选错了测量仪器，他根据自己的测量结果制备一个有确定线偏振态的光子，发送给巴伯。巴伯本来选择了正确的仪器（圆偏振），若窃听者不出现，他能以 100%的概率读到正确数码“1”。现在窃听者破坏了原来的通道，使得巴伯实际上接收到的不是爱丽丝的圆偏振光子，而是窃听者的线偏振光子。这时，巴伯只有 50%的概率能读出正确的比特（“1”）。如果爱丽丝和巴伯事后公开地通报他们的结果，就会发现他们对传送的比特是“1”还是“0”有可能不一致，也就是说，窃听者的存在使他们之间的误码率不为零。上述结果可由图 7.8 的释义中看清楚。量子密码方案就是要在爱丽丝和巴伯之间建立这样的关系，一旦有人企图窃听，就会不可避免地出现误码。

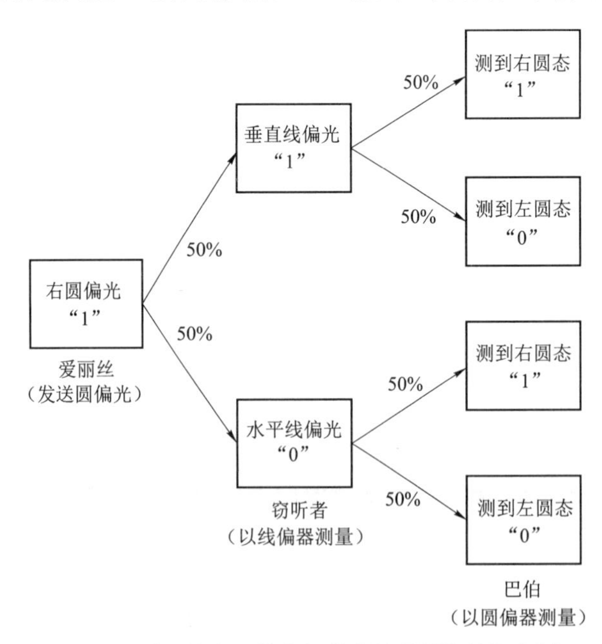

图 7.8　爱丽丝和巴伯之间某次量子通信的概率树

在图 7.8 所示的场合，爱丽丝发送圆偏振，巴伯选用正确的检偏仪器，窃听者选对检偏仪器和选错检偏仪器的概率各 50%。窃听者若选对检偏仪器测量圆偏振，则爱丽丝和巴伯通过比较测量的结果便无法发现窃听者的存在；即使窃听者选错检偏仪器，根据图 7.8 的概率树，这时窃听者仍有一半的概率不被发现。因此，综合两种可能性，爱丽丝和巴伯比较 1 比特，窃听者逃脱被发现的概率为 3/4。若在一系列的传送之后，爱丽丝和巴伯比较了 M 比特，窃听者不被发现的概率为 $(3/4)^M$，当 M 很大时，这个概率就很小，例如，$M=100$，窃听者逃脱的概率为 3.2×10^{-13}，也就是说，窃听者在 10 亿次中只有 3 次机会能侥幸地不触动警报器。

爱丽丝和巴伯基于单光子偏振特性的量子密码传输方案如下：

① 爱丽丝发送一系列的单个光子，每发射一个光子时，随机的选取下列四个不同偏振态之中的一个：右旋=“1”、左旋=“0”、垂直=“1”、水平=“0”。她记录下她每次所选择的偏振态和编制在其中的比特（“1”或“0”）。

② 巴伯独立随机地选择圆偏振或线偏振的检偏仪器，来测量每一个进来的光子的偏振并记录下测量结果（“0”或“1”）。

③ 在全部传送和测量结束之后，巴伯通过公共通道告诉爱丽丝，他每次所选择的是哪一个检偏仪，但不公布他的测量结果。随后，爱丽丝根据巴伯选择的检偏仪就能确定巴伯在哪些测量中使用了正确的仪器，于是他们两人就约定抛弃巴伯选错仪器的事件，而把选对仪器的比特留下来作为他们共享的密钥 K。这样，量子密钥在他们之间就建立起来，这种密钥事先并不存在，只有在两人共同参与下才得以存在。

④ 在没有窃听者存在时，爱丽丝和巴伯各自拥有一组完全相同的随机比特序列作为密钥。如果在他们的通信通道中有窃听者存在，他们所选定的数据将会因窃听者的干扰而出现不一致。为了检知密钥的传输过程是否被窃听，他们公开比较各自的某些数据，由这些数据是否一致就可以发现是否有窃听者存在。如果确信他们所比较的比特是完全一致的，则意味着通信未被窃听，余下尚未公开的比特便可用来作为共享的密钥；若发现有窃听者的存在，则所传递的比特就将被抛弃，不作为密钥。因此这种密钥有极高的安全性。

7.3.1.3　应用中需进一步研究解决问题

在协议安全性得到证明的基础上，为了实现高可靠性的量子密码系统，还需要跨越理想协议模型和实现技术之间的鸿沟。这一问题的实质是：物理原理所要求达到的完美条件在真实世界中是否能够被无限逼近？如果理想的物理条件不能无限逼近，那么有安全漏洞的实际量子密码系统的安全性如何保证？这导致了对实际非理想条件下的量子密码系统进行攻防的问题。实际的量子密码系统中，光源、探测器和编解码器等部件都可能出现安全性漏洞。

以 BB84 量子密钥分配协议为例，来说明实际光源的安全性问题。BB84 协议要求使用单光子来编码量子比特，然而受限于单光子源的研究状况，实际实验中普遍采用弱相干光光源替代单光子光源。但是，由于此类光源存在一定概率的多光子脉冲，如果采用分束攻击，窃听者原则上可以从多光子携带的编码信息中获得两者建立的量子密钥，并成功地欺骗通信双方。韩国 Hwang、加拿大 Lo 等人和清华大学 Wang 提出并完善了诱骗态技术。这一技术的核心思想是：通过随机使用几种不同强度的弱相干光源，可以检验出分束攻击窃听行为。但实现诱骗态方案的手段多种多样，这同时也会形成新的安全漏洞。这是“对立统一辩证律”可决定的普遍现象无可逃避的！因此，依靠不断发展是“对立统一律”又一次的提示！

总体来讲，量子密码协议的安全性是值得信赖的，但是量子密钥分配系统的实现方案必须经过严格的评估。对于现有的实际量子密码系统来说，接收端安全性漏洞较之发射端大；往返式系统安全性明显弱于单向系统；单激光器比多激光器安全；主动器件比被动器件安全。解决了上述的器件实现方案中的实际安全性问题，量子密码才能做到真正的安全。

7.3.2 量子通信技术

7.3.2.1 量子通信重要性

说到量子通信，一定会有人问：量子密钥分配过程就是利用了量子状态，达到了保密通信的目的，这难道不是量子通信吗？的确，广义来讲，量子密钥分配过程确是利用了量子状态行使保密通信的功能。但是，这里的量子态的功能在于建立通信双方之间的经典信息的关联，即量子态只是充当建立这个安全的经典信息安全的桥梁和保障，人们最终还是利用这个经典信息关联来做经典意义上的密码通信。我们这里所说的量子通信，则是完全利用量子信道来传送和处理真正意义上的量子信息。

那么量子网络有什么用？这里可以对照一下经典的网络。在几十年前，电子计算机刚刚投入应用时，它只是科研人员的专用物品，是远离大众的稀有事物。但是，随着计算机网络的出现，这一面貌被完全改变，现有网络已经深入到人们的生活之中，除了获取海量的信息、方便自由的通信，还可以行使网上购物、网上银行等便捷的功能。同样，也可以展望量子网络。量子网络的物理功能是联络量子处理终端（可以是量子计算机），目前我们所知道的是：它可以协调若干量子终端来处理更复杂的量子计算功能，在目前的量子计算机的可扩展性遇到阻碍的情况下，这不啻为一个提升量子计算能力的可行途径；利用量子网络，可以行使全量子的通信协议，用量子信息来完成特殊的信息处理功能；利用量子网络在处理多节点计算时，会大大降低通信的复杂度；另外，利用量子网络也可以行使经典信息的功能，如直接利用量子网络中的量子纠缠来达到安全的密钥分发的目的。随着这一事物逐渐地步入人类生活，相信更多的功能将被开发出来。

量子通信最关键的一环是建立量子通道（也称为量子信道），通过这个量子通道来安全无误地传送量子态的信息。这一问题于 1993 年在理论上获得了解决：量子信息领域的开拓者 Bennett 及其合作者，提出了著名的 quantum teleportation 方案，中文翻译为“量子隐形传态”。所谓量子隐形传态，是指：如果能够在量子通信的双方（Alice 和 Bob）之间建立最大的量子纠缠态，那么 Alice 和 Bob 可以通过经典通信来协同两地的操作，利用量子纠缠态，可以将 Alice 处待发送的量子态准确无误地传送给 Bob。作为代价，成功传送量子态的同时，量子纠缠态被损毁。在这一量子通信的过程中，承载 Alice 处量子态信息的物理的量子系统并没有被发送出去，该系统仍然待在 Alice 处；但是，原先蕴藏在该系统的量子态的信息，已经借助量子纠缠态中奇妙的量子关联被传送到 Bob 处。仿佛一个量子物体的灵魂被抽走，重新装载在遥远异地的另外一个物体上，所以被称为量子隐形传态。有了量子隐形传态方案，就可以利用量子纠缠态来做量子通道，充当联系各个节点的桥梁。

7.3.2.2　原理及发展近况

那么下面的一个问题就是，如何在遥远的异地之间建立起高品质的量子纠缠态的联系？这牵扯到一系列的问题。因为量子纠缠态是一种由多个微观粒子构成的复合系统的量子态，它如何产生？如何跨越物理空间进行分发而不受破坏？关于如何产生纠缠态，目前已不是困难，人们已经在各种不同的物理系统中产生量子纠缠态，并且人们也已经找到了最适合做量子通道的物理系统，那就是光子系统。光子能够在媒介中快速传输而不易受到环境的扰动。而世界上第一个量子隐形传态的实验验证，也就是奥地利的 Zeilinger 小组于 1997 年在光子系统中完成的，其实验的原理如图 7.9 所示。迄今为止，基于纠缠光子的量子隐形传态的研究被广泛开展。例如，2003 年潘建伟和 Zeilinger 等人改进了先前的实验，使得被传送的粒子能自由传播，而不需要先前实验中必须通过破坏性的量子测量来证实实验成功与否；潘建伟等人于 2004 年在建立 5 光子纠缠的基础上，完成了开放终端的量子隐形传态，能够将待传送的量子态发送给非单一的用户。但是，即便是光子系统，传输距离仍有限制，随着传输距离的增加，光子纠缠的品质仍会下降，以至于无法完成理想的量子信息的传输。

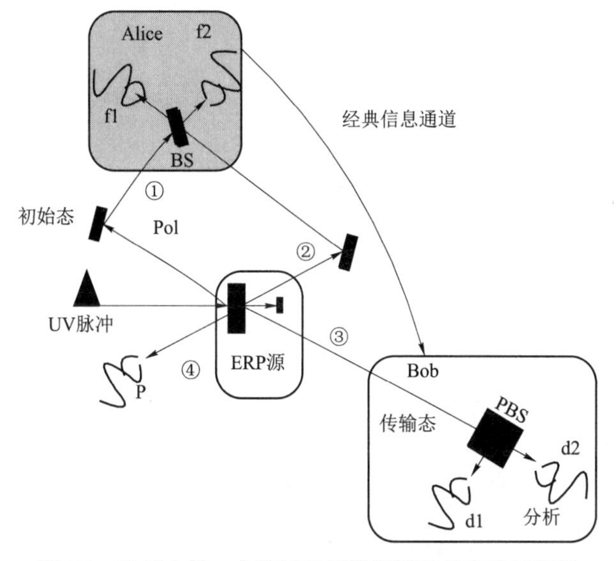

图 7.9　世界上第一个演示量子隐形形态的实验示意图

如何在大尺度空间范围内建立高品质的量子纠缠通道，对此，一些重要的理论方案被相继提出。1993 年，Zukowski 等人提出了纠缠变换的方案：对两队纠缠光子，每队拿出一个光子，将它们做一个 Bell 态的测量之后，剩余的两个光子由最初的没有纠缠的状态变成有纠缠的状态。这个 Bell 态测量的过程相当于将两段绳子接成一条长绳，而这条长绳就成了新的、具有更长距离的纠缠通道。Bennett 等人在 1996 年提出了著名的纠缠纯化方案：当身处异地的两者之间拥有很多对纠缠程度比较低的劣质纠缠态的时候，他们通过一些局部的量子操作和经典通信过程，能够从中提取出少量高质量的纠缠态。1998 年，Briegel 等人提出了量子中继的策略，基本上就是结合了纠缠交换和纠缠纯化技术，将遥远的两地分成很多中间节点，分发纠缠态的过程仅仅在最短的节点间进行，但是，通过不断的纠缠纯化和纠缠交换过程，原则上可以在这遥远的两地之间建立起高品质的纠缠态。

对于上述量子中继的方案，在物理实现方面还需要一个重要条件，就是在每个节点上都要有量子的存储器：能够将光子的量子状态较长时间地存储下来，并能够实施必要的量子操作步骤，以实现纠缠纯化和纠缠连接。在这方面，一个重要的理论进展是 Duan 等人提出了利用原子系统来做量子存储器的量子中继方案：将光子信息存储在系统原子的激发模式中，能够维持较长的时间；同样，再次利用光和原子的相互作用，可以将存储于原子中的量子态的信息读取出来，完成量子中继的步骤。但 Duan 等人工作的一个不足之处在于，为了存储光量子态的信息到原子系统，需要单光子干涉过程。这需要将干涉的两条路径长度的差值控制在亚波长量级的精度，对于一个长路径的干涉，这在实验上是很难完成的。陈增兵和潘建伟等人改进了这一干涉过程，用双光子干涉取代单光子干涉，将干涉路径控制的精度提升至光子的相干长度范围，大大提升了系统原子中继方案的可行性。在实验上，他们也做了成功的演示。目前，潘建伟小组取得了系列的进展，除了完成单量子中继的演示之外，还完成了光子和原子比特之间的量子隐形传态，制备出适合冷原子系综存储的窄带纠缠光源。在 2009 年，他们将冷原子系统中量子态的存储时间提升至 1 ms，接近当时的国际最好水平（当时的最高水平为 6 ms）。2011 年，他们完成了解除频率关联的窄带极化纠缠光子的存储，将经光腔压窄的自发参量下转换过程产生的纠缠光子很好地存储于冷原子系统的量子态上，便于进行下一步的操控。

除了量子中继技术之外，还有一种可能增大量子通信距离的方法是：在卫星和地面之间开展光量子态的传输（图 7.10）。相对于在地表大气中的光子传输，在星地之间的传输克服了地表曲率的影响，同时也没有障碍物的阻碍；另外，地表与人造卫星之间只有 5～10 km 的水平大气等效厚度，而大气对某些波长的光子吸收非常小，同时也能保持光子极化纠缠品质。在外太空无衰减和退相干，一个可能的展望是：由星地之间的量子通信来联系不同的城域量子网络，完成量子密钥分配、量子隐形传态、类空间隔的量子非定域性的检验等任务，再直接以大气为媒介传输。

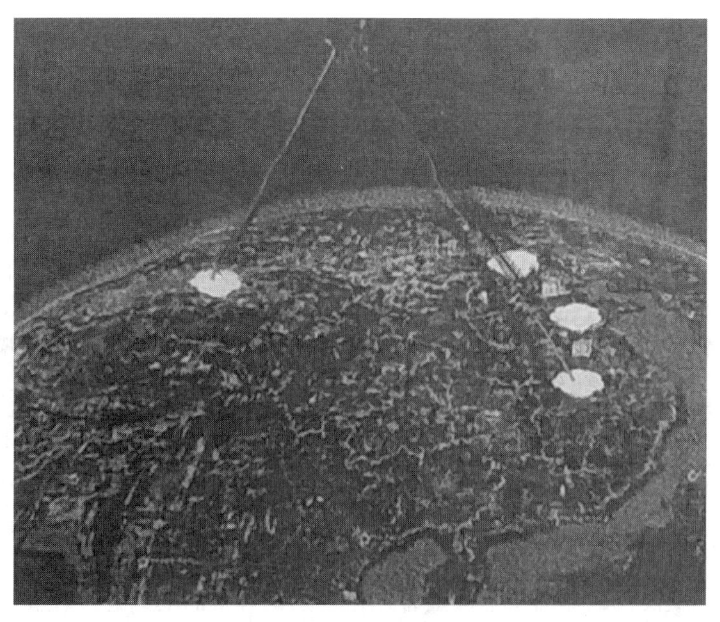

图 7.10　星地量子通信示意图

光子态的研究方面，2007 年，欧洲的实验组已经实现了 144 km 的自由空间量子密钥的分发；2010 年，潘建伟小组实现了 16 km 自由空间量子隐形传态的验证，该距离已经超过了星地之间的等效大气厚度，佐证了星地量子通信的可行性。

综上所述，构建一个全量子的通信网络，需要有通信波段的纠缠光源、高品质的量子存储器、高效的量子中继技术、节点的量子信息处理技术等环节。从目前的进展看，将这些技术组合在一起，构成一个全量子的通信网络，不存在原则上的困难。但是，如何提高各个环节的品质，优化整个系统，以达到高速率的量子信息的传输，将是一个很大的技术挑战。

在量子通信中，我们前面提到的用作量子信道的光子纠缠态，都是用离散 Hilbert 空间中的量子态，具有分离的自由度。对于无限维 Hilbert 空间中的量子光场，可以用所谓的连续变量的物理量（如光学模的正交分量）来刻画光场的量子性。此时，光场的纠缠特性体现在光场间的量子起伏。采用连续变量的量子态依然可以行使量子通信量子计算的功能。就量子通信而言，在连续变量的纠缠态系统中，人们也通过实验验证了量子隐形传态和量子密集编码协议，完成了以连续变量表征的光量子态在原子系统中的存储。

在以连续变量为基础的量子通信中，高品质的纠缠态是人们追求的目标。自 20 世纪 90 年代美国加州理工学院 Kimble 研究小组制备出连续变量的 EPR 纠缠态以来，纠缠态的品质被不断提高。2010 年，山西大学彭堃墀院士研究组，采用模清洁器以及改进的锁频技术，将非简并光学腔中产生的 EPR 纠缠光场的纠缠度提高到 6 dB，创造了当时世界上连续变量纠缠光的最高品质。另外，山西大学张靖研究组在理论上提出了通过相敏简并光学参量放大器（DOPA）对于注入压缩真空态广场的操控和增强的方案。彭堃墀院士研究组在实验上实现了这一理论预言，当输入纠缠光场的纠缠度为 4 dB 时，通过满足一定条件的参量放大器后，纠缠度可达 5.5 dB。

同离散变量的纠缠态一样，多组分的连续变量的纠缠态对多方的量子通信协议和利用纠缠态的单向量子计算至关重要。2000 年，英国的 Braunstein 等人提出：将压缩态广场通过多个分束器的线性变换，可以获得多组分纠缠的理论方案。2003 年，彭堃墀院士研究组在世界上最早实现连续变量 3 组分纠缠态，在此基础上完成了受控量子密集编码的实验演示；2007 年，他们又率先实现了连续变量的 4 组分纠缠态。

连续变量量子信息学已具备进一步发展的理论和实验基础，形成去实现量子通信另一种有效的可能途径。连续变量的纠缠光与现有的光通信技术兼容，能够无条件运转。目前存在的主要问题是：保真度还比较低。一种可能的克服途径是建立分离变量与连续变量混合的杂化量子信息系统，兼容二者的优势，提高量子通信的品质。

7.3.3　量子计算技术

7.3.3.1　基本概念及其优势

量子计算的概念最早由 Benoiff 和 Feynman 提出，随后，英国的 Deutsch 提出了量子图灵机模型，完成了同经典图灵机模型的对应。自此，量子计算机的研究开始步入正途。量子图灵机的计算同传统图灵机计算的最大差别在于，表征基本信息单元的比特是个两能级的量子系统，它的状态由 Hilbert 空间的基矢量叠加而成，不同于经典比特只能处于 0，1 两种可能；对于信息的操控满足闭系统的量子力学演化规律，由薛定谔方程控制。这样，对 N 个量子比特的单次操纵，等效于同时对 2^N 个基矢量做了变换。量子图灵机的运转带有天然的并行性，这是量子力学原理所赋予的，但是，对于最后的信息读出过程，量子力学原理告诉我们只能读出这 2^N 种可能性中的一种，每种可能性出现的概率由演化后状态的基矢量前面的概率幅决定。所以，原则上量子计算是一种概率计算，人们通过对于最后随机输出的结果的分析，来求解原问题的答案。

开始人们并不能确信这一计算模式能够带来怎样的后果，但两个著名算法的发现，使得人们对量子计算的前景给予厚望。1994 年，美国的 Shor 发明了量子 Shor 算法，采用量子 Shor 算法，可以用量子计算机求解大数的质因子分解，进而可以攻破 RSA 密钥系统，而到目前为止，人们并没有找到有效的求解大数因子分解的经典算法。1997 年，美国的 Grover 发明了 Grover 算法，利用 Grover 算法，量子计算机可以以平方根加速所有搜索问题，这在实际中非常有用。正是这两种算法的发现，将量子计算机的研究带入了高潮。

7.3.3.2 主要内容及其进展

关于量子计算的研究，大致可以分为计算模式研究、硬件研究、软件和算法研究几个方向。先来介绍计算模式。

1. 计算模式

关于计算模式，大体可分为标准量子计算模式、基于测量的量子计算模式、拓扑量子计算模式和绝热量子计算模式 4 类。

（1）标准量子计算模式

标准量子计算模式的理论发展同经典计算机的理论发展非常类似。Deutsch 在建立量子图灵机理论模型之后，把建立一个普适的量子计算机的任务转化为建立由量子逻辑门所构成的逻辑网络，并指出构成这种逻辑的普适部件——Deutsch 门。对照于经典的逻辑电路，Deutsch 门的角色就像是异或门，在经典电路模型中，所有的逻辑电路都可以由异或门搭建；同样，对于量子逻辑电路，级联量子 Deutsch 门，可以搭建任意量子逻辑电路。1995 年，美国的 Bennett 等人进一步简化了 Deutsch 门的设计，获得了更为简单的普适逻辑门集合：采用单量子比特的任意旋转和两量子比特的受控非门，就可以搭建任意的量子逻辑电路。

同经典计算相类似，量子计算也面临纠错问题，只是量子错误所造成的危害比经典错误更甚。因为量子错误本身可以看成一个不可控的量子操作，它会对量子态造成并行影响。多次持续的量子错误影响之后，其平均效果将使得量子的相干性尽失，量子计算将退化为经典的概率计算，从而丧失掉所有的优势。我们将环境造成的量子错误统称为量子退相干，克服量子退相干的主要手段是量子纠错码。最早的量子纠错码方法也是 Shor 于 1995 年所提出，随后量子纠错码的理论获得了很大的发展。目前，人们几乎将所有的传统的纠错码手段都找到了量子情况下的对应。

对于成功的量子计算，我们有一个总的图像：首先要将所有要参与量子计算的比特，在指数维度的 Hilbert 空间中制备出一个纯的量子态；然后，用量子逻辑电路对这个大空间中的量子状态进行幺正变换，当运行完所有的逻辑变换后，对计算的末态进行量子测量，输出计算结果；进一步，通过对结果的分析、处理，获得待求解的数学问题的答案。在这个过程中，退相干过程将使量子态偏离原来的演化，同时使得系统状态跟环境自由度相纠缠，使得系统状态偏离原来的纯态特征而只能用混合态来描述。如果退相干的程度不是十分大，可以采用量子纠错码，以很大的概率将系统纠错扭转到原来的轨道上来；如果错误的概率超出了量子纠错码所能承受的阈值，那么量子纠错失效。当然，对于一些由特殊错误类型占统治地位的环境，可以发展主要纠正该错误类型的纠错码方法。所以，容错阈值并不是一个绝对的数值，它依赖于错误的类型和使用的纠错码方法。

有了这样一个物理图像，量子计算的物理实现问题就变得清晰起来。美国 IBM 的科学家 DiVincenzo 将量子计算的物理实现对物理系统的条件和人为的操控能力划分为如下 5 条，称为 DiVincenzo 判据：

① 系统要有能力很好地表征量子信息的基本单元——qubit，即一个两能级的 Hilbert 空间；

② 在计算开始时，要能够对系统进行有效的初态制备，将每一个 qubit 制备到 0 状态；

③ 要有能力对系统的 qubits 实施普适量子逻辑门的操作。具体而言，要能够对单个量子比特实施任意的单个 qubit 的幺正变换，以及对任意两个量子比特实施受控非门操作；

④ 要能够对量子计算机幺正演化的终态实施有效的量子计算；

⑤ 系统要有长的相干时间，能够使得量子操作（包含纠错）和测量在相干时间内完成。

除了上述标准量子计算模型之外，我们简单介绍一下另外几种量子计算模式，它们或是为了简化操作过程（如基于测量的量子计算），或是出于克服环境退相干的考虑（如拓扑量子计算和绝热量子计算），但最终为实现量子计算机的目的，都需要满足 DiVincenzo 判据。

（2）基于测量的量子计算模式

该计算模式最早为奥地利 Innsbruck 大学的 Raussendorf 和 Briegel 于 2000 年提出，当时被命名为单向量子计算。该计算模式的特点是：在计算的初始阶段，先制备出一个超大规模的纠缠态，该纠缠态被命名为图态。这种图态相对来说很容易制备，只需要对初始化的 qubit 进行局域操作和紧邻的 Ising 相互租用即可。图态制备完毕之后，相当于完成了初始化过程，接下来，量子计算的所有逻辑门操作被证明只需要在图态上进行相应的局域测量和经典通信即可。局域操作和经典通信过程在很多物理体系中是最简单的操控手段，而这种基于测量的量子计算模式将量子逻辑电路中两比特门的实现难度都退化到图态的制备上。

后来，人们进一步证明，除了 Raussendorf 和 Briegel 所定义的图态，很多多体纠缠态都能承担实现基于测量模式的量子计算的任务。

（3）拓扑量子计算模式

该方案最早由数学物理学家 Kitaev 于 1997 年提出，他构造出一个具有特殊拓扑量子性质的强关联系统，该系统能激发的准粒子是一种非阿贝尔任意子，这些任意子状态可以编码 qubit 信息；同时，任意子的交换满足群论中的辫群规则，通过任意子之间的交换来完成逻辑门操作；最后，通过对任意子进行干涉测量来读出计算的结果。拓扑量子计算的最大特点是：在该系统中，表征量子信息的全子态是一种拓扑态，它基本上不受局域噪声的影响，具有很强的天然容错功能。

（4）绝热量子计算模式

该方案最早为美国 MIT 的 Goldstone 等人所提出。该方案的核心思想是通过绝热演化特征来等效地实现量子幺正变换：如果将系统冷却到零温，则系统处于体系的基态（我们假定基态没有简并），此时，如果绝热地改变系统哈密顿量的参数，则体系会绝热地跟随系统演化。

如果系统不会出现基态和激发态的能级交叉，并且绝热演化的条件始终成立，则系统量子态会一直处于系统的基态。但是，由于体系的哈密顿量已经改变，所以此基态非彼基态，演化后的基态同初始的基态之间相差一个幺正变换，因此，绝热过程有实现幺正演化的功效。该方案的优点在于：理想情况下，系统始终处于基态，不存在退相干的问题。它的缺点是：绝热条件依赖于基态和第一激发态之间的能隙。能隙越窄，所需要的绝热演化的时间就越长，如果随问题的变大，绝热演化时间指数地变长，那么就失去了量子计算的意义。但是，这个问题在 2004 年被以色列数学物理学家 Aharonov 等人解决，他们证明了绝热量子计算同标准量子计算模型的等价性。

前面所介绍的 4 种量子计算的模式，各有各的优势。目前，除了拓扑量子计算模式之外，其他量子计算模式，在少数几个量子逻辑比特的前提下，都做了实验的验证，实现了简单的逻辑门操作。对于拓扑量子计算而言，虽然其特有的容错方式具有迷人的前景，但是如何在实验上实现那些具有非阿贝尔任意子统计的量子多体系统，是一个很大的挑战，这不仅仅是对于量子计算，对于基础理论也具有非凡的意义。进一步，如何有效升级量子计算的规模到多量子比特系统，进而从计算速度上超越现有的经典计算机，也是一个非常难的挑战，对于任何一种计算模式都有很长的路要走。这中间也包括量子计算机的物理实现问题（“实现”的基本物理机理和方法技术）。

2. 量子计算物理实现进展

国际上围绕量子计算机物理实现的研究已经进行了十几年，学术上取得了显著的进展。例如，目前操控有效量子比特数目最多的系统——离子阱系统，已经实现了 14 个量子比特的纠缠态的制备。从世界范围内的研究趋势来看，人们对于实现量子计算物理系统的探索，从开始时的百花齐放，到现在的有所侧重。虽然，即使到现在人们还不能确定地回答未来的量子计算机究竟会在哪种物理系统中实现，但研究的焦点渐渐移向容易实现器件化和产品化的固态物理系统，如超导约瑟夫森结系统、半导体量子点自旋系统、金刚石 NV 色心系统、集成光子学系统等。因篇幅关系，在此不做介绍，有兴趣的读者可参阅相关参考文献。

3. 量子软件研究发展是量子计算另一关键领域

这一部分的最后，我们来谈一下量子软件。如果量子计算的硬件研究获得真正的突破，大规模的量子信息处理能够获得实施，那么量子软件的开发必将处于一个非常关键的地位。由于量子系统与经典系统的本质差别，现有的软件技术无法应用于量子计算机。发展量子软件的一个基础是量子程序设计语言的理论和实现。

1996 年，美国国家标准技术研究所 Knill 提出将量子算法转化为伪代码的一系列基本原则，这些原则对于后来量子程序设计语言的设计产生了很大的影响。第一个量子程序设计语言，于 1998 年为奥地利维也纳工业大学的 Omer 所提出，它包含一个相当完整的经典子语言。随后，很多经典程序语言的量子扩展被相继提出。2003 年，美国华盛顿大学计算机科学与工程系的 Oskin 与 Petersen 提出描述量子程序的量子代数，试图为量子程序设计语言提供代数基础。

由于量子信息的特殊性，很多在经典信息世界中能够完成的任务，到了量子信息世界，则变为不可能。例如，对比特信息的复制操作。在经典世界中，比特信息是可以被克隆的，但是在量子世界中，存在不可克隆原理，即不存在一个普适的物理过程对任意的量子状态进行克隆操作。2004 年，美国 Brown 大学的 van Tonder 利用线性逻辑的 type 系统建立量子 Lambda 演算，希望克服量子不可克隆原理在量子程序中引起的困难。

对于计算机程序而言，如何验证程序的正确性非常重要，而量子世界与人类直觉有很大的不同，这使得量子程序设计比经典程序设计更容易出错。因此，量子程序验证甚至比经典情况下的程序验证更为重要。在经典情况下，Floyd-Hoare 逻辑是程序验证的基础，在程序设计方法学中处于核心地位。在量子计算领域，国际上有多个研究组试图建立量子程序的 Floyd-Hoare 逻辑，但都没有成功。在 2009 年，清华大学的应明生教授彻底解决了这个问题，建立了量子程序的完整的 Floyd-Hoare 逻辑，并证明了其完备性。

7.3.3.3　量子计算发展设想

鉴于目前物理系统中升级量子比特的困难，分布式的量子计算是绕过这样障碍的一种可能途径，即用中度规模的量子处理器作为量子信息处理终端，不同终端之间用量子通信协议建立联系。在经典计算领域，进程代数是通信协议验证的重要工具。为了给量子通信协议验证提供必要的形式化方法，国际上多个研究组开展了进程代数的研究，但是没有解决并行算法保持互模拟的问题。2010 年，应明生和冯源等人提出了一类新的量子进程代数解决了这个问题。

结合上述对量子计算研究情况的简介可知，量子计算有常规计算机无法具有的天生叠加、并行、高速计算的巨大优势，对人类进一步处理复杂海量信息及高速计算等人类发展必备能力，如对大数据云计算的支持具有可代替性，同时实现量子计算必须克服很强困难以实现约束条件的限制，总之，有利有弊形成“对立统一”才能服务人类。笔者设想，将量子计算与常规计算组成“混合集成计算系统”是否是一条应用发展路径。

7.3.4　量子模拟技术

7.3.4.1　基本概念和基本突破

所谓量子模拟系统，是指在一个人工构造的量子多体系统的实验平台上去模拟在当前实验条件下难操控和研究的物理系统，获得对一些未知现象的定性或定量的信息，促进被模拟的物理系统的研究。量子模拟的概念最初是由诺贝尔奖得主费曼于 1982 年提出的。费曼最初意识到，由于支配微观世界的基本规律是量子力学，所以，想要模拟一个微观多体系统的演化，需要求解多体的薛定谔方程。费曼发现，这对于经典计算机来说，是不可能完成的任务，主要原因在于，量子多体系统需要由量子波函数刻画，而波函数所处的 Hibert 空间的维数随量子个体的数目指数增长，而经典计算机的存储空间根本不足以存储波函数的信息，所以，也就无法刻画系统演化的规律。费曼当时的一个想法是：如果我们所用与模拟的机器本身就是服从量子力学的规律，即机器的状态也由量子波函数刻画，我们用人工方法来控制机器，使其具有与被模拟对象相同的等效哈密顿量。于是，我们就可以用这台“量子模拟机”来模拟量子多体系统的演化。

量子模拟作为一个研究热点兴起于 1998 年，这一年，Jaksch 等人提出用光学晶体中束缚的冷波色原子来仿真 Bose-Hubbard 模型，哈密顿中的参数可以在很大范围内被随机调控，于是可以观测体系从 Mott 绝缘态到超流态的量子相变。这开创了采用人工量子平台来模拟强关联体系量子相变的先河，近十年来产生了大量的理论工作，迄今为止，量子模拟的研究内容十分广泛，除了模拟多体系统的演化、强关联系统的量子相变之外，还可能被用于模拟物态方程、各种规范场、量子化学、中子星和黑洞、理论上预言但是尚未被观测到的准粒子，以及新的物质的态等。

7.3.4.2 物理平台及多种应用

目前，用于量子模拟可能的物理平台大致可以分为原子、离子和电子三类。原子系统中除了被人们熟知的光晶格束缚冷原子系统外，还有微腔束缚原子的阵列系统等；离子主要是指离子阱系统；电子有超导约瑟夫森结阵列系统、量子点自旋的阵列系统以及液氦表面的电子系统等。在当前的这些可能候选者中，冷原子系统以其独特的优势处于上述所提及的系统中最优越的地位。首先，在现有的技术条件下，它是目前所有提及的系统中唯一能够对大量粒子进行初始化的系统。其次，该系统具有很好的可调节性，以光晶格束缚冷原子为例，晶格的维度、晶格参数和几何以及格点间的隧穿强度，都可以通过调节光晶格势场来实现；而粒子之间的散射强度，则可以通过 Feshbach 共振技术来调节；此外，人们还可以自由地控制原子的组分。到目前为止，人们操控冷原子晶格的能力也越来越强。例如 2011 年，德国的 Bloch 研究组已经实现了单原子的成像和寻址；美国的 Greiner 研究组利用单格点成像技术，成功地模拟并探测了一维反铁磁白旋链，这是继模拟 Bose-Hubbard 模型的量子相变以来，量子模拟领域最重要的实验进展；同样是 2011 年，人们实现了二维经典阻挫模型的模拟。

采用冷原子系统进行量子模拟的先决条件是：要对原子系统进行一系列的激光冷却和蒸发冷却，使其达到几纳开（nK）的温度。这时，对于玻色子，将处于玻色–爱因斯坦凝聚（BEC）的状态；对于费米子，则处于量子简并的状态。这时，原子的相对热运动被高度抑制，由原子间相互作用所导致的量子特征则显现出来。我国的冷原子技术经历了几十年的发展，目前已经逐渐追上了世界的步伐。目前，已经有中国科学院上海光学精密机械研究所、北京大学、中国科学院武汉物理与数学研究所、中国科学院物理研究所、中国科学技术大学等多家单位在实验上实现了 BEC，山西大学的张靖研究组实现了费米子的量子简并。目前，张靖研究组和中国科学技术大学陈帅研究组已经在规范场的量子模拟方面取得好的实验进展。另外，中国科学院物理研究所的刘伍明研究员在早期冷原子相干性质的研究中取得非常重要的理论进展。他与合作者在理论上描述了玻色–爱因斯坦能聚态的干涉现象，在理论上预言可调幅和调频的原子激光，发现分数量子涡格等。

除了冷原子系统之外，目前离子阱系统已显示出实施中度规模的量子模拟的潜力，如奥地利 Innsbruck 大学的 Blatt 研究组于 2011 年在线性离子阱中实现了开放系统的量子模拟器和普适的数字式量子模拟。由于二维离子阱阵列原则上是可以实现的，所以 10^2 量级的多体系统的量子模拟有可能在量子阱系统中获得实现。在固体系统中，超导约瑟夫阵列系统目前最接近实现中度规模的量子模拟的目标。

另外，量子模拟也有可能被用来研究少数系统。例如，对于相对论量子力学的很多预言，难以在实验上真正观测到。但是人们有可能以量子模拟的方式在低速系统中构建相对论的量子力学方程的演化，进而观测量子模拟的结果。这方面，华南师范大学的朱诗亮等人提出了在冷原子系统中模拟相对论量子力学中的 Klein 隧穿效应。中国科学技术大学的杜江峰研究组，在核磁共振系统中通过量子模拟的方式获得了氢分子的基态能量，模拟了化学中异构化反应的动力学。潘建伟研究组用 6 光子系统制备了图态去模拟阿贝尔任意子系统的编织效应等。

从技术上讲，量子模拟平台同量子计算机紧密相关，量子比特数目升级也是对两者共同的要求。对于用作量子模拟的系统，在操控难度和相干时间长度上的要求比量子计算低很多，于是人们预期量子模拟机很有可能在实现大规模的量子计算之前而获得实际的应用，有可能对物理学、化学、材料化学等学科产生重要的影响，甚至有可能促成材料科学、能源等重要问题的解决。

7.4　本章小结

量子信息技术应用领域（包括量子度量学）的发展及其反馈作用于量子物理，促进其深入发展，从而形成了几个重要方向，如量子关联、基于熵的不确定关系、量子开放系统的环境控制等。至于量子度量学，它是涉及计量的前沿科学问题，可能利用量子态（重点是纠缠态）突破传统测量的精度极限以获得更高的度量精度，由于篇幅关系，在此不再介绍，有兴趣的读者可参阅参考文献。最后笔者坚信：在人类艰苦而持续的努力下，量子信息学必将有长足发展并造福于人类，望更多信息科技人员关注并参与！

习　　题

1. 什么是量子信息学？
2. 什么是波粒二象性？
3. 简述测不准原理的基本内容。
4. 什么是量子不可克隆原理？
5. 简述量子密码技术原理及其主要特征。
6. 简述量子通信技术的主要特征。
7. 什么是量子计算技术？优缺点是什么？困难是什么？

附　录

《中华人民共和国刑法》节选

（1997年7月1日第八届全国人民代表大会
第五次会议修订通过，1997年10月1日实施）

第一百一十一条【为境外窃取、刺探、收买、非法提供国家秘密、情报罪】 为境外的机构、组织、人员窃取、刺探、收买、非法提供国家秘密或者情报的，处五年以上十年以下有期徒刑；情节特别严重的，处十年以上有期徒刑或者无期徒刑；情节较轻的，处五年以下有期徒刑、拘役、管制或者剥夺政治权利。

第一百二十四条【破坏广播电视设施、公用电信设施罪】 破坏广播电视设施、公用电信设施，危害公共安全的，处三年以上七年以下有期徒刑；造成严重后果的，处七年以上有期徒刑。过失犯前款罪的，处三年以上七年以下有期徒刑；情节较轻的，处三年以下有期徒刑或者拘役。

第二百一十九条【侵犯商业秘密罪】 有下列侵犯商业秘密行为之一，给商业秘密的权利人造成重大损失的，处三年以下有期徒刑或者拘役，并处或者单处罚金；造成特别严重后果的，处三年以上七年以下有期徒刑，并处罚金：

（一）以盗窃、利诱、胁迫或者其他不正当手段获取权利人的商业秘密的；

（二）披露、使用或者允许他人使用以前项手段获取的权利人的商业秘密的；

（三）违反约定或者违反权利人有关保守商业秘密的要求，披露、使用或者允许他人使用其所掌握的商业秘密的。

明知或者应知前款所列行为，获取、使用或者披露他人的商业秘密的，以侵犯商业秘密论。

本条所称商业秘密，是指不为公众所知悉，能为权利人带来经济利益，具有实用性并经权利人采取保密措施的技术信息和经营信息。

本条所称权利人，是指商业秘密的所有人和经商业秘密所有人许可的商业秘密使用人。

第二百八十二条【非法获取国家秘密罪；非法持有国家绝密、机密文件、资料、物品罪】以窃取、刺探、收买方法，非法获取国家秘密的，处三年以下有期徒刑、拘役、管制或者剥夺政治权利；情节严重的，处三年以上七年以下有期徒刑。非法持有属于国家绝密、机密的文件、资料或者其他物品，拒不说明来源与用途的，处三年以下有期徒刑、拘役或者管制。

第二百八十三条【非法生产、销售间谍专用器材罪】 非法生产、销售窃听、窃照等专用间谍器材的，处三年以下有期徒刑、拘役或者管制。

第二百八十四条【非法使用窃听、窃照专用器材罪】 非法使用窃听、窃照专用器材，造成严重后果的，处二年以下有期徒刑、拘役或者管制。

第二百八十五条【非法侵入计算机信息系统罪；非法获取计算机信息系统数据、非法控制计算机信息系统罪；提供侵入、非法控制计算机信息系统程序、工具罪】 违反国家规定，侵入国家事务、国防建设、尖端科学技术领域的计算机信息系统的，处三年以下有期徒刑或者拘役。

违反国家规定，侵入前款规定以外的计算机信息系统或者采用其他技术手段，获取该计算机信息系统中存储、处理或者传输的数据，或者对该计算机信息系统实施非法控制，情节严重的，处三年以下有期徒刑或者拘役，并处或者单处罚金；情节特别严重的，处三年以上七年以下有期徒刑，并处罚金。

提供专门用于侵入、非法控制计算机信息系统的程序、工具，或者明知他人实施侵入、非法控制计算机信息系统的违法犯罪行为而为其提供程序、工具，情节严重的，依照前款的规定处罚。

第二百八十六条【破坏计算机信息系统罪】 违反国家规定，对计算机信息系统功能进行删除、修改、增加、干扰，造成计算机信息系统不能正常运行，后果严重的，处五年以下有期徒刑或者拘役；后果特别严重的，处五年以上有期徒刑。

违反国家规定，对计算机信息系统中存储、处理或者传输的数据和应用程序进行删除、修改、增加的操作，后果严重的，依照前款的规定处罚。

故意制作、传播计算机病毒等破坏性程序，影响计算机系统正常运行，后果严重的，依照第一款的规定处罚。

第二百八十七条【利用计算机实施犯罪的提示性规定】 利用计算机实施金融诈骗、盗窃、贪污、挪用公款、窃取国家秘密或者其他犯罪的，依照本法有关规定定罪处罚。

第二百八十八条【扰乱无线电管理秩序罪】 违反国家规定，擅自设置、使用无线电台（站），或者擅自占用频率，经责令停止使用后拒不停止使用，干扰无线电通讯正常进行，造成严重后果的，处三年以下有期徒刑、拘役或者管制，并处或者单处罚金。

单位犯前款罪的，对单位判处罚金，并对其直接负责的主管人员和其他直接责任人员，依照前款的规定处罚。

第三百六十三条【制作、复制、出版、贩卖、传播淫秽物品牟利罪；为他人提供书号出版淫秽书刊罪】 以牟利为目的，制作、复制、出版、贩卖、传播淫秽物品的，处三年以下有期徒刑、拘役或者管制，并处罚金；情节严重的，处三年以上十年以下有期徒刑，并处罚金；情节特别严重的，处十年以上有期徒刑或者无期徒刑，并处罚金或者没收财产。

为他人提供书号，出版淫秽书刊的，处三年以下有期徒刑、拘役或者管制，并处或者单处罚金；明知他人用于出版淫秽书刊而提供书号的，依照前款的规定处罚。

第三百六十四条【传播淫秽物品罪；组织播放淫秽音像制品罪】 传播淫秽的书刊、影片、音像、图片或者其他淫秽物品，情节严重的，处二年以下有期徒刑、拘役或者管制。

组织播放淫秽的电影、录像等音像制品的，处三年以下有期徒刑、拘役或者管制，并处罚金；情节严重的，处三年以上十年以下有期徒刑，并处罚金。

制作、复制淫秽的电影、录像等音像制品组织播放的，依照第二款的规定从重处罚。

向不满十八周岁的未成年人传播淫秽物品的，从重处罚。

《计算机信息网络国际联网安全保护管理办法》（1997）

（1997 年 12 月 11 日国务院批准，1997 年 12 月 30 日公安部发布）

第一章　总　　则

第一条　为了加强对计算机信息网络国际联网的安全保护，维护公共秩序和社会稳定，根据《中华人民共和国计算机信息系统安全保护条例》、《中华人民共和国计算机信息网络国际联网管理暂行规定》和其他法律、行政法规的规定，制定本办法。

第二条　中华人民共和国境内的计算机信息网络国际联网安全保护管理，适用本办法。

第三条　公安部计算机管理监察机构负责计算机信息网络国际联网的安全保护管理工作。

公安机关计算机管理监察机构应当保护计算机信息网络国际联网的公共安全，维护从事国际联网业务的单位和个人的合法权益和公众利益。

第四条　任何单位和个人不得利用国际联网危害国家安全、泄漏国家秘密，不得侵犯国家的、社会的、集体的利益和公民的合法权益，不得从事违法犯罪活动。

第五条　任何单位和个人不得利用国际联网制作、复制、查阅和传播下列信息：

（一）煽动抗拒、破坏宪法和法律、行政法规实施的；

（二）煽动颠覆国家政权、推翻社会主义制度的；

（三）煽动分裂国家、破坏国家统一的；

（四）煽动民族仇恨、民族歧视，破坏民族团结的；

（五）捏造或者歪曲事实，散布谣言，扰乱社会秩序的；

（六）宣扬封建迷信、淫秽、色情、赌博、暴力、凶杀、恐怖，教唆犯罪的；

（七）公然侮辱他人或者捏造事实诽谤他人的；

（八）损害国家机关信誉的；

（九）其他违反《宪法》和法律、行政法规的。

第六条　任何单位和个人不得从事下列危害计算机信息网络安全的活动：

（一）未经允许，进入计算机信息网络或者使用计算机信息网络资源的；

（二）未经允许，对计算机信息网络功能进行删除、修改或者增加的；

（三）未经允许，对计算机信息网络中存储、处理或者传输的数据和应用程序进行删除、修改或者增加的；

（四）故意制作、传播计算机病毒等破坏性程序的；

（五）其他危害计算机信息网络安全的。

第七条　用户的通信自由和通信秘密受法律保护。任何单位和个人不得违反法律规定，利用国际联网侵犯用户的通信自由和通信秘密。

第二章　安全保护责任

第八条　从事国际联网业务的单位和个人应当接受公安机关的安全监督、检查和指导，如实向公安机关提供有关安全保护的信息、资料及数据文件，协助公安机关查处通过国际联网的计算机信息网络的违法犯罪行为。

第九条　国际出入口信道提供单位、互联单位的主管部门或者主管单位，应当依照法律和国家有关规定负责国际出入口信道、所属互联网络的安全保护管理工作。

第十条　互联单位、接入单位及使用计算机信息网络国际联网的法人和其他组织应当履行下列安全保护职责：

（一）负责本网络的安全保护管理工作，建立健全安全保护管理制度；

（二）落实安全保护技术措施，保障本网络的运行安全和信息安全；

（三）负责对本网络用户的安全教育和培训；

（四）对委托发布信息的单位和个人进行登记，并对所提供的信息内容按照本办法第五条进行审核；

（五）建立计算机信息网络电子公告系统的用户登记和信息管理制度；

（六）发现有本办法第四条、第五条、第六条、第七条所列情形之一的，应当保留有关原始记录，并在二十四小时内向当地公安机关报告；

（七）按照国家有关规定，删除本网络中含有本办法第五条内容的地址、目录或者关闭服务器。

第十一条　用户在接入单位办理入网手续时，应当填写用户备案表。备案表由公安部监制。

第十二条　互联单位、接入单位、使用计算机信息网络国际联网的法人和其他组织（包括跨省、自治区、直辖市联网的单位和所属的分支机构），应当自网络正式联通之日起三十日内，到所在地的省、自治区、直辖市人民政府公安机关指定的受理机关办理备案手续。

前款所列单位应当负责将接入本网络的接入单位和用户情况报当地公安机关备案，并及时报告本网络中接入单位和用户的变更情况。

第十三条　使用公用账号的注册者应当加强对公用账号的管理，建立账号使用登记制度。用户账号不得转借、转让。

第十四条　涉及国家事务、经济建设、国防建设、尖端科学技术等重要领域的单位办理备案手续时，应当出具其行政主管部门的审批证明。

前款所列单位的计算机信息网络与国际联网，应当采取相应的安全保护措施。

第三章　安 全 监 督

第十五条　省、自治区、直辖市公安厅（局），地（市）、县（市）公安局，应当有相应机构负责国际联网的安全保护管理工作。

第十六条　公安机关计算机管理监察机构应当掌握互联单位、接入单位和用户的备案情况，建立备案档案，进行备案统计，并按照国家有关规定逐级上报。

第十七条　公安机关计算机管理监察机构应当督促互联单位、接入单位及有关用户建立健全安全保护管理制度。监督、检查网络安全保护管理以及技术措施的落实情况。

公安机关计算机管理监察机构在组织安全检查时，有关单位应当派人参加。公安机关计算机管理监察机构对安全检查发现的问题，应当提出改进意见，作出详细记录，存档备查。

第十八条 公安机关计算机管理监察机构发现含有本办法第五条所列内容的地址、目录或者服务器时，应当通知有关单位关闭或者删除。

第十九条 公安机关计算机管理监察机构应当负责追踪和查处通过计算机信息网络的违法行为和针对计算机信息网络的犯罪案件，对违反本办法第四条、第七条规定的违法犯罪行为，应当按照国家有关规定移送有关部门或者司法机关处理。

第四章 法 律 责 任

第二十条 违反法律、行政法规，有本办法第五条、第六条所列行为之一的，由公安机关给予警告，有违法所得的，没收违法所得，对个人可以并处五千元以下的罚款，对单位可以并处一万五千元以下的罚款；情节严重的，并可以给予六个月以内停止联网、停机整顿的处罚，必要时可以建议原发证、审批机构吊销经营许可证或者取消联网资格；构成违反治安管理行为的，依照《治安管理处罚条例》的规定处罚；构成犯罪的，依法追究刑事责任。

第二十一条 有下列行为之一的，由公安机关责令限期改正，给予警告，有违法所得的，没收违法所得；在规定的限期内未改正的，对单位的主管负责人员和其他直接责任人员可以并处五千元以下的罚款，对单位可以并处一万五千元以下的罚款；情节严重的，并可以给予六个月以内的停止联网、停机整顿的处罚，必要时可以建议原发证、审批机构吊销经营许可证或者取消联网资格。

（一）未建立安全保护管理制度的；

（二）未采取安全技术保护措施的；

（三）未对网络用户进行安全教育和培训的；

（四）未提供安全保护管理所需信息、资料及数据文件，或者所提供内容不真实的；

（五）对委托其发布的信息内容未进行审核或者对委托单位和个人未进行登记的；

（六）未建立电子公告系统的用户登记和信息管理制度的；

（七）未按照国家有关规定，删除网络地址、目录或者关闭服务器的；

（八）未建立公用账号使用登记制度的；

（九）转借、转让用户账号的。

第二十二条 违反本办法第四条、第七条规定的，依照有关法律、法规予以处罚。

第二十三条 违反本办法第十一条、第十二条规定，不履行备案职责的，由公安机关给予警告或者停机整顿不超过六个月的处罚。

第五章 附　　则

第二十四条 与香港特别行政区和台湾、澳门地区联网的计算机信息网络的安全保护管理，参照本办法执行。

第二十五条 本办法自发布之日起施行。

《全国人民代表大会常务委员会关于维护互联网安全的决定》（2000）

（2000年12月28日第九届全国人民代表大会常务委员会第十九次会议通过）

我国的互联网，在国家大力倡导和积极推动下，在经济建设和各项事业中得到日益广泛的应用，使人们的生产、工作、学习和生活方式已经开始并将继续发生深刻的变化，对于加快我国国民经济、科学技术的发展和社会服务信息化进程具有重要作用。同时，如何保障互联网的运行安全和信息安全问题已经引起全社会的普遍关注。为了兴利除弊，促进我国互联网的健康发展，维护国家安全和社会公共利益，保护个人、法人和其他组织的合法权益，特作如下决定：

一、为了保障互联网的运行安全，对有下列行为之一，构成犯罪的，依照刑法有关规定追究刑事责任：

（一）侵入国家事务、国防建设、尖端科学技术领域的计算机信息系统；

（二）故意制作、传播计算机病毒等破坏性程序，攻击计算机系统及通信网络，致使计算机系统及通信网络遭受损害；

（三）违反国家规定，擅自中断计算机网络或者通信服务，造成计算机网络或者通信系统不能正常运行。

二、为了维护国家安全和社会稳定，对有下列行为之一，构成犯罪的，依照刑法有关规定追究刑事责任：

（一）利用互联网造谣、诽谤或者发表、传播其他有害信息，煽动颠覆国家政权、推翻社会主义制度，或者煽动分裂国家、破坏国家统一；

（二）通过互联网窃取、泄漏国家秘密、情报或者军事秘密；

（三）利用互联网煽动民族仇恨、民族歧视，破坏民族团结；

（四）利用互联网组织邪教组织、联络邪教组织成员，破坏国家法律、行政法规实施。

三、为了维护社会主义市场经济秩序和社会管理秩序，对有下列行为之一，构成犯罪的，依照刑法有关规定追究刑事责任：

（一）利用互联网销售伪劣产品或者对商品、服务作虚假宣传；

（二）利用互联网损害他人商业信誉和商品声誉；

（三）利用互联网侵犯他人知识产权；

（四）利用互联网编造并传播影响证券、期货交易或者其他扰乱金融秩序的虚假信息；

（五）在互联网上建立淫秽网站、网页，提供淫秽站点链接服务，或者传播淫秽书刊、影片、音像、图片。

四、为了保护个人、法人和其他组织的人身、财产等合法权利，对有下列行为之一，构成犯罪的，依照刑法有关规定追究刑事责任：

（一）利用互联网侮辱他人或者捏造事实诽谤他人；

（二）非法截获、篡改、删除他人电子邮件或者其他数据资料，侵犯公民通信自由和通信秘密；

（三）利用互联网进行盗窃、诈骗、敲诈勒索。

五、利用互联网实施本决定第一条、第二条、第三条、第四条所列行为以外的其他行为，构成犯罪的，依照刑法有关规定追究刑事责任。

六、利用互联网实施违法行为，违反社会治安管理，尚不构成犯罪的，由公安机关依照《治安管理处罚条例》予以处罚；违反其他法律、行政法规，尚不构成犯罪的，由有关行政管理部门依法给予行政处罚；对直接负责的主管人员和其他直接责任人员，依法给予行政处分或者纪律处分。

利用互联网侵犯他人合法权益，构成民事侵权的，依法承担民事责任。

七、各级人民政府及有关部门要采取积极措施，在促进互联网的应用和网络技术的普及过程中，重视和支持对网络安全技术的研究和开发，增强网络的安全防护能力。有关主管部门要加强对互联网的运行安全和信息安全的宣传教育，依法实施有效的监督管理，防范和制止利用互联网进行的各种违法活动，为互联网的健康发展创造良好的社会环境。从事互联网业务的单位要依法开展活动，发现互联网上出现违法犯罪行为和有害信息时，要采取措施，停止传输有害信息，并及时向有关机关报告。任何单位和个人在利用互联网时，都要遵纪守法，抵制各种违法犯罪行为和有害信息。人民法院、人民检察院、公安机关、国家安全机关要各司其职，密切配合，依法严厉打击利用互联网实施的各种犯罪活动。要动员全社会的力量，依靠全社会的共同努力，保障互联网的运行安全与信息安全，促进社会主义精神文明和物质文明建设。

《互联网信息服务管理办法》节选（2000）

（2000 年 9 月 20 日国务院第 31 次常务会议通过，2000 年 9 月 25 日公布实施）

第一条 为了规范互联网信息服务活动，促进互联网信息服务健康有序发展，制定本办法。

第二条 在中华人民共和国境内从事互联网信息服务活动，必须遵守本办法。

本办法所称互联网信息服务，是指通过互联网向上网用户提供信息的服务活动。

第十五条 互联网信息服务提供者不得制作、复制、发布、传播含有下列内容的信息：

（一）反对宪法所确定的基本原则的；

（二）危害国家安全，泄漏国家秘密，颠覆国家政权，破坏国家统一的；

（三）损害国家荣誉和利益的；

（四）煽动民族仇恨、民族歧视，破坏民族团结的；

（五）破坏国家宗教政策，宣扬邪教和封建迷信的；

（六）散布谣言，扰乱社会秩序，破坏社会稳定的；

（七）散布淫秽、色情、赌博、暴力、凶杀、恐怖或者教唆犯罪的；

（八）侮辱或者诽谤他人，侵害他人合法权益的；

（九）含有法律、行政法规禁止的其他内容的。

第十六条 互联网信息服务提供者发现其网站传输的信息明显属于本办法第十五条所列内容之一的，应当立即停止传输，保存有关记录，并向国家有关机关报告。

第十七条 经营性互联网信息服务提供者申请在境内境外上市或者同外商合资、合作，应当事先经国务院信息产业主管部门审查同意；其中，外商投资的比例应当符合有关法律、行政法规的规定。

第十八条 国务院信息产业主管部门和省、自治区、直辖市电信管理机构，依法对互联网信息服务实施监督管理。

新闻、出版、教育、卫生、药品监督管理、工商行政管理和公安、国家安全等有关主管部门，在各自职责范围内依法对互联网信息内容实施监督管理。

第十九条 违反本办法的规定，未取得经营许可证，擅自从事经营性互联网信息服务，或者超出许可的项目提供服务的，由省、自治区、直辖市电信管理机构责令限期改正，有违法所得的，没收违法所得，处违法所得3倍以上5倍以下的罚款；没有违法所得或者违法所得不足5万元的，处10万元以上100万元以下的罚款；情节严重的，责令关闭网站。

违反本办法的规定，未履行备案手续，擅自从事非经营性互联网信息服务，或者超出备案的项目提供服务的，由省、自治区、直辖市电信管理机构责令限期改正；拒不改正的，责令关闭网站。

第二十条 制作、复制、发布、传播本办法第十五条所列内容之一的信息，构成犯罪的，依法追究刑事责任；尚不构成犯罪的，由公安机关、国家安全机关依照《中华人民共和国治安管理处罚条例》、《计算机信息网络国际联网安全保护管理办法》等有关法律、行政法规的规定予以处罚；对经营性互联网信息服务提供者，并由发证机关责令停业整顿直至吊销经营许可证，通知企业登记机关；对非经营性互联网信息服务提供者，并由备案机关责令暂时关闭网站直至关闭网站。

《中华人民共和国电子签名法》(2004)

（2004年8月28日第十届全国人民代表大会常务委员会第十一次会议通过）

2004年8月28日，中华人民共和国第十届全国人民代表大会常务委员会第十一次会议通过了《中华人民共和国电子签名法》。作为我国电子商务领域的第一部法律，《电子签名法》的出台，第一次从法律上反数字化活动推到了实际操作的阶段，开启了中国电子商务立法的大门，它为解决司法实践中亟待回答的问题，扫清网络交易行为的障碍提供了立法保障，为互联网从单纯的媒体时代过渡到全面应用时代奠定了基础，并将进一步规范网上行为，净化网络环境，消除网络信用危机，保障用户的各项权利，为我国的网络立法与国际立法的接轨起到了示范性作用。

第一章 总 则

第一条 为了规范电子签名行为，确立电子签名的法律效力，维护有关各方的合法权益，制定本法。

第二条 本法所称电子签名，是指数据电文中以电子形式所含，所附用于识别签名人身份并表明签名人认可其中内容的数据。

本法所称数据电文，是指以电子、光学、磁或者类似手段生成、发送、接收或者储存的信息。

第三条 民事活动中的合同或者其他文件、单证等文书，当事人可以约定使用或者不使用电子签名、数据电文。

当事人约定使用电子签名、数据电文的文书，不得仅因为其采用电子签名、数据电文的形式而否定其法律效力。

前款规定不适用下列文书：

（一）涉及婚姻、收养、继承等人身关系的；

（二）涉及土地、房屋等不动产权益转让的；

（三）涉及停止供水、供热、供气、供电等公用事业服务的；

（四）法律、行政法规规定的不适用电子文书的其他情形。

第二章 数 据 电 文

第四条 能够有形地表现所载内容，并可以随时调取查用的数据电文，视为符合法律、法规要求的书面形式。

第五条 符合下列条件的数据电文，视为满足法律、法规规定的原件形式要求：

（一）能够有效地表现所载内容并可供随时调取查用；

（二）能够可靠地保证自最终形成时起，内容保持完整、未被更改。但是，在数据电文上增加背书以及数据交换、储存和显示过程中发生的形式变化不影响数据电文的完整性。

第六条 符合下列条件的数据电文，视为满足法律法规规定的文件保存要求：

（一）能够有效地表现所载内容并可供随时调取查用；

（二）数据电文的格式与其生成，发送或者接收时的格式相同，或者格式不相同但是能够准确表现原来生成发送或者接收的内容；

（三）能够识别数据电文的发件人、收件人以及发送接收的时间。

第七条 数据电文不得仅因为其是以电子、光学、磁或者类似手段生成、发送、接收或者储存的而被拒绝作为证据使用。

第八条 审查数据电文作为证据的真实性，应当考虑以下因素：

（一）生成、储存或者传递数据电文方法的可靠性；

（二）保持内容完整性方法的可靠性；

（三）用以鉴别发件人方法的可靠性；

（四）其他相关因素。

第九条 数据电文有下列情形之一的，视为发件人发送：

（一）经发件人授权发送的；

（二）发件人的信息系统自动发送的；

（三）收件人按照发件人认可的方法对数据电文进行验证后结果相符的。

当事人对前款规定的事项另有约定的，从其约定。

第十条 法律、行政法规规定或者当事人约定数据电文需要确认收讫的，应当确认收讫。发件人收到收件人的收讫确认时，数据电文视为已经收到。

第十一条 数据电文进入发件人控制之外的某个信息系统的时间，视为该数据电文的发送时间。

收件人指定特定系统接收数据电文的，数据电文进入该特定系统的时间，视为该数据电文的接收时间；未指定特定系统的，数据电文进入收件人的任何系统的首次时间，视为该数据电文的接收时间。

当事人对数据电文的发送时间、接收时间另有约定的，从其约定。

第十二条　发件人的主营业地为数据电文的发送地点，收件人的主营业地为数据电文的接收地点。没有主营业地的，其经常居住地为发送或者接收地点。

当事人对数据电文的发送地点，接收地点另有约定的，从其约定。

第三章　电子签名与认证

第十三条　电子签名同时符合下列条件的，视为可靠的电子签名：

（一）电子签名制作数据用于电子签名时，属于电子签名人专有；

（二）签署时电子签名制作数据仅由电子签名人控制；

（三）签署后对电子签名的任何改动能够被发现；

（四）签署后对数据电文内容和形式的任何改动能够被发现。

当事人也可以选择使用符合其约定的可靠条件的电子签名。

第十四条　可靠的电子签名与手写签名或者盖章具有同等的法律效力。

第十五条　电子签名人应当妥善保管电子签名制作数据。电子签名人知悉电子签名制作数据已经失密或者可能已经失密时，应当及时告知有关各方，并终止使用该电子签名制作数据。

第十六条　电子签名需要第三方认证的，由依法设立的电子认证服务提供者提供认证服务。

第十七条　提供电子认证服务，应当具备下列条件：

（一）具有与提供电子认证服务相适应的专业技术人员和管理人员；

（二）具有与提供电子认证服务相适应的资金和经营场所；

（三）具有符合国家安全标准的技术和设备；

（四）具有国家密码管理机构同意使用密码的证明文件；

（五）法律、行政法规规定的其他条件。

第十八条　从事电子认证服务，应当向国务院信息产业主管部门提出申请，并提交符合本法第十七条规定条件的相关材料。国务院信息产业主管部门接到申请后经依法审查，征求国务院商务主管部门等有关部门的意见后，自接到申请之日起四十五日内作出许可或者不予许可的决定。予以许可的，颁发电子认证许可证书；不予许可的，应当书面通知申请人并告知理由。

申请人应当持电子认证许可证书依法向工商行政管理部门办理企业登记手续。

取得认证资格的电子认证服务提供者，应当按照国务院信息产业主管部门的规定在互联网上公布其名称、许可证号等信息。

第十九条　电子认证服务提供者应当制定、公布符合国家有关规定的电子认证业务规则，并向国务院信息产业主管部门备案。

电子认证业务规则应当包括责任范围、作业操作规范、信息安全保障措施等事项。

第二十条　电子签名人向电子认证服务提供者申请电子签名认证证书，应当提供真实、完整和准确的信息。

电子认证服务提供者收到电子签名认证证书申请后应当对申请人的身份进行查验，并对有关材料进行审查。

第二十一条 电子认证服务提供者签发的电子签名认证证书应当准确无误，并应当载明下列内容：

（一）电子认证服务提供者名称；

（二）证书持有人名称；

（三）证书序列号；

（四）证书有效期；

（五）证书持有人的电子签名验证数据；

（六）电子认证服务提供者的电子签名；

（七）国务院信息产业主管部门规定的其他内容。

第二十二条 电子认证服务提供者应当保证电子签名认证证书内容在有效期内完整、准确，并保证电子签名依赖方能够证实或者了解电子签名认证证书所载内容及其他有关事项。

第二十三条 电子认证服务提供者拟暂停或者终止电子认证服务的，应当在暂停或者终止服务九十日前，就业务承接及其他有关事项通知有关各方。

电子认证服务提供者拟暂停或者终止电子认证服务的，应当在暂停或者终止服务六十日前向国务院信息产业主管部门报告，并与其他电子认证服务提供者就业务承接进行协商，作出妥善安排。

电子认证服务提供者未能就业务承接事项与其他电子认证服务提供者达成协议的，应当申请国务院信息产业主管部门安排其他电子认证服务提供者承接其业务。

电子认证服务提供者被依法吊销电子认证许可证书的，其业务承接事项的处理按照国务院信息产业主管部门的规定执行。

第二十四条 电子认证服务提供者应当妥善保存与认证相关的信息，信息保存期限至少为电子签名认证证书失效后五年。

第二十五条 国务院信息产业主管部门依照本法制定电子认证服务业的具体管理办法，对电子认证服务提供者依法实施监督管理。

第二十六条 经国务院信息产业主管部门根据有关协议或者对等原则核准后，中华人民共和国境外的电子认证服务提供者在境外签发的电子签名认证证书与依照本法设立的电子认证服务提供者签发的电子签名认证证书具有同等的法律效力。

第四章 法律责任

第二十七条 电子签名人知悉电子签名制作数据已经失密或者可能已经失密未及时告知有关各方，并终止使用电子签名制作数据，未向电子认证服务提供者提供真实、完整和准确的信息，或者有其他过错，给电子签名依赖方、电子认证服务提供者造成损失的，承担赔偿责任。

第二十八条 电子签名人或者电子签名依赖方因依据电子认证服务提供者提供的电子签名认证服务从事民事活动遭受损失，电子认证服务提供者不能证明自己无过错的，承担赔偿责任。

第二十九条 未经许可提供电子认证服务的，由国务院信息产业主管部门责令停止违法行为；有违法所得的，没收违法所得，违法所得三十万元以上的，处违法所得一倍以上三倍以下的罚款；没有违法所得或者违法所得不中三十万元的，处十万元以上三十万元以下的罚款。

第三十条　电子认证服务提供者暂停或者终止电子认证服务，未在暂停或者终止服务六十日前向国务院信息产业主管部门报告的，由国务院信息产业主管部门对其直接负责的主管人员处一万元以上五万元以下的罚款。

第三十一条　电子认证服务提供者不遵守认证业务规则、未妥善保存与认证相关的信息，或者有其他违法行为的由国务院信息产业主管部门责令限期改正；逾期未改正的，吊销电子认证许可证书，其直接负责的主管人员和其他直接责任人员十年内不得从事电子认证服务。吊销电子认证许可证书的，应当予以公告并通知工商行政管理部门。

第三十二条　伪造、冒用、盗用他人的电子签名，构成犯罪的，依法追究刑事责任；给他人造成损失的，依法承担民事责任。

第三十三条　依照本法负责电子认证服务业监督管理工作的部门的工作人员中，不依法履行行政许可、监督管理职责的，依法给予行政处分；构成犯罪的，依法追究刑事责任。

第五章　附　　则

第三十四条　本法中下列用语的含义：

（一）电子签名人，是指持有电子签名制作数据并以本人身份或者以其所代表的人的名义实施电子签名的人；

（二）电子签名依赖方，是指基于对电子签名认证证书或者电子签名的依赖从事有关活动的人；

（三）电子签名认证证书，是指可证实电子签名人与电子签名制作数据有联系的数据电文或者其他电子记录；

（四）电子签名制作数据，是指在电子签名过程中使用的，将电子签名与电子签名人可靠地联系起来的字符、编码等数据；

（五）电子签名验证数据，是指用于验证电子签名的数据，包括代码、口令、算法或者公钥等。

第三十五条　国务院或者国务院规定的部门可以依据本法制定政务活动和其他社会活动中使用电子签名、数据电文的具体办法。

第三十六条　本法自 2005 年 4 月 1 日起施行。

《电子认证服务管理办法》（2005）

《电子认证服务管理办法》已于 2005 年 1 月 28 日中华人民共和国信息产业部第十二次部务会议审议通过，现予发布，自 2005 年 4 月 1 日起施行。

第一章　总　　则

第一条　为了规范电子认证服务行为，对电子认证服务提供者实施监督管理，依照《中华人民共和国电子签名法》和其他法律、行政法规的规定，制定本办法。

第二条　本办法所称电子认证服务，是指为电子签名相关各方提供真实性、可靠性验证的公众服务活动。

本办法所称电子认证服务提供者，是指为电子签名人和电子签名依赖方提供电子认证服务的第三方机构（以下称为“电子认证服务机构”）。

第三条 在中华人民共和国境内设立电子认证服务机构和为电子签名提供电子认证服务，适用本办法。

第四条 中华人民共和国信息产业部（以下简称“信息产业部”）依法对电子认证服务机构和电子认证服务实施监督管理。

第二章 电子认证服务机构

第五条 电子认证服务机构，应当具备下列条件：

（一）具有独立的企业法人资格；

（二）从事电子认证服务的专业技术人员、运营管理人员、安全管理人员和客户服务人员不少于三十名；

（三）注册资金不低于人民币三千万元；

（四）具有固定的经营场所和满足电子认证服务要求的物理环境；

（五）具有符合国家有关安全标准的技术和设备；

（六）具有国家密码管理机构同意使用密码的证明文件；

（七）法律、行政法规规定的其他条件。

第六条 申请电子认证服务许可的，应当向信息产业部提交下列材料：

（一）书面申请；

（二）专业技术人员和管理人员证明；

（三）资金和经营场所证明；

（四）国家有关认证检测机构出具的技术设备、物理环境符合国家有关安全标准的凭证；

（五）国家密码管理机构同意使用密码的证明文件。

第七条 信息产业部对提交的申请材料进行形式审查，依法作出是否受理的决定。

第八条 信息产业部对决定受理的申请材料进行实质审查。需要对有关内容进行核实的，指派两名以上工作人员实地进行核查。

第九条 信息产业部对与申请人有关事项书面征求中华人民共和国商务部等有关部门的意见。

第十条 信息产业部自接到申请之日起四十五日内作出许可或者不予许可的书面决定。不予许可的，说明理由并书面通知申请人；准予许可的，颁发《电子认证服务许可证》，并公布下列信息：

（一）《电子认证服务许可证》编号；

（二）电子认证服务机构名称；

（三）发证机关和发证日期。

电子认证服务许可相关信息发生变更的，信息产业部应当及时公布。

《电子认证服务许可证》的有效期为五年。

第十一条 取得电子认证服务许可的，应当持《电子认证服务许可证》到工商行政管理机关办理相关手续。

第十二条　取得认证资格的电子认证服务机构，在提供电子认证服务之前，应当通过互联网公布下列信息：

（一）机构名称和法定代表人；

（二）机构住所和联系办法；

（三）《电子认证服务许可证》编号；

（四）发证机关和发证日期；

（五）《电子认证服务许可证》有效期的起止时间。

第十三条　电子认证服务机构在《电子认证服务许可证》的有效期内变更法人名称、住所、注册资本、法定代表人的，应自完成相关变更手续之日起五日内按照本办法第十二条的规定公布变更后的信息，并自公布之日起十五日内向信息产业部备案。

第十四条　《电子认证服务许可证》的有效期届满要求续展的，电子认证服务机构应在许可证有效期届满三十日前向信息产业部申请办理续展手续，并自办结之日起五日内按照本办法第十二条的规定公布相关信息。

第三章　电子认证服务

第十五条　电子认证服务机构应当按照信息产业部公布的《电子认证业务规则规范》的要求，制定本机构的电子认证业务规则，并在提供电子认证服务前予以公布，向信息产业部备案。

电子认证业务规则发生变更的，电子认证服务机构应当予以公布，并自公布之日起三十日内向信息产业部备案。

第十六条　电子认证服务机构应当按照公布的电子认证业务规则提供电子认证服务。

第十七条　电子认证服务机构应当保证提供下列服务：

（一）制作、签发、管理电子签名认证证书；

（二）确认签发的电子签名认证证书的真实性；

（三）提供电子签名认证证书目录信息查询服务；

（四）提供电子签名认证证书状态信息查询服务。

第十八条　电子认证服务机构应当履行下列义务：

（一）保证电子签名认证证书内容在有效期内完整、准确；

（二）保证电子签名依赖方能够证实或者了解电子签名认证证书所载内容及其他有关事项；

（三）妥善保存与电子认证服务相关的信息。

第十九条　电子认证服务机构应当建立完善的安全管理和内部审计制度，并接受信息产业部的监督管理。

第二十条　电子认证服务机构应当遵守国家的保密规定，建立完善的保密制度。

电子认证服务机构对电子签名人和电子签名依赖方的资料，负有保密的义务。

第二十一条　电子认证服务机构在受理电子签名认证证书申请前，应当向申请人告知下列事项：

（一）电子签名认证证书和电子签名的使用条件；

（二）服务收费的项目和标准；

（三）保存和使用证书持有人信息的权限和责任；

（四）电子认证服务机构的责任范围；

（五）证书持有人的责任范围；

（六）其他需要事先告知的事项。

第二十二条 电子认证服务机构受理电子签名认证申请后，应当与证书申请人签订合同，明确双方的权利义务。

第四章 电子认证服务的暂停、终止

第二十三条 电子认证服务机构在《电子认证服务许可证》的有效期内拟终止电子认证服务的，应在终止服务六十日前向信息产业部报告，同时向信息产业部申请办理证书注销手续，并持信息产业部的相关证明文件向工商行政管理机关申请办理注销登记或者变更登记。

第二十四条 电子认证服务机构拟暂停或者终止电子认证服务的，应在暂停或者终止电子认证服务九十日前，就业务承接及其他有关事项通知有关各方。

电子认证服务机构拟暂停或者终止电子认证服务的，应当在暂停或者终止电子认证服务六十日前向信息产业部报告，并与其他电子认证服务机构就业务承接进行协商，做出妥善安排。

第二十五条 电子认证服务机构拟暂停或者终止电子认证服务，未能就业务承接事项与其他电子认证服务机构达成协议的，应当申请信息产业部安排其他电子认证服务机构承接其业务。

第二十六条 电子认证服务机构被依法吊销电子认证服务许可的，其业务承接事项的处理按照信息产业部的规定进行。

第二十七条 电子认证服务机构有根据信息产业部的安排承接其他机构开展的电子认证服务业务的义务。

第五章 电子签名认证证书

第二十八条 电子签名认证证书应当准确载明下列内容：

（一）签发电子签名认证证书的电子认证服务机构名称；

（二）证书持有人名称；

（三）证书序列号；

（四）证书有效期；

（五）证书持有人的电子签名验证数据；

（六）电子认证服务机构的电子签名；

（七）信息产业部规定的其他内容。

第二十九条 有下列情况之一的，电子认证服务机构可以撤销其签发的电子签名认证证书：

（一）证书持有人申请撤销证书；

（二）证书持有人提供的信息不真实；

（三）证书持有人没有履行双方合同规定的义务；

（四）证书的安全性不能得到保证；

（五）法律、行政法规规定的其他情况。

第三十条 有下列情况之一的，电子认证服务机构应当对申请人提供的证明身份的有关材料进行查验，并对有关材料进行审查：

（一）申请人申请电子签名认证证书；

（二）证书持有人申请更新证书；

（三）证书持有人申请撤销证书。

第三十一条　电子认证服务机构更新或者撤销电子签名认证证书时，应当予以公告。

第六章　监 督 管 理

第三十二条　信息产业部对电子认证服务机构进行年度检查并公布检查结果。

年度检查采取报告审查和现场核查相结合的方式。

第三十三条　取得电子认证服务许可的电子认证服务机构，在电子认证服务许可的有效期内不得降低其设立时所应具备的条件。

第三十四条　电子认证服务机构应当按照信息产业部信息统计的要求，按时和如实报送认证业务开展情况及有关资料。

第三十五条　电子认证服务机构应当对其从业人员进行岗位培训。

第三十六条　信息产业部根据监督管理工作的需要，可以委托有关省、自治区和直辖市的信息产业主管部门承担具体的监督管理事项。

第七章　罚　　则

第三十七条　电子认证服务机构向信息产业部隐瞒有关情况、提供虚假材料或者拒绝提供反映其活动的真实材料的，由信息产业部依据职权责令改正，并处警告或者五千元以上一万元以下罚款。

第三十八条　信息产业部和省、自治区和直辖市的信息产业主管部门的工作人员，不依法履行监督管理职责的，由信息产业部或者省、自治区和直辖市的信息产业主管部门依据职权视情节轻重，分别给予警告、记过、记大过、降级、撤职、开除的行政处分；构成犯罪的，依法追究刑事责任。

第三十九条　电子认证服务机构违反本办法第十六条、第二十七条的规定的，由信息产业部依据职权责令限期改正，并处警告或一万元以下的罚款，或者同时处以以上两种处罚。

第四十条　电子认证服务机构违反本办法第三十三条的规定的，由信息产业部依据职权责令限期改正，并处三万元以下罚款。

第八章　附　　则

第四十一条　本办法施行前已从事电子认证服务的机构拟继续从事电子认证服务的，应在 2005 年 9 月 30 日前依照本办法取得电子认证服务许可；拟终止电子认证服务的，应当对终止业务的相关事项作出妥善安排。自 2005 年 10 月 1 日起，未取得电子认证服务许可的，不得继续从事电子认证服务。

第四十二条　经信息产业部根据有关协议或者对等原则核准后，中华人民共和国境外的电子认证服务机构在境外签发的电子签名认证证书与依照本办法设立的电子认证服务机构签发的电子签名认证证书具有同等的法律效力。

第四十三条　本办法自 2005 年 4 月 1 日起施行。

《商用密码产品使用管理规定》（2007）

第一条 为了规范商用密码产品使用行为，根据《商用密码管理条例》，制定本规定。

第二条 中国公民、法人和其他组织使用商用密码产品的行为适用本规定。

第三条 本规定所称商用密码产品，是指采用密码技术对不涉及国家秘密内容的信息进行加密保护或安全认证的产品。

第四条 国家密码管理局主管全国的商用密码产品使用管理工作。

省、自治区、直辖市密码管理机构依据本规定承担有关管理工作。

第五条 中国公民、法人和其他组织需要对不涉及国家秘密内容的信息进行加密保护或安全认证的，均可以使用商用密码产品。

使用商用密码产品，应当遵守国家法律，不得损害国家利益、社会公共利益和其他公民的合法权益，不得利用商用密码产品进行违法犯罪活动。

第六条 中国公民、法人和其他组织都应当使用国家密码管理局准予销售的商用密码产品，不得使用自行研制的或境外生产的密码产品。

国家密码管理局定期公布准予销售的商用密码产品目录。

第七条 需要使用商用密码产品的，应当到商用密码产品销售许可单位购买。

购买商用密码产品应当向商用密码产品销售许可单位出示本人身份证，说明直接使用商用密码产品的用户名称（姓名）、地址（住址）以及产品用途，提供用户组织机构代码证（居民身份证）复印件。

第八条 需要维修商用密码产品的，应当交该产品的生产单位或销售单位维修。

第九条 外商投资企业（包括中外合资经营企业、中外合作经营企业、外资企业、外商投资股份有限公司等）确因业务需要，必须使用境外生产的密码产品与境外进行互联互通的，经国家密码管理局批准，可以使用境外生产的密码产品。

外商投资企业申请使用境外生产的密码产品，应当事先填写《使用境外生产的密码产品登记表》，交所在地的省、自治区、直辖市密码管理机构。

省、自治区、直辖市密码管理机构自受理申请之日起 5 个工作日内，对《使用境外生产的密码产品登记表》进行审查并报国家密码管理局。

国家密码管理局应当自省、自治区、直辖市密码管理机构受理申请之日起 20 个工作日内，对《使用境外生产的密码产品登记表》进行审核。准予使用的，发给《使用境外生产的密码产品准用证》。

《使用境外生产的密码产品准用证》有效期 3 年。

第十条 使用境外生产的密码产品的外商投资企业的名称、地址、密码产品用途发生变更的，应当自变更之日起 10 日内，到所在地的省、自治区、直辖市密码管理机构办理《使用境外生产的密码产品准用证》更换手续。

第十一条 外商投资企业终止使用境外生产的密码产品的，应当自终止使用之日起 30 日内，书面告知所在地的省、自治区、直辖市密码管理机构，并交回《使用境外生产的密码产品准用证》。

第十二条 外商投资企业申请使用的密码产品需要从境外进口的，应当申请办理《密码产品进口许可证》。

密码产品入境时，外商投资企业应当向海关如实申报并提交《密码产品进口许可证》，海关凭此办理验放手续。

第十三条 用户不得转让其使用的密码产品。

第十四条 违反本规定的行为，依照《商用密码管理条例》予以处罚。

第十五条 《使用境外生产的密码产品登记表》、《使用境外生产的密码产品准用证》、《密码产品进口许可证》由国家密码管理局统一印制。

第十六条 本规定自2007年5月1日起施行。

《通信网络安全防护管理办法》(2010)

《通信网络安全防护管理办法》已经2009年12月29日中华人民共和国工业和信息化部第八次部务会议审议通过，现予公布，自2010年3月1日起施行。

第一条 为了加强对通信网络安全的管理，提高通信网络安全防护能力，保障通信网络安全畅通，根据《中华人民共和国电信条例》，制定本办法。

第二条 中华人民共和国境内的电信业务经营者和互联网域名服务提供者(以下统称“通信网络运行单位”)管理和运行的公用通信网和互联网（以下统称“通信网络”）的网络安全防护工作，适用本办法。

本办法所称互联网域名服务，是指设置域名数据库或者域名解析服务器，为域名持有者提供域名注册或者权威解析服务的行为。

本办法所称网络安全防护工作，是指为防止通信网络阻塞、中断、瘫痪或者被非法控制，以及为防止通信网络中传输、存储、处理的数据信息丢失、泄露或者被篡改而开展的工作。

第三条 通信网络安全防护工作坚持积极防御、综合防范、分级保护的原则。

第四条 中华人民共和国工业和信息化部（以下简称工业和信息化部）负责全国通信网络安全防护工作的统一指导、协调和检查，组织建立健全通信网络安全防护体系，制定通信行业相关标准。

各省、自治区、直辖市通信管理局（以下简称通信管理局）依据本办法的规定，对本行政区域内的通信网络安全防护工作进行指导、协调和检查。

工业和信息化部与通信管理局统称“电信管理机构”。

第五条 通信网络运行单位应当按照电信管理机构的规定和通信行业标准开展通信网络安全防护工作，对本单位通信网络安全负责。

第六条 通信网络运行单位新建、改建、扩建通信网络工程项目，应当同步建设通信网络安全保障设施，并与主体工程同时进行验收和投入运行。

通信网络安全保障设施的新建、改建、扩建费用，应当纳入本单位建设项目概算。

第七条 通信网络运行单位应当对本单位已正式投入运行的通信网络进行单元划分，并按照各通信网络单元遭到破坏后可能对国家安全、经济运行、社会秩序、公众利益的危害程度，由低到高分别划分为一级、二级、三级、四级、五级。

电信管理机构应当组织专家对通信网络单元的分级情况进行评审。

通信网络运行单位应当根据实际情况适时调整通信网络单元的划分和级别，并按照前款规定进行评审。

第八条 通信网络运行单位应当在通信网络定级评审通过后三十日内，将通信网络单元的划分和定级情况按照以下规定向电信管理机构备案：

（一）基础电信业务经营者集团公司向工业和信息化部申请办理其直接管理的通信网络单元的备案；基础电信业务经营者各省（自治区、直辖市）子公司、分公司向当地通信管理局申请办理其负责管理的通信网络单元的备案；

（二）增值电信业务经营者向作出电信业务经营许可决定的电信管理机构备案；

（三）互联网域名服务提供者向工业和信息化部备案。

第九条 通信网络运行单位办理通信网络单元备案，应当提交以下信息：

（一）通信网络单元的名称、级别和主要功能；

（二）通信网络单元责任单位的名称和联系方式；

（三）通信网络单元主要负责人的姓名和联系方式；

（四）通信网络单元的拓扑架构、网络边界、主要软硬件及型号和关键设施位置；

（五）电信管理机构要求提交的涉及通信网络安全的其他信息。

前款规定的备案信息发生变化的，通信网络运行单位应当自信息变化之日起三十日内向电信管理机构变更备案。

通信网络运行单位报备的信息应当真实、完整。

第十条 电信管理机构应当对备案信息的真实性、完整性进行核查，发现备案信息不真实、不完整的，通知备案单位予以补正。

第十一条 通信网络运行单位应当落实与通信网络单元级别相适应的安全防护措施，并按照以下规定进行符合性评测：

（一）三级及三级以上通信网络单元应当每年进行一次符合性评测；

（二）二级通信网络单元应当每两年进行一次符合性评测。

通信网络单元的划分和级别调整的，应当自调整完成之日起九十日内重新进行符合性评测。

通信网络运行单位应当在评测结束后三十日内，将通信网络单元的符合性评测结果、整改情况或者整改计划报送通信网络单元的备案机构。

第十二条 通信网络运行单位应当按照以下规定组织对通信网络单元进行安全风险评估，及时消除重大网络安全隐患：

（一）三级及三级以上通信网络单元应当每年进行一次安全风险评估；

（二）二级通信网络单元应当每两年进行一次安全风险评估。

国家重大活动举办前，通信网络单元应当按照电信管理机构的要求进行安全风险评估。

通信网络运行单位应当在安全风险评估结束后三十日内，将安全风险评估结果、隐患处理情况或者处理计划报送通信网络单元的备案机构。

第十三条 通信网络运行单位应当对通信网络单元的重要线路、设备、系统和数据等进行备份。

第十四条 通信网络运行单位应当组织演练，检验通信网络安全防护措施的有效性。

通信网络运行单位应当参加电信管理机构组织开展的演练。

第十五条 通信网络运行单位应当建设和运行通信网络安全监测系统，对本单位通信网络的安全状况进行监测。

第十六条　通信网络运行单位可以委托专业机构开展通信网络安全评测、评估、监测等工作。

工业和信息化部应当根据通信网络安全防护工作的需要，加强对前款规定的受托机构的安全评测、评估、监测能力指导。

第十七条　电信管理机构应当对通信网络运行单位开展通信网络安全防护工作的情况进行检查。

电信管理机构可以采取以下检查措施：

（一）查阅通信网络运行单位的符合性评测报告和风险评估报告；

（二）查阅通信网络运行单位有关网络安全防护的文档和工作记录；

（三）向通信网络运行单位工作人员询问了解有关情况；

（四）查验通信网络运行单位的有关设施；

（五）对通信网络进行技术性分析和测试；

（六）法律、行政法规规定的其他检查措施。

第十八条　电信管理机构可以委托专业机构开展通信网络安全检查活动。

第十九条　通信网络运行单位应当配合电信管理机构及其委托的专业机构开展检查活动，对于检查中发现的重大网络安全隐患，应当及时整改。

第二十条　电信管理机构对通信网络安全防护工作进行检查，不得影响通信网络的正常运行，不得收取任何费用，不得要求接受检查的单位购买指定品牌或者指定单位的安全软件、设备或者其他产品。

第二十一条　电信管理机构及其委托的专业机构的工作人员对于检查工作中获悉的国家秘密、商业秘密和个人隐私，有保密的义务。

第二十二条　违反本办法第六条第一款、第七条第一款和第三款、第八条、第九条、第十一条、第十二条、第十三条、第十四条、第十五条、第十九条规定的，由电信管理机构依据职权责令改正；拒不改正的，给予警告，并处五千元以上三万元以下的罚款。

第二十三条　电信管理机构的工作人员违反本办法第二十条、第二十一条规定的，依法给予行政处分；构成犯罪的，依法追究刑事责任。

第二十四条　本办法自 2010 年 3 月 1 日起施行。

《中华人民共和国保守国家秘密法》（2010）

（1988 年 9 月 5 日第七届全国人民代表大会常务委员会第三次会议通过
2010 年 4 月 29 日第十一届全国人民代表大会常务委员会第十四次会议修订）

第一章　总　　则

第一条　为了保守国家秘密，维护国家安全和利益，保障改革开放和社会主义建设事业的顺利进行，制定本法。

第二条　国家秘密是关系国家安全和利益，依照法定程序确定，在一定时间内只限一定范围的人员知悉的事项。

第三条 国家秘密受法律保护。

一切国家机关、武装力量、政党、社会团体、企业事业单位和公民都有保守国家秘密的义务。

任何危害国家秘密安全的行为，都必须受到法律追究。

第四条 保守国家秘密的工作（以下简称保密工作），实行积极防范、突出重点、依法管理的方针，既确保国家秘密安全，又便利信息资源合理利用。

法律、行政法规规定公开的事项，应当依法公开。

第五条 国家保密行政管理部门主管全国的保密工作。县级以上地方各级保密行政管理部门主管本行政区域的保密工作。

第六条 国家机关和涉及国家秘密的单位（以下简称机关、单位）管理本机关和本单位的保密工作。

中央国家机关在其职权范围内，管理或者指导本系统的保密工作。

第七条 机关、单位应当实行保密工作责任制，健全保密管理制度，完善保密防护措施，开展保密宣传教育，加强保密检查。

第八条 国家对在保守、保护国家秘密以及改进保密技术、措施等方面成绩显著的单位或者个人给予奖励。

第二章 国家秘密的范围和密级

第九条 下列涉及国家安全和利益的事项，泄露后可能损害国家在政治、经济、国防、外交等领域的安全和利益的，应当确定为国家秘密：

（一）国家事务重大决策中的秘密事项；

（二）国防建设和武装力量活动中的秘密事项；

（三）外交和外事活动中的秘密事项以及对外承担保密义务的秘密事项；

（四）国民经济和社会发展中的秘密事项；

（五）科学技术中的秘密事项；

（六）维护国家安全活动和追查刑事犯罪中的秘密事项；

（七）经国家保密行政管理部门确定的其他秘密事项。

政党的秘密事项中符合前款规定的，属于国家秘密。

第十条 国家秘密的密级分为绝密、机密、秘密三级。

绝密级国家秘密是最重要的国家秘密，泄露会使国家安全和利益遭受特别严重的损害；机密级国家秘密是重要的国家秘密，泄露会使国家安全和利益遭受严重的损害；秘密级国家秘密是一般的国家秘密，泄露会使国家安全和利益遭受损害。

第十一条 国家秘密及其密级的具体范围，由国家保密行政管理部门分别会同外交、公安、国家安全和其他中央有关机关规定。

军事方面的国家秘密及其密级的具体范围，由中央军事委员会规定。

国家秘密及其密级的具体范围的规定，应当在有关范围内公布，并根据情况变化及时调整。

第十二条 机关、单位负责人及其指定的人员为定密责任人，负责本机关、本单位的国家秘密确定、变更和解除工作。

机关、单位确定、变更和解除本机关、本单位的国家秘密，应当由承办人提出具体意见，经定密责任人审核批准。

第十三条 确定国家秘密的密级，应当遵守定密权限。

中央国家机关、省级机关及其授权的机关、单位可以确定绝密级、机密级和秘密级国家秘密；设区的市、自治州一级的机关及其授权的机关、单位可以确定机密级和秘密级国家秘密。具体的定密权限、授权范围由国家保密行政管理部门规定。

机关、单位执行上级确定的国家秘密事项，需要定密的，根据所执行的国家秘密事项的密级确定。下级机关、单位认为本机关、本单位产生的有关定密事项属于上级机关、单位的定密权限，应当先行采取保密措施，并立即报请上级机关、单位确定；没有上级机关、单位的，应当立即提请有相应定密权限的业务主管部门或者保密行政管理部门确定。

公安、国家安全机关在其工作范围内按照规定的权限确定国家秘密的密级。

第十四条 机关、单位对所产生的国家秘密事项，应当按照国家秘密及其密级的具体范围的规定确定密级，同时确定保密期限和知悉范围。

第十五条 国家秘密的保密期限，应当根据事项的性质和特点，按照维护国家安全和利益的需要，限定在必要的期限内；不能确定期限的，应当确定解密的条件。

国家秘密的保密期限，除另有规定外，绝密级不超过三十年，机密级不超过二十年，秘密级不超过十年。

机关、单位应当根据工作需要，确定具体的保密期限、解密时间或者解密条件。

机关、单位对在决定和处理有关事项工作过程中确定需要保密的事项，根据工作需要决定公开的，正式公布时即视为解密。

第十六条 国家秘密的知悉范围，应当根据工作需要限定在最小范围。

国家秘密的知悉范围能够限定到具体人员的，限定到具体人员；不能限定到具体人员的，限定到机关、单位，由机关、单位限定到具体人员。

国家秘密的知悉范围以外的人员，因工作需要知悉国家秘密的，应当经过机关、单位负责人批准。

第十七条 机关、单位对承载国家秘密的纸介质、光介质、电磁介质等载体（以下简称国家秘密载体）以及属于国家秘密的设备、产品，应当做出国家秘密标志。

不属于国家秘密的，不应当做出国家秘密标志。

第十八条 国家秘密的密级、保密期限和知悉范围，应当根据情况变化及时变更。国家秘密的密级、保密期限和知悉范围的变更，由原定密机关、单位决定，也可以由其上级机关决定。

国家秘密的密级、保密期限和知悉范围变更的，应当及时书面通知知悉范围内的机关、单位或者人员。

第十九条 国家秘密的保密期限已满的，自行解密。

机关、单位应当定期审核所确定的国家秘密。对在保密期限内因保密事项范围调整不再作为国家秘密事项，或者公开后不会损害国家安全和利益，不需要继续保密的，应当及时解密；对需要延长保密期限的，应当在原保密期限届满前重新确定保密期限。提前解密或者延长保密期限的，由原定秘保密机关、单位决定，也可以由其上级机关决定。

第二十条 机关、单位对是否属于国家秘密或者属于何种密级不明确或者有争议的，由国家保密行政管理部门或者省、自治区、直辖市保密行政管理部门确定。

第三章 保密制度

第二十一条 国家秘密载体的制作、收发、传递、使用、复制、保存、维修和销毁，应当符合国家保密规定。

绝密级国家秘密载体应当在符合国家保密标准的设施、设备中保存，并指定专人管理；未经原定密机关、单位或者其上级机关批准，不得复制和摘抄；收发、传递和外出携带，应当指定人员负责，并采取必要的安全措施。

第二十二条 属于国家秘密的设备、产品的研制、生产、运输、使用、保存、维修和销毁，应当符合国家保密规定。

第二十三条 存储、处理国家秘密的计算机信息系统（以下简称涉密信息系统）按照涉密程度实行分级保护。

涉密信息系统应当按照国家保密标准配备保密设施、设备。保密设施、设备应当与涉密信息系统同步规划，同步建设，同步运行。

涉密信息系统应当按照规定，经检查合格后，方可投入使用。

第二十四条 机关、单位应当加强对涉密信息系统的管理，任何组织和个人不得有下列行为：

（一）将涉密计算机、涉密存储设备接入互联网及其他公共信息网络；

（二）在未采取防护措施的情况下，在涉密信息系统与互联网及其他公共信息网络之间进行信息交换；

（三）使用非涉密计算机、非涉密存储设备存储、处理国家秘密信息；

（四）擅自卸载、修改涉密信息系统的安全技术程序、管理程序；

（五）将未经安全技术处理的退出使用的涉密计算机、涉密存储设备赠送、出售、丢弃或者改作其他用途。

第二十五条 机关、单位应当加强对国家秘密载体的管理，任何组织和个人不得有下列行为：

（一）非法获取、持有国家秘密载体；

（二）买卖、转送或者私自销毁国家秘密载体；

（三）通过普通邮政、快递等无保密措施的渠道传递国家秘密载体；

（四）邮寄、托运国家秘密载体出境；

（五）未经有关主管部门批准，携带、传递国家秘密载体出境。

第二十六条 禁止非法复制、记录、存储国家秘密。

禁止在互联网及其他公共信息网络或者未采取保密措施的有线和无线通信中传递国家秘密。

禁止在私人交往和通信中涉及国家秘密。

第二十七条 报刊、图书、音像制品、电子出版物的编辑、出版、印制、发行，广播节目、电视节目、电影的制作和播放，互联网、移动通信网等公共信息网络及其他传媒的信息编辑、发布，应当遵守有关保密规定。

第二十八条　互联网及其他公共信息网络运营商、服务商应当配合公安机关、国家安全机关、检察机关对泄密案件进行调查；发现利用互联网及其他公共信息网络发布的信息涉及泄露国家秘密的，应当立即停止传输，保存有关记录，向公安机关、国家安全机关或者保密行政管理部门报告；应当根据公安机关、国家安全机关或者保密行政管理部门的要求，删除涉及泄露国家秘密的信息。

第二十九条　机关、单位公开发布信息以及对涉及国家秘密的工程、货物、服务进行采购时，应当遵守保密规定。

第三十条　机关、单位对外交往与合作中需要提供国家秘密事项，或者任用、聘用的境外人员因工作需要知悉国家秘密的，应当报国务院有关主管部门或者省、自治区、直辖市人民政府有关主管部门批准，并与对方签订保密协议。

第三十一条　举办会议或者其他活动涉及国家秘密的，主办单位应当采取保密措施，并对参加人员进行保密教育，提出具体保密要求。

第三十二条　机关、单位应当将涉及绝密级或者较多机密级、秘密级国家秘密的机构确定为保密要害部门，将集中制作、存放、保管国家秘密载体的专门场所确定为保密要害部位，按照国家保密规定和标准配备、使用必要的技术防护设施、设备。

第三十三条　军事禁区和属于国家秘密不对外开放的其他场所、部位，应当采取保密措施，未经有关部门批准，不得擅自决定对外开放或者扩大开放范围。

第三十四条　从事国家秘密载体制作、复制、维修、销毁，涉密信息系统集成，或者武器装备科研生产等涉及国家秘密业务的企业事业单位，应当经过保密审查，具体办法由国务院规定。

机关、单位委托企业事业单位从事前款规定的业务，应当与其签订保密协议，提出保密要求，采取保密措施。

第三十五条　在涉密岗位工作的人员（以下简称涉密人员），按照涉密程度分为核心涉密人员、重要涉密人员和一般涉密人员，实行分类管理。

任用、聘用涉密人员应当按照有关规定进行审查。

涉密人员应当具有良好的政治素质和品行，具有胜任涉密岗位所要求的工作能力。

涉密人员的合法权益受法律保护。

第三十六条　涉密人员上岗应当经过保密教育培训，掌握保密知识技能，签订保密承诺书，严格遵守保密规章制度，不得以任何方式泄露国家秘密。

第三十七条　涉密人员出境应当经有关部门批准，有关机关认为涉密人员出境将对国家安全造成危害或者对国家利益造成重大损失的，不得批准出境。

第三十八条　涉密人员离岗离职实行脱密期管理。涉密人员在脱密期内，应当按照规定履行保密义务，不得违反规定就业，不得以任何方式泄露国家秘密。

第三十九条　机关、单位应当建立健全涉密人员管理制度，明确涉密人员的权利、岗位责任和要求，对涉密人员履行职责情况开展经常性的监督检查。

第四十条　国家工作人员或者其他公民发现国家秘密已经泄露或者可能泄露时，应当立即采取补救措施并及时报告有关机关、单位。机关、单位接到报告后，应当立即作出处理，并及时向保密行政管理部门报告。

第四章　监 督 管 理

第四十一条　国家保密行政管理部门依照法律、行政法规的规定，制定保密规章和国家保密标准。

第四十二条　保密行政管理部门依法组织开展保密宣传教育、保密检查、保密技术防护和泄密案件查处工作，对机关、单位的保密工作进行指导和监督。

第四十三条　保密行政管理部门发现国家秘密确定、变更或者解除不当的，应当及时通知有关机关、单位予以纠正。

第四十四条　保密行政管理部门对机关、单位遵守保密制度的情况进行检查，有关机关、单位应当配合。保密行政管理部门发现机关、单位存在泄密隐患的，应当要求其采取措施，限期整改；对存在泄密隐患的设施、设备、场所，应当责令停止使用；对严重违反保密规定的涉密人员，应当建议有关机关、单位给予处分并调离涉密岗位；发现涉嫌泄露国家秘密的，应当督促、指导有关机关、单位进行调查处理。涉嫌犯罪的，移送司法机关处理。

第四十五条　保密行政管理部门对保密检查中发现的非法获取、持有的国家秘密载体，应当予以收缴。

第四十六条　办理涉嫌泄露国家秘密案件的机关，需要对有关事项是否属于国家秘密以及属于何种密级进行鉴定的，由国家保密行政管理部门或者省、自治区、直辖市保密行政管理部门鉴定。

第四十七条　机关、单位对违反保密规定的人员不依法给予处分的，保密行政管理部门应当建议纠正，对拒不纠正的，提请其上一级机关或者监察机关对该机关、单位负有责任的领导人员和直接责任人员依法予以处理。

第五章　法 律 责 任

第四十八条　违反本法规定，有下列行为之一的，依法给予处分；构成犯罪的，依法追究刑事责任：

（一）非法获取、持有国家秘密载体的；

（二）买卖、转送或者私自销毁国家秘密载体的；

（三）通过普通邮政、快递等无保密措施的渠道传递国家秘密载体的；

（四）邮寄、托运国家秘密载体出境，或者未经有关主管部门批准，携带、传递国家秘密载体出境的；

（五）非法复制、记录、存储国家秘密的；

（六）在私人交往和通信中涉及国家秘密的；

（七）在互联网及其他公共信息网络或者未采取保密措施的有线和无线通信中传递国家秘密的；

（八）将涉密计算机、涉密存储设备接入互联网及其他公共信息网络的；

（九）在未采取防护措施的情况下，在涉密信息系统与互联网及其他公共信息网络之间进行信息交换的；

（十）使用非涉密计算机、非涉密存储设备存储、处理国家秘密信息的；

（十一）擅自卸载、修改涉密信息系统的安全技术程序、管理程序的；

（十二）将未经安全技术处理的退出使用的涉密计算机、涉密存储设备赠送、出售、丢弃或者改作其他用途的。

有前款行为尚不构成犯罪，且不适用处分的人员，由保密行政管理部门督促其所在机关、单位予以处理。

第四十九条　机关、单位违反本法规定，发生重大泄密案件的，由有关机关、单位依法对直接负责的主管人员和其他直接责任人员给予处分；不适用处分的人员，由保密行政管理部门督促其主管部门予以处理。

机关、单位违反本法规定，对应当定密的事项不定密，或者对不应当定密的事项定密，造成严重后果的，由有关机关、单位依法对直接负责的主管人员和其他直接责任人员给予处分。

第五十条　互联网及其他公共信息网络运营商、服务商违反本法第二十八条规定的，由公安机关或者国家安全机关、信息产业主管部门按照各自职责分工依法予以处罚。

第五十一条　保密行政管理部门的工作人员在履行保密管理职责中滥用职权、玩忽职守、徇私舞弊的，依法给予处分；构成犯罪的，依法追究刑事责任。

第六章　附　　则

第五十二条　中央军事委员会根据本法制定中国人民解放军保密条例。

第五十三条　本法自2010年10月1日起施行。

《信息网络传播权保护条例》（2013）

（2006年5月18日中华人民共和国国务院令第468号公布，根据2013年1月30日《国务院关于修改〈信息网络传播权保护条例〉的决定》修订）

第一条　为保护著作权人、表演者、录音录像制作者（以下统称权利人）的信息网络传播权，鼓励有益于社会主义精神文明、物质文明建设的作品的创作和传播，根据《中华人民共和国著作权法》（以下简称著作权法），制定本条例。

第二条　权利人享有的信息网络传播权受著作权法和本条例保护。除法律、行政法规另有规定的外，任何组织或者个人将他人的作品、表演、录音录像制品通过信息网络向公众提供，应当取得权利人许可，并支付报酬。

第三条　依法禁止提供的作品、表演、录音录像制品，不受本条例保护。

权利人行使信息网络传播权，不得违反宪法和法律、行政法规，不得损害公共利益。

第四条　为了保护信息网络传播权，权利人可以采取技术措施。

任何组织或者个人不得故意避开或者破坏技术措施，不得故意制造、进口或者向公众提供主要用于避开或者破坏技术措施的装置或者部件，不得故意为他人避开或者破坏技术措施提供技术服务。但是，法律、行政法规规定可以避开的除外。

第五条　未经权利人许可，任何组织或者个人不得进行下列行为：

（一）故意删除或者改变通过信息网络向公众提供的作品、表演、录音录像制品的权利管理电子信息，但由于技术上的原因无法避免删除或者改变的除外；

（二）通过信息网络向公众提供明知或者应知未经权利人许可被删除或者改变权利管理电

子信息的作品、表演、录音录像制品。

第六条　通过信息网络提供他人作品，属于下列情形的，可以不经著作权人许可，不向其支付报酬：

（一）为介绍、评论某一作品或者说明某一问题，在向公众提供的作品中适当引用已经发表的作品；

（二）为报道时事新闻，在向公众提供的作品中不可避免地再现或者引用已经发表的作品；

（三）为学校课堂教学或者科学研究，向少数教学、科研人员提供少量已经发表的作品；

（四）国家机关为执行公务，在合理范围内向公众提供已经发表的作品；

（五）将中国公民、法人或者其他组织已经发表的、以汉语言文字创作的作品翻译成的少数民族语言文字作品，向中国境内少数民族提供；

（六）不以营利为目的，以盲人能够感知的独特方式向盲人提供已经发表的文字作品；

（七）向公众提供在信息网络上已经发表的关于政治、经济问题的时事性文章；

（八）向公众提供在公众集会上发表的讲话。

第七条　图书馆、档案馆、纪念馆、博物馆、美术馆等可以不经著作权人许可，通过信息网络向本馆馆舍内服务对象提供本馆收藏的合法出版的数字作品和依法为陈列或者保存版本的需要以数字化形式复制的作品，不向其支付报酬，但不得直接或者间接获得经济利益。当事人另有约定的除外。

前款规定的为陈列或者保存版本需要以数字化形式复制的作品，应当是已经损毁或者濒临损毁、丢失或者失窃，或者其存储格式已经过时，并且在市场上无法购买或者只能以明显高于标定的价格购买的作品。

第八条　为通过信息网络实施九年制义务教育或者国家教育规划，可以不经著作权人许可，使用其已经发表作品的片断或者短小的文字作品、音乐作品或者单幅的美术作品、摄影作品制作课件，由制作课件或者依法取得课件的远程教育机构通过信息网络向注册学生提供，但应当向著作权人支付报酬。

第九条　为扶助贫困，通过信息网络向农村地区的公众免费提供中国公民、法人或者其他组织已经发表的种植养殖、防病治病、防灾减灾等与扶助贫困有关的作品和适应基本文化需求的作品，网络服务提供者应当在提供前公告拟提供的作品及其作者、拟支付报酬的标准。自公告之日起 30 日内，著作权人不同意提供的，网络服务提供者不得提供其作品；自公告之日起满 30 日，著作权人没有异议的，网络服务提供者可以提供其作品，并按照公告的标准向著作权人支付报酬。网络服务提供者提供著作权人的作品后，著作权人不同意提供的，网络服务提供者应当立即删除著作权人的作品，并按照公告的标准向著作权人支付提供作品期间的报酬。

依照前款规定提供作品的，不得直接或者间接获得经济利益。

第十条　依照本条例规定不经著作权人许可、通过信息网络向公众提供其作品的，还应当遵守下列规定：

（一）除本条例第六条第一项至第六项、第七条规定的情形外，不得提供作者事先声明不许提供的作品；

（二）指明作品的名称和作者的姓名（名称）；

（三）依照本条例规定支付报酬；

（四）采取技术措施，防止本条例第七条、第八条、第九条规定的服务对象以外的其他人获得著作权人的作品，并防止本条例第七条规定的服务对象的复制行为对著作权人利益造成实质性损害；

（五）不得侵犯著作权人依法享有的其他权利。

第十一条　通过信息网络提供他人表演、录音录像制品的，应当遵守本条例第六条至第十条的规定。

第十二条　属于下列情形的，可以避开技术措施，但不得向他人提供避开技术措施的技术、装置或者部件，不得侵犯权利人依法享有的其他权利：

（一）为学校课堂教学或者科学研究，通过信息网络向少数教学、科研人员提供已经发表的作品、表演、录音录像制品，而该作品、表演、录音录像制品只能通过信息网络获取；

（二）不以营利为目的，通过信息网络以盲人能够感知的独特方式向盲人提供已经发表的文字作品，而该作品只能通过信息网络获取；

（三）国家机关依照行政、司法程序执行公务；

（四）在信息网络上对计算机及其系统或者网络的安全性能进行测试。

第十三条　著作权行政管理部门为了查处侵犯信息网络传播权的行为，可以要求网络服务提供者提供涉嫌侵权的服务对象的姓名（名称）、联系方式、网络地址等资料。

第十四条　对提供信息存储空间或者提供搜索、链接服务的网络服务提供者，权利人认为其服务所涉及的作品、表演、录音录像制品，侵犯自己的信息网络传播权或者被删除、改变了自己的权利管理电子信息的，可以向该网络服务提供者提交书面通知，要求网络服务提供者删除该作品、表演、录音录像制品，或者断开与该作品、表演、录音录像制品的链接。通知书应当包含下列内容：

（一）权利人的姓名（名称）、联系方式和地址；

（二）要求删除或者断开链接的侵权作品、表演、录音录像制品的名称和网络地址；

（三）构成侵权的初步证明材料。

权利人应当对通知书的真实性负责。

第十五条　网络服务提供者接到权利人的通知书后，应当立即删除涉嫌侵权的作品、表演、录音录像制品，或者断开与涉嫌侵权的作品、表演、录音录像制品的链接，并同时将通知书转送提供作品、表演、录音录像制品的服务对象；服务对象网络地址不明、无法转送的，应当将通知书的内容同时在信息网络上公告。

第十六条　服务对象接到网络服务提供者转送的通知书后，认为其提供的作品、表演、录音录像制品未侵犯他人权利的，可以向网络服务提供者提交书面说明，要求恢复被删除的作品、表演、录音录像制品，或者恢复与被断开的作品、表演、录音录像制品的链接。书面说明应当包含下列内容：

（一）服务对象的姓名（名称）、联系方式和地址；

（二）要求恢复的作品、表演、录音录像制品的名称和网络地址；

（三）不构成侵权的初步证明材料。

服务对象应当对书面说明的真实性负责。

第十七条　网络服务提供者接到服务对象的书面说明后，应当立即恢复被删除的作品、表演、录音录像制品，或者可以恢复与被断开的作品、表演、录音录像制品的链接，同时将服务对象的书面说明转送权利人。权利人不得再通知网络服务提供者删除该作品、表演、录音录像制品，或者断开与该作品、表演、录音录像制品的链接。

第十八条 违反本条例规定，有下列侵权行为之一的，根据情况承担停止侵害、消除影响、赔礼道歉、赔偿损失等民事责任；同时损害公共利益的，可以由著作权行政管理部门责令停止侵权行为，没收违法所得，非法经营额5万元以上的，可处非法经营额1倍以上5倍以下的罚款；没有非法经营额或者非法经营额5万元以下的，根据情节轻重，可处25万元以下的罚款；情节严重的，著作权行政管理部门可以没收主要用于提供网络服务的计算机等设备；构成犯罪的，依法追究刑事责任：

（一）通过信息网络擅自向公众提供他人的作品、表演、录音录像制品的；

（二）故意避开或者破坏技术措施的；

（三）故意删除或者改变通过信息网络向公众提供的作品、表演、录音录像制品的权利管理电子信息，或者通过信息网络向公众提供明知或者应知未经权利人许可而被删除或者改变权利管理电子信息的作品、表演、录音录像制品的；

（四）为扶助贫困通过信息网络向农村地区提供作品、表演、录音录像制品超过规定范围，或者未按照公告的标准支付报酬，或者在权利人不同意提供其作品、表演、录音录像制品后未立即删除的；

（五）通过信息网络提供他人的作品、表演、录音录像制品，未指明作品、表演、录音录像制品的名称或者作者、表演者、录音录像制作者的姓名（名称），或者未支付报酬，或者未依照本条例规定采取技术措施防止服务对象以外的其他人获得他人的作品、表演、录音录像制品，或者未防止服务对象的复制行为对权利人利益造成实质性损害的。

第十九条 违反本条例规定，有下列行为之一的，由著作权行政管理部门予以警告，没收违法所得，没收主要用于避开、破坏技术措施的装置或者部件；情节严重的，可以没收主要用于提供网络服务的计算机等设备；非法经营额5万元以上的，可处非法经营额1倍以上5倍以下的罚款；没有非法经营额或者非法经营额5万元以下的，根据情节轻重，可处25万元以下的罚款；构成犯罪的，依法追究刑事责任：

（一）故意制造、进口或者向他人提供主要用于避开、破坏技术措施的装置或者部件，或者故意为他人避开或者破坏技术措施提供技术服务的；

（二）通过信息网络提供他人的作品、表演、录音录像制品，获得经济利益的；

（三）为扶助贫困通过信息网络向农村地区提供作品、表演、录音录像制品，未在提供前公告作品、表演、录音录像制品的名称和作者、表演者、录音录像制作者的姓名（名称）以及报酬标准的。

第二十条 网络服务提供者根据服务对象的指令提供网络自动接入服务，或者对服务对象提供的作品、表演、录音录像制品提供自动传输服务，并具备下列条件的，不承担赔偿责任：

（一）未选择并且未改变所传输的作品、表演、录音录像制品；

（二）向指定的服务对象提供该作品、表演、录音录像制品，并防止指定的服务对象以外的其他人获得。

第二十一条 网络服务提供者为提高网络传输效率，自动存储从其他网络服务提供者获得的作品、表演、录音录像制品，根据技术安排自动向服务对象提供，并具备下列条件的，不承担赔偿责任：

（一）未改变自动存储的作品、表演、录音录像制品；

（二）不影响提供作品、表演、录音录像制品的原网络服务提供者掌握服务对象获取该作品、表演、录音录像制品的情况；

（三）在原网络服务提供者修改、删除或者屏蔽该作品、表演、录音录像制品时，根据技术安排自动予以修改、删除或者屏蔽。

第二十二条　网络服务提供者为服务对象提供信息存储空间，供服务对象通过信息网络向公众提供作品、表演、录音录像制品，并具备下列条件的，不承担赔偿责任：

（一）明确标示该信息存储空间是为服务对象所提供，并公开网络服务提供者的名称、联系人、网络地址；

（二）未改变服务对象所提供的作品、表演、录音录像制品；

（三）不知道也没有合理的理由应当知道服务对象提供的作品、表演、录音录像制品侵权；

（四）未从服务对象提供作品、表演、录音录像制品中直接获得经济利益；

（五）在接到权利人的通知书后，根据本条例规定删除权利人认为侵权的作品、表演、录音录像制品。

第二十三条　网络服务提供者为服务对象提供搜索或者链接服务，在接到权利人的通知书后，根据本条例规定断开与侵权的作品、表演、录音录像制品的链接的，不承担赔偿责任；但是，明知或者应知所链接的作品、表演、录音录像制品侵权的，应当承担共同侵权责任。

第二十四条　因权利人的通知导致网络服务提供者错误删除作品、表演、录音录像制品，或者错误断开与作品、表演、录音录像制品的链接，给服务对象造成损失的，权利人应当承担赔偿责任。

第二十五条　网络服务提供者无正当理由拒绝提供或者拖延提供涉嫌侵权的服务对象的姓名（名称）、联系方式、网络地址等资料的，由著作权行政管理部门予以警告；情节严重的，没收主要用于提供网络服务的计算机等设备。

第二十六条　本条例下列用语的含义：

信息网络传播权，是指以有线或者无线方式向公众提供作品、表演或者录音录像制品，使公众可以在其个人选定的时间和地点获得作品、表演或者录音录像制品的权利。

技术措施，是指用于防止、限制未经权利人许可浏览、欣赏作品、表演、录音录像制品的或者通过信息网络向公众提供作品、表演、录音录像制品的有效技术、装置或者部件。

权利管理电子信息，是指说明作品及其作者、表演及其表演者、录音录像制品及其制作者的信息，作品、表演、录音录像制品权利人的信息和使用条件的信息，以及表示上述信息的数字或者代码。

第二十七条　本条例自 2006 年 7 月 1 日起施行。

参考文献

［1］［美］埃里克·詹奇. 自组织宇宙观［M］. 曾国屏，等，译. 北京：中国社会科学出版社，1992.

［2］ 曾国屏. 自组织的自然观［M］. 北京：北京大学出版社，1996.

［3］［德］赫尔曼·哈肯. 协同学［M］. 上海：上海译文出版社，1995.

［4］ 谢龙. 现代哲学观念［M］. 北京：北京大学出版社，1990.

［5］ 李秀林，王于，李淮春. 辩证唯物主义和历史唯物主义原理［M］. 北京：中国人民大学出版社，1995.

［6］ 韩民青. 物质进化论的人本哲学［M］. 南宁：广西人民出版社，1994.

［7］ 谢龙. 中西哲学与文化比较新论［M］. 北京：人民出版社，1995.

［8］ 吴彤. 自组织方法学研究［M］. 北京：清华大学出版社，2001.

［9］ 张禾瑞. 近世代数基础［M］. 上海：商务印书馆，1952.

［10］ 谭跃进，高世楫，周曼殊. 系统学原理［M］. 北京：国防科技大学出版社，1996.

［11］ Michel Mouly, Marie-Bernadette Pautet. The GSM system fro Mobile Communications[M]. Cell &Sys, 1993.

［12］ 宋健. 钱学森科学贡献暨学术思想研讨会论文集［M］. 北京：中国科学技术出版社，2001.

［13］ 张维明，邓芳，罗雪山，肖卫东. 信息系统建模技术与应用［M］. 北京：电子工业出版社，1997.

［14］ 胡晓峰，吴玲达，李国辉，老松杨，等. 多媒体系统原理与应用［M］. 北京：人民邮电出版社，1995.

［15］ 张贤达. 现代信号处理［M］. 北京：清华大学出版社，2002.

［16］ 谢希仁. 计算机网络（第二版）［M］. 北京：电子工业出版社，1999.

［17］ 钟义信. 信息科学原理［M］. 北京：北京邮电大学出版社，1996.

［18］ Wiener N. Cybenetics and Scociety［M］. MIT Press，1961.

［19］ Shannon C E. The Bandwagon. IEEE trans[J]. On Information Theory, 1956, 2(2): 3.

［20］ 金德文，陈建亚纪江. 现代交换原理［M］. 北京：电子工业出版社，2000.

［21］ 徐端頤. 高密度光盘数据存储［M］. 北京：清华大学出版社，2003.

［22］ 何新贵，唐常杰，李霖，刘云生. 特种数据库技术［M］. 北京：科学出版社，2000.

［23］ 张贤达，保铮. 通信信号处理［M］. 北京：国防工业出版社，2000.

［24］ 李长坤，朱铁军. 网络犯罪之评析——从比较法的角度观察［J］. 网络安全技术与应用，2002，11.

［25］ 李春华. 计算机犯罪的法律防治措施［J］. 网络安全技术与应用，2002，12.

［26］ 蔡谊，沈昌祥. 安全操作系统发展现状及对策［J］. 信息安全与通信保密，2001，7.
［27］ 赵战生. 信息安全是信息化社会可持续发展之保障［J］. 计算机安全，2001，3.
［28］ 刘建军，于阳. 计算机犯罪的原因及其现场勘察［J］. 网络安全技术与应用，2002，12.
［29］ 余产峰. 数字证据及其取证技术［J］. 网络安全技术与应用，2002，12.
［30］ 吕诚昭. 信息安全保障体系研究［J］. 信息安全与通信保密，2001，2.
［31］ 高庆狮. 关于网络安全的一些看法［J］. 信息安全与通信保密，2001，5.
［32］ 张建军. 对信息安全观念的新思考［J］. 信息安全与通信保密，2001，12.
［33］ 何德全. 提高网络安全意识构建信息保障体系［J］. 信息安全与通信保密，2001，1.
［34］ 谢龙. 中西哲学与文化比较新论［M］. 北京：人民出版社，1995.
［35］ 李秀林，王于，李淮春. 辩证唯物主义和历史唯物主义原理［M］. 北京：中国人民大学出版社，1995.
［36］ 徐光辉. 随机服务理论［M］. 北京：科学出版社，1980.
［37］ 王红卫. 建模与仿真［M］. 北京：科学出版社，2002.
［38］ 袁震东，洪源，林武忠，蒋鲁敏. 数学建模［M］. 上海：华中东师范大学出版社，1999.
［39］ 谭跃进，高世楫，周曼殊. 系统学原理［M］. 北京：国防科技大学出版社，1996.
［40］ ［苏］A. G. 亚历山大洛夫，等. 数学——它的内容、方法和意义（第三卷）［M］. 北京：科学出版社，1962.
［41］ 张禾瑞. 近世代数基础［M］. 北京：人民出版社，1952.
［42］ 朱成喜. 测度论基础［M］. 北京：科学出版社，1991.
［43］ 刘晨，张滨. 黑客与网络安全［M］. 北京：航空工业出版社，1999.
［44］ 高文，等. 数字图书馆——原理与技术实现［M］. 北京：清华大学出版社，2000.
［45］ 吴秋新，等. 信息隐藏技术——隐写术与数字水印［M］. 北京：人民邮电出版社，2001.
［46］ 卿斯汉. 密码学与计算机网络安全［M］. 北京：清华大学出版社，2001.
［47］ 中国信息安全产品测评认证中心. 信息安全与法律法规[M]. 北京：人民邮电出版社，2003.
［48］ 王越，罗森林. 信息系统与安全对抗理论［M］. 北京：北京理工大学出版社，2006.
［49］ 罗森林. 信息系统安全与对抗技术［M］. 北京：北京理工大学出版社，2005.
［50］ 罗森林，王越，潘丽敏. 网络信息安全与对抗［M］. 北京：国防工业出版社，2011.
［51］ 罗森林，高平，苏京霞. 信息安全对抗系统工程与实践［M］. 北京：高等教育出版社，2011.
［52］ 罗森林，高平. 信息系统安全与对抗技术实验教程［M］. 北京：北京理工大学出版社，2005.
［53］ 熊华，郭世泽，吕慧勤，等. 网络安全取证与密罐［M］. 北京：人民邮电出版社，2003.
［54］ 常建平. 网络安全与计算机犯罪［M］. 北京：中国人民公安大学出版社，2002.
［55］ 张越今. 网络安全与计算机犯罪勘查技术学［M］. 北京：清华大学出版社，2003.
［56］ [美] Bruce Schneier. Applied cryptography protocols algorithms and source code in c (Second edition)[M]. John & Sons Inc., 1996.
［57］ 凌雨欣. 网络安全技术与反黑客［M］. 北京：冶金工业出版社，2001.
［58］ 戴宗坤，等. 信息系统安全［M］. 北京：金城出版社，2000.
［59］ 李海泉，等. 计算机系统安全技术［M］. 北京：人民邮电出版社，2001.

[60] 杨义先，等. 网络信息安全与保密［M］. 北京：北京邮电大学出版社，1999.
[61] 周正威，陈巍，孙方稳，项国勇，李传锋. 量子信息技术纵览［J］. 科学通报，2012，57（17）.
[62] 张永德. 量子信息物理原理［M］. 北京：科学出版社，2012.
[63] 庄星来译. 纠缠态——物理世界第一谜［M］. 上海：上海科技文献出版社，2008.
[64] 赵凯华，罗蔚茵. 量子物理［M］. 北京：高等教育出版社，2001.
[65] 郭光灿. 量子信息讲座［R］. 中国科技大学量子通讯与量子计算开放实验室，1999.
[66] 周世勋. 量子力学教程［M］. 北京：高等教育出版社，1979.
[67] 量子信息研究论文集（1999—2002）第二集［C］. 中国科技大学量子信息重点实验室，2003.